박막기술의 기초 이론과 응용

박막공학의 기초

薄膜工學

basic of thin film technology

최시영 · 김진섭 · 마대영 · 박욱동 · 최규만 · 김기완 공저

머 리 말

박막 제조 기술은 정보, 통신, 에너지, 환경 등 현대의 중심적인 산업 분야와 밀접한 관계를 맺고 있고, 최근의 눈부신 산업의 발전에 수반되는 불가결한 기술로 인식되고 있다. 따라서, 박막 기술에 종사하는 기술자나 연구자 수도 매우 많아지고, 기술 내용도 광범위하게 넓혀지고 있다.

이와 같은 상황 중에서 연구자나 기술자가 실제로 이용하는 박막 기술은 특정의 목적을 위하여 전문화되고, 특수화된 경우가 많다. 그래서 박막 기술은 지금까지 특수 기술로서 취급되어 왔지만, 최근에는 반도체 제조 공정을 시작으로 해서 각종 재료의 개발, 합성, 재질, 가공, 시각 등에 공업적으로 널리 실용화되어서 현재에는 일반 기술로서 취급되고 있다.

또한, 이들은 ULSI 집적회로, LCD 또는 PDP에 소자 및 나노 소자의 제작, 마이크로머시닝 등의 첨단 공정 기술에도 널리 활용되고 있으므로 특히 주목받고 있다. 날이 갈수록 이런 산업에서 박막 기술이 차지하는 비중이 더 커져 가고 있다. 그러나 박막 기술에 관한 기술 서적이 외국에서는 많이 저술되고 있지만, 국내에서는 거의 출판되지 않고 있다. 따라서, 이 책은 필자들이 지난 10여 년 동안 대학교 전자공학, 전자소자, 전자재료 과목을 비롯, 석·박사 과정의 강의 경험에서 얻은 기본 지식을 바탕으로 하나하나 정리하여 기술한 것이다. 또한, 졸업생들이 산업 현장에서 일하는 데도 이 박막 기술이 크게 유익한 전문 기술 분야로 자리잡고 있으므로 이들을 감안하여 출판하게 되었다.

끝으로, 이 책이 나오기까지 출판을 맡아 주신 도서출판 **일진사** 여러분께 진심으로 감사 드립니다.

저자 일동

차 례

1장 박막의 정의

2장 박막의 제조방법

3 장 막의 두께와 증착률의 측정방법

4장 박막형성의 메커니즘

5장 박막의 특성평가

7장 박막의 응용

8장 박막제조의 첨단기술

제 1 장 박막의 정의

1. 박　막

박막이 일상생활에 사용되어진 것은 아주 오래 전부터의 일이다. 가장 대표적인 것은 금을 얇게 펴서 금박의 형태로 사용한 것인데, 그 두께가 대략 4~5백만 분의 1인치 정도였다. 이러한 박막은 그 기계적인 성질이 3차원 물체의 성질과는 판이하게 다르다.

예를 들어, 박막의 강도는 열처리가 잘된 3차원 물체인 벌크(bulk)에 비해 200배 이상으로 나타난다. 이처럼 박막은 표면 대 체적의 비에 있어서 표면이 아주 크기 때문에 여러 가지에서 체적의 특성과는 다르다.

박막은 또한 입자들이 퍼져 있는 작은 섬들로 연결된 상태와 같고, 따라서 그의 여러 가지 특성이 극단적일 때가 있다.

박막이란 전기적, 결정적 특성이 양 표면에 의해 지배되는 경우이고, 그 두께는 단원자층, 단분자층의 것에서부터 약 5 μm 까지를 기준으로 두나, 경우에 따라서는 그 한계가 달라질 수 있다.

이 장에서는 박막 제조에 필수적인 진공에 관련된 기본 개념과 이러한 진공을 형성하기 위해 필수적인 진공 펌프와 진공의 측정에 사용되는 게이지 등에 관하여 설명하기로 한다.

1-1 진 공

(1) 진공 (vacuum)

진공이란 말은 희랍어로 '비어 있다'라는 뜻이다. 용기 내의 공기가 펌프와 같은 수단으로 배기되면 진공이 얻어진다. 그 용기에서 얼마나 공기가 제거되었느냐에 의해 진공도가 결정된다. 현실적으로 용기 내의 물질을 완전히 제거한다는 것은 불가능하다. 이것이 성취되면 그것은 완전하고 절대적이라 할 수 있다.

(2) 진공장치의 설치목적

1 대기압에서 0 기압까지 용기 내의 압력을 만든다는 것이 진공장치의 설치목적이다. 그러나 그와 같은 상황을 성취한다는 것이 불가능하며, 그것에 가깝게 되도록 노력하는 것이다.

1-2 기체의 일반적인 성질

(1) 기체 (gas)

기체란 말은 보통 진공에서 비압축성 기체와 증기를 의미하는 경우가 많다. 비압축성 기체란 보통 실온에서 액체나 고체로 압축할 수 없는 것이다. 건조한 공기가 비압축성 기체이고, 수증기가 증기의 예이다. 액체 공기를 만들려면 아주 낮은 온도에서 높은 압력으로 할 수 있다. 기체는 모든 방향으로 거의 같은 속력으로 운동한다. 그러나 어떤 것들은 더 빨리, 혹은 더 느리게 운동한다. 용기 내에 들어 있는 기체를 가열하면 압력이 상승하는데, 이것은 기체 분자들의 속력이 더 빨라졌다는 것을 의미한다.

(2) 압력 (pressure)

공기의 성분 중 대부분은 질소와 산소이다. 이러한 기체가 주어진 온도에서 같은 속력으로 용기의 안쪽 벽을 때리게 되고, 이것이 압력이 된다. 이 압력은 단위면적당 힘으로서 정의한다. 어떤 얇은 막을 공기 중이나 용기 내에 둘 때 그 모양이 변하지 않는 것은 그 막 양쪽에서 균일한 힘이 미치고 있기 때문이다. 용기의 출구를 그 막으로 막고 그 용기 내의 공기를 배기시켰다면 상황은 달라진다. 그 막은 그 모양을 유지 못하고 용기 안으로 쭈그러들고 만다. 이것은 둘 사이에 압력의 차이가 생겼기 때문이다. 다음 표 1-1 은 해수면상에서의 공기 성분을 나타낸 것이다.

표 1-1 해수면상에서의 공기 성분

성 분	체적으로 한 %
질 소	78.08
산 소	20.95
알 곤	0.93
이산화탄소	0.03
네 온	0.0018
히 리 움	0.0005
메 탄	0.0002
크 립 톤	0.0001
수 소	0.00005
크세논 등	흔 적

1-3 대기압 (atmosphere pressure)

다음 그림 1-1 은 고도에 따른 대기압의 변화를 나타낸 것이다.

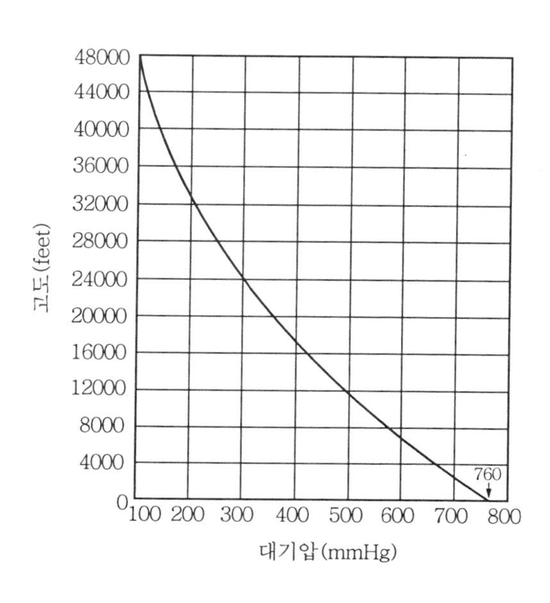

그림 1-1 고도에 따른 대기압

수면으로부터 상공으로 올라가면 그 압력이 서서히 변하고 해수면에서 0℃의 온도에서 측정한 압력을 표준 대기압 (atm) 으로 정하였고, 고도가 높아짐에 따라 이 압력은 서서히 줄어든다.

다음 그림 1-2 는 압력을 측정하기 위한 기본원리를 나타낸 것이다.

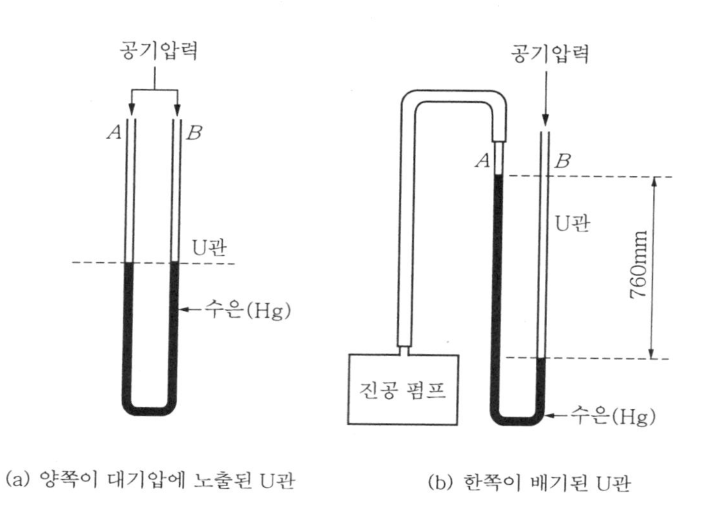

그림 1-2 U 관을 이용한 압력 측정의 기본 원리

그림 1-2 (a)에는 양쪽이 공기 중에 노출된 U자 관이고, 그림 1-2 (b)는 대기압을 측정하기 위한 것이다. 진공 펌프에 의해 흡입 상승한 수은의 높이가 대기압이 된다. 여기서, 수은의 높이가 진공과 공기의 압력 차이에 의해 760 mm 만큼 차이가 났다. 이 길이를 대기압의 기준으로 하는데 1기압을 760 mmHg 라고 하는 이유가 이 때문이다. 그러나 지금은 이 단위를 사용하지 않고 $1\,N/m^2 = 1$ Pascal 로 하기로 국제단위 위원회에서 결정하였다.

1.013 mmbar 를 기상청에서 사용하다가 이를 1.013 hecto Pascal 로 쓰고 있다. 이것도 편리함을 위한 mks 단위이다. 진공도를 나타낼 때에 torr (또는 Torr = Torricelli) 또는 mmHg 를 사용할 때가 있으나, 가급적 Pascal 을 사용하는 것이 옳다.

1-4 진공도

진공장치는 흔히 그들의 작동압력으로 구분하는데, 진공을 압력의 정도에 따라 분류하며 다음과 같다.

저진공	760^{-1} torr
중진공	$1-10^{-3}$ torr
고진공	$10^{-3}\sim10^{-6}$ torr
초고진공	$10^{-6}\sim10^{-9}$ torr
극고진공	$10^{-9}\sim10^{-12}$ torr
극초고진공	10^{-12} torr 이하

진공에 사용되는 단위는 torr 와 mmHg 와 atm 이 있는데, 이들 사이의 관계는 다음과 같다.

1 torr = 1 mmHg (근사적으로)
1 mmHg = 0.0013 atm

1-5 기체의 평균 자유행정

기체 분자는 서로 충돌하면서 이동한다. 그런데 이 이동 평균거리가 기체 분자의 밀도와 연관되어 있다. 평균 자유행정(mean free path)이란 것은 기체 분자가 서로 충돌하기 전까지 갈 수 있는 평균거리를 말한다.

이것은 진공 펌프의 설계를 다룰 때 중요한 인자가 된다. 진공 펌프 장치에서 펌프와 진공실 사이의 거리를 결정할 경우, 진공증착을 실시할 경우, 기판의 위치와 증착원과의 거리를 알맞게 설정할 경우 등에 있어서, 이러한 것들을 알맞게 고려하여 설계하여야 한다.

용기 내의 공기를 제거하는 과정을 보면 마치 그릇으로 기체를 퍼내는 것과 같은데 매번 용기 내는 기체 분자의 수에 해당하는 평균압력이 유지된다. 이 평형조건이 될 때 펌프까지 기체가 가급적 용기의 다른 부위에 충돌하지 않고 도달할 수 있도록 해야 한다. 물론 콜드 트랩(cold trap)과 배플(baffle) 같은 것에는 의도적으로 기체들이 접촉되도록 한다.

같은 압력하에서 어떤 기체의 평균 자유행정은 다른 기체의 것과 같지 않다.

분자의 크기가 다르고 속력도 다르기 때문이다. 실온상태의 공기에 대한 자유행정은 다음 식으로 주어진다.

$$L = \frac{5 \times 10^{-3}}{P} \, [\mathrm{cm}] \quad \text{(식 1-1)}$$

여기서, P는 torr로 표시된 공기의 압력이다. 예를 들면, 1기압의 (해수면에서 0℃의 대기압) 압력에서 공기의 평균 자유행정을 구하면 압력이 760 torr이므로

$$L = \frac{5 \times 10^{-3}}{760} \, [\mathrm{cm}] = 6.6 \times 10^{-6} \mathrm{cm} \quad \text{(식 1-2)}$$

가 되어 매우 짧은 거리임을 알 수 있다. 그러면 10^{-6} torr의 압력에서 공기의 평균 자유행정은 $5 \times 10^3 = 5000$ cm가 되어 1기압에 비해 매우 큰 값을 갖는다. 그러므로 진공도에 따라서 그 길이가 상당히 변하는 것을 알 수 있다.

일반적으로 모든 진공장치는 그림 1-3과 같은 구조로 되어 있다. 이 그림에 나타낸 장치는 10^{-6} mmHg 범위의 진공도를 갖도록 한 것이다. 주요 부품은 진공용기(chamber), 펌프, 용기와 펌프를 연결하는 파이프라인, 진공계기, 밸브, 배플, 콜드 트랩 등이다.

펌프에는 기계식인 로터리 펌프가 있고, 기름을 작동 액체로 쓰는 유확산 펌프가 있다. 이들 펌프에 사용되는 기름은 그것에 알맞은 규격품을 사용해야 원하는 진공도를 달성할 수 있다.

로터리 펌프는 진공장치의 기본이 되는 배기장치이므로 그 성능, 즉 배기능력이 확보된 것이어야 한다. 이것의 성능이 보장되지 못하면 전체 기능을 유지 못하므로, 아주 중요하게 생각해야 한다. 이 펌프에 쓰이는 기름도 일반용과 화학적 반응에 견디는 화학용으로 구분되어 있다. 따라서, 화학 반응성 물질을 취급할 때는 로터리 펌프의 기름도 이에 알맞은 것을 사용해야 한다. 유확산 펌프의 기름도 여러 가지가 있으나 실리콘유 계통의 것을 사용한다. 점성이 높으며 화학적으로 잘 변하지 아니한다.

진공 펌프의 기름은 산소에 의한 산화가 치명적이다. 물론 사용방법에 알맞게 사용하면 산화될 염려는 많지 않으나 장시간 사용함으로써 자연히 산화가 이루어진다. 진공 용기는 공간적으로 충분히 커야 한다. 종종 이 때문에 증착한 막의 성질에 기대하지 않았던 효과가 발생한다. 또한, 외부로부터 전기나 다른 기능을 수행하기 위한 입력단자와 전기단자(feed- through)가 여유 있게 설치되어 있어야 한다.

액체 질소나 액체 공기로 콜드 트랩(cold trap)을 사용하면 진공도의 향상과 용기

내부의 수증기의 제거에 큰 효과를 본다. 물론 배플(baffle)에 냉각수를 통과시켜 유확산 펌프에서 역류될 수 있는 기름증기를 차단한다.

기타 다른 부위의 모든 곳은 외부로부터 공기가 유입되지 않도록 되어야 하고, 장치 내부는 항상 깨끗하게 유지되어야 한다.

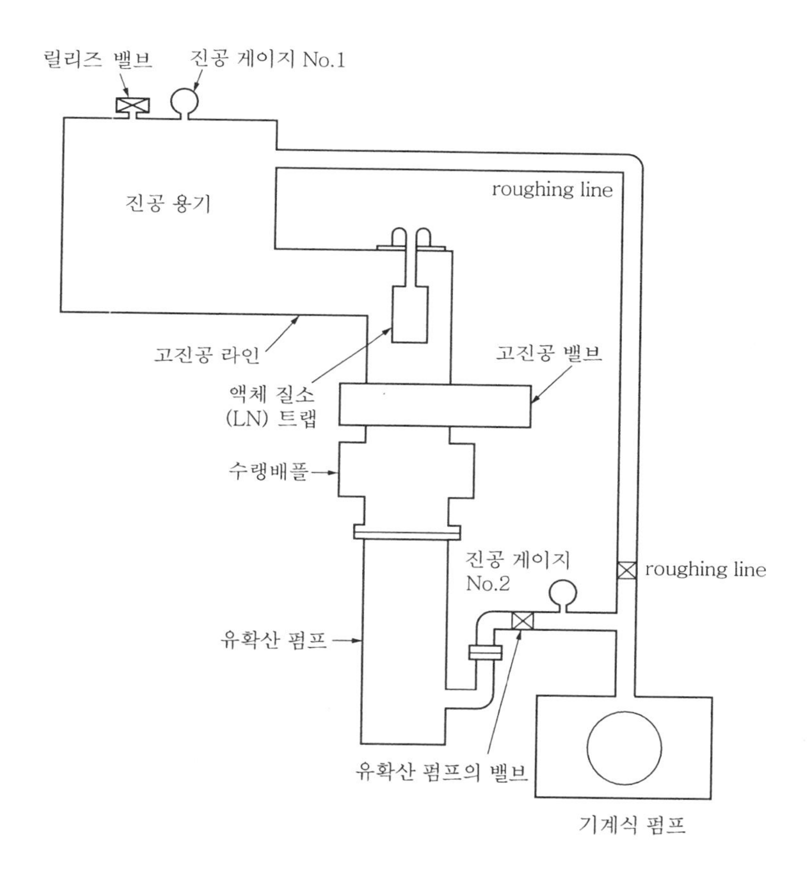

그림 1-3 기계식과 증기 펌프로 구성된 진공 시스템

간단히 작동순서를 이야기하면, 그림 1-3에서 기계식 펌프를 작동시키되 우선 기계식 펌프와 유확산 펌프 사이의 밸브를 잠그고 roughing line만을 사용하여 용기 내의 진공도를 10^{-3} torr (mmHg)까지 배기한다. 이 때 진공도는 열전대 진공계기와 피라니 게이지(pirani gauge)를 사용한다. 그 후 유확산 펌프의 전원을 넣고, 충분히 온도가 상승한 것을 확인한 후 기계식 펌프의 밸브를 닫고, 유확산 펌프의 밸브와 주밸브(foreline valve)를 연다.

이 때부터는 진공도 측정은 이온 게이지(ion gauge)를 사용한다. 목적하는 진공도에 도달할 때까지 걸리는 시간이 짧은 장치가 우수한 것이고, 이것이 이 성능의 중요한 기대값이다.

그림 1-4 의 (a)는 유확산 펌프의 내부에 설치되는 베인(vane)이고, (b)는 이 펌프의 외관 하우징으로 냉각용 파이프가 감겨져 있다.

그림 1-5 는 유확산 펌프의 단면도이다. 베인이 3단계로 확산유가 그 내부 하단에 놓여 있고, 히터가 가열되면 이 기름이 증기화된다. 베인의 각 단계에는 원통기둥과 날개 사이가 0.2~0.5 mm 의 좁은 간격을 유지하고 있다. 베인 주위는 10^{-3} mmHg 이하의 진공상태이고, 우측에는 기계식 로터리 펌프가 계속 배기시키고 있기 때문에 베인 내부와 외부 사이에는 압력 차이가 크게 존재한다. 따라서, 높은 압력의 베인 내부로부터 낮은 압력의 외부로 증기화된 기름이 고속으로 뿜어져 나오게 되며 제트기류를 형성한다. 베르누이의 정리에 의하면 유체의 속도가 크면 주위의 압력이 낮아져 진공계에 있는 기체 분자들이 이 제트류에 끌려오게 되고, 이 유체가 펌프의 냉각시킨 벽에 부딪치고, 응결되어 하단부로 흘러내려 다시 히터에 의해 가열되는 순환과정을 갖게 된다.

그림 1-6 은 기계식 펌프인 로터리 펌프의 내부 구조도이다. (a)는 회전자 내부에 스프링으로 받혀진 밸브에 의해 갇혀진 기체 분자가 시계 방향으로 회전자의 진행에 따라 밖으로 내보내지는 것이다. (b)는 회전자가 캠(cam)으로 되어 있고, 밸브가 상단의 스프링에 의해 지지되어 있으며, 우측에 갇힌 기체 분자들이 시계 방향으로 회전하는 캠에 의해 회전하면서 좌측 상단으로 배기되도록 되어 있다.

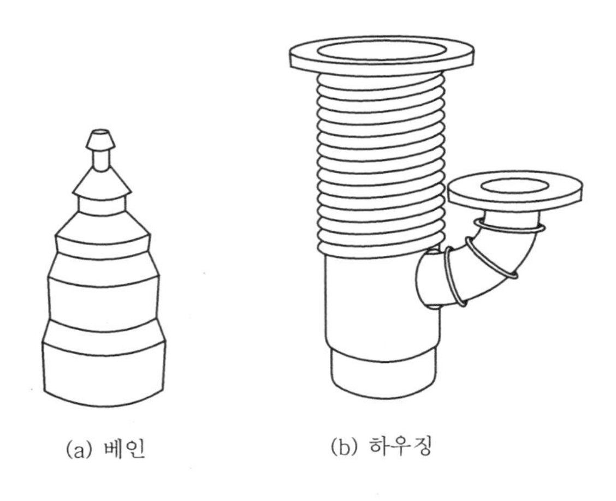

그림 1-4 유확산 펌프의 내부와 외관

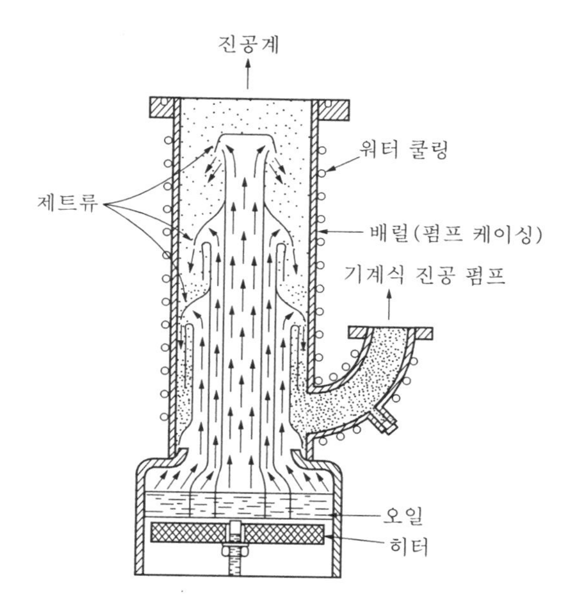

그림 1-5 유확산 펌프의 단면도

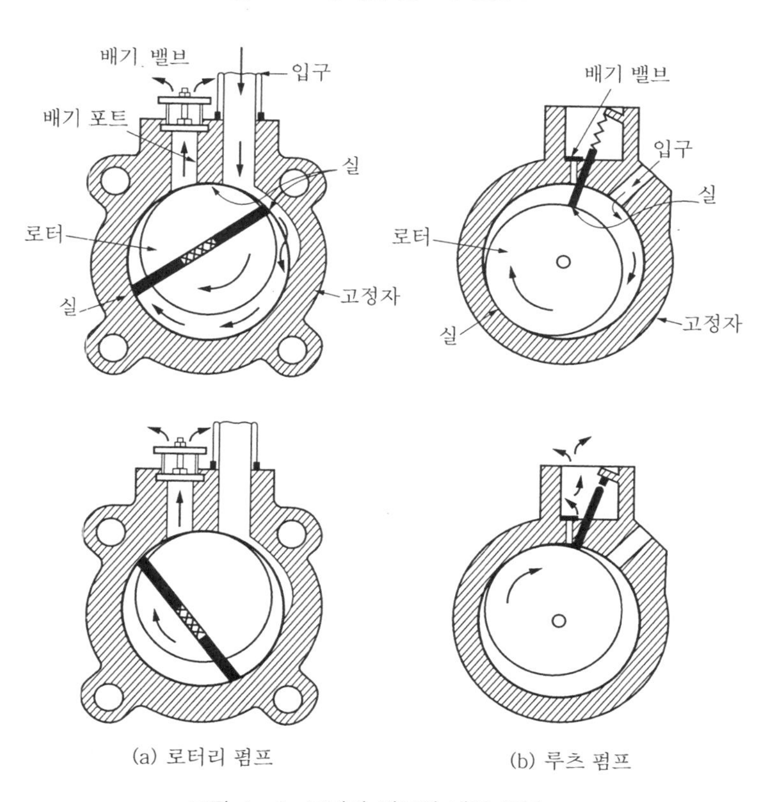

그림 1-6 로터리 펌프의 내부 구조

배플은 유확산 펌프의 기름이 진공용기 내로 역류되는 것을 차단하기 위해 꼭 필요한 것이고, 콜드 트랩은 액체 질소를 그 용기 내에 넣어 그 용기의 온도를 액체 질소의 온도에 가까이 되도록 해서 그 용기의 외벽이, 즉 진공 속에 노출된 벽이 영하 200℃ 가까이 냉각되게 해줌으로써 진공용기 내의 수증기를 그 벽에 응결시켜서 결국은 그 진공 용기 내부의 압력을 한 차수 더 낮출 수 있는 효과를 얻게 해준다.

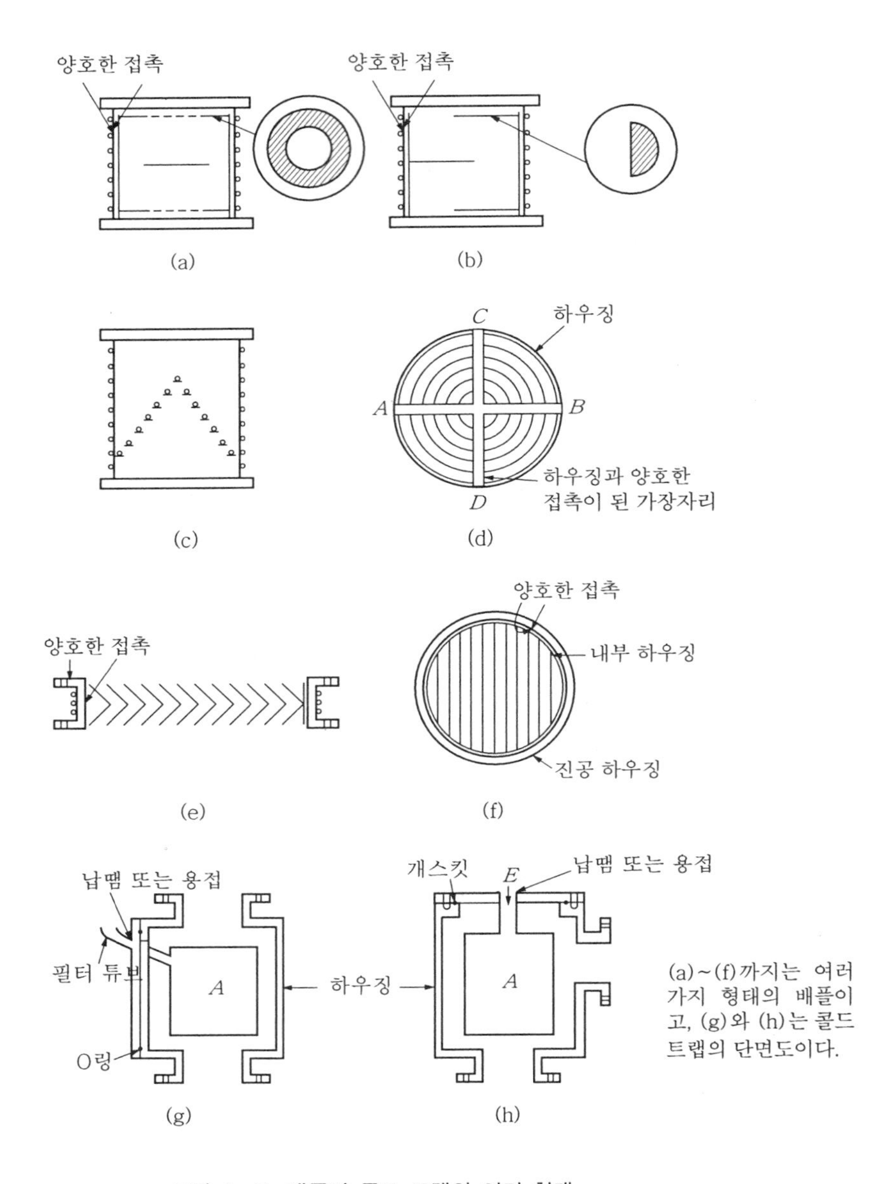

그림 1-7 배플과 콜드 트랩의 여러 형태

1-6 유확산 펌프의 작동

이온 펌프, 인젝터(ejector) 펌프, 승화 펌프 등 최근 개발된 초고진공용 펌프들이 있으나 여기서는 유확산 펌프에 관한 것만 다루겠다. 이 펌프의 올바른 설치와 동작순서는 그 성능을 최대로 하는 것이 필수적이다.

최근에 나온 고가의 진공 펌프를 이용한 장비들은 이 작동순서를 자동화시켜서 스위치만 작동시키면 되도록 되어 있다. 그러나 내부적인 작동원리를 이해하고 사용하면 그 장비를 올바르게 이용할 수 있다. 또한, 고장이 생겼을 경우에도 이를 자체적으로 수리할 수 있는 능력도 갖게 된다.

(1) 유확산 펌프의 작동순서

다음은 유확산 펌프의 작동순서를 나열한 것이다.

① 우선 주변에 전력, 충분한 용량의 냉각수와 하수관을 갖추고 있어야 한다.

② 펌프에 노즐 일체가 적당하게 정렬되어 있는가를 검사한다.

③ 추천한 기름을 적량 펌프에 채운다.

④ 펌프를 수평으로 유지해서 기름이 보일러를 통해 균일한 깊이가 되도록 한다.

⑤ 고진공측이나 전단계 진공측과의 연결을 단단히 한다.

⑥ 수랭식인 경우 물이 올바르게 흐르는지를 확인한다.

⑦ 냉각수나 가열회로의 보호장비가 올바르게 작동하는지를 검사한다. 대부분 진공장비는 수압(상수도의 출구압력)에 따라 동작한다. 수압이 적정 수준에 미달하면 처음부터 작동을 하지 않는다. 수압 센서가 내장되어 있다.

⑧ 진공도가 적정 수준에 도달하면 히터의 스위치를 작동시키고 적당한 압력이 되어야 한다. 이 때도 압력 센서가 내장되어 있어서 적정 압력이 안되면 진공계기가 작동하지 않는다.

⑨ 히터가 작동하는지 검사한다.

⑩ 펌프가 작동온도가 되면 압력은 순식간에 떨어진다. 보일러는 고온 상태에 있으므로 손이 닿아서는 안 된다. 이 유확산 펌프에 쓰이는 기름은 너무 높은 온도에서 공기에 노출되면 곧 산화해서 사용할 수 없게 된다. 실리콘유조차도 공기 중에 높은 온도로 노출되면 분해가 될 수 있다.

(2) 끝맞춤 순서

유확산 펌프의 사용 후 끝맞춤 순서도 반드시 지켜져야 한다.

① 주 밸브를 잠그고, 로터리 펌프는 계속 작동시키면서 히터를 우선 끈다.

② 계속해서 냉각수는 흐르게 하고, 공랭식은 바람을 계속해서 불어 준다.

③ 손으로 보일러가 충분히 식은 것을 확인한다.

④ 적당한 밸브를 열어 용기 내의 압력을 대기압과 같게 한다. 동시에 나머지 로터리 펌프도 작동을 중지시킨다.

⑤ 냉각수의 흐름도 차단시킨다. 이것을 하지 않으면 펌프 내부 벽에 수증기가 응결해 있다가 다음 사용시 이 물방울 때문에 초기 진공도에 도달하는데 많은 시간을 소요하게 된다.

1-7 압력의 측정

낮은 압력(저압력)을 측정하기 위한 소자에는 여러 가지가 있다. 이들 소자는 절대 압력을 측정하는 것이 아니므로 반드시 조정(calibration)이 올바르게 되어 있어야 한다. 다음은 낮은 압력을 측정하는데 흔히 쓰이는 것들을 간단히 나열한 것이다.

(1) 유체 게이지

이들은 실제로 기체에 의해 받는 힘에 의존한다. 예를 들면, 수은과 유체(기름) 기압계, McLeod 게이지, Bourdon 게이지, 그리고 다이어프램 게이지들이다. 이 중에서 McLeod 게이지는 수은 압력계로 실제로 수은주의 높이로 그 값을 나타낸다. 진공계기들의 표준이 된다. 이 부분은 후에 더 자세히 다룰 것이다.

(2) 열전도도 게이지

압력이 달라지면 기체의 수도 달라지므로 공기를 통한 열의 확산, 즉 열전도도가 달라진다. 이를 이용하여 도선의 전기저항값이 변하고 이를 유추해서 진공도를 알 수 있게 한 것이다. 피라니 게이지와 열전대 게이지가 이에 속한다. 저압에서 가장 많이 사용한다.

(3) 점성도 게이지

이것은 기체의 점성도가 압력에 따라 변하는 것을 이용한 것이다. 그 예로는 Langmuir 점성도 게이지이다. 그러나 이것은 잘 사용되지 않는다.

(4) 복사계 게이지

고온에서 빨리 움직이는 분자는 저온에서 서서히 움직이는 분자 보다 더 큰 힘을 낸다는 사실에 근거를 둔 것이다. 그 대표적 것이 Knudsen 게이지이다.

(5) 이온화 게이지

기체의 이온화로부터 생긴 전류를 측정해서 알아보는 것이다. 일반적인 형태는 다음과 같다.

① 열이온 이온화 게이지
② 콜드 음극 게이지(penning 또는 philips)
③ alphatron 과 같은 방사능 소스를 사용한 게이지

(6) 방전관 기체에서 방전할 때 물리적인 특성을 보고 진공도를 측정하는 것, 즉 geisler 관에서의 방전은 저진공도를 측정하는데 정성적으로 사용된다.

항상 염두에 두어야 할 것은 이들 게이지가 비록 같은 회사에서 만들어졌다 해도 각각 다른 값을 나타낸다는 것을 잊지 말아야 한다. 즉, 늘 조정을 해야 한다. 그러면 무엇을 기준으로 조정을 해야 하는가? 그 기준에 McLeod 게이지가 사용된다.

1-8 McLeod 게이지

다음 그림 1-8 은 McLeod 게이지의 구조를 나타낸 것이다. 사용하는 방법이 쉬운 것은 아니나 원리는 수은을 저장고에 두었다가 배기한 후 그곳으로 수은을 보내어 진공에 의한 수은주의 높이가 생기도록 한 것이다. 이 장치도 10^{-3} torr 까지 측정할 수 있다. 그 이상의 고진공에서는 눈금이 작아 잘 알아볼 수 없다. 그렇다면 그 이상의 압력은 이를 기초로 유추해서 정할 수밖에 없고, 전문적으로 생산하는 업체에서는 질량 분석기 같은 장치로 이를 측정한다. 우리들의 실험실에서는 여러 회사 제품을 함께 사용해서 그 값의 평균값을 활용할 수밖에 없다.

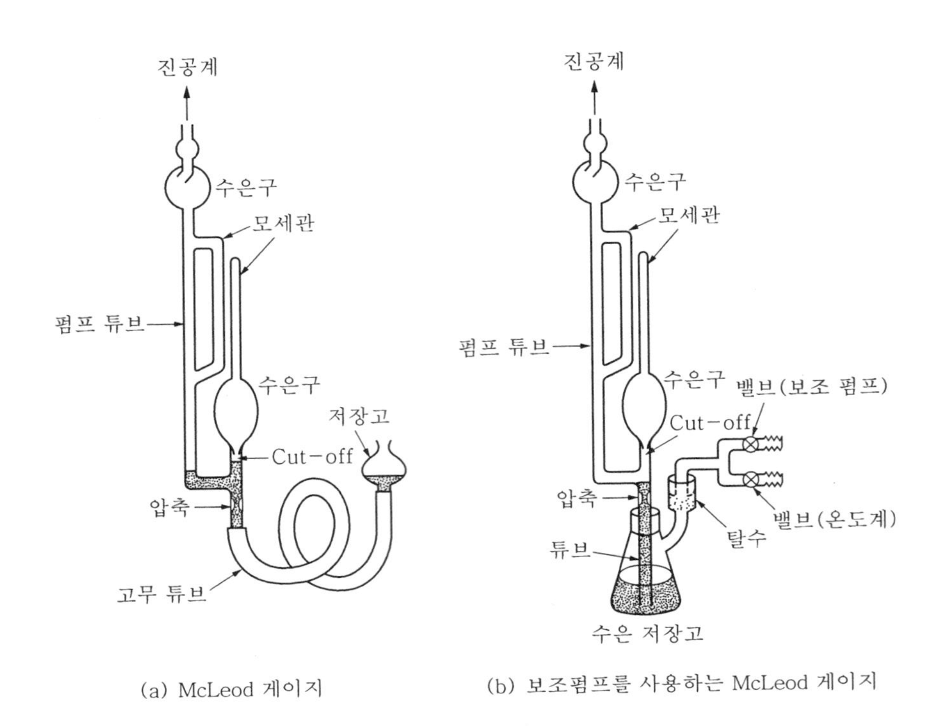

(a) McLeod 게이지 (b) 보조펌프를 사용하는 McLeod 게이지

그림 1-8 McLeod 게이지의 구조

1-9 Pirani 게이지와 열전대 게이지

발열체에 정전류가 흐르게 하여 발열시키면 일정한 온도를 유지할 수 있을 것이다. 그러나 주변에 존재하는 기체의 압력이 변화하게 되면, 즉 기체 분자수에 따라 열이 확산되는 정도가 달라지면 발열체 자체의 온도가 달라져서 그의 전기저항값이 변하게 된다. 이 저항의 변하는 것을 브리지 회로를 통해 측정하여 그 값에 대응하는 진공도를 측정하는 것이 Pirani 게이지의 동작원리이다.

그림 1-9는 Pirani 게이지의 구조도를 나타낸 것이다. 기체 분자가 많은 저진공에서만 사용할 수 있다. 열전대(thermocouple) 게이지와 Pirani 게이지가 다른 점은 해당되는 압력에 따른 기전력의 값이 생기고, 이를 이용하여 그 압력을 측정한다는 것이다.

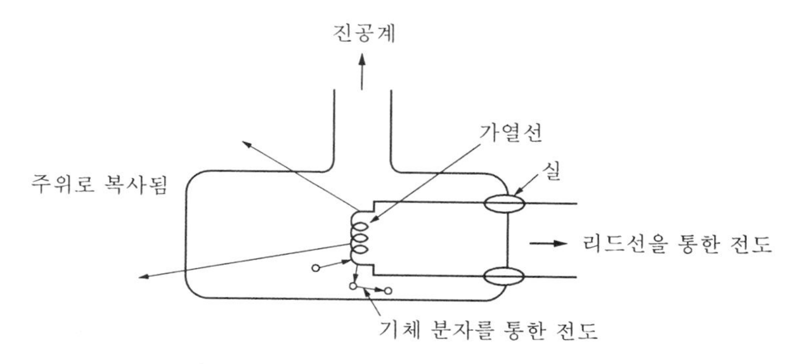

(a) 가열선으로부터 나온 열의 손실

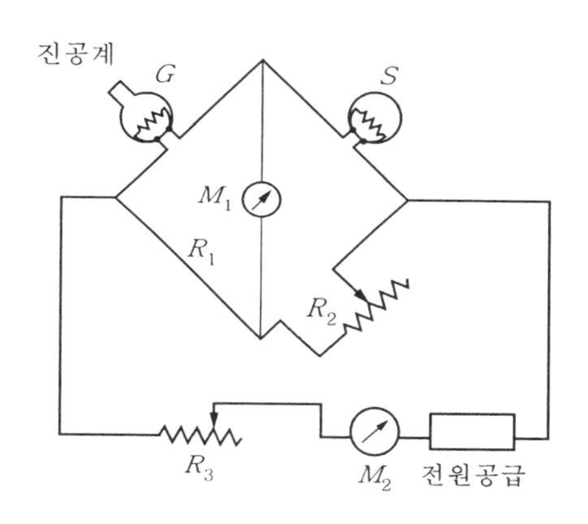

(b) Pirani 게이지의 배치

그림 1-9 Pirani 게이지의 구조도

1-10 열이온적 이온화 게이지

다음 그림 1-10은 열이온적 이온화 게이지 소자를 나타낸 것이다. 가열된 필라멘트에서 방출된 열전자가 배기된 용기 내의 압력에 따른 기체 분자의 농도에 따라서 음극에서 양극으로 가속되어 가면서 기체 분자들을 이온화시키고, 이 이온화된 양(+)의 이온이 음극에 수집되면서 이온 전류가 흐른다.

이 이온 전류는 용기 내의 기체 농도에 비례하므로 이 값을 측정해 진공도를 유추한다. 한번 사용하면 증발된 물질로 오염되므로 소위 탈기체(degassing) 과정을 실시해서 소자 내부를 청소한다. 이것은 소자 내부에 있는 나선형 필라멘트를 가열시켜 모든 오염된 물질을 증발시켜버린다.

이것의 측정범위는 10^{-4}~10^{-7}torr 이하이다. 10^{-4}torr보다 더 높은 압력에서 작동시키면 기체 내에 있는 산소에 의해 필라멘트가 산화되어 못 쓰게 되므로 주의해야 한다.

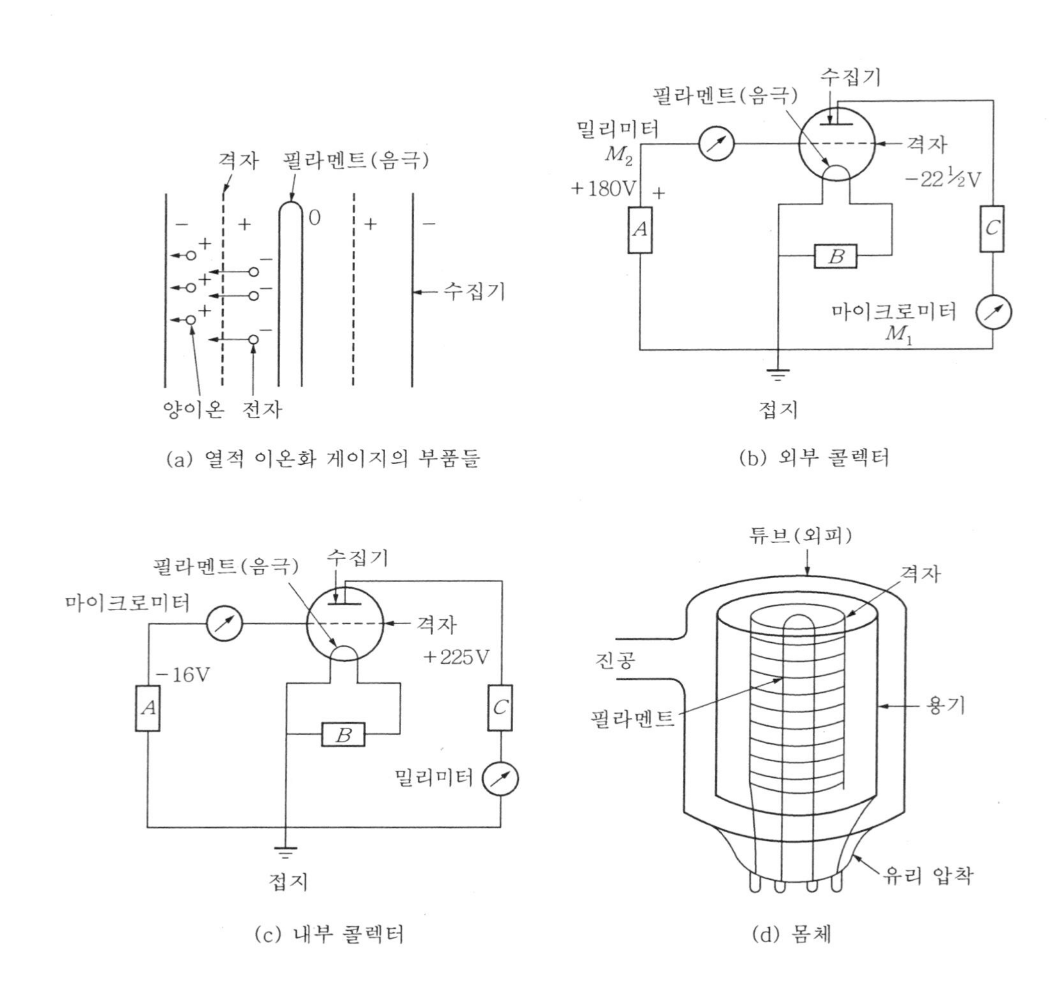

그림 1-10 열이온적 이온화 게이지의 소자

제 2 장 박막의 제조방법

박막의 제조방법에는 화학적 방법(전기화학적 방법이 포함)과 물리적 방법이 있다. 이 책에서는 물리적 방법에 치중할 것인데, 왜냐 하면 이 방법으로 만든 박막은 매우 깨끗하고 잘 정의된(well defined) 막이기 때문이다. 실제에 있어서 물리적 방법으로 만든 박막이 모든 물질에 적용할 수 있고, 큰 범위의 두께를 만들 수 있다. 우선 간단히 화학적 방법을 소개한다.

1. 화학적 및 전기화학적 방법

가장 중요한 방법으로는 전해에 의한 성막 (전기도금), 무전극 성막, 양극 산화법, CVD (화학적 증기성막법) 등이 있다.

1-1 음극 전해 성막법

성막될 물질이 보통 금속일 경우, 이 물질이 이온의 형태로 녹아 있거나, 어떤 액체 속에 섞여 있는 것을 사용한다. 그 용액이나 액체 속에 두 전극인 +와 −를 삽입하고, 전압을 걸어주면 금속성인 +이온이 음극으로 끌려오고, 이 금속이온이 음극 표면에 모여서 막이 형성된다.

성막된 물질의 양은 이 때 이동한 전하의 양에 비례한다. 이 비례상수를 그 물질의 전기화학적 당량이라고 한다.

예를 들면, Au는 2.04×10^{-3} g/C이고, Al은 0.09×10^{-3}g/C이다. 여기서, C는 쿨롬 (coulomb)이다. 성막된 막의 특성은 기판 (substrate)에의 접착도와 그 막의 결정구

조(미세결정의 크기) 같은 것인데, 이들은 전해질의 성질에 의해 영향을 받는다.

이 경우 박막은 도체 위에만 만들 수 있고, 막이 전해질의 불순물에 의해 오염되는 것이 단점이다. 실제에서 이들 막의 전기적 성질이 균일하지 못하다. 일반적으로 전해액의 순도가 높지 않아서 생기는 막 내의 오염이 큰 결점이 되고 있는데, 이것은 이들 막을 실제로 사용하지 못하는 이유가 된다.

1-2 무전극 또는 무전기 성막법

전기화학적 과정에 의해 막이 형성된다. 즉, 외부로부터 전장을 가하지 않아도 막이 형성된다. 성막속도는 욕조의 온도에 의해 결정된다. 어떤 경우에는 촉매로 자극해서 성막속도를 높일 수 있다. 예로는 Ni 도금, 플라스틱 인형 위에 도금하는 것, 보온병의 내부에 은도금하는 것 등이 있다.

1-3 양극 산화법

산소를 갖고 있는 전해액을 사용해서 금속을 산화시키는 방법이다. 음극 전해성막과 반대 전극을 이용하는 것이다. Al, Ta, Nb, Ti, Zr 과 같은 금속을 전해질 용액에 담그고, 전극에 전압을 걸어 주면 용액 속의 산소 이온을 양극의 금속이 끌어당긴다. 그리하여 그 금속이 산화물이 된다.

막의 성장속도는 외부 전장의 강도에 지수적(exponentially)으로 변하는데 이와 같이 형성된 막은 균일한 평면이 되지 않는다. 그러나 국부적인 돌출부는 무작위적인 요동(random fluctuation)의 전기장 효과 때문에 즉각적으로 막을 평탄하게 해버린다. 이 양극 산화법에서 일정 전류나 일정 전압방법 중 어느 것이나 사용할 수 있기 때문에 여러 가지 염기의 용액이나 산을 갖는 액체를 전해액으로 사용할 수 있다.

일정 전류방법은 전압을 변화시키면서 전류값을 일정하게 유지하면서 막을 만든다. 막의 두께는 시간에 비례한다. 또한, 일정 전압방법은 전원의 용량을 아주 큰 것을 사용하여 그 과정이 진행하는 동안에 전압이 불변하게 한다. 이 때 막의 두께는 시간에 비례한다.

1-4 CVD (chemical vapor deposition) 법

고순도의 박막 단결정막을 만드는데 사용되며, 반도체 기술 중에서 가장 많이 쓰이는 방법이다. 이 방법으로 만든 막을 크게 두 가지로 나눈다.

① 단종 에피탁시 (homoepitaxy) : 기판 위에 같은 종류의 막 (Si 기판 위에 Si 막) 을 만드는 경우이다.

② 이종 에피탁시 (heteroepitaxy) : 다른 물질의 기판에 다른 종류의 막을 만드는 경우로서 이들을 수행하는 과정에서 여러 가지 화학반응이 적용된다.

또한, 이 과정에서 막이 형성되는 메커니즘 (mechanism) 은 열분해로 고온에서 화합물이 분해되어 그 중 하나를 기판에 성막되도록 한 것과 광분해로 기체상태의 화합물을 적외선이나 자외선으로 분해시키는 것이다.

예를 들면, 수소 화합물인 GeH_4 와 SiH_4 를 광분해시켜 순수한 Ge 과 Si 막을 얻는 것이다. 그 외의 방법은 염화물, 즉 $SiCl_4$ 나 $SiHCl_3$ 의 환원과정이다.

$$A + AB_2 \leftrightarrow 2AB \quad \cdots\cdots \text{(식 2-1)}$$

여기서, AB는 기체상태의 화합물이고, A는 성막시키려는 물질이다. 고온에서 반응이 일어나고, AB는 안정한 화합물이 된다. 한편, A 성분은 낮은 온도에서 분리되어 나온다.

$$2SiI_2 \leftrightarrow SiI_4 + Si \quad \cdots\cdots \text{(식 2-2)}$$

주로 화학적 수송반응은 3-5족 화합물 박막을 제작하는데 쓰인다. 대표적인 예에는 GaAs 가 있다. 그 원리는 다음과 같다.

어떤 물질이 HCl, 기타 기체, 증기와 같은 것이 활성 화합물을 만들기 위해 취급되는데, 이것들이 어떤 결정성 물질로 수송된다. 이것들이 적당한 온도 영역에서 기판에 성막되어 박막 단결정을 이룬다. 그림 2-1은 그 장치도이다.

1영역에서 수소와 함께 $AsCl_3$ 가 반응하여 As와 HCl 의 증기를 발생시킨다. HCl 은 Ga 과 반응해서 GaCl 과 수소를 만든다. Ga 은 역시 As와 반응해서 GaAs 박막을 만든다. As에 의한 Ga의 포화로 최종 반응인 마지막 영역에서

$$6GaCl + As_4 \leftrightarrow 4GaAs + 2GaCl_3 \quad \cdots\cdots \text{(식 2-3)}$$

이 발생하고, 3영역의 기판상에 GaAs 가 결정상태로 증착된다. 그 외 반응인 $GaCl_3$ 는 기체 상태로 되어 밖으로 배출된다. 이 시스템의 단점은 As 가 Ga 속에 녹아 들어가는 것이다. 이 때 HCl이 Ga 과 직접 반응하는 것이 선행될 수 있다는 것이다. 이어서 흘러 들어오는 수소에 의해 As 증기가 이송되어 결국 염소와 반응하는 결과를 낳는다.

최근에는 이 단점을 개선하기 위해 소위 "밀폐된 공간(closed-spaced)" 또는 "샌드위치" 방법이 개발되었는데, 이것은 약 100 μm 의 매우 짧은 거리에 HCl, 수증기, 또는 요도 증기를 설치해서 기체상태로 물질들을 수송시켜서 다른 반응이 일어날 수 있는 기회를 줄이는데 있다.

소스(source) 와 기판, 즉 단결정층 사이의 온도차가 수십도로 유지되고, 약간의 다정질 재료가 소스로서 사용된다. 이 방법의 효율은 90% 로 비교적 높고, 단결정층을 만드는데 쓰인다. GaAs, GaP, GaAsP 형태의 2종, 3종 화합물을 만드는데 사용한다.

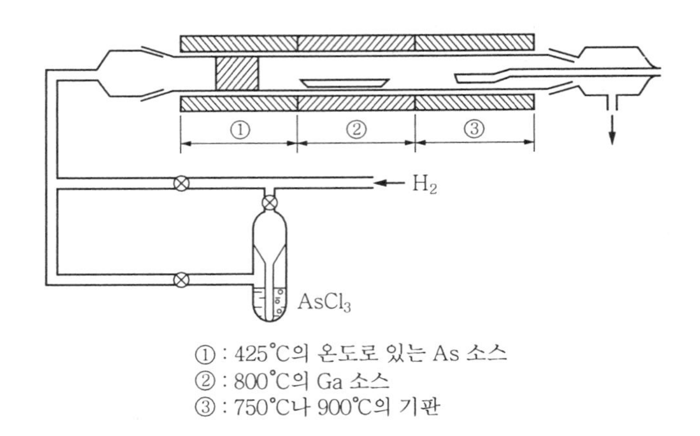

그림 2-1 수송반응에 의한 GaAs 막의 제조장치

1-5 액상 에피탁시법

Sn, In, Pb, Bi, Ga 과 같은 녹는 온도가 낮은 금속 내에 용해된 반도체 물질의 결정화에 기초를 둔 반도체 에피막을 증착시키는 방법이다. 어떤 포화된 용액이 고온(1000℃ 이상) 상태로 준비되고 이를 서서히 냉각시켜 응결되도록 한 것이다.

1-6 Langmuir-Blodgett 막 형성법

고분자 극성 물질(예 오래인산)을 용재(예 솔벤트, 알코올)에 녹인 후 이를 물 표면에 떨어뜨리면 단층의 오레인산 고분자층이 형성된다. 이를 간단한 수송장치를 이용하여 기판 위에 얹혀서 막을 만든다. 이 과정을 여러 번 같은 기판에 막을 형성시켜 그 두께를 조정할 수 있다.

1-7 흡착방법

흡착에 의해 몇 분자층의 아주 엷은 박막을 만들 수 있다. 즉, 세슘 원자층을 광음극의 표면에 만들 수 있다. 그 밖의 가능성은 기판 속으로부터 확산시켜 박막을 만들 수 있다.

예를 들면, 텅스텐의 유연성을 높이기 위해 ThO_2 을 W 속에 넣으면 이것이 유연해지고 이 때 이를 가공하게 된다. W를 1800℃까지 온도를 상승시키면 소위 활성화 과정을 거친 것이 되어 이 2산화물이 분해되고, 결국 Th가 W 표면으로 확산되어 단원자층 박막이 형성된다.

2. 진공 증착

2-1 물리적 기초

가장 널리 쓰이는 방법으로서 박막 제조방법이 간단하다. 이 방법으로 박막이 만들어지기 위해서는 몇 가지 물리적 단계를 거친다.

(1) 증발이나 기체상태로 승화되어 물질이 이송되면서 증착된다.

(2) 증발원에서 기판까지 원자나 분자형태로 이송된다.

(3) 이들 입자가 기판상에서 성막된다.

(4) 기판상에서 그들의 결합상태에 따라서 재배치되거나 정리된다.

분자나 원자들이 고체나 액체상태의 모든 물질로부터 가열시켜 분리시킬 수 있는데, 어떤 닫혀진 장치 내에서 소위 포화증기압이라는 어떤 평형압력이 그 온도에서 형성된다. 온도에 대한 이 압력의 의존성을 그림 2-2 에 여러 가지 물질에 대해 나타내었다.

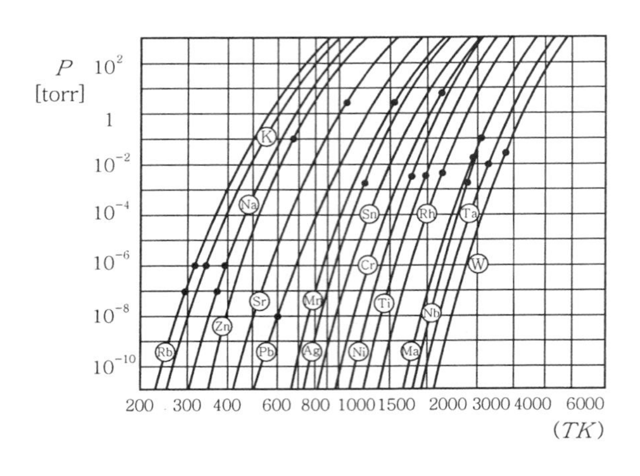

그림 2-2 여러 가지 물질의 증기압에 대한 온도 (점(•)은 비등점)

액체가 증기로 되어 수송되고 성막되는 과정을 증착 (evaporation) 이라 하고, 고체가 바로 증기가 되어 수송되는 것을 승화라 하며, 이것이 박막이 되는 기본 메커니즘이다.

그림 2-3 에는 증발원과 기판 사이의 기하학적 구조를 나타내었다. 이는 박막의 두께가 위치에 따라 달라짐을 알아보기 위한 것이다.

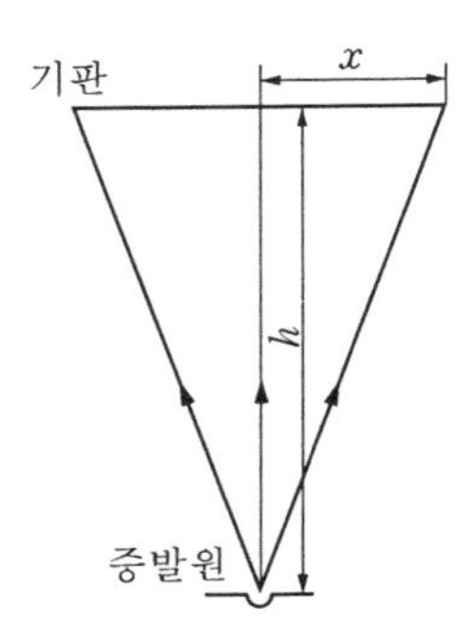

그림 2-3 두께 분포 결정을 위한 배치도

즉, 증발원은 점인데 반해 기판상에 형성되는 박막은 면적이기 때문에 증발원과 기판 사이의 거리에 따라 두께가 달라진다. 이 그림에서 최대 두께 t_0는 중심부에 이루어지고, 즉 h 거리에서 x에 따라 두께가 작아진다.

$$t / t_0 = 1 / [1 + (x / h^2)]^{3/2} \quad \text{(식 2-4)}$$

만약에 증발 물질이 비교적 점이 아닌 작은 평면이면 다음 식으로 주어진다.

$$t / t_0 = 1 / [1 + (x / h)^2]^2 \quad \text{(식 2-5)}$$

이상의 효과를 없애기 위해 기판을 구면으로 만들기도 한다.

2-2 실험 기술

(1) 증착장치

① 필요조건

(가) 충분히 낮은 문턱(threshold) 압력(10^{-5} torr)이 되어야 한다.

(나) 대기압으로부터 이 문턱 압력까지 짧은 시간에 도달해야 한다.

(다) 작업실이 유기성 증기에 오염되지 말아야 한다.

(라) 진공 작업실(vacuum chamber)이 충분히 커서 손이 쉽게 들어갈 수 있어야 한다.

(마) 작업실이 충분히 커서 외부로부터 많은 수의 전기단자(feedthrough)를 설치할 수 있고, 배기시 공기의 흐름이 용이해야 한다. 증발원의 복사열이 기판의 막에 영향을 주지 않아야 한다.

그 외에도 진공 펌프와 작업실의 거리가 짧아야 하고, 배기속도는 수백 l/sec 라야 하고, 펌프 오일도 최소한 실리콘 7급 이상의 것을 사용해야 한다.

진공장치에는 유확산 펌프 내의 기름이 역류되지 않도록 콜드 트랩(cold trap)과 배플(baffle)이 구비되어야 한다. 배기능력이 좋아서 짧은 시간 안에 작업조건에 도달해야 한다. 진공장치 내의 모든 재료는 증기압이 낮은 것을 사용한다.

부품 자체에서 기체가 방출해서는 안 된다. 예를 들면, 놋쇠의 경우 프레스(press)해서 만든 것은 사용 가능하나, 주물로 만든 것은 그 내부에 기포가 있어서 그것에서 기체가 유입된다.

초고진공 (ultra-high vacuum)인 10^{-10}~10^{-11} torr 정도의 진공을 형성하기 위해서는 사전에 고진공상태로 만든 뒤 분자 채(sieves)로 된 흡착 펌프가 사용된다.

액체질소 온도상태에서 이 채는 내부의 표면적이 넓어서 이곳에 많은 양의 기체가 흡착하게 된다. 이것을 분자 트랩이라 한다. 그 뒤에 이온 게터(ion getter) 펌프를 작동시킨다. 이것의 원리는 Penning 방전 진공 게이지의 원리와 같은데, 두 티타늄(titanium) 음극과 한 개의 그리드 (grid) 양극 사이에 자장을 걸어서 불꽃 방전을 일으켜 티타늄을 스퍼터시킨다. 스퍼터된 Ti 원자가 그 용기 내부에 있는 기체 분자와 화학적 흡착에 의해 결합한다. 그 외 물리적으로 흡착된 입자들이 뒤따라 이루어지는 스퍼터된 층의 내부로 묻혀 버리게 되고, 10^{-10}~10^{-11} torr 까지 압력을 내릴 수 있게 된다.

그 후 표면에서 재기화 (degassing) 현상이 일어나 용기 내의 압력이 상승하게 되는데, 이것은 Ti 볼 (ball) 을 이용하여 기압을 낮춘다. 즉, Ti 볼을 고온으로 상승시켜 Ti 원자가 그곳에서 튀어나오게 한다. 그리하면 이 Ti 원자와 용기 내의 기체 분자와 결합해서 산화 Ti 나 산화 N 의 화합물이 되어 용기의 안쪽 벽에 부착하게 된다. 그리하면 10^{-1} torr 정도 더 강하한다.

(2) 기판과 그 준비

박막은 혼자서 그 형태를 유지하지 못하고 반드시 다른 강체 기판에 부착되어 있어야 한다.

① 박막의 지지대가 기판이다.
② 전기적 절연체라야 한다.
③ 오랫동안 박막을 잘 부착해 주어야 한다.
④ 박막과 기판 사이에서 화학적 반응이 생겨서도 안 된다.
⑤ 기계적으로 강한 재료여야 한다.
⑥ 상온에서만 아니라 넓은 온도 범위에서 그 특성이 불변해야 한다.
⑦ 표면이 매끄럽고, 평탄해야 한다.
⑧ 높은 유전강도를 가져야 한다.
⑨ 표면의 열전도도가 적당히 있어야 하고, 자체에서 발생한 열을 쉽게 발산할 수 있어야 한다.
⑩ 가격이 저렴해야 한다.
⑪ 경우에 따라서 결정성 박막을 만드는 경우 기판도 결정성이어야 한다.

이상의 요구조건을 다 충족시키는 물질은 찾기 힘들다. 필요에 따라 선택해서 사용한다. 다정질막을 위해서는 유리, 석영판 (fused quartz), 세라믹(Al_2O_3) 등을 사용한다. 유기 물질인 mylar 나 테프론 (teflon) 은 비중이 낮고 고온에서 못 견디는 결점이 있다. 단결정막을 위해서는 단결정 Si, Ge, 사파이어, 운모 (mica) 등을 사용한다.

유리가 쉽게 구할 수 있고, 값도 저렴하고, 여러 가지 특성이 기준값 이상이 되는 점이 많아서 자주 쓰인다. 그러나 유리 중에 내포되어 있는 Na 성분이 고온, 전기장이나 자장에 의해 유리 내외에서 활성화되어 전기 전도도에 영향을 끼치기 때문에 유의해야 한다. 파이렉스 (Corning 7059) 기판이 많이 사용된다. 이것의 성분을 보면 SiO_2 : 80.5 %, B_2O_5 : 12.9 %, Na_2O : 3.8 %, Al_2O_3 : 2.2 %, K_2O : 0.4 % 로 되어 있는데 이들 중에서 Na 가 문제이다.

가장 추천할 만한 것은 석영판 (SiO_2) 을 사용하는 것이다. 알루미나 (Al_2O_3) 도 좋은 기판이다. 이들 기판은 그 표면의 거칠기를 Talysurf 라는 장치로 검사해서 사용한다.

그림 2-4에는 이 장치로 측정한 여러 종류의 유리 기판 표면 거칠기의 정도를 나타냈다. 그림 2-5에는 표면의 전기 전도도를 검사하기 위한 장치가 그려져 있다. 건조한 공기 조건에서 전기저항이 10^{14}~10^{16}Ω이 되어야 한다.

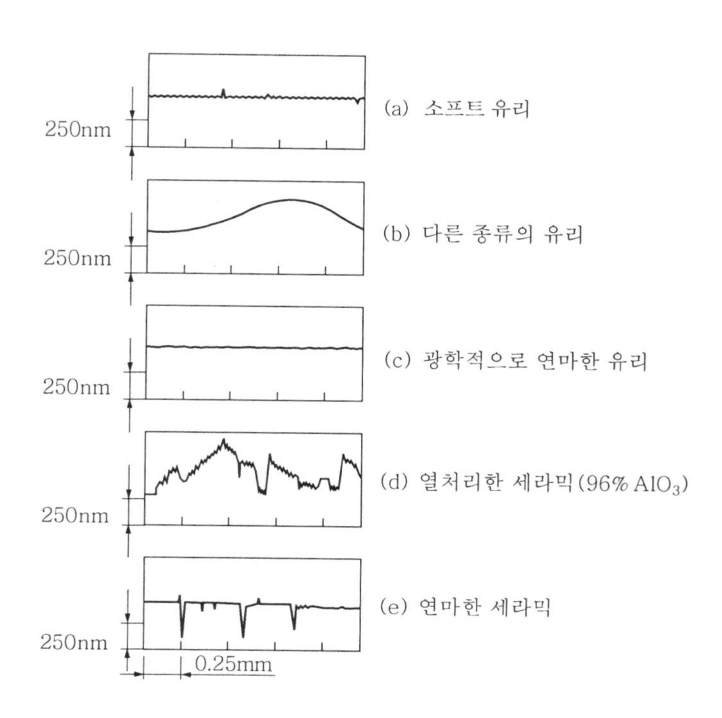

그림 2-4 각 기판의 표면 거칠기

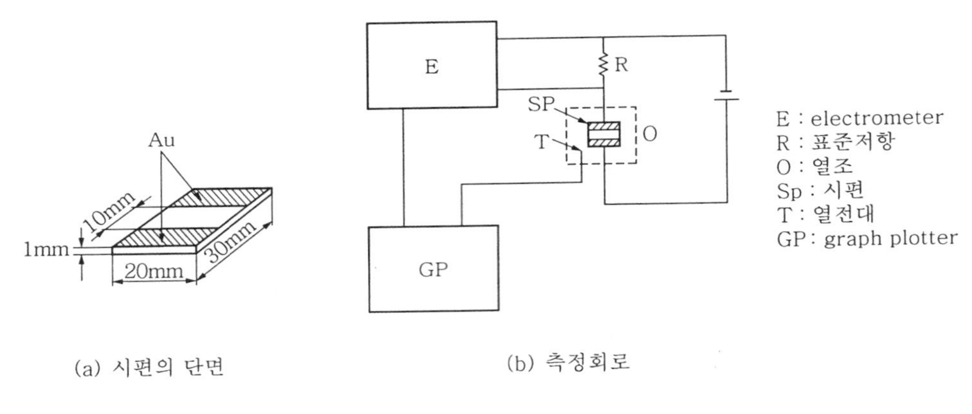

(a) 시편의 단면 (b) 측정회로

그림 2-5 표면 전도도의 측정

(3) 기판의 세척

① 탈이온수 (deionized water) 속에서 초음파 세척한다.
② 순수한 알코올에서 지방질을 제거한다.
③ 건조하고 먼지를 제거시킨 질소 기체로 불어 건조시킨다.
④ 이온 충격(ion bombardment)로 표면의 오염막을 제거한다.
⑤ 진공 중에서 유리 기판을 300℃에 가열시킨다.

(4) 증착을 위해 중요한 재료

여러 가지 증발원(evaporants)에는 순수한 금속, 합금, 반도체, 유전체, 화학원소, 화합물이 있다. 이들을 진공 중에서 증발시키기 위해 해당되는 온도까지 상승시켜야 한다. 진공도 10^{-4}~10^{-2} torr 에서의 그 물질의 포화증기압에 해당하는 온도는 다음 표들에 수록되어 있다.

표 2-1, 2-2, 2-3 에는 자주 쓰이는 여러 가지 물질의 제반 특성을 나타내었다. 증착을 위해 순도가 높은 물질이 자주 사용된다. 증착된 물질의 순도가 유지되려면 증착하는 동안 충분히 낮은 압력하에서 작업이 진행되어야 하고, 오염의 원인은 초기에 제거한다.

또, 흡착에 의한 기체의 해리로 인한 작업실 내의 압력 증가 현상을 차단해야 한다. 증착원(source)에 있는 물질 전체를 다 사용하지 말아야 한다. 왜냐 하면, 그 찌꺼기에는 많은 불순물이 남아 있기 때문이다.

표 2-1 금속의 증발 인자

원 소	원자번호	원자량	밀 도	녹는점(℃)	증착온도영역	증 착 원
Ag	47	107.88	10.5	961	3	Mo, W, Ta, AO
Al	12	26.98	2.7	660	3~4	W, Ta
Au	79	197.20	19.3	1063	4	W, Mo
Be	4	9.02	1.9	1283	4	Ta, W, Mo
Bi	83	209.00	9.78	271	2	W, Mo, Ta, AO
C	6	12.01	1.2	3700	7	C (arc)
Cd	48	112.41	8.6	321	1	W, Ta, AO
Co	27	8.93	8.9	1492	5	W, E
Cr	24	52.017.0	7.0	1900	4	W
Cu	29	63.57	8.9	1084	4	W, Ta
Fe	26	55.84	7.9	1535	4	W, AO
Ga	31	69.72	5.9	30	3~4	W, AO
In	49	114.76	7.3	156	3	W, Mo
Mn	25	54.94	7.3	1244	3	W, E
Ni	28	58.69	8.9	1453	4	W, E
Pb	82	207.21	11.3	328	4	Fe, Ni, W, Mo, AO
Pd	46	106.40	12.0	1555	5	W, C, E
Pt	78	195.10	21.5	1773	5~6	W, C, E
Rh	45	102.90	12.4	1966	6	C, E
Sb	51	121.75	6.8	630	2	W, Ta, AO
Sn	50	118.70	7.3	232	3~4	Mo, AO
Ti	22	47.90	4.5	1727	5	W, C, E
Zn	30	65.38	7.1	420	2	W, C, Ta, Mo, AO
Zr	40	91.22	6.5	1860	5~6	C, E

* ℃로 나타낸 증착온도 영역 : 1은 100에서 400, 2는 400에서 3은 800, 3800에서 1200, 4는 1200에서 1600, 5는 1600에서 2100, 6은 2100에서 2800, 7은 2800에서 3500

** C : graphite, AO : alumina (도가니), E : 전자선 가열

표 2-2 여러 가지 반도체의 증발 인자

원 소	원자(분자)량	밀 도	녹는점	증착온도영역	증 착 원
G	72.60	5.35	958	4	W, AO, C
Se	78.96	4.5	220	1	W, Mo
Si	28.08	2.4	1415	4	C, E
CdS	144.47	4.8	1405	3	W, Mo, Ta
CdSe	191.37	5.8	1350	2	Mo, Ta, AO
CdTe	240.00	6.2	1042	3	Mo, Ta, AO
Sb_2S_3	339.68	4.1	550	1~2	Mo, Ta
PbTe	334.76	8.2	904	3	Mo, Ta, AO
ZnS	97.44	4.0	1850	3	Mo, E, Ta
ZnSe	144.34	5.4	1526	2	Mo, Ta, AO
ZnTe	192.98	6.3	1238	3	Mo, Ta, AO

표 2-3 여러 가지 유전체의 증발 인자

원 소	분 자 량	밀 도	녹는점(℃)	증착온도영역	증 착 원
Al_2O_3	101.94	3.6	2046	6	E
CaF_2	78.08	3.2	1360	3~4	Mo, Ta, W, AO
CeF_3	197.12	6.2	1460	4	Mo, Ta, AO
CeO_2	172.12	7.0	1950	5~6	W, E
LiF	25.94	2.6	842	3	Mo, Ta, AO
MgF_2	62.32	3.2	1260	3~4	W, Ta, E, AO
MgO	40.32	3.6	2610	6	E
NaCl	58.44	2.2	801	3	Ta, W, C
NaF	41.99	2.8	990	4	Mo, Ta, W
Na_3AlF_6	209.95	2.9	1000	3	Mo, Ta, AO
NdF_3	201.24	6.5	1410	4	Mo, Ta, AO
PbF_2	245.20	8.2	855	3	W, AO

PbO	223.20	9.5	890	2	AO
SiO	44.09	2.1	1705	4	Mo, W, Ta
SiO_2	60.09	2.2	1713	5~6	E
Ta_2O_5	441.90	8.7	1880	5~6	Ta, W, E
ThO_2	264.10	9.7	3050	7	E
ThF_4	308.04	6.3	1110	3	Mo, Ta
TiO	63.90	4.9	1750	5	W, E, Ta
TiO_2	79.90	4.0	1775	5~6	W, E
ZrO_2	123.22	5.8	2700	6	E

(4) 증발원과 도가니

증발원으로 쓰는 물질은 잘 녹지 않는 내화성인 W, Ta, Mo과 같은 것인데, 앞의 표 2-2에 있다.

선, 포일(foil), 특별한 모양의 형태로 제작한 보트(boat) 등이며, 그림 2-6, 2-7, 2-8에 그려져 있다. 선으로 된 것이면 그 위에 증착 물질을 감거나, 걸쳐놓거나, 올려놓아서 가열시켜 증발시킨다. 또는, W로 만든 보트 속에 넣어 녹이거나, 알루미나로 도포한 선으로 도가니를 감아서 가열시키거나, 도가니 속에 W선을 감아 넣어 가열시키거나, 또는 백금 보트를 고주파 가열방식으로 온도를 높여 물질을 녹일 수도 있다.

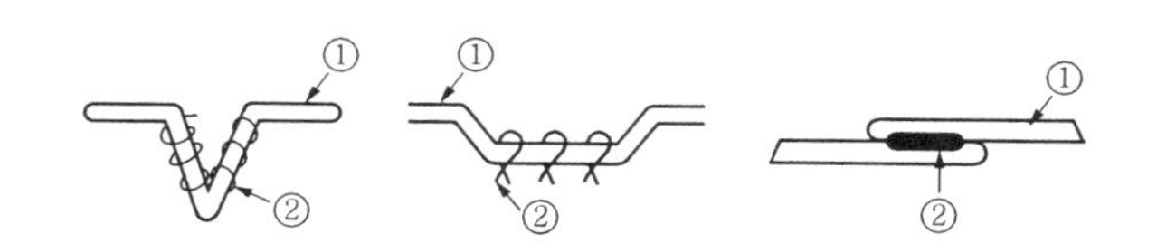

(a) ① 고융점의 물질의 선, 전류를 흐르게 해서 열을 낸다. ② 증착할 물질

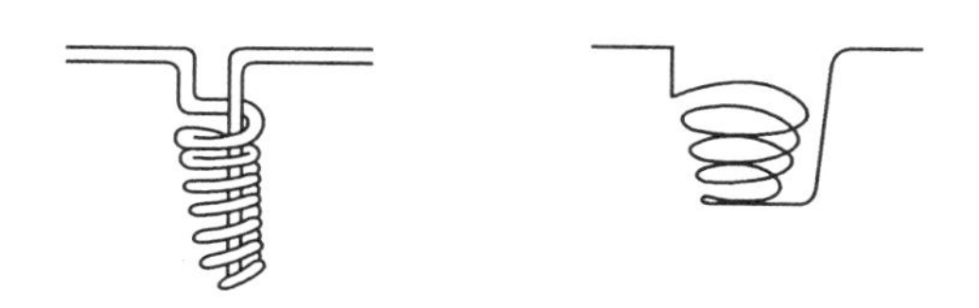

(b) 고융점의 선으로 된 바게스

그림 2-6 필라멘트 증발원

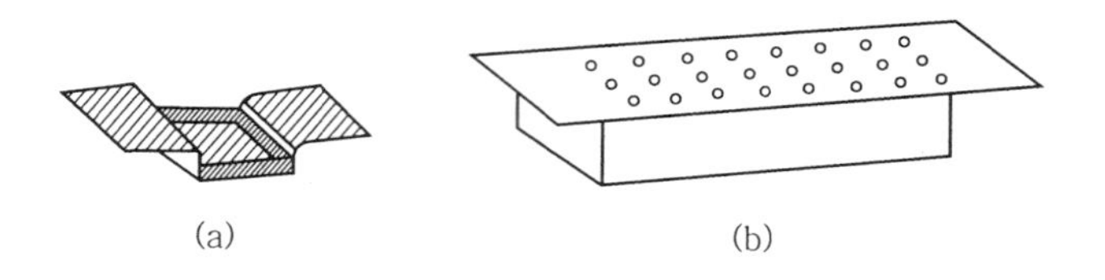

그림 2-7 증발 보트

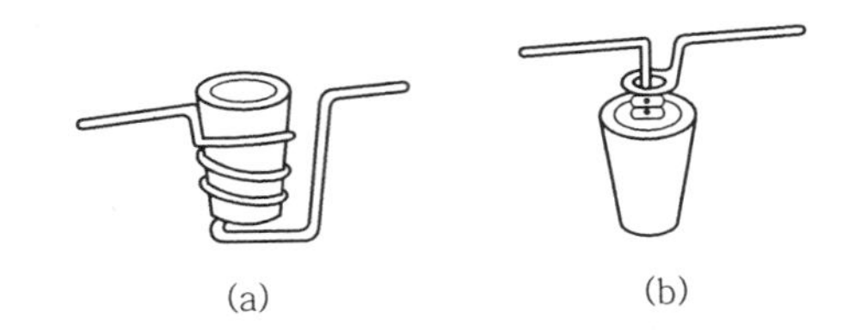

그림 2-8 증발 도가니

(5) 특수한 증착기술

녹는 온도가 아주 높거나, 증착되는 동안에 화합물이 분해되어 박막의 조성이 변하는 경우 전통적인 방법으로는 곤란하다. 그래서 다음과 같은 방법을 사용한다.

① **교류 방전법** : 예를 들면, 탄소 박막은 두 개의 탄소 막대를 고전류의 단자에 연결하여 교류 방전을 시킨다. 진공 중에서 실시하니까 다른 원소가 주위에 없으므로 순수한 탄소막이 그 주위에 형성된다. 이것을 교류 방전법이라고 한다.

② **고전류 증착법** : 고전류 증착법(폭발증착)은 주어진 양의 금속을 아주 빨리 증착하기 위해 증착시킬 물질의 가는 선에 강한 전류의 펄스(pulse, 약 10^6 A/cm^2)를 흐르게 하여 순간적으로 폭발을 시킨다. 그러면 이 물질이 막으로 증착된다. 이 펄스는 1~20 kV 의 전압으로 10~100 μF 커패시터로 충전시킬 수 있다. 레이저 빔 증착법은 벨져(bell jar)의 유리 창문을 통해 외부로부터 CO_2 가스 레이저와 같은 강한 것으로 여러 개를 증착원에 집속시킨다. 도가니 내의 물질이 온도가 높아지고 증발하게 된다. 비용이 고가인 것이 단점이며, 장치도 복잡하다.

③ **플래시법** : 플래시(flash) 방법은 전통적인 증착법으로는 화합물이나 단순 혼합물을 증착하면 막이 각각의 물질의 층을 형성한다. 이를 해결하기 위해 사전에 충분히 높은 온도로 가열된 보트 위로 미량씩 화합물을 떨어뜨린다. 그러면 그 화합물이 분해되기 전에 녹으면서 증발하기 때문에 화합물의 막이 형성될 수 있다. 최근에는 콘베어 벨트가 장착된 이 장치가 상업적으로 만들어져 판매되고 있

다. 이것은 녹이는 양을 조정할 수 있기 때문에 막의 두께를 제어할 수 있다. 앞의 그림 2-9에 그 모습이 잘 그려져 있다.

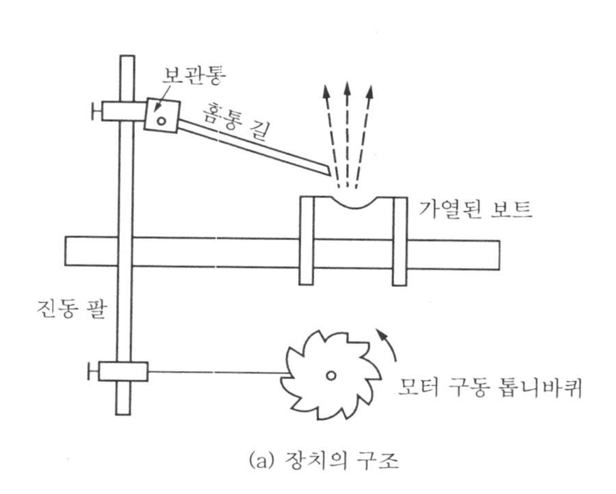

(a) 장치의 구조

(b) 상업용 장치의 예

그림 2-9 플래시 증착을 위한 장치

④ 전자선 가열 증착법 : 열전자가 음극 C에서 발생하고, 이 전자들이 증발원인 양극으로 집속될 때 그 중간에 자장이 있어 이곳을 지나면서 자장 집속에 의해 전자선이 예리하게 집속된다. 전자선의 에너지가 증발원에 닿으면서 열로 변해 증발원을 녹이게 된다. 도가니가 필요하지 않아서 도가니에 의한 오염의 염려가 없다. 전원부의 복잡성이 단점일 수 있다. 그림 2-10과 2-11에 나타나 있다.

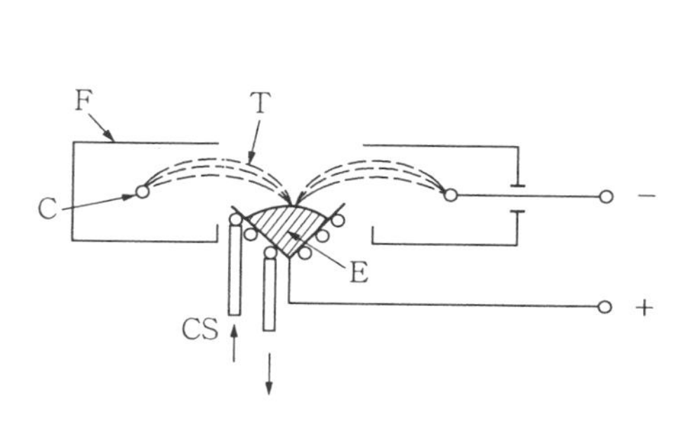

C : 가열된 음극, E : 증발물질(양극)
F : 집속전극, CS : 수랭식 관
T : 전자의 궤적

(a) 정전기적 집속 시스템

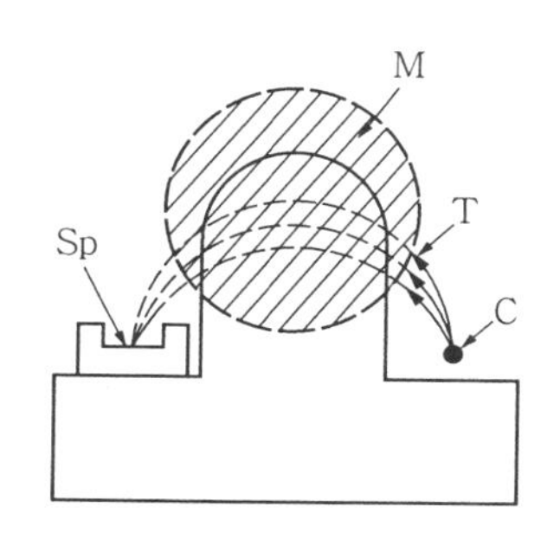

C : 음극, Sp : 시편
M : 자장, T : 전자궤적

(b) 자장 집속을 사용한 장치

그림 2-10 전자선 포격 증착장치

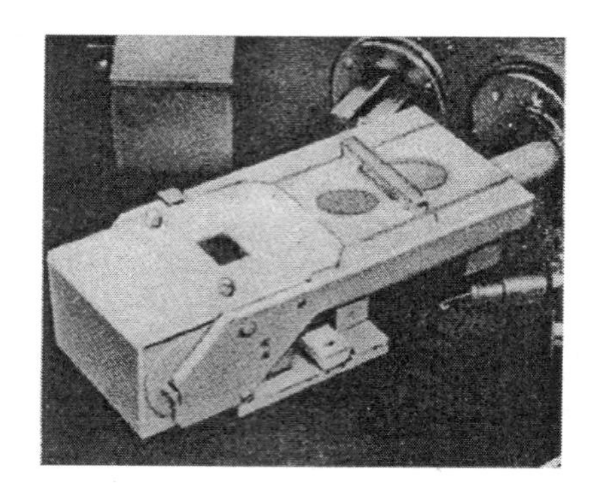

그림 2-11 자기적 편향으로 된 상업용 전자총

(6) 분자선 에피탁시와 MBE

필요에 따라서는 아주 순수하고 이상적인 결정구조를 갖는 박막이 필요하게 된다. 이 경우에 MBE 장치를 이용하게 된다. 이 방법의 작동원리는 재래적인 증착법과 같다. 그러나 차이는 전체 진행과정이 아주 좋은 진공상태에서 진행되고, 전체 장치가 자동화되어 증착되는 동안 모든 막의 중요한 제조 인자가 적절하게 조절되어 원하는 막을 만들 수 있다는 것인데, 장비 가격은 고가이다.

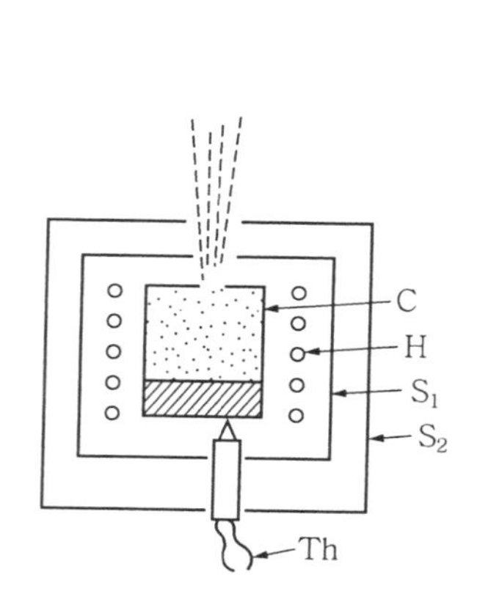

그림 2-12 Knudsen cell

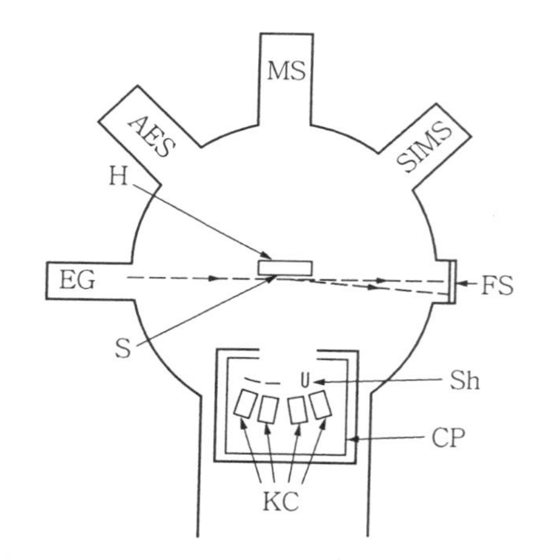

그림 2-13 분자선 에피탁시 장치

도가니는 Knudsen cell 이라 하며, 그림 2−12에 나타나 있다. 열이 2중으로 차단된 용기 속에 도가니가 놓여 있다. 이 도가니 속에 녹아 있는 증착될 물질이 안정된 상태에서 증발하게 되어 있고, 증발속도를 조절할 수도 있다.

이와 같은 셀(cell)이 MBE 내에 여러 개 설치되어 있어서 동시에 여러 가지 물질을 함께 증착시킬 수 있는 것이 이 장비의 큰 장점이다. 다중 화합물을 만들 수 있다. 그림 2−13에 이 장치의 내용이 잘 표시되어 있다. 이 장치로 박막을 만들 경우에는 제조와 그 특성의 측정이 한번 진공 배기상태에서 진행할 수 있으므로, 다른 오염이나 결정의 구조에 영향을 미칠 기회가 없다.

3. 이온을 이용하는 방법과 음극 스퍼터링

3−1 2극 스퍼터링의 원리

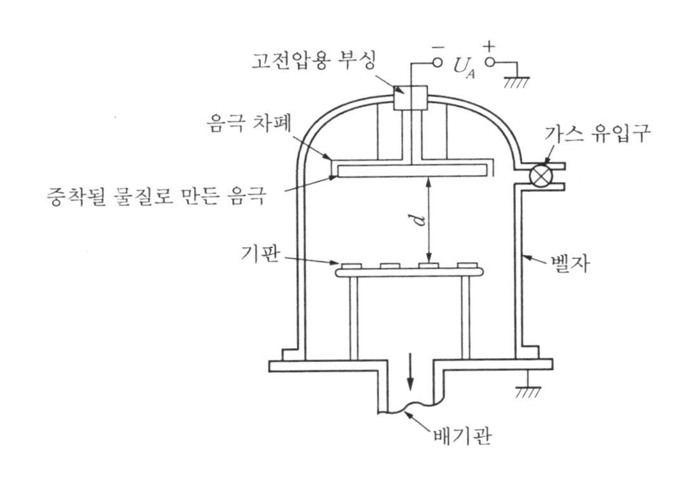

그림 2-14 2극 음극 스퍼터링 장치

그림 2−14에는 2극 음극 스퍼터링 장치를 보여주고 있다. Ar 이나 Xenon 같은 불활성 기체를 주입하고 양극에 전압을 걸어주는데, 이 때 용기 내의 기압을 $10^{-1} \sim 10^{-2}$ torr 과 수 kV 의 전압으로 불꽃 방전(glow discharge)을 만든다. 음극은 타겟(target)이 되는데 증착시킬 물질로 타겟을 만든다. 이곳에는 +이온이 포격을 하기 때문에 열이 발생하므로 그 음극인 타겟 내에 외부로부터 냉각수를 유입시켜 온도의 상승을 방지한다.

기판은 −극으로 유지되며, 기기와 접지되어 있다. 양이온에 의해 포격되어 떨어져 나온 타겟 물질의 분자나 원자 덩어리가 용기 내의 주변에 흡착되어 막을 형성한다. 자연히 기판에 가장 많이 증착되도록 설계되어 있다.

불꽃 방전의 경우 전극 사이의 전위는 그렇게 잘 변하지 않고, 소위 음극 강하라는 결과를 낳는다. 그림 2−15에 그려져 있다.

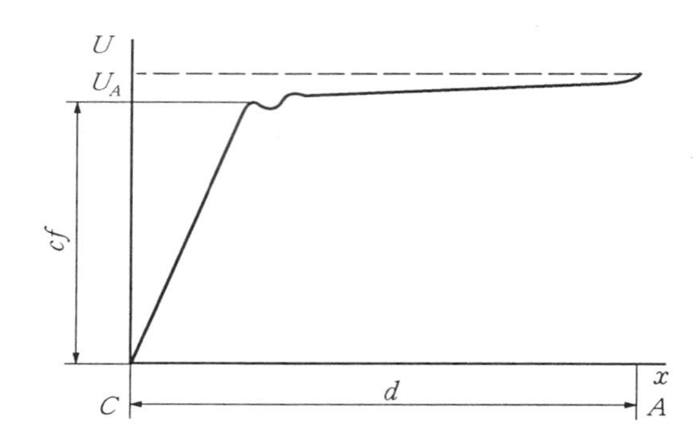

그림 2-15 불꽃 방전 속에서 음극 C와 양극 A 사이의 전위의 변화

방전으로 생긴 Ar 기체의 양이온은 음극으로 가속되어 음극 강하 영역에서 얻은 것과 같은 속력으로 표적에 도달하게 된다. 정상적인 음극 강하는 기체의 종류와 음극 물질에 따라 그 크기가 결정된다. 음극 스퍼터링에서는 변칙적인 캐소드 폴(cathode fall)이 생성되는 어떤 작동영역을 사용한다. 이것은 가한 전압과 함께 증가한다. 이온의 포격하에서 타겟 물질은 대부분 중성 원자지만, 일부는 이온의 형태로 음극에서 물질을 떼어낸다. 그 제거된 물질이 주위의 면적에 응축되고, 결국 양극쪽에 놓인 기판 위에 모이게 된다.

모여진 양 Q는 다음과 같다.

$$Q(\text{스퍼터된 양}) = kVi/pd \quad \cdots\cdots \text{(식 2−6)}$$

여기서, k는 비례상수, V는 전압, i는 방전전류이다. 압력과 두 극 사이 간격이 커지면, 다른 입자와의 충돌 때문에 기판에 도달하지 못하는 많은 입자가 생긴다. 스퍼터된 양 Q는 i, V에 비례하고, 스퍼터율(sputtering rate)은 음극으로 입사하는 이온의 원자 질량에 따라 증가하고, 스퍼터되는 물질에 따라 변한다.

음극 스퍼터의 효율은 음극 스퍼터링 계수 S로 나타내는데 다음 식과 같다.

$$S = N_a / N_i = 10^5 \Delta W / i \cdot tA \text{ (원자 / ion)} \quad \text{(식 2-7)}$$

여기서, N_a는 스퍼터된 원자의 수이고, N_i는 입사 이온의 수이고, ΔW는 감소된 타겟의 질량이고, i [A]는 이온 전류, t [s]는 포격시간, A는 스퍼터된 금속의 원자 질량을 나타낸다.

(2) 음극 스퍼터링의 몇 가지 특수한 장치

앞에서 언급한 음극 스퍼터링(sputtering)은 정상적인 2극 시스템을 취급한 것이다. 상대적으로 높은 압력하에서 스퍼터링하는 것은 기체 분자에 의해 기판도 포격 당하고, 결과적으로 성막된 막 속에 일부의 기체 분자가 묻히게 된다. 순수한 막을 얻는데 실패를 한 것이다. 즉, 이 기술로 제작한 막은 순수하지 못했다. 1970년대 이후 이 음극 직류 스퍼터링 시스템에 몇 가지 개량된 기술을 적용하여 깨끗한 막을 만들 수 있게 되었다.

개량된 기술의 종류와 내용은 다음과 같다.

① 비대칭 교류전압 (asymmetric alternating voltage) : 비대칭 교류전압을 전원으로 적용한 것이다. 플라즈마 (plasma)를 만드는 것도 이 전원을 사용하였고, 이 비대칭 전압의 첫 반주기 동안에 기판이 양로 대전되고, 스퍼터된 입자와 작동기체 (Ar^+), 여러 가지 불순물들에 의해 포격 당한다.

다음 반주기 동안에는 이 기판이 음으로 대전되어 불꽃 방전에서 나온 이온에 의해 포격되는데, 이들 이온은 앞의 것에 비해 적은 에너지를 갖고 있다. 왜냐하면 비대칭 교류전원의 작은 쪽이기 때문이다. 이 때 기판 표면에 부착해 있던 불순물들이 이 포격에 의해 제거된다. 마치 빗질을 하는 것과 같은 효과를 낸다. 그리고 난 후에 다음 교류전원의 반주기 동안에 깨끗해진 기판 위에 물질이 증착되는 것이다. 타겟은 기판과 반대의 상황이 전개된다.

② 바이어스 스퍼터링 시스템 (bias sputtering system) : 도체 기판 위에 시편을 놓고 양극과는 절연시키고, 그 시편에 약 −100 V 의 바이어스 전압을 걸어 주고 스퍼터링하면 앞의 경우 보다 더 좋은 결과를 얻을 수 있다. 이온에 의한 계속적인 세척(cleanning)이 이루어져서 막이 깨끗해진다. 이것을 플라즈마 세척(plasma cleanning)이라고 한다.

③ 게터 스퍼터링 (getter sputtering) : 활성기체인 Ar^+가 막 내에 들어오지 못하게 하는 문제를 해결하기 위해 게터링이라는 방법을 사용한다. 이는 다른 곳에서 증발시킨 게터라는 금속원자가 활성기체와 화학적으로 결합해서 화합물 박막을 만들어 벨져(bell jar) 안벽에 부착시킨다.

예를 들어, 음극선관의 내부의 산소원자를 없애기 위해 관을 밀봉한 후에 내부에 있는 바륨 (barium) 을 가열 증착시키면 산소원자와 결합하여 산화 바륨막을 만들면서 막을 관 안쪽 벽에 부착시킨다.

이와 같이 하면 진공도가 10배 높아진다. 이 경우의 게터는 스퍼터된 그 물질 자체가 된다. 벨져를 두 구간으로 나누어서 작업영역으로 들어오는 기체가 게터링 영역을 통과해 지나도록 하여 많은 활성 혼합물을 제거할 수 있다. 그림 2-16에 그려져 있다.

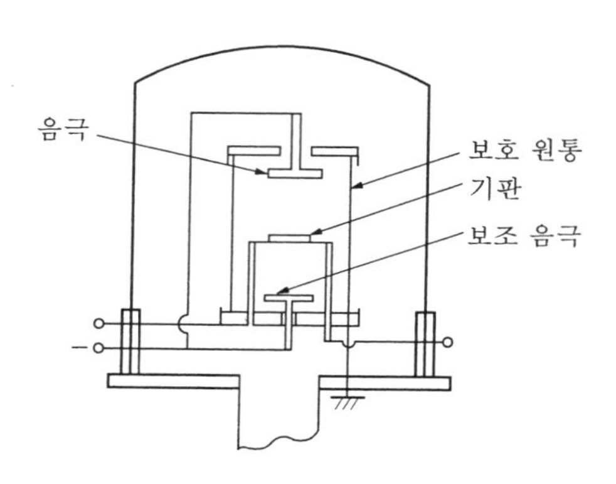

그림 2-16 게터 음극 스퍼터링 장치

④ 반응성 스퍼터링 (reactive sputtering) : 반응성 스퍼터링이라 하며, 음극 스퍼터링 과정 중 음극 물질과 O_2, N_2, H_2S 와 같은 기체를 외부로부터 주입시켜 고의로 타겟 물질과 화학반응을 일으키면서 화합물 박막이 형성되게 하는 장치이다. 산화물 박막, 질화물 박막, 유화물 박막 등을 만들 수 있다.

⑤ r.f. 음극 스퍼터링 : 음극 스퍼터링에서 타겟이 절연체인 경우 그 절연체의 표면에 스퍼터되는 동안에 전하가 축적되어 대전된다. 그러면 다음 이온이 타겟에 접근할 때 정전기적 전기력에 의해 반발 당해 스퍼터가 진행되지 못한다. 이를 해결하기 위해 고주파 전원을 사용한다. 11.5 mHz 의 주파수를 방송위원회로부터 할애 받아 사용한다. 저압력의 분위기 하에서 형성된 플라즈마 속에 전도성 기판과 함께 스퍼터될 타겟(이 경우는 유전체나 절연체)이 있는데, 이 양쪽에 고주파

가 걸린다. 반주기에는 유전체 표면에 이온에 의해 전하층이 형성되는데, 이 전하는 다음 반주기의 반대 극성인 고주파에 의해 상쇄되어 버리고 만다. 즉, 유전체 표면에 있는 전하를 없애버린다. 이와 같은 방법으로 20 mA / cm^2의 전류를 얻을 수 있고, 실리카 (SiO_2)나 다이아몬드 (C) 와 같은 물질을 스퍼터할 수 있다.

⑥ 마그네트론 스퍼터링 (magnetron sputtering) : 음극인 타겟 주위에 자장 터널을 만들어 주어서 작동기체의 이온화율을 높여서 스퍼터 효율을 크게 하는 것이다. 또한, 2차로 발생한 전자가 이 전자 터널을 이탈하지 못하도록 한다. 이들 전자들은 원통형 궤적을 따라 이동하면서 작동기체의 이온화에 기여한다. 일반 스퍼터링에서는 2~30 % 의 이온화율에 비해 이 경우에서는 70 % 이상의 것이 기대된다. 따라서, 이 장치를 이용하면 유전체의 박막 제조에 큰 효과를 얻을 수 있다.

3-2 저압 음극 스퍼터링

일반적으로 스퍼터링률은 방전전류에 비례한다. 따라서, 가급적 이 전류값을 높이려고 시도한다. 높은 방전전류는 작동기체 압력이 높아야 한다. 그러면 입자의 평균자유행정(mean free path)이 짧아져서 충분한 에너지를 갖는 입자의 수가 줄어들게 된다. 이는 입자간의 충돌이 자주 일어난다는 것을 의미하고, 타겟의 물질을 효과적으로 스퍼터시키지 못한다는 것이다. 따라서, 작동기체 압력을 낮추면서 동시에 이온화율을 높이려는 노력이 경주되어 왔다.

한 가지 시도는 압력과 무관하게 보조 열 음극을 설치해서 전자를 추가로 발생시켜 이 전자가 양극으로 가속되면서 기체를 이온화시키는데 기여하도록 한 것이다. 이것을 3극 음극 스퍼터링이라고 한다. 또한, 외부로부터 추가로 자장을 인가해서 이온화를 촉진시키는 것도 있다.

그림 2-17의 ⑤번을 보면 열 음극에서 나온 전자들이 ①번이나 ③번 양극에 도달하면서 자장에 의해 그 경로가 나선형으로 되면서 유효 경로가 길어져 이들 전자가 기체 분자와의 충돌 기회가 더 많아지게 된다. 즉, 이온화가 더 많이 된다는 것이다. 이 경우 작동기체 압력을 10^{-4}~10^{-3} torr 까지 낮출 수 있다. 높은 압력하에서 제작한 것 보다 막이 비교적 깨끗하다.

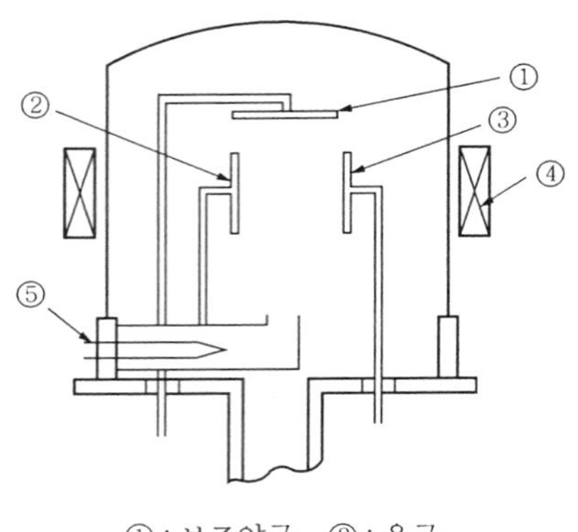

①：보조양극, ②：음극
③：양극, ④：자기 코일
⑤：가열된 보조 음극

그림 2-17 3극 음극 스퍼터링 장치

(1) 보조 고주파 스퍼터링

그림 2-18에 나타낸 것과 같이 보조 고주파 전원을 사용하여 더 낮은 압력하에서도 충분한 수준의 이온화율을 달성할 수 있다.

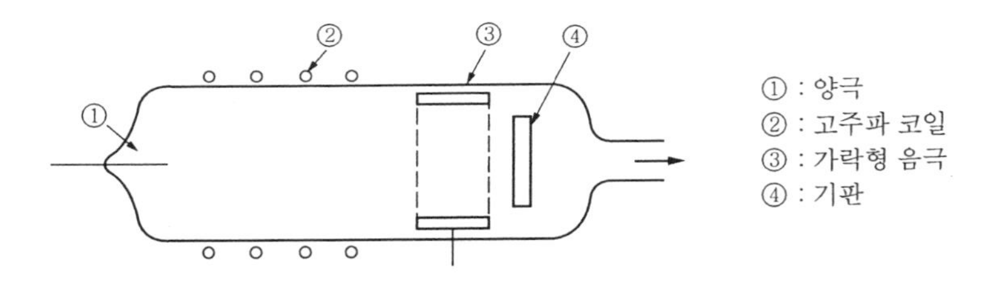

그림 2-18 보조 고주파 불꽃 방전으로 된 스퍼터링 장치

이 보조 고주파 불꽃 방전으로 된 스퍼터링 장치는 고주파 전압을 음극과 양극 사이에 직류전압을 가한 것에 추가해서 이 고주파 전압을 가하고, 때로는 자장도 가해서 박막을 만들 수 있도록 된 것이다. 비교적 균일한 두께의 박막을 얻을 수 있다. 이 장치는 그림 2-17에서 보여준 것과 유사한 것인데, 즉 전극 ②와 ③ 사이에 고주파 전원을 걸어 준 것이 그것과 다를 뿐이다.

(2) 진공 증착과 음극 스퍼터링과의 차이점

① 진공 증착시에는 도가니가 용해되어 막 내로 섞이는 경우가 있으나, 음극 스퍼터링의 경우에는 그런 염려가 없다.

② 진공 증착시 녹는점이 높으면 그를 용해시킬 도가니를 선택하기 곤란하다. 그러나 이 음극 스퍼터링은 도가니가 필요하지 않으므로 높은 융점의 물질도 박막화가 가능하다.

③ 음극 스퍼터링은 합금이나 화합물의 막도 제작이 용이하다.

④ 음극 스퍼터링은 전류밀도와 전압으로 증착률의 제어가 용이하다.

3-3 이온 프레이팅과 이온빔을 이용한 방법

이온 프레이팅(ion plating)법은 진공 증착의 이점과 고에너지 입자를 이용한 방법의 혼합 형태이다. 증착되어야 할 물질이 불활성 기체로 직류, 교류, 고주파 방전하는 공간 내에서 녹아 증발하면 그 물질은 이온 형태로 되어 음으로 대전된 기판을 향해 가속되게 된다.

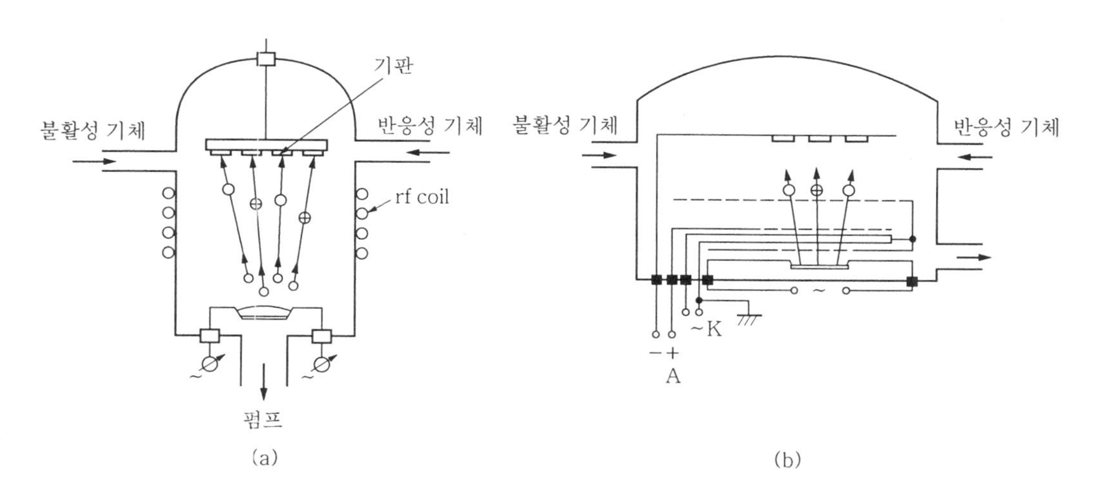

그림 2-19 이온 도금

그림 2-19에 이 장치가 소개되어 있다. 기체 내에 반응성인 산소, 질소, 메탄가스 등을 섞어 사용하면 이온이 기판에 도달하면서 이들 기체와 반응을 일으켜 화합물을 이룬다. 모든 경우에서 기체 방전과 동시에 플라즈마가 적용되고, 기판에는 여러 종류의 이온이 다른 에너지와 다른 입사각으로 와 닿는다.

4. 미세 마스크 제조

많은 전자소자 (집적광학, 미세전자공학 등) 에 박막의 응용이 따른다. 특정 부위를 제거하거나 보호하기 위해 마스크가 필요하다. 특별한 방법이 개발되었는데 전자선, 이온빔, 레이저빔 등이 있다.

4-1 일반적인 마스킹

마스크는 보통 금속을 이용하여 만드는데 사전에 필요한 부위를 제거한 뒤 이를 기판에 밀착시켜 틈새가 없게 한다. 다음에 증착할 물질을 녹여 증기화시키면 이 마스크의 제거된 부위에만 막이 형성된다. 이 때 막의 제거 부위를 얼마나 정밀하게 만들어졌느냐, 이 마스크를 기판과 잘 밀착시켰느냐에 따라 막의 형태를 정확히 만들 수 있는 요인이다. 한 소자를 제작할 때 여러 장의 마스크를 사용하는데, 이들 마스크의 정확한 정렬이 이 소자의 수율 (yield)에 관건이 된다. 마스크의 제거될 부위가 비교적 크면, 기계적으로나 화학적 식각 공정을 통해 만든다. 소자가 큰 경우는 섀도 (shadow) 마스크로 가려서 소위 그늘지게 해서 사용한다. 그러나 미세한 고집적 회로인 경우에는 다른 방법을 사용한다.

4-2 리소그래피 방법

리소그래피(lithography)는 미세 공정에 쓰이는 대표적인 방법이다. 기판이 포토레지스트 (photoresist)라는 특별한 감광물질로 도포된다.

감광물질에는 포지티부 (positive) 와 네가티부 (negative) 가 있는데 양화와 음화의 관계이다. 네가티부인 경우에는 자외선이 조사되면 이 부위가 견고히 굳어져서 해당 용재에 용해되지 않고 다른 부위, 즉 자외선이 조사되지 않은 곳만 용해되어 제거되도록 되어 있다. 즉, 감광된 부위는 남고, 그렇지 않는 부위는 제거된다. 포지티부 감광제는 앞의 것과 반대로 자외선이 조사된 부위만 제거되는 것이다. 그래서 이 부분만 없어지고, 나머지 부위만 남게 된다. 작업방법은 우선 필요한 패턴을 크게(1.5×1.5 m),

정확하게 그리고 그 후 이것을 사진건판에 축소해 수록한다. 일반적으로 30×30 mm로 축소시킨다. 필요에 따라서 더 큰 것에서 시작해 축소율을 크게 할 수 있다.

최근에는 CAD를 이용하여 더 정밀하고, 정확한 회로와 패턴을 작성한다. 한 소자를 제작하기 위해 여러 장의 설계도를 이용하여 제작해서 그들 중 가장 우수한 것을 선택해서 이를 스텝 엔 리피터(step and repeater)를 이용하여 동일한 것을 한 기판에 원하는 개수만큼 제작할 수 있다. 대용량의 생산에 적용된다.

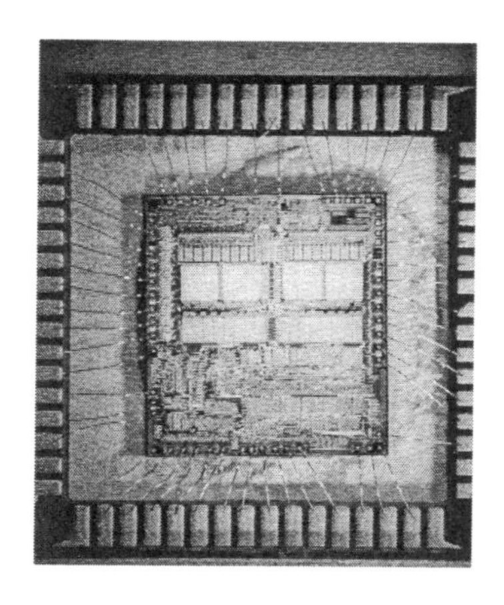

그림 2-20 IC 회로의 예

그림 2-20에 IC 회로의 예가 있다. 이 패턴은 감광제가 덮인 기판 위로 투영된다. 대부분의 표준 감광제의 최고 감도는 파장이 0.3~0.4 μm 영역에 있다.

인쇄는 3가지 방법으로 진행한다. 즉, 접촉 인쇄, 근접 인쇄, 투영 인쇄인데 상세한 내용은 다음과 같다.

(1) 접촉 (contact) 인쇄

마스크를 감광제가 도포된 기판에 압착시킨다. 약 1 μm의 선폭과 0.2 μm의 자외선을 사용하면 0.25 μm까지 가능한 매우 높은 해상도를 얻을 수 있으나, 이 직접 접촉에 의해 마스크와 기판의 손상이 생긴다.

(2) 근접 (proximity) 인쇄

약 50 μm의 작은 간극이 웨이퍼와 마스크 사이에 생겨서 마스크의 수명은 더 길어지나, 분해능은 나쁘다. 회절 무늬의 역할도 고려해야 한다. 따라서, 조명 시스템에 많이 주의해야 한다. 최적 인자로 하였을 때 ±0.5~±0.25 μm의 선폭 조정이 가능하다.

(3) 투영 (projection) 인쇄

마스크와 웨이퍼 사이의 거리를 크게 한다. 좋은 광학 시스템으로 초점을 잘 맞춰서 투영하면 직접 조사한 것과 같은 효과를 얻을 수 있다. 광학 시스템으로 분해할 수 있는 가장 작은 크기는 λF에 비례한다. 여기서, F는 영상 시스템의 개구에서 영상면까지의 거리와 개구의 지름과의 비이고, λ는 사용한 빛의 파장이다. 초점 심도는 λF^2이다. 그래서 파장이 작은 것이 필요하다. 자외선을 사용하는 것은 이 이유 때문이다. 파장이 더 짧아 약 0.2 μm 가 되면 Rayleigh 산란이 증가하고, 이것이 광학적 수차를 감소시키는 것을 어렵게 한다. 또, 새로운 광감제가 필요하게 된다.

한편으로, 이 기술은 축소 투영 시스템의 응용으로 (배율 < 1) 더 큰 크기의 마스크를 사용할 수 있게 하며, 마스크 방법은 선택적으로 혼합된 식각방법을 적용하며, 적당한 용재로 어떤 물질은 남겨 두고, 어떤 물질은 제거하는 방식이다.

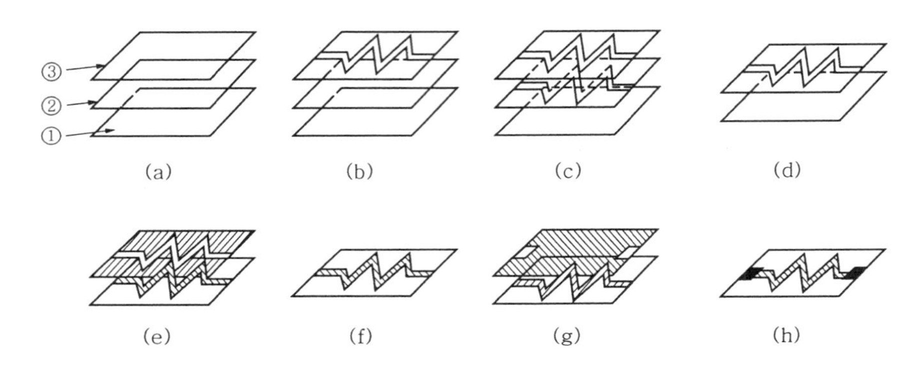

그림 2-21 금 전극을 갖는 저항체의 제작순서

그림 2-21은 간단한 금 전극을 갖는 니크롬 저항체를 만드는데 사용한 마스크와 그 제조공정을 나타낸 것이다. 2개의 마스크를 사용한 8단계의 공정은 다음과 같다.

먼저 그림 (a)의 단계에서 ①의 유리 기판 위 ②의 과정으로 Cu 박막을 증착하고, 그 위에 ③의 과정으로 포토레지터를 도포한다.

그림 (b)의 단계는 포토레지터 위에 저항체 패턴의 마스크를 정렬한다.

그림 (c)의 단계는 포토레지터를 저항체 패턴에 따라서 노광하고 현상한다.

그림 (d)의 단계는 Cu 박막을 에칭해 저항체 패턴을 만들고 포토레지터를 제거한다.

그림 (e)의 단계는 니크롬을 전면에 증착한다.

그림 (f)의 단계는 Cu 박막을 에칭함으로써 저항체 패턴의 니크롬만 남는다.

그림 (g)의 단계는 포토레지터를 도포하고 전극 부분만 제거될 수 있는 마스크를 사용하여 노광하고 현상한다.

그림 (h)의 단계는 금을 증착시킨 후에 포토레지터를 제거하면 금 증착된 전극이 형성된다.

따라서, 금 전극을 갖는 니크롬 저항체가 형성된다.

(4) 전자선 식각

에너지가 10~25 keV 의 전자선속을 사용한다. 이 에너지에 대응하는 전자의 파장은 0.1Å 정도이고, 회절현상은 발생하지 않는다. 이 경우에서 분해능은 전자 산란과 광감제의 특성에 달려 있다. 즉, 광감제 분자의 크기가 문제가 된다. 전자선은 그 광감제를 지나면서 2차 전자나 X-선을 만들면서 그 에너지를 상실한다. 전자들이 기판에서 백스케터링(backscattering)되면서 광감제로 되돌아와 반응을 일으키고 해상도가 나빠지게 된다.

(5) 전자선 마스크 제작

컴퓨터로 제어된 전자선 무늬 제작기가 기판에 직접 무늬를 식각한다. 이 기판은 광감제가 도포된 상태이다. 전자선의 지름은 0.05~0.025 μm이고, 실제에서는 0.2~0.1 μm 의 것이 사용된다. 글씨 쓰기 속력은 약 2 cm^2 / min (0.5 μm spot 로)이고, 사용되는 전유 밀도는 약 30 A / cm^2 이다.

(6) 이온빔 리소그래피

이온은 전자선보다 더 잘 초점을 맞출 수 있고, 산란도 심하지 않으므로 광감제에 더 잘 적응한다. 조명의 밝기를 전자선의 경우 보다 수백분의 일로도 가능하다. 광감제의 두께가 2500Å인 경우 에너지는 H +이온은 14 keV, Au +이온은 약 600 keV 가 필요하다. 이온원에서 나오는 이온의 에너지 분포가 넓어서 광학적 수차가 심하다.

(7) X-선 리소그래피

X-선은 파장이 짧으므로 이론적으로는 서브 미크론 크기의 패턴을 리소그래피할 수 있는 방법이다. 그러나 X-선을 차폐할 수 있는 마스크가 아직 개발되지 않아서 실용화되지 못하고 있다. 또한, 장비가 크고 고가이고, X-선 노출에 대하여 위험하며, 비효율적이므로 실용화되지 못하고 있다.

4-3 이온선속 밀링과 이온주입

스퍼터링이란 이온이 타겟을 때려서 그 타겟 물질을 뜯어내는 것이다. 이 사실을 이온 밀링(ion milling)에 이용하거나, 식각에 적용해서 이용할 수 있다. 이 방법은 습식 식각에서 자주 나타나는 분해 현상이나, 기타 복잡한 문제, 특히 공해 문제, 언더컷팅(under cutting)이라는 밑으로 깎여 나가는 문제들을 피할 수 있게 한다.

플라즈마 식각이 자주 쓰이는데 이것은 활성 원자와 기체(Br 또는 freon)의 라디칼(radical)이 불꽃 방전 속에서 형성되고, 이것이 활성 화합물을 형성하면서 타겟의 벗겨진 부분과 화학적 반응을 하게 된다.

만약에 초점이 맞춰진 이온선속을 플라즈마 대신 사용하면 이 과정은 더 좋게 개선되고, 해상도도 더 개선될 수 있다. 비반응성 이온 밀링인 경우 마스크의 수직 벽에 대해 스퍼터링된 물질이 재증착되는 문제는 (그림 2-22) 광감제의 처리와 마스크 물질을 아주 얇게 해서 해결 가능하다.

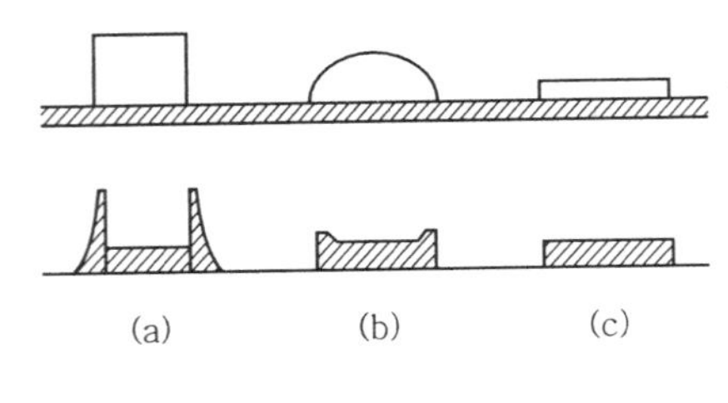

(a) 사각형 마스크
(b) 둥근 가장자리의 마스크
(c) 매우 얇은 마스크

그림 2-22 이온 식각에서 재증착

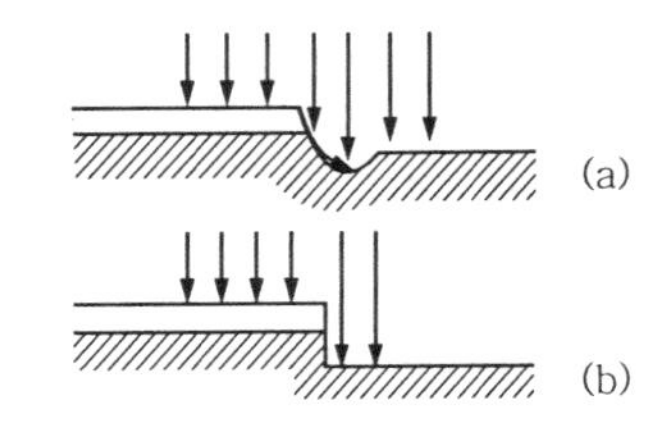

그림 2-23 반사된 이온에 의한 홈의 형성

그림 2-23 (a)를 보면 이온 식각된 것을 알 수 있는데, 마스크의 벽에서 반사된 입자 때문에 생긴 홈이 형성된 것을 알 수 있다. 이를 방지하기 위해서는 이온 식각되는 동안 기판을 회전시켜 그림 2-23 (b)와 같은 양호한 형상을 얻을 수 있다.

이온 주입은 100 keV~MeV 정도의 높은 에너지를 갖는 이온을 반도체 물질에 때려주어 그 물질 내로 이온이 깊숙이 침투해서 그곳에 머물게 되고, 이것이 반도체의 불순물로 남게 하는 방법이다. 이는 마스크 없이도 특정 부위에, 또 원하는 깊이에 이온을 주입할 수 있다. 이것을 이온 주입(ion implantation)이라 한다.

제 3 장 막의 두께와 증착률의 측정방법

막의 두께는 막의 특성을 결정하는데 가장 중요한 인자 중의 하나이다. 막의 특성을 파악하기 위해서는 그 두께를 측정하는 것이 중요하다. 그래서 두께를 측정하는 방법이 다양하다. 작은 면적의 두께라도 위치에 따라, 또 측정하는 방법에 따라 그 값이 다르므로 가능한 여러 가지 방법으로 측정해서 그 값의 평균값을 택하는 것이 옳다.

막이 다 완성된 뒤에 측정하는 것과, 막이 형성되는 과정을 모니터링(monitoring) 하는 방법이 있다. 막의 형성과정을 모니터링 하는 것은 막의 성장속도를 관찰하고 통제할 수 있게 해준다.

이와 같은 방법에는 칭량법, 전기적 방법, 광학적 방법, 그리고 그 외의 방법이 있다. 모니터링 법에는 측정위치가 기판 자체가 아니고, 다른 위치에서 관찰하는 것으로서 사전에 예비 실험을 통해 그 두께비를 측정해 두어야 한다.

1. 칭 량 법

1-1 미세 칭량법

이 방법은 기판상에 증착된 막의 질량을 직접 측정하는데 기초를 둔 것이다. 정밀하고 (10^{-8}g/cm^2), 기계적으로 튼튼해야 하고, 온도를 높여서 쉽게 재기화(degassing) 할 수 있어야 하며, 반복해서 계속 사용할 수 있어야 한다.

Mayer가 개발한 미세 칭량장치가 그림 3-1에 그려져 있다.

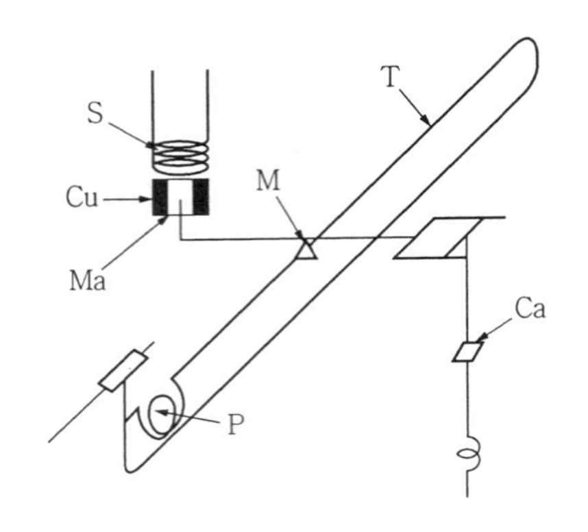

그림 3-1 Mayer에 의해 개발된 비틀림 저울

석영실의 길이는 12 cm, 굵기는 40 μm, 이것에 거울을 고정시키고 빛을 거울에 비추면 그 반사된 빛이 먼 곳에 있는 벽에 그 상이 나타난다. 약간의 비틀림에도 그 상은 크게 변위(displacement)하게 된다. 정밀하게 측정할 수 있는 장치이다.

막의 증착으로 질량이 변하고 그것에 의해 변위가 발생하고, 그 변위는 솔레노이드에서 맴돌이 전류(eddy current)가 생기게 하고, 이를 증폭해서 자기적으로 보상해서 그 값을 측정하여 막의 질량을 계산하게 되어 있다. 10^{-8}g 의 차수까지 측정 가능하다. 이는 막의 한 개층의 일부의 것에 해당한다. 거의 전부를 석영으로 만들어서 500℃의 온도에서 세척을 할 수 있어서 그 후 계속해서 사용할 수 있다.

측정된 두께 t는 다음 식으로 주어진다.

$$t = m / s\rho \qquad \text{(식 3-1)}$$

여기서, m은 막의 질량이고, s는 면적이며, ρ는 그 물질의 질량 밀도로 사전에 알고 있어야 한다. 이 때 ρ의 값이 벌크(bulk)의 것에 비해 그 값이 작기 때문에 t의 값을 수정해야 한다.

1-2 수정 진동방법

가장 많이 쓰이는 방법이다. 수정(crystal)판의 한쪽에 은이나 금으로 전극을 부착시키고, 다른 면에 물질을 증착시킨다. 수정판은 두께 방향으로 종단 탄성파가 존재한다.

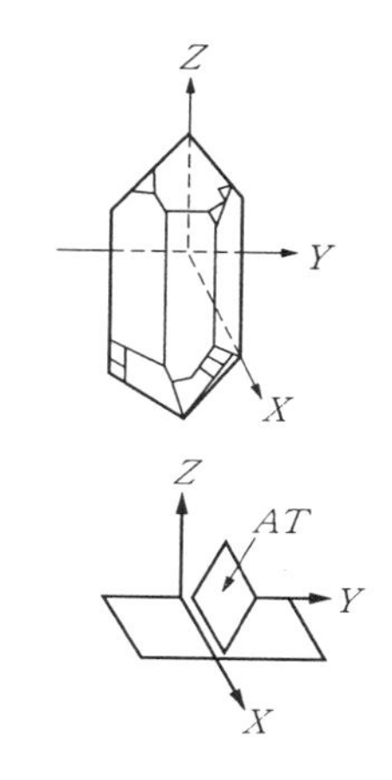

(a) 수정의 AT 절단방향

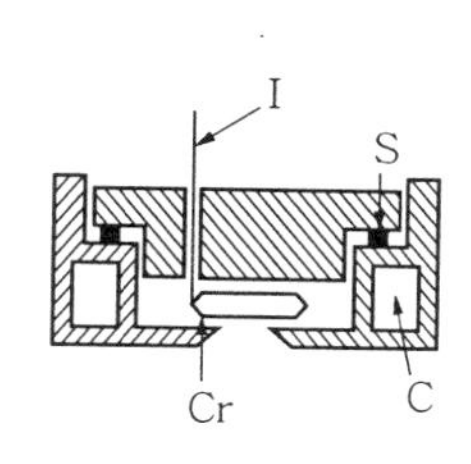

I : 입력부싱, S : O링
Cr : 결정, C : 냉각수관

(b) 결정 보관함

그림 3-2 수정 진동방법

이 신호를 주파수 측정회로에 연결하면 이 탄성파의 주파수를 읽을 수 있다. 이 주파수는

$$f = v_p / 2t = N / t \quad \text{(식 3-2)}$$

여기서, v_p는 두께 방향의 종단 탄성파의 속도이고, N은 주파수 상수이다. AT 절단 결정에서 이 상수는 $N = 1670$ kHzmm 이다.

물질이 이 결정 위에 증착되면, 그 두께가

$$dt = 1 / \rho_k S \cdot dm \quad \text{(식 3-3)}$$

만큼 증가한다. 여기서, dm은 증착된 질량이고, ρ_k는 그의 밀도, S는 박막의 면적이다. 이 때 이 질량에 해당하는 진동수의 변화는

$$df = -f^2 / N\rho_k \cdot dm / S \quad \text{(식 3-4)}$$

만큼 나타난다. 수정판의 진동이 탄성파이므로 박막에서도 이런 특성이 유지되는 아주 얇은 경우에 특히 이 방법이 효과적이다. 그래서 가용 주파수가 유효한 주파수 영역이 있다.

f_0 를 증착이 시작될 때의 초기 주파수라면

$$C_{f_0} = f_0{}^2 / N\rho_k \quad \text{(식 3-5)}$$

이것이 질량을 결정하는 감도이다. 그 결정의 질량에 대한 감도는 dm/S 인 단위 면적당 질량으로 정의되는데, 이는 1Hz 의 주파수 변화에 해당한다. (식 3-4) 로 주어진 dm 에 대한 df 의 변화가 선형적이여야 함은 중요하다. 선형성이 보장되거나 보정할 수 있는 영역에서만 사용 가능하다.

표 3-1에 몇 가지 진동수에 대한 변수가 수록되어 있다.

온도가 변하면 이에 따른 주파수도 변한다는 점에 유의해야 한다. 그래서 결정의 온도가 중요하다.

AT 절단은 이 온도에 대한 주파수 변화가 가장 작은 상태이다. 그리고 이 결정의 장착장치에 냉각수로 순환시켜 가능한 한 일정 온도가 되도록 한다.

또, 진공 증착시 열원에 의한 효과도 최소화시키도록 한다. 온도에 의한 효과는 1℃ 변화에 14 mHz 주파수에서 4×10^{-9}g/cm^{-2}에 해당하는 질량 변화가 그 자체에서 발생한다. 즉, 밀도가 1g/cm^{-3}이라면 0.04 nm 의 평균 두께에 해당하는 셈이다. 이 장치의 감도는 10^{-9}g/cm^2 까지 되고, 이는 철의 경우 한 개층의 1/100에 해당하는 양이다. 온도를 ±0.01℃ 내에서 안정시키면 10^{-12}g/cm^{2}의 감도를 얻을 수 있다.

표 3-1 수정 발진자를 이용한 두께 모니터링을 위한 기본 인자

f_0 [Hz]	C_{f_0} [Hz cm²/g]	dm/S [g/cm²]	$df_p = 5\times10^{-3} f_0$ [Hz]	$(dm/S)_p$[g/cm²]
1.0×10^6	2.26×10^6	4.42×10^{-7}	5.0×10^3	2.23×10^{-3}
2.5×10^6	1.41×10^7	7.09×10^{-8}	1.25×10^4	8.83×10^{-4}
5.0×10^6	5.65×10^7	1.77×10^{-8}	2.5×10^4	4.41×10^{-4}
1.0×10^7	2.26×10^8	4.42×10^{-9}	5.0×10^4	2.23×10^{-4}

2. 전기적 방법

2-1 전기저항 측정법

그림 3-3에 막의 비저항을 측정하는 브리지(bridge) 회로가 그려져 있다. V에 저항성 물질의 박막이 입혀지면 브리지 회로를 통해 그 막의 전기저항을 측정하게 된다. 막의 면적을 알면 그 두께를 계산해낼 수 있다. 사전에 두께에 따른 저항값을 측정한 데이터 값을 이용하여 그 두께를 구한다.

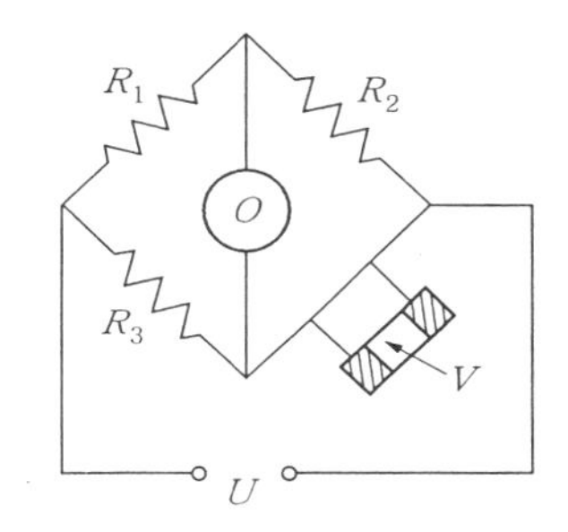

그림 3-3 저항 측정의 브리지 회로

2-2 커패시턴스의 측정

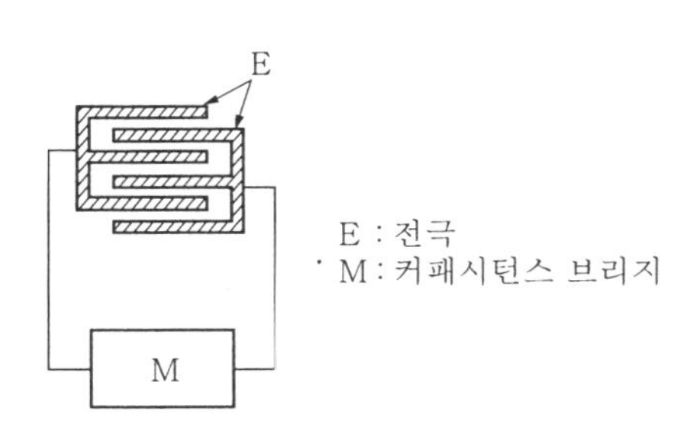

그림 3-4 막 두께의 커패시턴스 모니터링

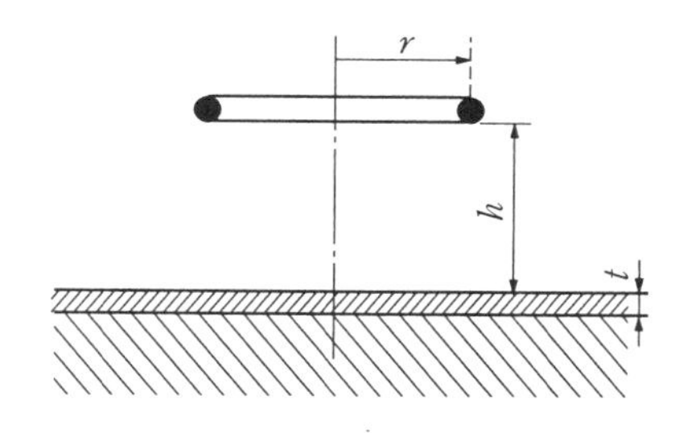

그림 3-5 두께 모니터링을 위한 Q-인자의 변화를 알아보기 위한 코일의 위치

그림 3－4에 유전체의 두께를 측정하기 위한 커패시턴스의 모니터링 장치가 있다. 증착막은 유전체이여야 한다.

그림 3－5에서와 같이 전극 위에 유전체 막이 형성되어 가면 커패시턴스 브리지 회로의 값이 변하고, 이 값은 미리 예비 실험을 통해 구해 놓은 교정 데이터 자료를 통해 현재의 두께를 모니터링 할 수 있게 되어 있다.

2－3 Q－factro 변화에 의한 방법

그림 3－5 에서 보는 바와 같이 두께 t인 금속 박막이 교류전류가 흐르는 반지름 r인 코일로부터 미소거리 h만큼 떨어져 놓여 있다면, 에너지의 일부는 막 내에 유기된 전류 소용돌이에 의해 소실된다. 그래서 코일의 Q－factor는 공진 주파수에 따라 변하게 된다. 매우 얇은 막일 경우 충분히 높은 주파수를 사용해야만 표면효과는 비교할 만한 두께(투과깊이가 깊은)에서 발생될 수 있다.

사용되는 주파수는 수십～수백 MHz 범위이고, 측정 가능한 박막의 두께는 수십～수백 μm이다. 따라서, 이 방법은 비교적 두꺼운 박막에 적용된다.

측정은 다음과 같다. 다리 형태로 만들어진 코일은 위에서 언급한 것과 같이 내부 작용에 의해 균형을 잃게 된다. 즉, 대각선으로 흐르는 전류에 의해 불균형이 나타나게 된다. 이러한 다리의 균형은 매우 높은 주파수에서는 사용될 수 없다. 이는 코일이 공진회로에 놓여질 경우 damping과 detuning이 되기 때문이다.

이 측정방법은 비파괴 방법이라는 장점과 증착과정 제어에 매우 유용한 방법이다.

2－4 이온화법

다음 그림 3－6에는 증발된 증기의 이온화로 생긴 이온 전류를 측정하는 장치가 그려져 있다. 진공도를 측정하기 위한 이온 게이지(ion gauge)를 증발된 물질의 흐름 속에 장착한다. 이온 게이지 내의 가열한 음극 캐소드 C에서 전자들이 튀어나와 양극의 그리드에 의해 가속된다.

이 때 이온 게이지 내에서 증발되어 흘러 들어온 증기와 이 전자들이 충돌하여 이것들이 이온화된다. 이 이온들이 음으로 대전된 컬렉터에 도달하게 되며, 이 이온 전류가 측정된다. 이 장치는 자체 가열장치를 이용하여 세척하여 반복해서 사용할 수 있다.

정밀도는 1~5% 범위 내에서 약 0.1 nm/s의 증착률을 측정할 수 있다. 산업 생산 라인(production line)에서 이 방법을 사용한다.

증발원에서 나온 증기가 이온 게이지의 내부로 적당량이 들어가도록 한다. 셔터가 이를 조정한다.

고진공 중에서 이 추가된 증기가 이 게이지의 이온 전류를 증가시키게 된다. 이 증가분을 막의 두께로 환산해서 모니터링을 한다.

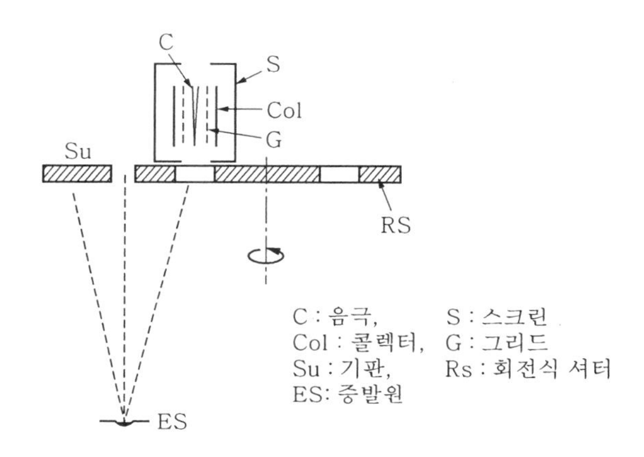

그림 3-6 이온화 게이지를 통해 두께를 모니터링함

3. 광학적 방법

3-1 광흡수계수의 측정을 기초로 한 방법

I_0라는 빛의 세기가 광원에서 나와 어떤 물질의 박막을 지난다고 가정하자. 그 빛이 그 물질 내에서 흡수되고 통과한 빛의 세기가 I가 된다. 이 값은 적당한 광전지로 측정된다.

$$I = I_0(1-R)^{2 \cdot e} \times p(-\alpha t) \quad \text{(식 3-6)}$$

여기서, t는 막의 두께이고, α는 흡수계수, R은 공기-박막의 경계에서 반사도이다. 이 식을 이용해서 막의 두께 t를 구할 수 있다. 이 방법은 매우 간단하고 금속이 증착되는 가운데에도 사용 가능하다. 막의 증착과정에 적용 가능하고 그 과정을 통제할 수 있다. 또, 모니터링을 할 수 있다.

반대 수표 눈금 위에 일정한 증착률에서 투과광 대 시간의 그래프를 그리면 직선이 된다. 시간만 조절하면 두께가 계산되고 측정된다. 일정 면적에서 두께의 균일성을 검사하는데 알맞다. 단지 두께에 따라 광투과도가 일정한 물질에만 사용 가능하다. 예를 들면, Ni－Fe 합금의 경우가 이에 해당한다. 그러나 은의 경우 두께가 변하면 투과도가 비선형적으로 변하므로 이 방법을 적용하지 못한다.

3－2 간섭방법

가시광은 파장이 400～800 nm 인 전자기파인 파동이다. 두 가지 이상의 파동이 상호작용을 하면 간섭(interference)현상을 일으킨다. 빛의 세기가 어떤 방향에서 증가하거나 감소한다.

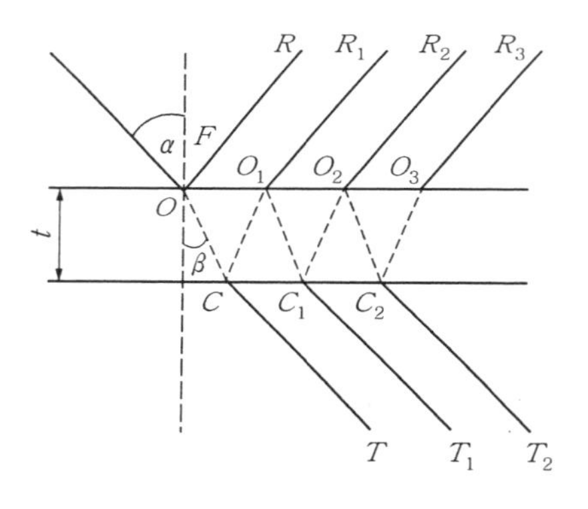

그림 3－7 박막에서 다중선속의 간섭

그림 3－7에는 박막 내에서 빛이 다중광속에 의해 간섭이 일어나는 것을 나타내었다. 평면파가 입사각 α 로 두께 t 인 막으로 입사된다. 계면(공기와 막)에서 그 파동은 일부 반사되고, 일부는 각 β 로 굴절된다. 굴절된 파동은 다시 일부가 반사되고, 일부는 밀도가 더 낮은 경계에서 굴절되고 다시 반사된다. 이런 과정이 반복된다.

처음 반사된 파를 OR 로 표시했고, 이 파는 O_1R_1, O_2R_2 등과 간섭을 일으키고, 파 CT 는 C_1T_1, C_2T_2 등과 간섭을 일으킨다. 투과성 물질에 대하여 반사파는 보통 투과파에 비해 강도가 아주 작으므로 제 1 차 근사로도 충분하며, 이는 간섭현상이 처음 이웃하는 두 파에서만 일어난 것만으로 고려해도 큰 문제가 없다는 것을 의미한다. 즉, OR 과 O_1R_1 만에 의한 것만 생각해도 된다.

간섭현상은 상호 작용하는 광의 광학적 경로의 차이에서 발생한다. 광학적 경로 l 은 기하학적 경로 곱하기 굴절률로 주어진다. 막 주위의 매질이 공기라면 공기의 굴절률 ($n_{기판} = n_{주위} = 1$) 은 1이고, 막 자체의 굴절률은 n 이다. OR 과 O_1R_1 광의 광학적 경로의 차이는

$$\Delta l = (OC + CO_1)n - OF = (2t/\cos\beta) \cdot n - 2t \cdot \tan\beta \sin\alpha \quad \cdots\cdots \text{(식 3-7)}$$

굴절률 $n = \sin\alpha / \sin\beta$ (Snell's law) .... (식 3-8)

$$\begin{aligned}\Delta l &= (2t/\cos\beta) \cdot \sin\alpha / \sin\beta - 2t \cdot \tan\beta \sin\alpha \\ &= 2tn\cos\beta \\ &= 2t\sqrt{(n^2 - \sin^2\alpha)}\end{aligned} \quad \cdots\cdots \text{(식 3-9)}$$

이 식은 두 파가 처음 출발할 때 위상이 같아야 한다. 이는 이 파가 간섭성 광원, 즉 코히어런트 광 (coherent light)이라는 의미인데, 레이저 빔, 색 필터를 통과한 빛, 슬릿 (slit) 를 두 번 통과한 빛 등이 이에 해당한다.

파동이 반사할 때, 매질이 소(昭)한데서 밀(密)한 곳으로, 즉 이 경우에서는 공기에서 유리로 그 경계에서 반사될 때, $n_{공기} < n_{유리}$인 경우 그 파의 위상이 반전된다. 그러나 굴절될 때에는 위상이 그대로 유지되면서 진행한다. 즉, n 값이 큰 곳에서 작은 곳으로 진행할 때는 위상이 그대로 유지된다.

파동이 반사될 때 경계조건이 고정단과 자유단이 있다. 고정단은 n 값이 작은 곳에서 큰 곳으로의 경계이고, 자유단은 그 반대의 경우이다. 고정단에서 반사될 때 파동은 위상이 반전된다. 자유단에서는 그대로 진행한다.

이것이 그림 3-7에서 O 점에서 반사될 때 π (180°) 만큼 파의 위상이 변화된다. C 점에서는 위상의 변화가 없다. 즉, 이 경우에서 $n_{기판} < n > n_{주위}$ 이다.

이 반전현상은 다음 식과 같이 두 상호 작용하는 파동의 유효 경로차를 나타내는 식에 의해 이론상 합쳐져서 나타내도 되겠다.

$$\Delta l_{ef} = \Delta l - \lambda_0/2 = 2t\sqrt{n^2 - \sin^2\alpha} - \lambda_0/2 \quad \cdots\cdots \text{(식 3-10)}$$

여기서, λ 는 진공 중에서 빛의 파장이다. 즉, 유효거리 차이가 파장의 정수배가 되면 1배, 2배, 3배, …… 등이 되면 두 파동은 보강 간섭이 되어 진폭이 커지거나 밝아진다.

이 극대조건은

$$\Delta l_{ef} = \Delta l - \lambda_0/2 = 2k\lambda_0/2 \quad \text{(식 3-11)}$$

여기서, k는 정수, 즉 1, 2, 3, ……
또는,

$$\Delta l = (2k+1)\lambda_0/2 \quad \text{(식 3-12)}$$

극소가 되는 조건은 경로차가 반파장의 정수배, 즉

$$\Delta l_{ef} = \Delta l - \lambda_0/2 = (2k-1)\lambda_0/2$$

또는,

$$\Delta l = 2k\lambda_0/2 \quad \text{(식 3-13)}$$

와 같다면 발생한다. 수 k는 극대, 극소 간섭의 순서를 나타낸다. 투과광은 위와 반대 현상이 된다.

(1) 간섭색을 사용한 두께 측정법

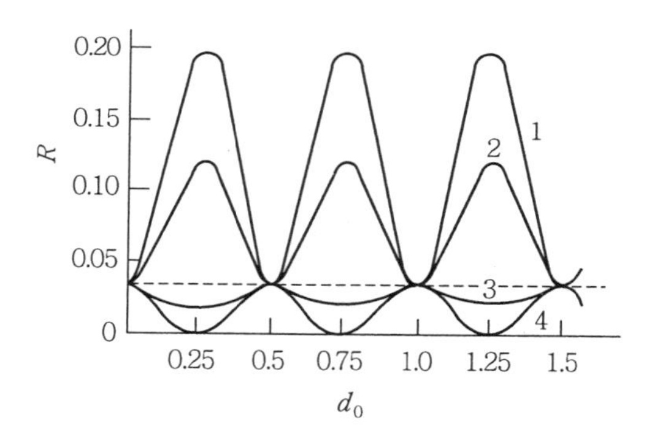

그림 3-8 반사도의 변화

간단한 경우로 빛이 수직으로 입사하는 경우, 극대는 막의 두께가 $\lambda_0/4$, $\lambda_0 3/4$, 등일 때 (물론 n분위기 < n < n기판 인 경우) 발생하고, 극소 간섭은 그 두께가 $\lambda_0/2$, λ_0, …… 등일 때 생긴다. 두께가 $\lambda_0/4$인 것은 왕복거리가 반파장임을 의미한다. 백색광은 자, 청, 연두, 녹 등 7가지색이 혼합된 것으로 반사될 때 보강된 성분은 막의

두께가 1/4 파장의 기수배에 해당하는 것들이고, 소멸 간섭은 막의 두께가 짝수배인 경우에 생긴다. 그래서 막은 보강된 성분들의 한 조합에 해당하는 반사광이 어떤 색으로 나타난다. 증착으로 형성된 막을 관찰하고, 여러 가지 색으로 된 백색광을 조사시키면 이 때 관측된 색에 해당하는 막의 두께를 색 구분표(color chart)에서 찾아볼 수 있다. 증착과정이 진행 중이라면 7가지 색의 계열이 반복해서 나타날 것이다. 1회 반복해서 나타나면 그 막의 두께가 1/4 파장임을 의미한다.

(2) 동일 두께의 간섭 무늬를 사용하는 방법

Toransky 의 방법이라고도 하고, Å-meter 라고도 하는 이 방법은 유리판을 기판 위에 성막된 막의 모퉁이에 걸쳐놓으면 쐐기 모양의 경사진 턱을 만들 수 있다. 유리판의 위로부터 평행한 단색광을 비춰주면 쐐기 모양을 지나면서 빛의 경로차가 생겨 간섭현상이 발생한다. 이 간섭 무늬는 밝고 어두운 것으로 띠가 반복해서 나타난다.

다음 그림 3-9에 그 장치와 쐐기 모습을 보였다. 현미경으로 본 간섭 무늬는 평행한 밝고 어두운 무늬이지만 턱에 의해 그림 3-10에서와 같이 그 무늬가 꺾이게 된다.

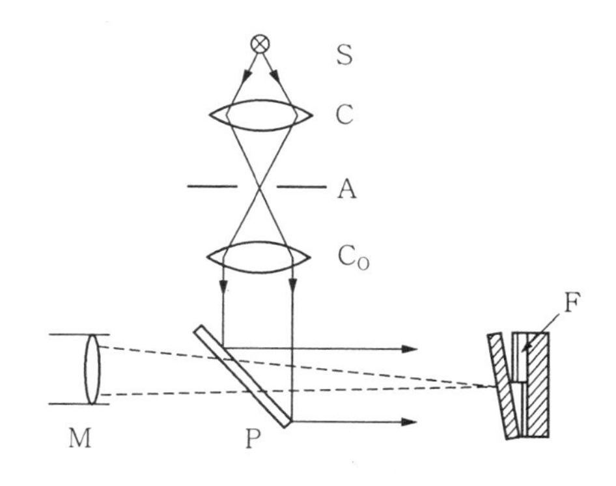

그림 3-9 두께 측정을 위한 Toransky 방법

이 방법은 Torasky 에 의해 주로 개발되었고, 박막의 두께를 측정하기 위한 표준 방법 중 하나이다. 다중선속 간섭이 발생하는 층은 작은 각도에 의해 기울어진 두 광학 평면 사이의 간극에 의해 형성되고, 그 중 하나는 측정하려는 막을 떠받치고 있고, 이것이 그 면 위에 일종의 계단을 형성한다. 측정 부위의 박막은 반사도가 좋은 물질, 예를 들면 반사율이 94% 이상되는 Al 같은 것을 계단 위, 아래에 도포시켜서 간섭 무늬가 잘 보이도록 한다.

평행 광속이 (그림 3-9) 45° 각도로 반투과 거울 (그림에서 P)에 단색광을 쏘이고, 이 빛의 일부가 간섭장치에서 반사된다. 이 장치에서 같은 두께의 간섭 무늬가 저배율의 현미경으로 봤을 때 반파장씩 분리되어 나타난다. 박막 경계에 코팅된 두 반사 Al 막은 충분히 높은 반사계수를 갖고, 간격이 작다면, 간섭 무늬는 매우 예리하게 나타날 것이다. 무늬는 계단까지 평행으로 가다가 계단 위치에서 변위하게 된다.

그림 3-10에서 L 이 무늬 사이이고, ΔL 이 무늬의 변위라면, 박막의 두께는 다음과 같다.

$$t = \Delta L / L \cdot \lambda / 2 \quad \text{(식 3-14)}$$

여기서, λ 는 단색광의 파장이다. 이 장치의 정밀도는 ± 0.8 nm 로 5 nm 의 두께를 측정 가능하다.

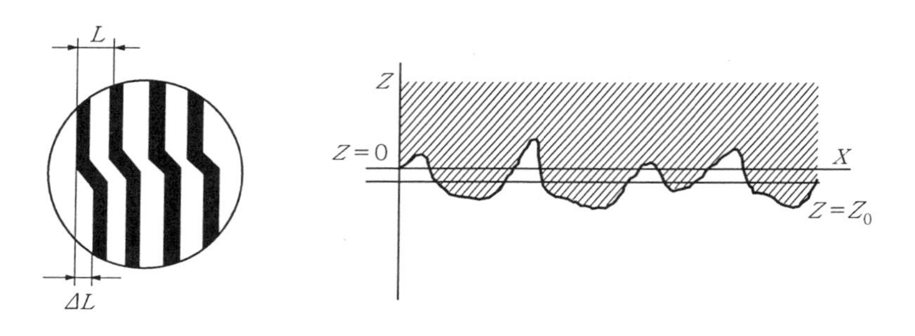

그림 3-10 Torasky 의 방법 중 막의 단계에서 생긴 무늬의 변위

그림 3-11 거친 표면 위에서 광반사

3-3 파이로메트릭 방법

깨끗하게 연마된 금속판 위에 있는 일부, 또는 전체가 투명한 박막은 반사된 광의 타원성(ellipticity)에 영향을 끼친다. 파이로메트릭(polarimetric) 또는 일립소메트릭(ellipsometric) 방법은 입사 평면을 따라 편광된 반사광의 진폭과 수직으로 편광된 광의 진폭과의 비와 상당히 큰 입사각에서의 이들, 즉 앞의 편광된 광들의 위상차를 측정하는 것에 기초를 둔 것이다. Fresnel 의 방정식으로 계산할 수 있다. 이 방법에 의하면 비흡수성, 그리고 흡수성 기판 위에 있는 비흡수성, 또는 흡수성인 균질한 박막의 두께, 또는 광학적 상수를 구할 수 있다.

두께는 상당히 복잡한 계산을 통해 구해지나 최근에는 컴퓨터를 이용해 쉽게 그 값을 얻는다. 어떤 금속 표면에 증착된 투명한 초박막의 검사용으로 이 방법이 유일한 것이다. 예를 들면, Al, Ta 같은 금속 위에 순간적으로 생긴 산화물 박막 같은 것을 측정할 때 유일한 방법이 된다.

3-4 운동량 수송을 사용한 증착률의 모니터링

이 경우에 모니터링을 위해 적용한 성격은 변위가 기록되는 가동판 위에 입사하는 입자의 운동량을 측정하는데 있다. 이러한 것의 장치가 그림 3-12에 그려져 있다. 비틀림 선(torsion wire)에 매달려 있는 원통의 반쪽 위로 증착원 S로부터 나온 입자들이 입사한다. 나머지 원통의 반은 셔터 S로 가려져 있다.

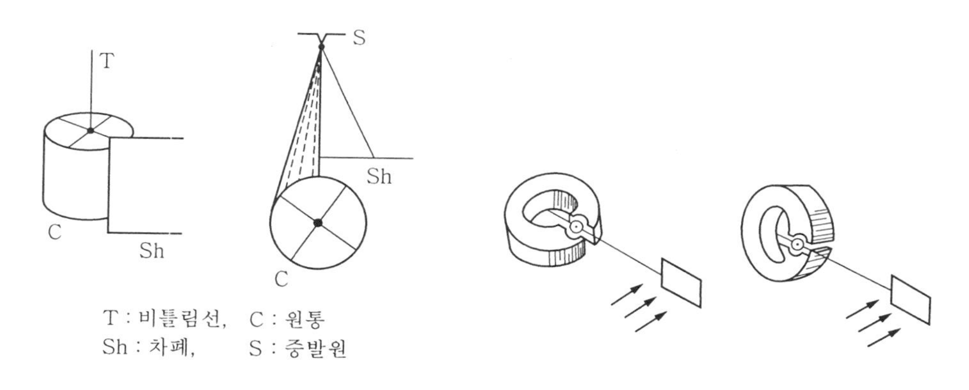

그림 3-12 회전 원통에 운동량을 수송해서 증착률의 모니터링

그림 3-13 막 측정을 위한 deprez 시스템

어떤 분자선 속에 의해 회전자(rotor)에 전달된 운동량은 그 원통의 각 변위를 일으킨다. 이것에서 여러 그 장치의 인자를 적용해서 입사입자의 흐름을 계산할 수 있다. 그래서 측정된 데이터로부터 증착된 필름의 두께를 계산하고자 한다면, 주어진 표면상의 물질의 응축계수를 알아야 한다. 이 값은 온도와 시간에 의존한다.

만약에 응축계수는 모르지만 다른 방법, 즉 천칭(balance)이나 광학적(optical) 방법으로 그 두께를 구할 수 있다면 이 계수를 결정하는데 그 방법을 사용할 수 있다. 그 외 방법이 앞의 그림 3-13에 나타나 있다.

3-5 특수한 두께 모니터링 방법

기계적인 방법으로 막의 두께를 측정하는 방법에는 스타일러스 방법(stylus method)이 있다. 이 방법의 장치는 상업적으로 Talysurf, Dectack, 그리고 a-step 으로 알려지고 있고, 반지름이 0.7 내지 2 μm 인 다이아몬드 팁(tip)이 500 kP / cm^2의 압력으로 면을 누르고 있다. 이 정도의 압력은 단지 0.1 g 의 작은 질량에 해당한다. 그리고 그 면을 가로질러 그 팁이 이동한다. 그 면의 불규칙성 때문에 생긴 그 팁의 상하 운동은 전기적 신호로 바뀌게 그리고 증폭되고 기록된다.

기록된 예가 그림 3-14에 실려 있다. 이 방법으로 기록된 최소 두께의 차이는 ±2 %의 정밀도로 2.5 nm 이다. 또한, 표면의 두께 분포를 알 수 있고, 상당한 정확도로 즉석에서 바로 표면구조를 알 수 있다. 그러나 이것은 좁은 틈과 동굴을 기록하지 못한다. 그것은 팁 표면 접촉이 비교적 넓은 면적이기 때문이다. 광간섭 방법에 비해서 이것은 부가적인 층을 시편에 도포할 필요가 없다. 스타일러스 방법으로 구한 결과는 많은 시험을 통해 간섭 측정의 것과 아주 잘 일치한다.

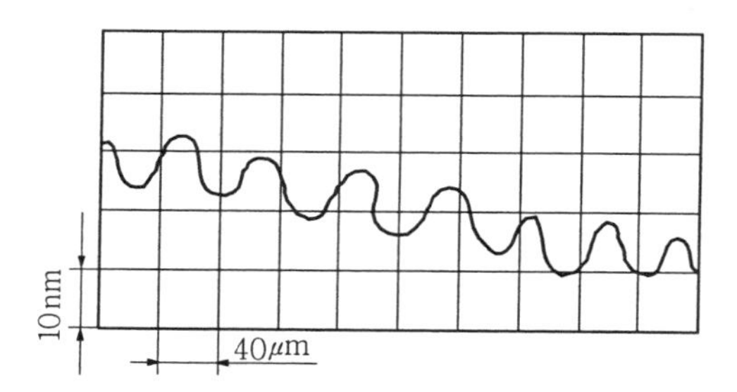

그림 3-14 스타일러스 방법으로 얻은 두께 기록

제4장 박막 형성의 메커니즘

1. 박막의 형성

1-1 박막의 형성 단계

원리적으로 박막 응집은 다음과 같이 세 가지 다른 메커니즘으로 구분되며, 이것은 성장하는 막의 원자들 사이의 상호작용의 강도 및 막의 원자와 기판 사이의 상호작용의 강도에 의해 정해진다.

(1) 박막 응집의 메커니즘

① 층과 층에 의한 성장(van der Merwe 메커니즘)
② 3차원적 핵자 형성, 성장, 그리고 섬들의 연결(Volmer-Weber 메커니즘)
③ 단층의 흡착과 그 층 위에 계속되는 핵자 형성(Stranski-Krastanov 메커니즘)
대부분의 경우에는 ②가 일어나고, 앞으로 이에 대해 더 자세히 살펴보기로 한다.

(2) 전자 현미경에 의한 막의 성장

증착된 막을 전자 현미경으로 조사한 결과 막의 성장이 보통 몇 가지 단계로 이루어진다는 것이 발견되었으며, 그 결과는 다음과 같다.
① 핵 형성, 기판 표면상에 통계적으로 분포된 작은 핵자가 형성된다.
② 핵자의 성장과 큰 섬들의 형성, 이것은 흔히 작은 결정의 형태를 갖춘다.
③ 섬들의 합체(즉, 결정체)와 빈 채널(channel)을 포함한 다소 연결된 네트워크가 형성된다.

그림 4-1 에 박막 형성의 진행과정이 도식적으로 그려져 있다. 이 그림은 이미 성장한 핵자를 나타내는 것으로, 생성 단계에서 핵자의 크기는 보통 전자 현미경의 분해능에 미치지 못한다.

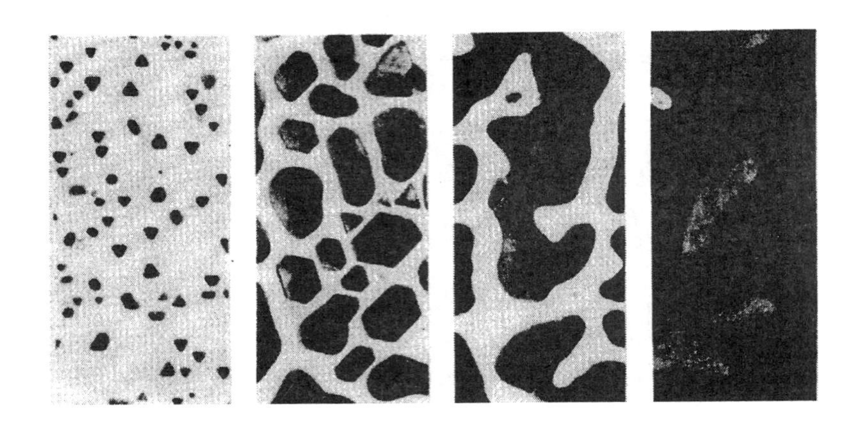

그림 4-1 MoS_2 위에 Ag 막의 형성과정

핵자가 어떤 농도에 도달한 후 들어오는 입자들은 더 이상 핵자를 형성하지 못하고, 먼저 도달한 것에 달라붙거나 이미 형성된 섬들에 붙게 된다. 나중에 설명하겠지만 핵의 성장과 분리된 섬들의 합체는 막 구조의 형성에 기본적인 것으로 매우 중요하다.

2. 핵 형성

증착원으로부터 증발되어 기판에 도달한 입자들은 박막으로 증착되고, 일반적으로 그들의 에너지의 일부를 상실하게 된다. 대부분 쌍극자 (dipole) 나 4극자 (quadrupole) 적인 성질의 힘에 의해 표면에 끌리게 되어 임의의 시간 후 표면에 흡착하게 된다. 표면에 입사된 입자의 에너지 손실과 표면을 떠난 입자의 에너지 손실은 다음과 같이 정의된 점유계수 (accommodation coefficient) α 에 의해 특징 지어진다.

$$\alpha = \frac{T_c - T_v}{T_c - T_s} \qquad \text{(식 4-1)}$$

여기서, T_c는 입사된 입자의 에너지에 해당하는 온도이고(증발원의 온도로 정해진다), T_v는 방출된 입자의 온도, T_s는 기판의 온도이다. 이 계수는 0에서 1 사이의 값을 갖고, 0은 탄성적 반사를 의미하고(에너지 손실이 없는 것), 1은 전체가 점유된 것을 의미한다. 즉, 입자들은 모든 여분의 에너지를 잃어버리면 그의 에너지 상태는 전적으로 기판온도에 의해 결정된다.

이론적으로는 문제를 간단히 하기 위해 입자들이 1차원적으로 들어오는 것으로 취급한다. sticking 계수 s는 입사된 입자의 수에 대한 물리적으로 흡수된 입자의 수의 비로 정의하면, $s=1-R$이다. 여기서, R은 탄성적 반사계수이고, 실제로 계수 s는 입사된 입자의 에너지가 기판상에서 탈착되는 에너지의 25배와 같거나 적으면 1로 둔다. 탈착 에너지가 1eV에서 4 eV 이상이므로 상한값은 10^5 K의 영역에서 입사된 입자의 온도에 해당한다. 이것은 정상적으로 증발시키는 온도를 훨씬 넘는 온도로, 대부분의 입자들이 물리적으로 흡착될 가능성이 높다.

1차원적 모델에서 3차원으로 확대하면, 확률은 감소하지만 흡착된 입자들은 얼마 동안 기판에 존재하고, τ_s는 아래와 같이 정의된다.

$$\tau_s = \frac{1}{\nu} \exp \frac{Q_{des}}{kT} \qquad \text{(식 4-2)}$$

여기서, ν는 흡착원자의 표면 진동 주파수이고, k는 볼츠만 상수, Q_{des}는 주어진 기판상에서 입자의 탈착 에너지이다. 그리고 T는 입자의 온도로, 일반적으로 기판과 증발원의 온도 차이이다.

아직 완전히 점유하지 못한 입자들은 어떤 여분의 에너지를 보유하고 있다. 이 에너지와 기판으로부터의 열에너지에 기인된 것에 의해 입자들은 표면 위를 이동한다. 이와 같은 이동을 이주(migration) 또는 표면확산이라고 한다. 입자들이 표면에 머무는 동안 화학적으로 흡착되는데, 이것을 화학적 흡착이라고 한다.

결과적인 상태는 더 높은 탈착 에너지에 의해 결정되는데, 그 때 입자들은 재증발을 하게 된다(머무는 시간 τ_s는 매우 길다). 이것 외에 입자들은 표면확산 과정 중에 서로 만나서 쌍을 형성하고, 이렇게 되면 재증발 확률은 더 작아지고 응축조건은 성숙하게 된다.

전체 입사된 원자의 수에 대한 응축된 원자의 수의 비를 응축계수(condensation coefficient)라 하고, 이것은 박막 형성에 중요하다. 표면 위에 있는 입자들은 표면확산이라는 방법으로 입사점으로부터 어떤 평균거리($\overline{X}$)를 이동한다.

이 거리는 다음과 같이 주어진다.

$$\overline{X} = (2D_d \tau_s)^{1/2} = (2D_d)^{1/2} \nu^{-1/2} \exp\left(\frac{Q_{des}}{2kT}\right) \quad \text{(식 4-3)}$$

여기서, D_d는 표면확산계수이다.

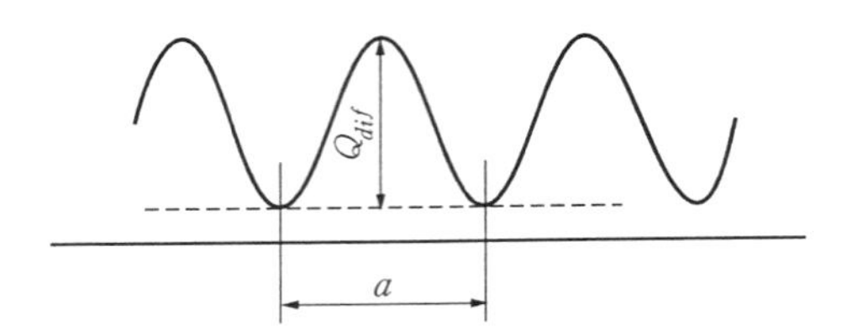

그림 4-2 고체 표면의 전위변화

표면의 전위변화는 그림 4-2에서와 같이 나타낼 수 있다. 결합 에너지는 전체 표면에 걸쳐 동일하지 않고, 흡착된 입자들은 항상 극소 에너지 상태를 점유하려는 경향이 있다. 이것이 어떤 흡착위치에서 항상 국재화되고 이웃 위치로 지나가기 위해서는 어떤 전위 장벽을 극복해야 한다. 즉, 표면확산 점프를 위한 활성화 에너지가 필요하다. 표면확산계수는 다음과 같이 활성화 에너지와 관계되어 있다.

$$D_d = a^2 \nu \exp\left(-\frac{Q_{dif}}{kT}\right) \quad \text{(식 4-4)}$$

여기서, 평균거리 $\overline{X}$는 다음과 같이 표시할 수 있다.

$$\overline{X} = \sqrt{2}\, a \exp\left(\frac{Q_{des} - Q_{dif}}{2kT}\right) \quad \text{(식 4-5)}$$

여러 가지 재료에 대한 탈착 에너지 Q_{des}와 활성화 에너지 Q_{dif}를 표 4-1에 나타내었다.

표 4-1 탈착 에너지 Q_{des}와 표면확산을 위한 활성화 에너지 Q_{dif}

재　료	Q_{des} [eV]	Q_{dif} [eV]
W 위에 Ba	3.8	0.65
W 위에 Cs	2.8	0.61
운모 위에 Al	0.9	–
W 위에 W	5.83	1.21
Hg 위에 Hg	–	0.048

만약에 몇 개의 입자들로 형성된 두 이웃 핵자가 서로 너무 가까이 있게 되면(근사적으로 지름 $\overline{X}$), 다른 입자가 중첩할만한 확산이 되는 영역이므로, 부가적인 핵자의 형성은 중지되고 기존의 섬들에 합쳐진다. 이것은 핵 형성 중심의 농도 n_1이 (식 4-5) 로부터 결정될 수 있음을 의미한다.

응축 핵자의 형성을 확인하기 위해서는 증착률이 충분히 높아야 하고, 표면을 통한 그 외의 이주하는 입자는 다른 핵자와 서로 만나기 전에 재증발한다. 이것은 다음과 같이 정량적으로 표현되고, 표면상의 개별 입자의 농도 n_1은 입사선속이 $N\downarrow$ 이라는 가정하에 다음과 같이 주어진다.

$$n_1 = N\downarrow \tau_s \left[1 - \exp\left(-\frac{t}{\tau_s}\right)\right] \quad \text{(식 4-6)}$$

n_1은 상수이고, $t \to \infty$인 흡착시간이 매우 길면 $N\downarrow \cdot \tau_s$와 같게 된다. 이것은 정상 상태에서 입사 전류 $N\downarrow$이 재증발하는 입자의 흐름인 $N\uparrow$와 같게 된다는 것을 의미한다.

$$N\downarrow = \frac{C \cdot p}{\sqrt{(2\pi mkT_v)}} = \frac{n_1}{\tau_s} = n_1 \nu \exp\left(-\frac{Q_{des}}{kT}\right) \quad \text{(식 4-7)}$$

여기서, p는 증발원의 온도 T_v에 해당하는 증기압이고, C는 소스와 기판 사이의 기하학적 모양에 따른 상수이며, m은 입자의 질량이다. 매우 낮은 증착률에서 n_1은 매우 작고, 응축 핵 형성의 확률은 무시할 수 있다.

응축 핵의 형성과 계속되는 막 성장의 최적 조건은 높은 증착률에서 가능하다. 핵자의 형성과 성장하는 과정은 물론 안정상태가 아니고, 입사 흐름이 재증발 흐름보다 더 높다.

재증발 흐름에 대한 입사 흐름의 비인 $N\downarrow / N\uparrow$을 과포화라 하고, 이것은 박막 응축에 대한 중요한 인자이다.

재증발 흐름은 기판의 온도(300 K에서 Ag에 대한 압력은 10^{-4} torr)와 증발원 증기의 평형압력이다. 여기서, 입사 흐름은 주어진 증착률에 대응되고, 증착률이 0.1 nm/s인 Ag의 경우 초당 1개의 기판 원자에 대해 1원자의 Ag가 약 10^{-6} torr에 해당한다.

응축은 주로 두 양의 비에 의존하는데, 기판상에 입사하는 원자의 결합을 특징 지우는 탈착 에너지와 응축되는 원자의 상호 결합을 특징 지우는 승화열 Q_s이다.

(1) 만약 $Q_{des} \ll Q_s$이면, 응축은 과포화없이 발생하고(P/P_c는 1 보다 작고), 덮임 (coverage) 효과는 높다.

(2) 만약 $Q_{des} \approx Q_s$이면, 응축은 과포화의 적당한 수준에서 발생한다. 이것은 열역학적 개념(모세관 이론)에 근거를 둔 핵자 형성에 관한 고전적 이론을 만족시킨다.

(3) 만약 $Q_{des} \gg Q_s$이면, 더 낮은 증착률에 대해 매우 작은 덮임이 이루어지고, 높은 과포화가 응축을 효과적으로 하기 위해 사용되어야 한다. 여기서, 이종 핵자 형성에 대한 열역학적 이론을 적용시키기 곤란하므로, 원자적인 이론을 사용할 필요가 있다.

2-1 핵자 형성에 대한 열역학적 이론

이론은 열역학적 개념에 근거를 두고 있고, 응축에 대해서는 Langmuir-Frenkel 이론에 그 근거를 두고 있다. 응축 핵은 반지름 r의 공간적 모양을 갖고 있다고 가정하자. 부가적인 입자들의 만남으로 막이 성장하는 동안 표면과 체적을 구성하고 있는 핵의 에너지는 변화한다. Gibbs의 자유 에너지(자유 엔탈피 또는 Gibbs의 전위 ΔG_0)는 다음과 같이 표현된다.

$$\Delta G_0 = 4\pi r^2 \sigma_{cv} + \frac{4}{3}\pi r^3 \Delta G_v \quad \text{(식 4-8)}$$

여기서, σ_{cv}는 응축-증기 계면의 자유 에너지이고, ΔG_v는 등가 압력으로 된 과포화 증기로부터 응축된 분자 체적 V의 단위 체적당 자유 에너지 차이다. p는 평형 압력 p_e로 된 상태의 압력이다.

$$\Delta G_v = -\frac{kT}{V}\ln\frac{p}{p_e} \quad \text{(식 4-9)}$$

그림 4-3은 핵자의 반지름에 대한 ΔG_0의 의존성을 나타낸 것이다. 이 의존성은 다음 조건으로부터 계산할 수 있는 어떤 임계 반지름에서 극대값을 갖는 것을 알 수 있다.

$$\frac{d(\Delta G_0)}{dr} = 0 \quad \text{(식 4-10)}$$

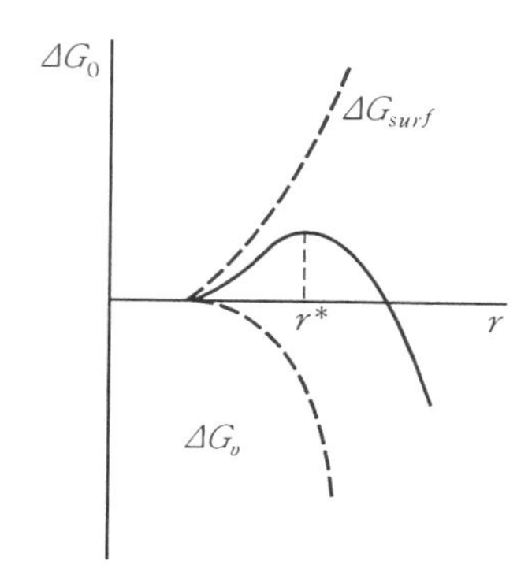

그림 4-3 핵자 반지름에 대한 ΔG_0의 의존성

그러므로 임계 핵자의 반지름 r^*는 다음과 같이 주어진다.

$$r^* = \frac{-2\sigma_{cv}}{\Delta G_v} \doteq \frac{2\sigma_{cv}V}{kT\ln\frac{p}{p_e}} \quad \text{(식 4-11)}$$

만약 핵자의 반지름이 r^* 보다 작다면 핵은 불안정하고, 이런 경우 핵자가 붕괴되는 높은 확률이 존재한다(핵자는 더 낮은 에너지 상태를 점유하며, 이 경우에는 각각의 고립된 원자로 붕괴된다). 만약에 반지름이 r^* 보다 더 크다면, 반지름이 증가함에 따라 에너지는 감소할 것이고, 연속적인 막으로까지 성장할 조건이 이루어진다.

이것으로부터 p/p_e의 비, 즉 과포화계수가 막의 형성에 얼마나 중요한가를 이해할 수 있다. 그러나 핵자는 구형(spherical shape)으로 되지 않고 오히려 표면력의 평형값에 의해 정해지는 접촉각 θ로 된 구형모자(spherical cap)의 모양을 갖는다(그림 4-4 참조). σ는 표면 자유 에너지를 나타낸다. 첨자 s, c 및 v를 각각 기판, 응축 핵자 및 증기를 나타내면 다음과 같은 관계를 얻을 수 있다.

$$\sigma_{cv}\cos\theta = \sigma_{sv} - \sigma_{sc} \quad \text{(식 4-12)}$$

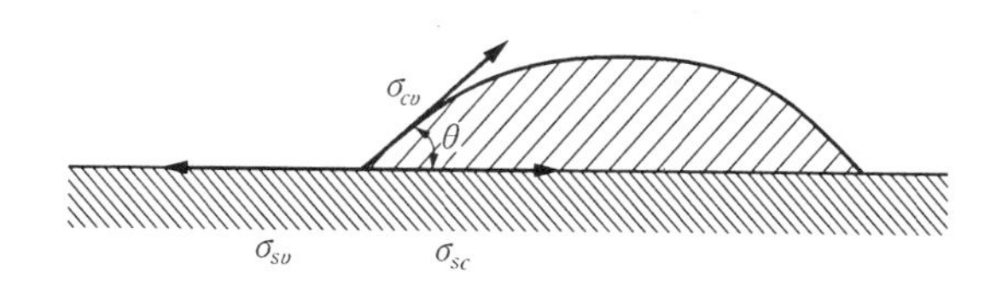

그림 4-4 핵자에서 표면력의 평형으로 생긴 구형모자 형성

(식 4-8)에서 사용한 것과 유사한 방법으로 표면 에너지 $\varDelta G_1$과 체적 에너지 $\varDelta G_2$의 합의 형태로 Gibbs 의 자유 에너지를 나타낼 수 있다. 이것은 약간 복잡한 형태로 다음 식과 같다.

$$\varDelta G_1 = \pi r^2 \sin^2\theta(\sigma_{sc} - \sigma_{sv}) + 4\pi r^2 \phi_1(\theta)\sigma_{cv} \quad \cdots\cdots \text{(식 4-13)}$$

$$\varDelta G_2 = \frac{4\pi}{4} r^3 \phi_2(\theta)\varDelta G_v \quad \cdots\cdots \text{(식 4-14)}$$

여기서, $\phi_1(\theta)$와 $\phi_2(\theta)$는 기하학적 인자들이고, $\varDelta G_v$는 다시 (식 4-9)의 형태를 갖는다. 재정립된 이론에서 다른 항 $\varDelta G_3$가 추가되는데, 이것은 결정격자 표면에 대한 n_0의 가능한 위치 중 핵자의 분포에 대한 엔트로피를 나타내는 것이다.

$$\varDelta G_3 = -kT\ln\left(\frac{n_0}{n_1}\right) \quad \cdots\cdots \text{(식 4-15)}$$

이들 세 항의 합은 어떤 값 r^*와 핵자 형성에 대응하는 임계 에너지 $\varDelta G^*$에서 극대값을 갖는데, 이들은 다음과 같이 주어진다.

$$r^* = -\frac{2\sigma_{cv}}{\varDelta G_v} \quad \cdots\cdots \text{(식 4-16 (a))}$$

$$\varDelta G^* = -kT\ln\frac{n_0}{n_1} + \frac{16\pi}{3}\frac{\sigma_{cv}^3}{\varDelta G_v^2}\phi_3(\theta) \quad \cdots\cdots \text{(식 4-16 (b))}$$

여기서, ϕ_3는 다음 식으로 주어지는 기하학적 인자이다.

$$\phi_3(\theta) = \frac{1}{4}(2 + \cos\theta)(1 - \cos\theta)^2 \quad \cdots\cdots \text{(식 4-17)}$$

θ에 대한 ϕ_3의 의존성을 그림 4-5에 나타내었다. $\theta = 0$일 때 (식 4-16 (b))에서 첫째 항만 남고, 응축에 의해 기판의 완전한 덮임에 대한 $\varDelta G^*$는 음의 값이 됨으로, 이것은 핵 형성에 대한 양호한 환경이 만들어진다는 것이다. 기판의 덮임이 전혀 없는 경우에는 $\theta = 180°$, $\phi_3 = 1$이 됨으로, (식 4-16 (b))는 균일한 핵자 형성에 대한 식으로 변환된다. 이것은 기판이 핵자 형성에 대해 촉매적 효과를 갖지 않을 때의 상황이다.

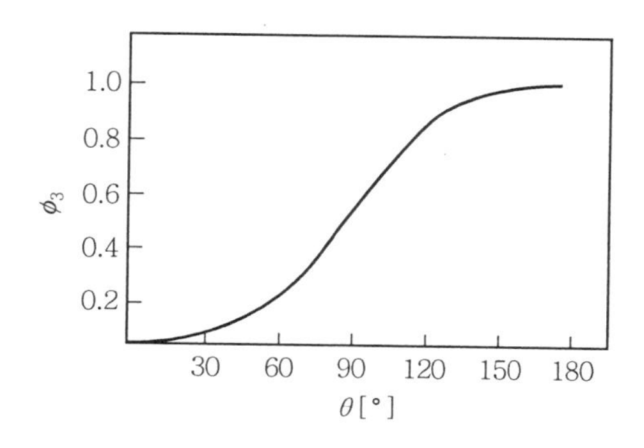

그림 4-5 θ에 대한 ϕ_3의 의존성

ΔG^*의 값은 여러 가지 인자에 의해 영향을 받을 수 있다. 예를 들면, θ의 어떤 값에 대해 ΔG^*는 결정격자의 계단에서 더 작을 수 있다. 이것이 표면 처리 효과의 기초이다.

표면 처리 효과에 의해서 이들 단계에서만 응축하는 적당한 금속의 초박막으로 단계를 코팅함으로써 단계들을 보이게 한다. 표면상의 불순물은 그들의 성격에 따라서 ΔG^*를 감소시키거나 증가시킨다. 표면의 정전기적 전하는 ΔG^*를 감소시키고 이것이 응축을 촉진한다.

핵자 형성률 J(단위 면적(cm^2)당 및 단위 시간(sec)당 생성된 핵자의 수)는 매우 중요한 것이다. 이것은 임계 핵자의 농도 N^*와 표면 확산에 의해 분자가 임계 핵자와 만나는 율인 Γ에 비례한다.

$$N^* = n_0 \exp\left(-\frac{\Delta G^*}{kT}\right) \quad \text{(식 4-18)}$$

여기서, n_0는 흡착 자리(adsorption site)의 밀도이다.

그러므로 J를 다음과 같이 나타낼 수 있다.

$$J = Z 2\pi r^* \Gamma N^* \sin\theta \quad \text{(식 4-19)}$$

Z는 Zeldovich의 상수이며, 평형으로부터 실제 상태의 이탈을 나타내고, 그 값은 약 10^{-2} 정도가 되고, $2\pi r^* \sin\theta$는 임계 핵자의 바깥둘레이다. Γ의 비율에 대해서는 확산과정으로부터 식을 얻을 수 있다.

$$\Gamma = n_1 a \nu \exp\left(-\frac{Q_{dif}}{kT}\right) \quad \text{(식 4−20)}$$

여기서, n_1 은 흡착된 원자의 농도이다. 핵자 형성률 J는 (식 4−7)을 이용하여 다음과 같은 최종 식을 얻을 수 있다.

$$J = Z 2\pi r^* n_0 a \sin\theta \frac{p}{\sqrt{(2mkT)}} \exp\left(\frac{Q_{des} - Q_{dif} - \Delta G^*}{kT}\right) \quad \text{(식 4−21)}$$

여기서, a 의 의미를 알아보기 위해 그림 4−2 를 보라. 이 식에서 ΔG_v는 ΔG^* 내에 포함되었다 (식 4−16 (b)). 그러므로 핵자 형성률은 과포화에 크게 의존한다. ΔG_v는 다음의 (식 4−22)와 같은 임계값을 갖고 있으며, (식 4−22)는 임계 과포화에 대응하여 그림 4−6 과 같이 막의 형성이 일어나는 영역과 일어나지 않는 영역이 분명하게 구분된다.

$$\Delta G_{vcrit} = -\frac{kT}{V} \ln\left(\frac{p}{p_e}\right)_{crit} \quad \text{(식 4−22)}$$

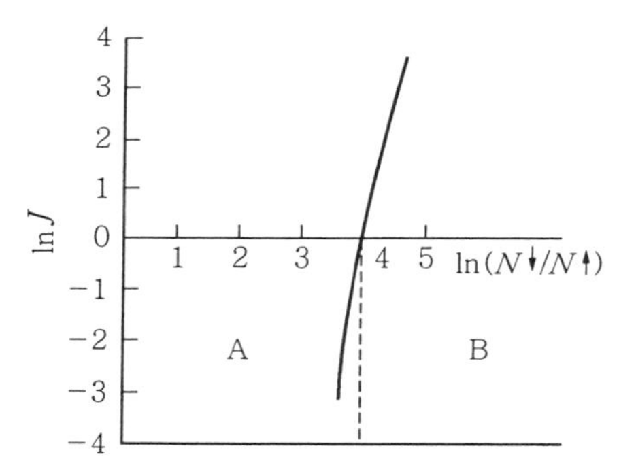

그림 4-6 과포화에 따른 핵자 형성률

과포화에 대한 핵자 형성률의 의존성은 매우 강하다. 임계값보다 더 작은 과포화 상태에서 J는 실제적으로 0이고, 임계값보다 더 큰 과포화 상태에서는 J는 매우 급속도로 증가한다 ($J \to \infty$).

핵자 형성률이 $1\,\mathrm{cm}^2$에 초당 1 핵자가 도달할 때 응축이 시작한다는 것에 관하여 살펴보기로 하자.

만약 임계 핵자가 적어도 두 개의 원자로 이루어져 있고, 증기로부터 그의 형성에 대한 자유 에너지가 양(+)이라면, 연속적인 막의 형성을 하지 못하는 어떤 에너지 장벽이 존재한다. 즉, 섬들의 구조가 나타난다.

만약 그 장벽이 높다면, 즉 ΔG^*가 크다면 임계 핵자의 반지름이 크게 되어 큰 합체의 수가 비교적 작게 형성된다.

다른 한편으로 장벽이 작다면, 즉 ΔG^*가 작다면 작은 합체의 많은 수가 형성되고, 상대적으로 얇은 두께의 막이 연속적으로 된다. 그래서 이들 인자들이 최종 막의 구조에 영향을 끼친다는 것을 알 수 있다.

유리 위에 은을 증착시킨 경우는 $r^* \approx 0.46\,\mathrm{nm}$로 되어 과포화가 10^{34} 정도되므로 증착막은 불연속적인 섬 모양으로 된다. 유사한 조건으로 텅스텐을 증착하는 경우는 $r^* \approx 0.13\,\mathrm{nm}$로 되어 과포화는 10^{106}된다. 따라서, 증착된 막은 바로 연속적으로 된다. 과포화는 주어진 온도에서 증발열에 의존하고, 결국에는 Trouton 관계에 의하여 비등점 T_b에 관계된다.

$$\Delta L_{vap} = \frac{\Delta H_{vap}}{T_b} \quad \cdots\cdots \text{(식 4-23)}$$

여기서, ΔH_{vap}는 엔탈피의 변화분이다. 높은 비등점을 갖는 금속들은 높은 과포화값을 갖고, 작은 크기의 임계 핵자로 됨으로 그들은 쉽게 연속적인 막을 형성한다. 임계 핵자의 크기는 기판과 증착된 막과의 강한 접착이 있으면 언제나 상당히 줄어든다.

금속 위에 금속의 응축에 관한 이론적인 값에 대한 대체가 때때로 음성적 임계 반지름의 결과를 낳는다. 물론 이것은 불가능한 것이나 임계 핵자가 두 개의 원자 보다 적은 것을 포함하고, 에너지 장벽이 존재하지 않다는 것을 나타낸다. 즉, 섬이 형성되지 않고, 연속적인 막이 된다.

2-2 핵자 형성의 통계적 이론

(1) 통계적 이론

통계적 이론은 임계 핵자가 매우 적은 원자의 수 (1~10) 로 구성되어 있을 때 핵자 형성과정을 기술하는 것으로, Walton 과 Rhodin 에 의해 연구되었다. 핵자는 작은 집합체로서 각각의 입자와 기판 사이의 결합을 우선 고려한 것이고, 핵자는 거대한 분자에 사용한 것과 유사한 항으로 설명된다. 여기서 자세히 다루지는 않지만, 이러한 개념은 임계 핵자 형성에 대한 Gibbs 의 에너지에 대해 다음 식으로 유도된다.

$$\varDelta G_i^* = \varDelta E_{io}^* + i^* kT \ln\left(\frac{n_0}{n_1}\right) \quad \text{(식 4-24)}$$

여기서, E_{io}는 절대영도에서 i^*의 원자를 포함하고 있는 임계 핵자를 분리하는데 필요한 에너지이다. $\frac{n_0}{n_1}$은 흡착원자의 농도에 대한 흡착자리의 수의 비이다. 이 경우 임계 핵자의 농도에 대한 얻어진 식에는 σ, θ 및 $\varDelta G_v$와 같은 거시적인 양들이 포함되지 않는다.

$$\frac{n_i^*}{n_0} = \left(\frac{n_1}{n_0}\right)^{i*} \exp\left(-\frac{E_{i0}^*}{kT}\right) \quad \text{(식 4-25)}$$

그리고 핵자 형성률은 다음의 식으로 표시된다.

$$J = N\downarrow a^2 n_0 \left(\frac{N\downarrow}{\mathrm{n}_0}\right)^{i*} \exp\left[\frac{(i^*+1)\,Q_{des} - Q_{dif} + E_{i0}^*}{kT}\right] \quad \text{(식 4-26)}$$

$1/T$의 함수로서 나타낸 $\ln J$의 결과는 측정할 만한 양들을 포함하고 있으므로, 실험과 이론을 비교하는데 사용할 수 있다. 비록 이론에 의해 i^*와 E_{i0}^*를 계산하는데 정확한 식이 제공되지 않아도, 이들 양들은 여러 가지 다른 i^*와 E_{i0}^*의 값에 대한 실험적인 결과와 이론적인 결과를 비교하여 결정할 수 있다.

그림 4-7 (a)는 초고진공 상태에서 NaCl 단결정 위에 증착한 Ag에 대한 결과를 나타낸 것이다. 매우 낮은 기판 온도와 매우 높은 과포화 상태에서 단 한 개의 원자는 이미 임계 핵자를 나타낸다. 다른 원자와의 결합으로 안정한 덩어리가 형성되고, 이 덩어리는 자발적으로 성장된다.

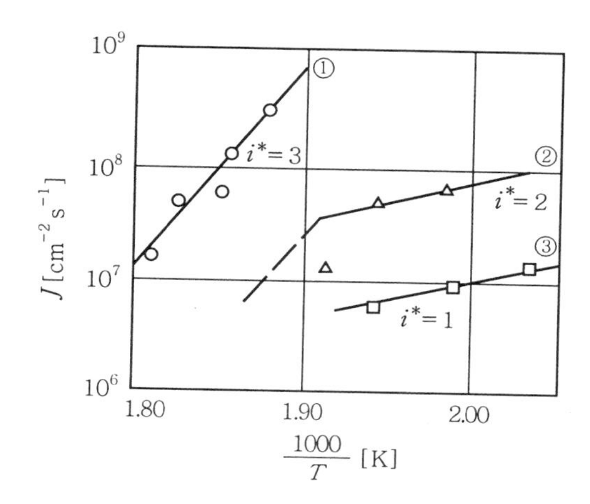

(a) 진공에서 NaCl 의 (100)면에 형성된 Ag 의 핵자 형성률
(증착률 : ① $6\times10^{13}cm^{-2}s^{-1}$, ② $2\times10^{13}cm^{-2}s^{-1}$, ③ $1\times10^{13}cm^{-2}s^{-1}$)

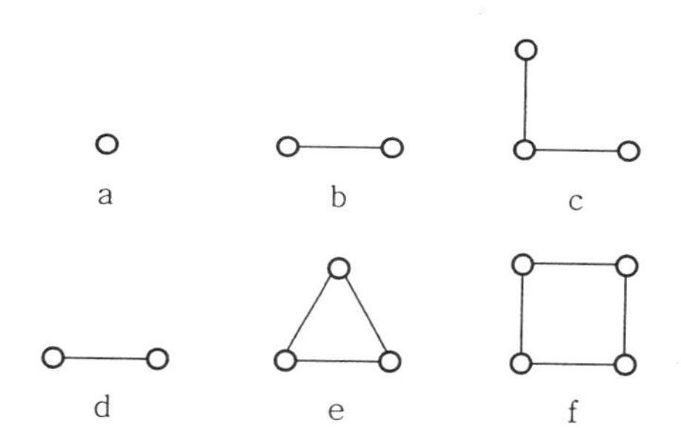

(b) fcc 결정표면에 있는 임계 핵자 및 가장 작은 안정한 핵자의 집단

그림 4-7 핵자 형성의 예와 그 집단

더 높은 온도에서 원자당 한 개의 결합을 갖는 원자의 한 쌍이 한 개의 안정한 덩어리가 된다. 이 온도에서 안정한 덩어리는 적어도 원자당 두 개의 결합을 갖는 원자의 집합으로 표현된다(그림 4−7 (b) 참조).

그림 4−7 (b)의 a, b 및 c는 임계 핵자를 나타내고 있으며, d, e 및 f는 fcc 구조의 결정 표면에 있는 대응하는 가장 작은 안정한 덩어리(cluster)를 나타낸다. 이 이론은 기판 표면상에 개별 원자의 배열을 생각한 것이므로 그 구조에 관한 정보와 성장하는 덩어리의 방향에 관한 정보를 제공하고 있다.

임계 핵자 내의 원자수 i^*가 기판의 온도에 의존하므로 i^*원자의 임계 핵자로부터 (i^*+1) 원자 핵자로의 천이가 발생하는 온도가 존재한다.

예를 들면, 2원자의 안정한 덩어리로부터 3원자의 안정한 덩어리로의 천이에 대한 임계온도는 다음과 같다.

$$T = -\frac{Q_{des} + \frac{1}{2}E_3}{k\ln\left(\frac{N\downarrow}{\nu n_0}\right)} \quad \text{(식 4-27)}$$

E_3는 3원자의 핵자가 1개의 입자로 해리되는데 필요한 에너지이다. 막이 에피택시얼(단결정)적으로 성장하는데 온도는 대단히 중요하고, 이것은 뒤에서 자세히 살펴보기로 한다.

(2) 모세관 이론

모세관 이론(식 4-21)과 통계적 이론(식 4-26)의 기본적인 식은 서로 유사한 형태로 충분히 이해할 수 있다. 왜냐 하면 이것을 유도하는데 도입된 기본적인 원리가 일치하기 때문이다.

모세관 이론은 표면 에너지가 연속적으로 변하는 개념이고, 거시적인 열역학적 양을 도입한 것이다. 한편, 통계적 이론은 덩어리에 1개 입자가 추가되는데 결합 에너지의 변화에 대한 불연속적 성질을 고려한 넣은 것이다.

다른 것으로는, Frenkel의 응축 이론에서 유도한 Zinsmeister에 의한 통계 이론으로, 기본적인 아이디어는 다음과 같다.

기판으로 입사하는 원자에 대하여 어떤 평균적인 체재시간과 이동도가 주어진다. 체재시간 동안에 그곳에서는 쌍을 형성하는 결과를 낳는 충돌이 발생하고, 그 후에 큰 집합체로 성장하게 된다. 집합체가 분리되는 역과정과 재증발하는 것도 동시에 진행된다.

N_i를 i원자들을 포함하고 있는 집합체의 농도라 하자. 단위 시간당 단위 면적에 입사하는 원자의 수를 q', α_i를 i원자 덩어리의 재증발을 특징 지우는 계수라 하고, β_1을 i원자 집합체의 분리를 특징 지우는 계수, τ_a를 재증발을 특징 지우는 계수, w_{ij}는 i와 j원자 덩어리의 충돌계수(w_{ij}는 표면 확산계수에 의존한다), 그리고 σ_i는 기체상태로부터 직접 입사하는 것으로부터 생긴 i원자 덩어리에 입자들의 추가를 특징 지우는 계수이다.

다음으로 막의 성장을 기술하는 다음 식을 살펴보자.

$$\frac{dN_1}{dt} = q' + \sum_{i>1} N_i \beta_1 - \frac{N_1}{\tau_a} - N_1 q' \sigma_1 - N_1 \sum_{i>1} w_{1i} N_i$$

$$\frac{dN_2}{dt} = \frac{1}{2} w_{11} N_1{}^2 + N_1 q' \sigma_1 + \sum_{i>2} N_i \beta'_i - w_{12} N_1 N_2 - N_2 q' \sigma_2 - N_2 \alpha_2$$

$$\frac{dN_3}{dt} = w_{12} N_1 N_2 + N_2 q' \sigma_2 + \sum_{i>3} N_i \beta''_i - w_{13} N_1 N_3 - N_3 q' \sigma_3 - N_3 w_3$$

………………………………………………………… (식 4−28)

σ_i 를 포함하는 항은 대부분 생략된다. w 들은 너무 높은 덮임이 아닌 것에 대해 운동학적 고려로 결정된다. 해리에 있어서 가장 현저한 역할은 가장 작은 해리 에너지를 갖는 과정이며, 가장 중요한 해리는 쌍의 해리이다.

쌍의 해리계수는 다음과 같이 평가된다. 고체에서 각 원자는 평균적으로 12개의 이웃을 갖고 있다. 효과적으로 증발되기 위해서는 어떤 승화열 Q_{subl} 이 가해져야 한다. 즉, 한 쌍의 해리는 그것의 양 (E_d) 의 $1/6$ 이 필요하다.

그러나 실험 결과는 실제와는 다르다. Ag, Au 및 Cu와 같은 일반적으로 사용된 금속들은 훨씬 더 높은 쌍의 해리 에너지를 나타내었다 (Ag−1.6 eV, Au−2.23 eV 및 Cu−1.9 eV).

다른 한편으로 응축하기 힘든 물질로 알려진 것들 (Hg 및 Cd) 은 평가한 것 보다 더 낮은 해리 에너지를 갖는다.

이것은 전자의 경우에서 원자 쌍이 정상 온도에서는 해리가 거의 불가능한 매우 안정된 상태임을 의미한다. 즉, 그 쌍은 매우 안정한 덩어리이다. 작은 E_d 를 갖는 응결하기가 힘든 경우, 임계 핵자는 3~10개의 원자를 갖는다. 그러나 E_d 는 기판의 표면에 흡착하는 동안에 변화하고, 특히 흡착 에너지가 높을 때 그 현상이 발생한다.

만약 해리와 쌍의 재증발과 기체 상태에서 입자의 직접적인 포획이 무시된다면, (식 4−28)들을 훨씬 더 간단한 식으로 나타낼 수 있다.

$$\frac{dN_2}{dt} = \frac{w}{2} N_1{}^2 - w N_1 N_2$$

$$\frac{dN_3}{dt} = w N_1 N_2 - w N_1 N_3$$

$$\frac{dN_i}{dt} = w N_{i-1} N_1 - w N_1 N_i$$

………………………………………… (식 4−29)

여기서, 모든 충돌 인자들을 같게 한다면 $w_{ij} = w$ 가 된다.

이 식은 어떤 가정하에서 해결할 수 있고, 그림 4-8은 그 결과를 나타낸 것이다. 이것은 더 큰 집합체가 더 작은 집합체로 된 후에만 평형 농도에 도달할 수 있음을 보여 준다. 일반적으로 어떤 활성화 에너지가 공급되어야만 진행되는 정상적인 응축 외에 고도의 과포화에서 박막의 응결은 활성화 에너지가 필요 없는 간단한 침전현상이 존재한다.

응축온도보다 훨씬 낮은 온도에서 응축이 때때로 발생한다는 사실은 2차 인자들에 의해 기인된 것이다. 즉, 전체 집합체의 증발이 일어나는 것이다(이것은 무시될 수 없다). 더 큰 집합체의 이동도는 무시될 수 있는 다른 인자이다. 이 이동도는 집합체의 크기가 커짐에 따라 작아진다. 그러므로 이론에 있어서는 쌍의 이동도를 고려해야 한다.

계산결과는 다음과 같이 정리할 수 있다. 만약 $w_2 < w/1000$ 이면 쌍둥이의 이동도를 고려할 필요가 없다. $w_2 > w/1000$ 이면 이동도가 포함되어야 하고 그들의 밀도에 따라 감소한다.

다음 식에 의한 종합적인 시간의 도입으로 간략화한 (식 4-29)의 해를 구할 수 있다.

$$x = w\int_0^1 N_1(t)dt$$

$$\frac{dN_i}{dt} = \frac{dN_1}{dx} : \frac{dx}{dt} = N'_i w N_1 \qquad \text{(식 4-30)}$$

이 식에 의해 다음과 같은 선형 미분 방정식으로 변환된다.

$$N'_2 + N_2 = \frac{N_i}{2}$$

$$N'_3 + N_3 = N_2 \qquad \text{(식 4-31)}$$

$$N'_i + N_i = N_{i-1}$$

실험 결과와 비교하기 위해서는 덩어리의 크기 분포에 대한 시간 변화를 살펴보는 것이 중요하다(시간의 함수로서 i-원자의 덩어리의 수, 즉 $N_i(t)$, 또는 시간의 함수로서 지름 D를 갖는 것들). 이들 양들은 미분 방정식의 해를 구해 얻을 수 있다.

다음 그림 4-8은 어떤 조건의 가정하에서 얻은 해의 도식적 결과를 나타낸 것이다.

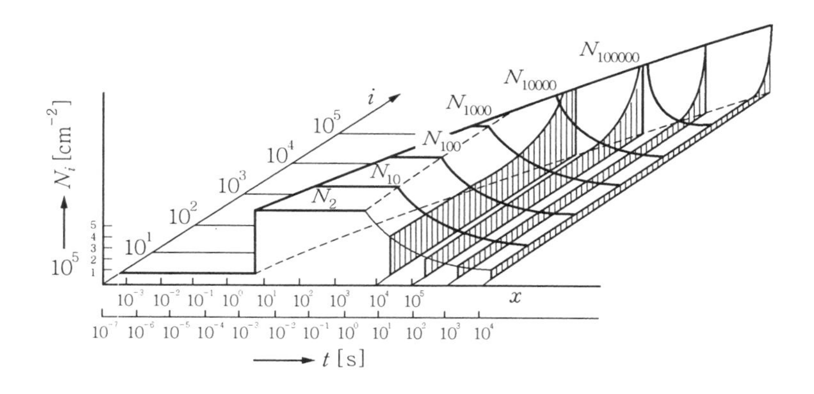

그림 4-8 Zinsmeister에 의한 시간에 대한 응축의 변화
($q=10^{13}$, $\alpha=10^{-7}$, $w=2\times10^{-3}$)
집합체에 있어서 원자의 수, 실시간(t)와 종합적 시간(x)에 따른 집합체의 농도 N_i

집합체의 밀도 $G=\sum_{2}^{\infty}N_i(t)$가 증착률 $q\,[\mathrm{cm}^{-2}\mathrm{s}^{-1}]$와 함께 $q^{1/3}$으로 증가한다. 덩어리의 최대 지름 $D_{\max}$은 $1/q^{1/9}$으로 감소한다.

이와 같이 증착률이 증가하면 크기가 작은 많은 수의 집합체를 형성하게 된다. 흡착된 원자의 이동도를 결정하는 충돌인자 $w\,[\mathrm{cm}^2/\mathrm{s}]$는 다음 관계인 $G\sim1/w^{1/3}$, $D_{\max}\sim w^{1/9}$에 의해 집합체의 밀도와 덩어리의 최대 크기에 관련되어 있다. 즉, 입자의 표면 이동도가 증가하면 크기가 큰 덩어리의 수를 적게 하게 한다.

끝으로 기판의 온도 $T_s\,[\mathrm{K}]$는 주로 τ_a에 영향을 미치는데, 이것은 무엇보다도 응결의 초기 단계의 특성에 영향을 준다.

이것은 충돌인자 $w=w(T_s)$의 온도 의존성을 통해서만 이루어지는 후기 응결 단계에서는 중요하지 않다.

표면상의 핵자 중심이 임의로 분포하지 않는 경우에 대한 이론은 Robins와 Rhodin에 의해 개발되었다. 그러나 핵자 형성은 표면 결함에 의해 형성된 핵자 중심에서 일어난다.

완전한 표면에 대한 높은 과포화 한계에서 불규칙한 핵자 형성은 (식 4-26)에서 $n^*=1$, $E^*_{io}=0$을 기대할 수 있으므로, 핵자 형성률은 다음과 같이 표시된다.

$$I = (N\downarrow)^2 \frac{a_0^2}{\nu} \exp\left(\frac{2Q_{des} - Q_{dif}}{kT}\right) \quad \text{(식 4-32)}$$

그러므로 입사율 $N\downarrow$ 이 2차원적 함수가 된다. 높은 결합 에너지를 갖는 점 결함이 표면상에 존재한다면, 이러한 결함 위에 흡착한 한 개의 원자는 제일 작은 안정한 덩어리로 생각할 수 있다(임계 핵자는 어떤 흡착원자도 포함하지 않는다. 즉, $n^* = 0$). 핵자 형성률은 아래의 식으로 표현된다.

$$I = N_D N\downarrow a_0^2 \exp\left(\frac{Q_{des} - Q_{dif}}{kT}\right) \quad \text{(식 4-33)}$$

여기서, N_D는 점 결함의 밀도이다. 이 경우 핵자 형성률은 $N\downarrow$ 과 N_D 의 선형 함수이다. 이것은 $\ln I$ 대 $\ln R$ 의 결과가 불규칙한 과정인 기울기 2 를 갖고, 결함이 제어된 과정에 대해서는 기울기 1 을 갖는 것을 의미한다.

$\ln I$ 대 $1/T$ 의 기울기로부터 불규칙한 핵자 형성에 대한 $(2Q_{des} - Q_{dif})$ 에너지를 계산할 수 있고, 포획 중심에 대한 핵자 형성에 대해서는 $(Q_{des} - Q_{dif})$를 계산할 수 있다.

2-3 핵 형성과정에 대한 인자들의 영향

ΔG^* 에 대한 J 의 지수적 의존성 때문에 핵 형성률은 과포화에 의존하고, 이것은 결국 온도에 의존하게 된다. 그림 4-6 으로부터 알 수 있듯이 J 는 무시할 만한 작은 값에서부터 매우 높은 값까지 매우 빠르게 변한다. 임계 과포화는 그에 해당하는 임계온도가 존재한다.

위에서 언급한 이론은 J 의 정상상태의 값에서만 유효하다. 즉, 핵자 사이의 평균거리가 확산거리 $\overline{X}$ 보다 아주 클 때이다. 핵자 사이의 거리가 $\overline{X}$ 와 정확히 같을 때, 핵의 밀도는 최대가 되고 그 이상 증가하지 않는다(그림 4-9 참고).

그 후 핵은 표면 확산에 의한 추가적인 입자들의 결합에 의해서만 성장한다. 이 핵의 포화밀도는 입사율에 무관한데, 단 입사원자가 순간적으로 점유하고 그들의 운동량이 충분하지 못하고, 입사류가 확산류보다 작을 때만 그렇게 된다.

이러한 조건하에서 포화밀도는 다음 식과 같다.

$$N_s = n_0 \exp\left(-\frac{Q_{des} - Q_{dif}}{kT}\right) \quad \text{(식 4-34)}$$

앞에서 살펴본 것과 같이 표면에 흡착되어 남아 있는 입자들만이 응결하고 막의 형성에 기여한다. 전체 입사량에 대한 그들의 수는 응결계수에 의해 주어진다.

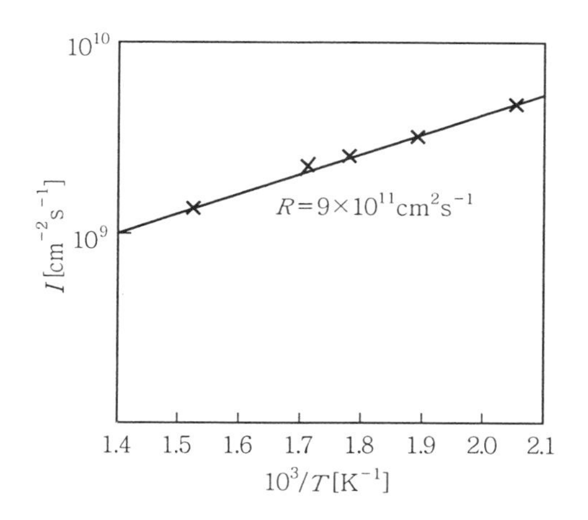

그림 4-9 입사율 $9\times10^{11}\mathrm{cm^{-2}s^{-1}}$에 대한 (1000) MgO 위의 Au 핵 생성률의 온도 의존성

이 계수는 기판에 흡착하는 결합 에너지가 감소하고 기판온도가 증가함에 따라 감소한다. 이것은 또한 덮힘에도 의존하므로, 대부분 증착하는 동안에 증가하고 기판의 덮임이 완성될 때 1에 접근한다.

표 4-2는 25℃의 온도에서 구리 기판 위에 카드뮴의 응결에 대한 결과를 나타내었다. 응결계수에서의 차이는 온도의 변화에 의한 것이고, 기판의 특성은 표 4-3에 나타내었다.

표 4-2 25℃의 Cu 위의 Cd에 대한 응축계수

Cd의 증착(nm)	0.08	0.49	0.6	4.24
s	0.037	0.26	0.24	0.60

표 4-3 재료의 몇몇 조합에 대한 응축계수

응 결	기 판	기판온도(℃)	s
Au	유리, Cu, Al	25	0.90~0.99
	Cu	350	0.84
	유리	360	0.50
	Al	320	0.72
	Al	345	0.37
Ag	Ag	20	1.00
	Au	–	0.99
	Pt	–	0.86
	Ni	–	0.64
	유리	–	0.31

계수는 일반적으로 응결의 초기 단계에서 측정되고, 응결계수는 기판의 표면상에 흡착된 층이 존재하는가에 크게 의존한다.

계수는 약 10^{-10} torr 에서 자동적으로 청결하게 된 텅스텐 표면 위의 Cd 의 응결에 대해 실제적으로 그 값이 1과 같다는 것이 밝혀졌다.

이 경우 잔류 기체의 압력은 약 10^{-5} torr 였고, 임계 과포화는 크기의 수 차수만큼 증가한다.

그러나 어떤 경우에서 표면상의 기체의 흡착이 응결을 촉진시킨다(즉, Sn이나 In이 유리 위에 응결될 때, 산소의 흡착이 그 예이다).

이와 같이 흡착된 층이 입자의 응결-기판 결합에 영향을 준다.

만약에 $\alpha < 1$이면, 표면 위의 점유는 불충분하고, 즉 열역학적 평형상태가 도달하지 못했다는 것이다.

이러한 경우 보통 임계 과포화 상태를 위한 높은 값이 관측된다. 이 사실은 표면 위에 있는 입자들이 그들의 에너지의 일부를 갖고 있다는 것을 암시한다. 즉, 그들은 아직 기판온도에 비해 높은 온도를 갖고 있으므로, 기판온도보다 높은 그들의 유효온도는 임계 과포화의 계산을 위해 사용되어야 한다.

전자 현미경에 의해 밝혀진 기판 표면상에 3차원적으로 고립된 섬들의 존재는 핵자 장벽의 존재와 1차적으로 표면 확산에 기인된 섬들의 성장을 나타내었다.

2차원적 단층은 예외적인 경우에서만 발생한다.

(1) 핵자 장벽이 작고 입자의 에너지가 큰 경우

(2) 핵이 기판상의 좁은 공간의 입사각에서 발생하는 경우(즉, 낮은 기판온도나 증착된 물질의 비등점이 높은 경우).

후자의 조건이 만족되면 핵자 중심의 높은 농도가($10^{15}cm^{-2}$) 가능하게 되어 막은 초기부터 거의 연속적으로 된다.

절연성 기판 위에 증착한 금속의 중심에 대한 평형 밀도는 보통 10^{10}에서 $10^{12}cm^{-2}$이 되고, 이것은 10에서 100 nm의 거리에 해당한다. 주어진 성장 단계에서 섬들의 크기는 어떤 평균값 주위로 분포된다.

핵자 중심의 밀도는 어떤 외부의 요인인 핵의 장벽을 낮게 하는 막 위의 전하가 존재하는 경우, 그리고 결합 에너지의 증가로 인해, 이른바 예비－핵자인 경우에도 영향을 받는다.

후자는 다른 물질의 연속적 막이 증착되도록 되어 있는 기판상(보통 비등점이 높은 물질)에 어떤 금속의 초박막(단층보다 더 얇은)의 증착을 해서 이루어졌다. 미리 증착한 층은 결합 에너지가 증가하므로 핵자 중심이 생기게 되고, 매우 얇은 두께임에도 연속적인 덮임을 성취할 수 있다. 이미 언급하였듯이 핵은 결정격자가 불규칙한 자리를 선호한다.

선호하는 핵자의 자리는 일반적으로 응결 중심의 특성을 갖게 한다. 어떤 연구자는 중심이 결정 결함과 관계되어 있다고 주장한다. 즉, 전위의 자리에 관계되어 있다.

다른 실험적 결과에 의하면 핵은 불규칙하고 균질하게 분포되어 있고, 그들의 숫자는 흡착자리의 것보다 상당히 적을 뿐만 아니라 전형적인 단결정(에피택시얼로 성장시킨)면상의 밀도보다도 상당히 높다.

그러므로 핵자 형성은 불규칙 과정에 의한 것이고, 이것은 과포화의 통계적 요동에 의한 결과이다.

4장 2－1절과 2－2절의 이론적 고찰로부터 기판온도에 대한 핵의 의존성을 유도할 수 있다.

입사가 일정한 율인 경우의 일정한 율에서 온도에 대한 임계 핵자(식 4－11)의 반지름에 대한 방정식의 미분과 전형적인 값을 대입하여 양(＋)의 결과를 얻었다는 것은 임계 핵자의 크기가 온도가 증가함에 따라 증가한다는 것을 의미한다.

결과적으로 막은 두께가 매우 증가할 때까지 섬의 특성을 유지한다는 것이다. 금속 위에 금속의 핵을 형성하는 동안 어떤 때는 그곳에 전혀 에너지 장벽이 없으므로 장벽은 상승된 온도에서 발생한다 (즉, 원래 2차원적으로 형성된 막이 3차원적인 섬 구조로 된 막으로 전환된다).

일정한 입사류에서 (식 4−16 (b))를 T에 대해 미분하면 다시 양 (+) 의 값을 얻는다. 이것은 초임계 핵자 형성의 율이 온도와 더불어 급속히 감소한다는 것을 의미한다. 높은 온도에서 연속적인 막을 형성하려면 더 많은 시간이 필요하다.

유사한 방법으로 입사선속에 대한 (또는 증착률에 대한) 핵자 형성을 조사할 수 있다. 일정한 온도에서 N에 관한 r^*의 미분은, 즉 증착률의 증가는 임계 핵자의 수를 낮아지게 한다.

일정한 온도에서 N에 관한 G^*의 도함수는 역시 음 (−) 이므로 핵자 형성의 율이 증착률과 더불어 증가한다. 즉, 더 높은 증착률에서 연속적인 막이 더 적은 평균 두께에서 형성된다.

그러나 그 관계는 지수적이어서 증착률은 기대하는 효과에 도달하기 전에 상당히 변화함에 틀림없다.

이론으로부터 표면 확산계수가 임계 핵자의 크기에 영향을 주지 않는다는 사실은 분명하지만 그것은 임계핵자의 형성률에 영향을 준다. 즉, 계수는 확산의 활성화 에너지가 증가함에 따라 지수 함수적으로 감소한다.

만약 에너지가 너무 높아 섬은 증기 입자들 (vapor particles) 의 직접 입사에 의해서만 성장한다. 금속 위에서의 금속의 확산을 위한 활성화 에너지에 대해 다음 식이 성립한다.

$$Q_{dif} \approx 0.25\, Q_{des} \quad \text{(식 4−35)}$$

비금속 기판 위에서의 확산에 대해서는 많이 알려지지 않았지만, 표면 확산의 활성화 에너지는 흡착의 활성화 에너지보다 더 높지 않다.

후자가 임계 핵자의 크기와 형성률에 모두 영향을 미친다. 에너지가 더 높으면 임계 핵자는 더 작고, 핵자 형성률은 더 높다.

결합 에너지는 van der Waals 의 힘에 대해 수십 분의 일 eV 로부터 금속 결합에 대해서는 수 eV 로 변한다.

막-기판의 결합은 화학적 성질인 경우가 있다. 즉, 유리 위에 Al 막의 증착은 산화물의 계면간 층을 만든다.

이것은 결합 에너지 측면에서 상당히 결합 에너지를 증가시켜 핵자 장벽의 높이를 감소시킨다. 섬의 형성에 관한 경향은 감소하고, 이것이 유리 위에 Al 막을 증착하는데 있어서 어떤 역할을 수행한다.

2-4 핵 형성 이론을 증명하는 몇 가지 실험

막 형성 과정의 설명이나 정보를 얻기 위한 방법은 전자 현미경에 의한 in-situ 관찰이다. 기판은 전자에 투명해야 하고, 증착은 체임버(chamber) 내에서 직접적으로 수행되어야 한다. 이것은 물질의 어떤 배합만이 관측될 수 있다는 것을 의미한다.

단점으로는 기판 물질의 물리적인 특성이 전자에 의해 일어날 수 있다는 것(즉, 복사에 의한 결함의 형성 및 가열)과 표면 위에 있는 전하의 존재가 그 과정에 상당한 영향을 끼친다.

또한, 체임버 내에 UHV 를 얻는 것은 상당히 어려운 일이다. 그러므로 막 형성조건이 잘 정의되지 못한다.

이 방법의 가장 큰 장점은 모든 인자들 (형태, 크기 및 섬 사이의 거리 등) 의 시간에 따른 직접 관측이 가능하다.

잘 정의된 증착조건을 확인하는 방법, 또는 직접 인자들의 시간 의존성을 조사할 수 있는 방법이 스냅(snapshot) 기술이다. 시편은 스퍼터링 또는 UHV 하에서 증착하는 분리된 증착실에서 준비된다. 막을 기판에서 떼어내기 전에 안정화 조치가 취해져야 하고, 막이 공기에 노출되는 동안에 변화되는 것을 방지하기 위해 탄소막이 그 위에 증착된다.

여러 가지 다른 증착시간의 경우 동일한 증착조건하에서 준비된 시편을 안정화시킨 후 전자 현미경 내에서 조사된다. 그러나 개별 섬들의 변화는 이 방법으로 관찰할 수 없다.

핵자 형성의 율을 결정하기 위해 형성된 입자의 수를 알아야 하고, 주어진 값보다 더 큰 지름을 갖는 입자들을 조사해야 한다.

이 값을 변경시켜 줌으로써 섬들의 지름 분포를 얻을 수 있고, 증착인자들의 함수로서 평균 입경을 계산할 수 있다. 또한, 모든 입자의 좌표를 측정함으로써 공간 분포함수를 밝혀낼 수 있다.

이러한 몇 가지 측정은 수동으로 수행될 수 있으나, 섬들의 공간적 분포와 상관함수를 조사하기 위해서는 현대적인 패턴인식 기술이 필수적이다.

Harsdorf 에 의한 영상분석 장치의 블록 다이어프램을 다음 그림 4-10에 나타내었다.

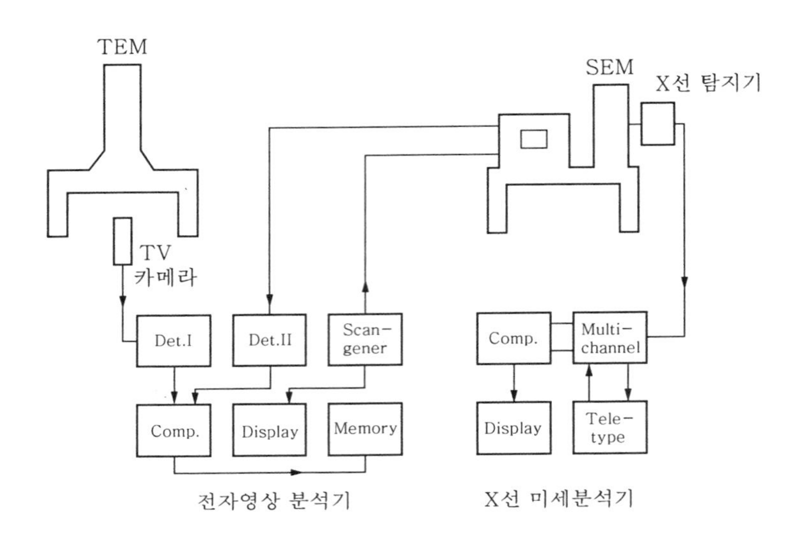

그림 4-10 전자 현미경과 컴퓨터에 의해 자동으로 데이터를 얻는 전자영상 분석기와 X선 미세 분석기

(1) 투과 전자 현미경(TEM)과 주사 전자 현미경(SEM)의 이용

TEM 으로부터 나온 미세 영상은 TV 카메라에 기록되고, 데이터는 화소를 분류하는 검출 시스템에서 처리된다. SEM 으로부터 나온 신호는 직접 색 분리기로 들어간다. 주어진 회색 수준을 갖는 입자의 수, 주어진 값보다 더 큰 지름을 갖는 입자의 수, $x-y$ 좌표, 이들 데이터의 여러 가지 배합과 같은 모든 필요한 인자들을 컴퓨터로부터 얻을 수 있다. 부가적인 정보는 제 5 장에서 논의할 전자 회절이나 다른 분석 방법으로 얻을 수 있다.

앞의 모세관 이론에서 핵 형성의 문턱 주파수의 존재와 임계 흡착원자의 농도가 있음을 설명하였다. 핵 형성률에 대한 (식 4-21)을 다시 쓰면

$$J = \beta \exp \frac{Q_{des} - Q_{dif}}{kT} \exp \frac{-\Delta G^*}{kT} \quad \text{(식 4-21 (a))}$$

여기서, ΔG^*는 ΔG_v의 함수이고, 결국 과포화의 함수이며 (식 4-16 (b)), (식 4-9) 및 (식 4-22) 를 참고), 그리고 β는 온도와는 무관한 상수이다.

이 이론의 실험적인 확증을 얻기 위해 두 가지 접근이 가능하다.

① 기판온도를 일정하게 유지하고, 과포화 상태로 변화시킨다. 그러면

$$J = \beta' \exp\left(\frac{-\Delta G^*}{kT}\right), \text{ 즉 } \ln J \sim \frac{1}{T} \quad \cdots\cdots \text{(식 4-21 (b))}$$

로 된다.

② 두 양이 변한다. 그러면 (식 4-21)을 지수함수항으로 넣으면 편리하다. $(\Delta G_v)^2$를 $kT\ln(\beta/J)$의 함수로서 나타낼 수 있다.

만약에 이론이 유효하다면 의존성은 선형이고, Pound-그림이라 한다. 핵자의 전체 수에 대해 실험 결과는 이 방법으로 평가되고 만족하는 결과가 얻어진다. NaCl 위에 Ag의 핵자 형성에 대한 결과를 그림 4-7 (a)에 나타내었다.

4장 2-2절에서 이미 언급하였듯이 $\ln J$ 대 $1/T$의 결과로부터 원자적 이론에서 발생하는 몇 가지 인자들을 결정할 수 있다. 이론적인 가정에 의하면 핵자 형성은 흡착원자의 농도가 어느 수준에 도달할 때 시작한다. 이 가정들은 Gretz에 의해 전계 방출 현미경을 이용한 (5장 1-4절에서 취급함) 실험을 통해 증명되었고, 현미경의 텅스텐 팁 위에 여러 가지 금속들 (Zn, Au, Cd 및 Ni) 을 증착하였다.

주어진 온도와 입사 흐름 J_v에서 형광 스크린 위의 밝은 점의 출현으로 증착된 물질의 3차원적 덩어리의 형성에 필요한 시간 t를 기록하였다. 그는 $1/t$에 대한 J_v의 선형적 의존성을 얻었다 (즉, $J_v t$ = 상수, 바로 흡착된 입자의 임계 농도이다). 이것은 비록 매우 강한 전장에 의해 인자들이 변화되어도 고전적인 핵 형성 이론이 유효함을 의미한다.

(2) 미세 천칭의 이용

다른 기술의 하나로 미세 천칭을 이용하면 핵 형성 원리를 알 수 있다 (3장 1-1절 참조). 이 방법으로 Cinti는 시간, 기판온도 및 입사 흐름의 함수로 석영 위에서 Ag의 응축계수를 측정하였다.

응축은 시간의 단순한 함수임이 발견되었고, 임계 과포화나 입사 흐름의 임계 강도가 핵자 형성의 시작에 아무런 필요가 없다는 것을 발견하였다.

고전적 이론의 기초 위에서 실시한 실험으로부터 유도한 핵자의 임계 반지름은 수십분의 1nm 의 수준이다. 이것은 이 경우에 모세관 이론보다 통계적 이론이 적용되어야 함을 의미한다.

결함이 없는 표면과 결함이 있는 표면에 대한 증착률 $N\downarrow$ 에 따른 핵자 형성률의 의존성을 그림 4－11에 나타내었다. 의존성은 (식 4－32)와 (식 4－33)의 이론적인 결과와 잘 일치함을 알 수 있다.

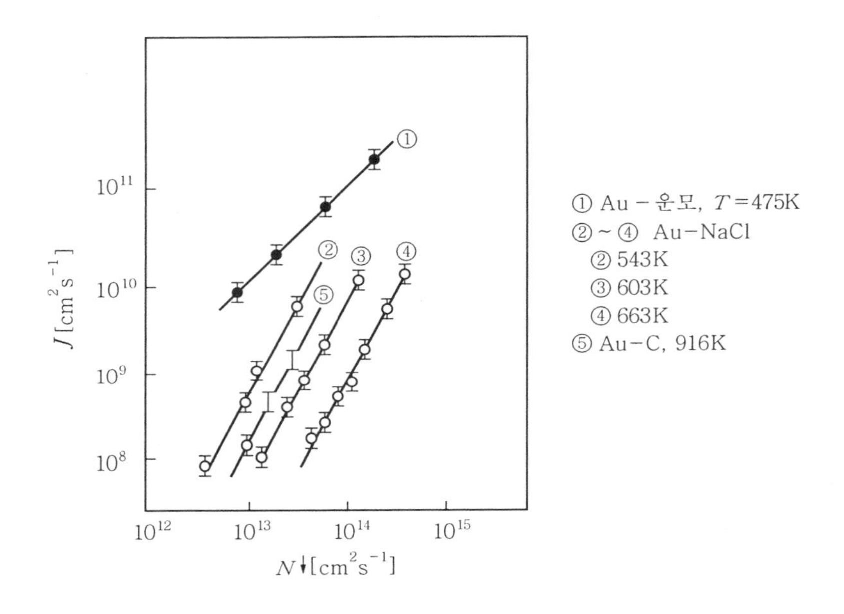

그림 4－11 UHV 증착을 위한 핵자 형성률 대 증착률

(3) 질량 분석기의 이용

핵자 형성과정의 조사를 위해 질량 분석기 방법이 사용되게 되었다. 어떤 주어진 흐름의 입사 표면에서 방출된 입자가 민감한 질량 분석기의 이온 소스의 이온화 체임버에 직접 도달하게 되어 있다.

Hudson, Nguyen Anh 및 Chakraverty 의 실험에서는 단극 질량 분석기가 사용되었다. 이 장치의 실험조건으로 정적 분압은 5×10^{-12} torr, 증착률은 10^{13}분자/$\mathrm{cm}^2\cdot\mathrm{s}$ 및 증기압은 10^{-8} torr 에 해당되는 증착률들을 검출하게 되어 있다.

셔터를 열고 닫음으로써 돌연히 변하는 입사 흐름의 전환과정을 관찰할 수 있다. 셔터를 열면 표면으로부터의 흡착률에 해당하는 신호가 평형에 도달할 때까지 지수

함수적으로 증가한다.

셔터를 닫으면 신호는 다시 거친 지수 함수적으로 감소한다. 진행과정의 시간 상수는 자연히 기판온도에 크게 의존한다.

W 위에 Cd 및 Si 위에 In 의 증착을 조사한 결과, 앞의 경우에서 상승한 기판온도가 강한 결합상 (bound phase) 을 일으켰고, 응결의 발생 없이 이중의 단층이 형성되었다. 낮은 온도에서 약한 결합상이 나타났고 응결 없이도 수십의 단층이 형성된다. 응결의 시작을 위해 필요한 임계 과포화 상태는 기판을 높은 온도로 가열하고 분자선에 노출시킴으로써 결정된다.

Hudson 의 결과에 의하면 임계 과포화 상태는 대략적으로 $1/T$의 선형 함수이고, 핵자의 시작에서 덮임의 지수 함수가 $1/T$의 선형 함수로 감소한다.

Si 위에 In 이 형성될 때 흡착입자의 평균수명은 여러 가지 온도에서 유사한 방법으로 측정되었다. 낮은 온도 (< 1000 K) 에서 전이과정의 곡선은 지수 함수적이 아니고, 곡선의 출발점의 증가와 감소로부터 계산한 시간 상수는 각각 다르다.

이들은 평형 덮임(equilibrium coverage)의 시간에 대응하고, 아주 작은 덮임에 해당한다. 이들 값으로부터 $1/T$ 에 대한 흡착된 원자들의 농도의 의존성은 표면 농도에 대한 Si 표면상의 In 원자들의 평균수명의 의존성과 함께 계산된다 (항상 일정한 입사 흐름에서).

동시에 응축과 입주의 계수 모두 1이라는 것이 발견되었다. 입사 흐름에 등가인 압력이 주어진 온도에서 In 증기의 것 보다 더 낮을 때 응결이 발생한다는 것도 발견되었다 (즉, 약 0.9의 미포화 상태에서 발생함).

몇몇 실험 결과들은 놀라운 것이었고, 지금까지의 이론으로는 설명할 수 없는 것이다. 특별히 W 위에 Cd 의 형성시의 높은 덮임은 전술한 핵자 형성이 적당하고, 상대적으로 낮은 과포화 상태이다 ($10^6 \sim 10^{19}$ 대신에 약 1.6~1.8). 또한, 원자적 이론에 적용할 수 없는 것이다.

Si 위에 In 의 형성시 핵자 형성은 과포화 이하에서도 발생한다. 여기서, 규소 (Si) 위의 표면상태가 높은 결합 에너지를 갖는 핵자 형성 중심을 나타내는 어떤 역할을 한다고 볼 수 있다. 즉, 이러한 실험들은 지금까지의 이론의 범위를 넘는 핵자 형성의 경우와 더욱 더 이론적인 연구의 동기를 부여하는 계기를 낳는다.

3. 섬들(islands)의 성장과 합체

막의 최종 구조에 대하여 성장 후의 단계가 중요하고, 즉 개별 섬들의 성장과 특히 그들의 합체가 중요하다. 성장은 주로 흡착된 원자의 표면 확산에 의해 발생하고, 이미 존재하는 핵자의 표면에 접착함으로써 이루어진다. 그 진행과정은 때때로 표면상에 흡착된 입자의 2차원적 기체의 형태로 설명된다. 반지름이 r 인 섬들은 단지 Gibbs－Thomson 식에 의해 주어진 흡착원자의 농도로 평형상태에 있게 된다.

$$n_t = n_{eq} \exp \frac{2\sigma V_m}{kTr} \quad \text{(식 4-36)}$$

여기서, V_m 은 흡착원자의 체적이고, n_{eq} 는 (식 4－7)과 유추한 식에 의해 결정된 온도 T 에서 섬 물질의 증기의 평형압력에 해당하는 흡착원자의 농도이다.

$$\frac{p_{eq}}{\sqrt{(2\pi mkT)}} = n_{eq}\,\nu \exp\left(\frac{-Q_{des}}{kT}\right) \quad \text{(식 4-37)}$$

σ 는 단위 면적당 계면간 에너지이다.

만약에 흡착원자의 평균 농도 n 이 평형 농도 n_t 보다 더 크다면 섬은 성장할 것이고, 평균 농도 n 이 더 작다면 섬은 분리될 것이다. Chakraverty 에 의하면 어떤 섬의 성장률은 항상 성장에 협조적인 두 과정(즉, 표면 확산과 계면 전환) 중 더 늦은 것에 의해 제한된다는 것이다.

표면 확산에 의해 제한되는 과정의 경우, 이론은 흡착원자의 농도가 섬의 가장자리에 있는 n' 으로부터 이웃 섬에서 변한다는 가정하에서 Fick 의 제 2 법칙의 해로부터 진행된다. 즉, 섬 중심으로부터 $R = r\sin\theta$ 거리에서 $R = lr\sin\theta$ 거리에 있는 $\bar{n}$ 까지, 여기서 l 은 농도가 평균값에 도달하는 거리이다. 성장률에 대한 그 식은 다음과 같이 주어진다.

$$J_s = \frac{2\pi D_s}{\ln l}(\bar{n} - n') \quad \text{(식 4-38)}$$

여기서, D_s 는 표면 확산계수이다.

계면 전환율은 계면의 면적과 섬을 합치거나 떠나는 원자 수의 차이에 의해 결정된다. 그러므로

$$J_t = 4\pi r^2 \phi_1(\theta)\beta_0(n' - n_t) \quad \text{(식 4−39)}$$

여기서, β_0는 온도에 의존하는 확률계수이다. 평형상태에서 두 율은 같아야 하고,

$$J_s = J_t = J \quad \text{(식 4−40)}$$

그리고 미지의 양 n'를 (식 4−38)과 (식 4−39)로부터 소거할 수 있으므로, J에 대한 다음의 식을 얻는다.

$$J = \frac{(2\pi D_s/\ln l)\beta_0 4\pi r^2 \phi_1(\theta)}{(2\pi D_s/\ln l) + \beta_0 4\pi r^2 \phi_1(\theta)}(\overline{n} - n_t) \quad \text{(식 4−41)}$$

섬 체적의 시간 변화율은 다음과 같이 된다.

$$\frac{d}{dt}\left[\frac{4}{3}\pi r^2 \phi_2(\theta)\right] = JV_m \quad \text{(식 4−42)}$$

반지름의 시간 변화율로부터 다음 식이 얻어진다.

$$\frac{dr}{dt} = \frac{JV_m}{4\pi r^2 \phi_2(\theta)} \quad \text{(식 4−43)}$$

윗 식에서 $\phi_1(\theta)$와 $\phi_2(\theta)$들은 핵자의 모세관 이론에서 유도되는 기하학적 인자들이다.

이들 개념을 이용하여 Chakraverty는 주어진 시간에 섬들의 시간 분포에 대한 식을 유도하였다. Zinsmeister의 통계적 이론을 통해서도 유사한 결과를 얻을 수 있다. 성장하는 핵자와 섬들에 입자의 확산−제어된 접촉에서 실제적인 상황은 더욱 복잡한 편이다. 섬들 사이의 흡착원자의 농도는 고립된 섬의 이웃에서는 매우 다르다(그림 4−12 참고).

각 핵자는 접합 원자에 대해 유출구(sink)를 나타내고, 그 농도는 섬들의 지름에 따라 규칙적으로 변하고, 그들의 간격은 다르다. Stowell과 Sigsbee는 동일 크기와 같은 간격($2L$)을 갖는 이상적인 경우에 대해 연구하였다.

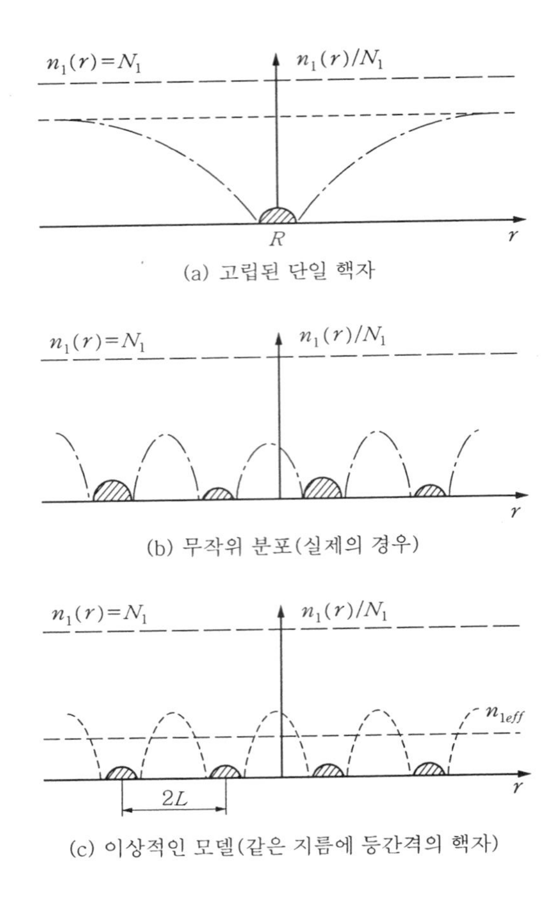

(a) 고립된 단일 핵자

(b) 무작위 분포(실제의 경우)

(c) 이상적인 모델(같은 지름에 등간격의 핵자)

그림 4-12 확산이 제어된 흡착원자의 농도

확산 방정식에 대한 해는

$$\frac{\partial n_1}{\partial t} = D\Delta n_1 + N\downarrow - \frac{n_1}{\tau_A} \qquad \text{(식 4-44)}$$

$\partial n_1/\partial t=0$인 안정한 경우의 결과를 그림 4-13에 나타내었다.

$((\lambda=2\pi RD)(\partial n_1/\partial r)_{r=R}$, 그리고 $x=\sqrt{(D\tau_A)})$. $L<x$에 대해 λ는 실제적으로 반지름에 의존하지 않는다.

Venables 와 Lewis는 다른 방법으로 유사한 결과를 얻었다. 흡착원자의 어떤 농도가 핵자 형성을 위해 필요하다면 어떤 예외영역(exclusion zone)이 각 핵자 주위에 존재하므로, 실제적으로 핵자 형성은 일어나지 않는다.

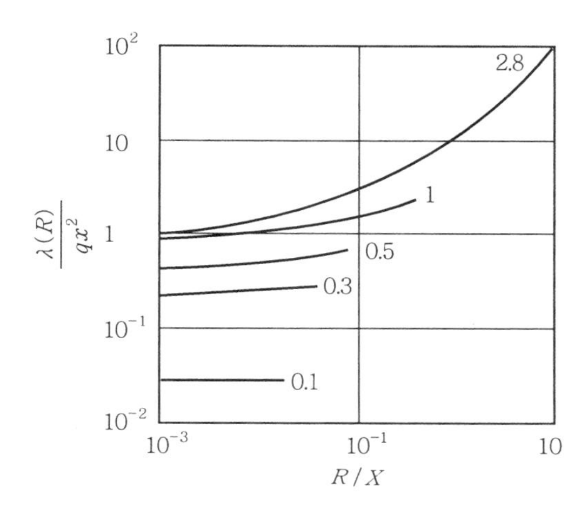

그림 4-13 핵자 반지름의 함수로서 흡착원자의 흡착률

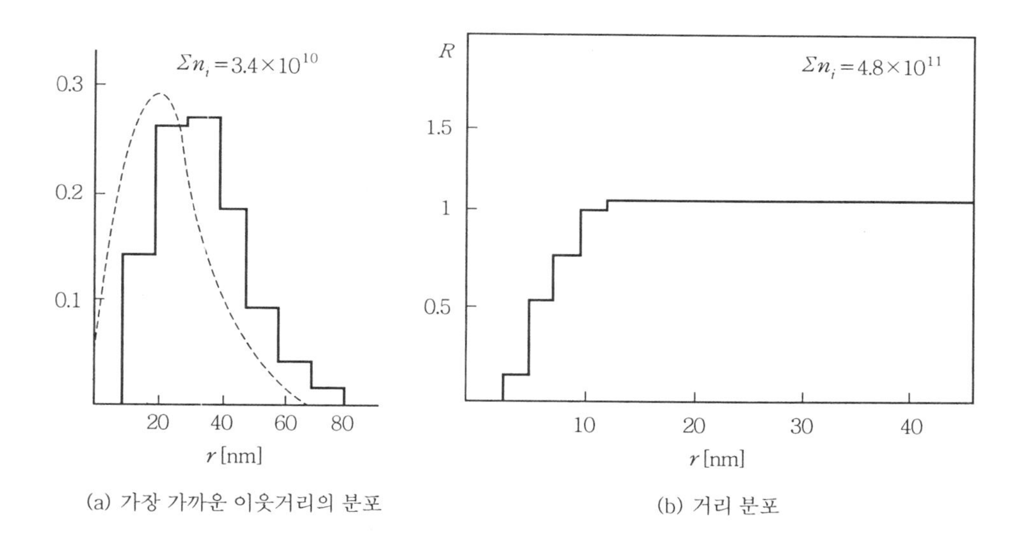

그림 4-14 섬들의 공간적 분포

섬들의 공간적 분포는 불규칙하므로, 즉 Poisson 의 분포를 따르지 않는다. 이것은 위의 그림 4-14 로부터 알 수 있다. 그림 4-14 (a)는 선택된 핵자로부터 제일 가까운 이웃 거리의 분포를 나타낸다. 그림 4-14 (b)는 한 핵자로부터 모든 다른 핵자까지의 거리(전자 현미경으로 측정)를 나타낸다. 두 경우에서 불규칙한 분포로부터의 편차는 핵으로부터 작은 거리에서 발생함을 알 수 있다. 막 형성의 다음 단계는 합체 과정이다. 합체과정은 다음과 같은 세 가지 방법으로 진행된다.

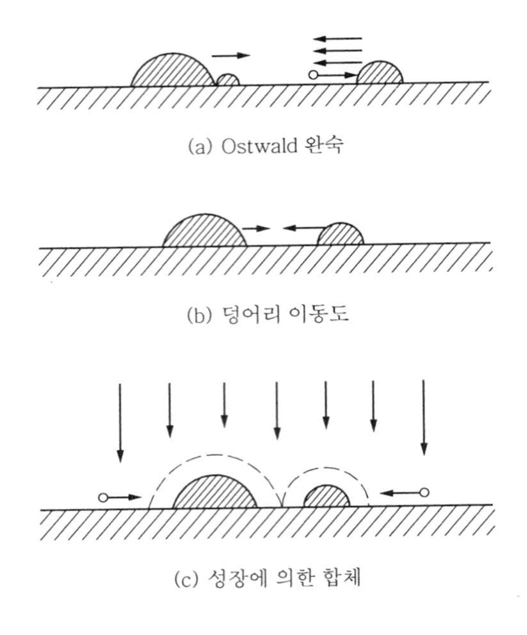

그림 4-15 합체 메커니즘

(1) Ostwald 완숙

다른 반지름의 작은 입자 위에 증기압의 차이 때문에 큰 핵자는 작은 핵자를 소모하면서 작은 핵자가 완전히 사라질 때까지 성장한다. 이 과정은 천천히 진행되고, 증착하는 동안 보다 증착 후의 박막의 열처리시에 중요하다.

(2) 섬들의 이동도에 기인된 합체

핵자가 적으면 적을수록 큰 것보다 더 이동도가 크게 된다. 또한, 이들 과정은 증착하는 동안 큰 영향을 주기에는 너무 느리다. 이들 과정은 Skofronic 및 Venables 등에 의해 조사되었다.

(3) 성장에 의한 합체

성장에 의한 합체는 가장 중요한 것이다. 만약에 두 성장하는 입자가 서로 닿는다면, 그들은 기판온도와 표면 에너지에 의존하면서 그들의 모양을 거의 완전하게 유지한다. 이것은 결합하는 것에 해당하거나, 높은 온도에서 액체와 같은 행동을 하며 한 개의 덩어리로 합체된다(그림 4-16 참고).

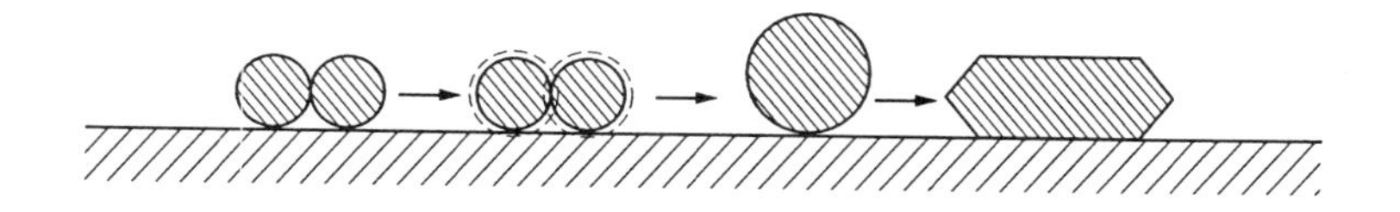

그림 4-16 섬들의 합체와 결정화

합체하는 동안 섬들은 두 개의 방울과 같이 행동한다. 이 과정에 의해 고립된 섬들에 의해 큰 계면 에너지는 감소한다. 기판상에 성장하는 핵자들은 여러 가지 결정학적 방향을 가지며, 일반적으로 성장을 위한 여러 가지 조건들을 갖는다.

큰 섬들은 점점 빨리 성장하고 작은 섬들은 큰 것과의 합체에 의해 부분적으로 사라진다. 따라서, 매순간 섬들의 어떤 크기 분포가 존재하게 된다. 역시 이 경우에도 Gaussian 분포는 아니다. 전자 현미경으로 직접 막의 성장을 관찰하는 것이 최선의 방법이다.

흥미로운 것은 어떤 경우에 섬이 결정과 같은 모양을 갖지만 합체하는 동안에 액체와 같은 행동을 한다는 것이다. 액체－결정의 현상과 역상 전이현상은 전자 회절의 방법으로 관측되었다.

어떤 에너지가 합체에 의해 해리되고, 이것은 접촉하고 있는 결정의 일시적인 용융을 일으키기에 충분하다. 합체 후에 온도는 내려가고 새로 생긴 섬들이 다시 결정화가 된다.

크기와 결정학적 방향이 다른 두 섬들이 합체가 되면, 결과적으로 결정은 큰 것의 방향을 따른다. 이것은 막이 합체된 뒤 결정의 방향이 상당히 변화되었다는 것을 의미한다.

예를 들어, [100] 방향이 [111] 방향보다 우세한 경우가 가능하다. 그러나 만약 성장조건이 [111] 섬에 대한 것이 더 좋다면, [100] 방향의 것과 합체할 때 그들은 더 큰 크기가 된다. 결과적인 섬들은 [111] 방향으로 향하고, 핵 형성이 적절히 이루어지는 동안 [100] 방향이 우세하더라도, 결국 [111] 방향으로 된다.

합체과정에서 표면과 체적의 자기－확산에 의한 평형 상태에 도달하기 위해 필요한 시간이 고려되어야 한다. 큰 섬들의 크기는 이 때 증가하고, 더욱 불규칙한 크기의 섬들이 발생한다.

합체의 목(neck)이 이동되는데 필요한 시간은 섬들이 성장하고 제일 가까운 이웃과 닿기 위해 필요한 시간과 같게 되며, 임계(critical) 단계에 도달하게 된다.

단순화된 조건하에서 $\ln J$ 대 $1/T$의 그래프로부터 세 가지 영역을 구분할 수 있다(그림 4－17).

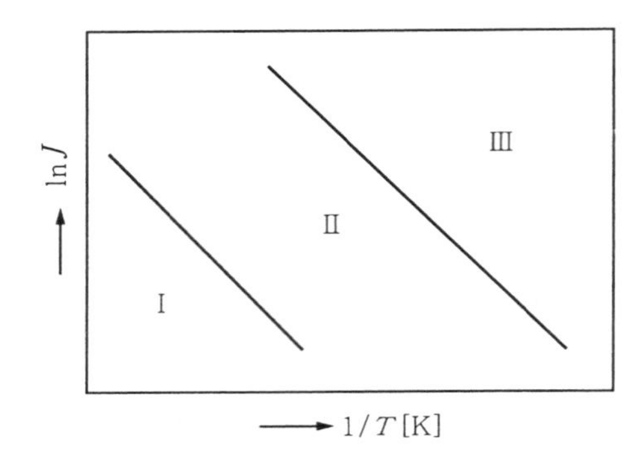

그림 4-17 ln$J$ 대 $1/T$에 의한 영역

영역 I 에서 증착은 불연속적으로 성장하는 동안 완전히 재결정화가 이루어진다. 영역 III 에서는 재결정화가 불가능하다. 영역 II 에서는 부분적으로 재결정화가 이루어지는 중간 단계이다(재결정화는 J가 감소하고, T가 증가함에 따라 증가한다).

만약 ρ를 재결정화의 관점에서 본 핵자의 일부라면, 즉 그들이 자기와 동일하거나 더 작은 크기의 핵자와 우선적으로 합한다면, 합쳐진 것의 방향은 우선의 것의 방향으로 된다. 2개의 경계는 ρ가 증가하면서 좌측으로 이동할 것이다. 두 선은 초기 핵자 밀도의 증가와 함께 우측으로 이동한다. 입계 이주를 고려하면서 불연속적이고 연속적인 막이 성장하는 동안 재결정화 과정에 대한 증착인자들의 영향에 대한 자세한 논의는 단결정막의 성장에 대한 조건을 다룰 때 매우 중요한 것이다.

컴퓨터 시뮬레이션을 통해 박막의 핵자 형성과 성장에 대한 모델화가 시도되어졌다. 기본적인 법칙과 상수들이 규정되었고, 불규칙 인자들은(핵자 중심의 분포 및 입사입자) 불규칙 수치 발생기에 의해 만들어졌고, Monte Carlo 방법으로 이 문제의 해를 구하였다.

핵자 형성만 아니라 박막 성장의 중간 단계의 과정도 이 방법으로 해석되었다. 덮임의 시간 의존성, 섬 반지름의 분포, 가장 가까운 이웃까지의 거리와 같은 인자들이 구해졌다. 막의 중요한 특성에 관한 특정 인자의 변화에 대한 영향은 이 방법으로 연구되었다.

응축온도의 문제와 액체나 결정형태에서 응축의 존재에 관한 문제를 더 자세히 살펴보자. 많은 열역학적인 양들, 즉 용융점, 증기압, 비열 및 격자상수 등과 같은 양들이 200 Å 이하의 반지름을 갖는 입자들에 대해 변한다는 것이 실험적으로 발견되었다. Gibbs 의 표면상태 모델을 사용하여 수치적인 열역학적 계산으로 이러한 변화를 설명할 수 있다.

융점 T_m 의 낮아지는 ΔT_m 에 관하여 Pawlow 와 Hanszen 의 1차원 방정식이 사용되었고, 3상의 화학적 전위가 T_m 에서 동일하다는 가정하에서 유도되었다.

$$\frac{\Delta T_m}{T_m} = -\frac{2}{\rho_s r_s L}\left[\nu_s - \nu_l\left(\frac{\rho_s}{\rho_l}\right)^{2/3}\right] \quad \text{(식 4-45)}$$

여기서, L 은 잠열, ν 는 표면장력, ρ 는 밀도, r 은 반지름이다. 첨자 s 와 l 은 고체와 액체 상태를 나타낸다.

실험적으로 작은 입자의 융점은 T_m 에서 전형적인 회절 무늬가 사라지는 것으로 전자 회절에 의해 관찰되었다. 그러나 융점은 결정의 크기 분포 때문에 정확하게 정의되지 못한다. 이 문제를 극복하기 위해 다른 방법이 사용되었다. 즉, 마지막 회절점이 사라지는 것을 관찰하면서, 또는 증착률에서 갑작스러운 증가가 생긴다. 이것은 지름이 감소하는 결정이 그의 융점에 해당하는 크기에 도달할 때 그와 같은 현상이 생기는 것으로 바로 그 때의 값을 측정한다.

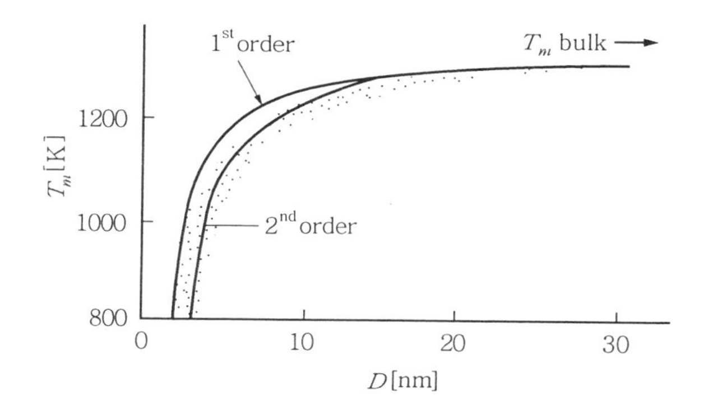

그림 4-18 결정지름 D 를 갖는 Au 의 융점 T_m 의 변화 (곡선 : 열역학적 계산, 점 : 실험값)

Buffat 는 T 의 함수로서 Au의 (220) 링(ring)의 적분 강도를 측정하였다. 이것에는 모든 입자가 고체일 것이라는 가정에서 각 온도에 대한 어떤 지름을 얻을 수 있는 영상 분석 컴퓨터로서 크기 분포와 연계하여 측정되었다. 그 결과를 그림 4-18에 나타내었다. 실험적인 결과는 이론 곡선과 잘 일치한다. 이것은 열역학적 계산이 약 1000개의 입자를 포함하는 계에 잘 적용됨을 나타낸다. $r \doteq 25$ Å 인 섬들은 $T_m = 800$ K를 갖고, 이것은 벌크 값의 ≅ 2/3이다. 실온의 기판 위에 형성된 막은 흔히 흐린 회절 무늬를 나타낸다. 이것은 그들의 비정질 구조에 해당하는 것이고, 응축 입자들의 낮은 이동도가 결정의 형성을 허용하지 않으므로, 과냉각 구조가 발생하기 때문이다.

4. 막의 최종 구조에 대한 여러 인자들의 영향

실제적으로 응용되는 박막의 물리적인 특성의 대부분은 막의 구조에 크게 의존한다. 그러므로 막이 성장하는 동안에 실제적인 인자가 구조에 영향을 미치는 것을 아는 것은 매우 중요하다.

이미 살펴본 바와 같이 최종 막 구조의 형성과정에서는 중요한 핵자 형성과정 뿐만 아니라, 그 후의 계속되는 막의 성장과정도 중요하다. 또한, 재결정화, 특히 진행하고 있는 상승된 온도에서의 과정들이 중요한 역할을 한다.

방향이 정해진 에피택시얼 막의 형성시 주어진 방향으로 많은 수의 핵이 처음부터 발생한다는 생각은 충분하지 못하고, 다른 종류의 핵보다 더 빨리 성장하고 합체되는 동안 재결정화 과정에서 매우 우세하도록 이들 핵이 성장하기 위한 최적 조건을 갖는다.

이러한 모든 단계는 기판 표면 위에 있는 불순물에 의해 영향을 받고, 기판 표면은 막의 성장을 실제적으로 관찰하는 것으로부터 다양한 결과를 설명해준다. 불순물은 여러 가지 결합 에너지를 갖고 표면과 결합해 있다. 0.1~0.5 eV 수준의 에너지는 물리적 흡착에 해당하고, 1~10 eV는 화학적 흡착에 해당한다. 불순물의 영향은 역시 입사하는 입자의 에너지에 의존하고, 정상적으로 증발된 입자의 에너지는 1eV 이하이고, 음극 스퍼터링에서의 입자들에 대해 또는 특별한 방법으로 증발된 것은 두 차수가 더 높다.

표면의 불순물은 증착된 물질과 기판 사이 또는 임계 핵자의 크기와 성장조건 사이의 결합 에너지에 영향을 미칠 뿐만 아니라, 추가적인 핵이 깨끗한 기판 위에 형성되지 않을 동안에도 2차적인 핵 형성에 영향을 미친다. 또한, 오염은 초래하는 섬들의 표면 위에 핵을 형성하게 한다.

잔류 기체로부터의 불순물은 막 내부로 직접 이동하고, 막의 비저항 및 자기적 특성 등에 큰 영향을 준다. 동시에 잔류 기체의 전체 압력에 그 성분의 일부가 영향을 미친다(즉, 산소 및 수증기). 또한, 기판상의 불순물은 기판에 대한 막의 접착도를 크게 변화시킨다. 접착력은 화합물층, 즉 산화물이 기판과 막 사이(유리 위에 철이나 알루미늄)에 형성될 때 가장 강하다. 접착력은 결합이 van der Waals 의 힘으로만 되어 있을 때 가장 약하다. 표면에 흡착된 물질의 매우 얇은 층조차도 산화층의 형성을 막고 van der Waals 힘의 크기로 변경시킨다.

진공 차단용 유기 물질이나 진공유로부터의 흡수된 물질층은 특히 접착력을 감소시킨다. 증착하기 전에 기판을 가열하거나 증착하는 동안 기판의 상승된 온도는 흔히 막의 접착력을 향상시킨다. 기판과 막 사이에 아무런 화합물이 형성되지 않았다면, 상호 확산으로 성장시킨 전이층에 대해 좋은 접착력을 얻을 수 있다. 예를 들면, 정상적으로 약한 접착력을 Cd−Fe 위에서 전이층을 만들 수 있다. 막이 음극 스퍼터링에 의해 형성될 때 입사입자는 너무 큰 에너지를 갖고 있으므로 표면은 산화물이 걷히고, 상호 확산을 못하게 된다. 그러므로 증착 중심들은 더 높은 결합 에너지를 갖게 되고, 결국에는 입자들이 그 표면을 통과해 큰 깊이까지 투과해 들어간다. 이들 모든 인자들이 접착력을 향상시킨다. 표면의 청결도와 구조, 그리고 잔류 기체 압력, 이런 것들 외에 가장 중요한 인자는 증착률과 기판의 온도이다. 4장 2−4절에서 핵자 형성과정에 대한 이들의 효과를 살펴보았다. 또한, (식 2−2)와 (식 2−3)으로부터 알 수 있듯이 증착률은 막 자체 내에 있는 불순물의 양에 큰 영향을 받는다.

4−1 음극 스퍼터링과 이온을 사용한 다른 방법에 의해 증착된 막의 성질

음극 스퍼터링에 의해 표면 위로 입사하는 입자들은 증착으로 만들어진 입자들 보다 상당히 높은 에너지를 갖는다는 것을 앞에서 언급하였다(수십 eV, 때로는 수백 eV). 이러한 입자들은 분명히 속도가 느린 것과는 다르게 이동한다. 무엇보다도 그들은 에너지의 상당한 부분을 갖고 있으므로, 그들이 증착된 입자들이 실제적으로 국재화(localized) 될 온도에서조차도 표면상에서 이동할 수 있다.

한편으로 높은 에너지를 갖는 입자들은 결함과 입사될 자리를 만들어서 기판의 이웃 영역 보다 더 높은 결합 에너지를 갖는다. 이와 같이 우선적으로 핵자의 자리가 만들어진다. 이론과는 달리 음극 스퍼터링으로 제조한 막(즉, Ag)이 증착으로 제조한 막 보다 더 낮은 평균 두께에서 연속적인 막으로 합체한다는 사실을 발견하였다. 또한, Chopra는 음극 스퍼터링으로도 진공에서 증착에 의해 제조한 것과 유사한 양질의 에피택시얼 막을 제조할 수 있다는 것을 확인하였다. 그리고 음극 스퍼터링된 입자들이 큰 표면 이동도를 가지므로, 그 막은 고온에서 기판상에 증착한 막과 유사한 특성을 갖는다.

기판 표면상에 점 결함의 생성에 기인된 높은 핵 형성 밀도는 입자에 의해 운송된 전하의 영향에 의해 더 높아진다.

전하는 섬 사이의 확산을 증가시키고, 합체를 가속시킨다. 증착(E) 방법과 스퍼터링(S) 방법으로 운모 위에 제조한 Ag에 대한 섬 밀도 N 대 막의 두께의 측정의 결과를 그림 4-19에 나타내었다.

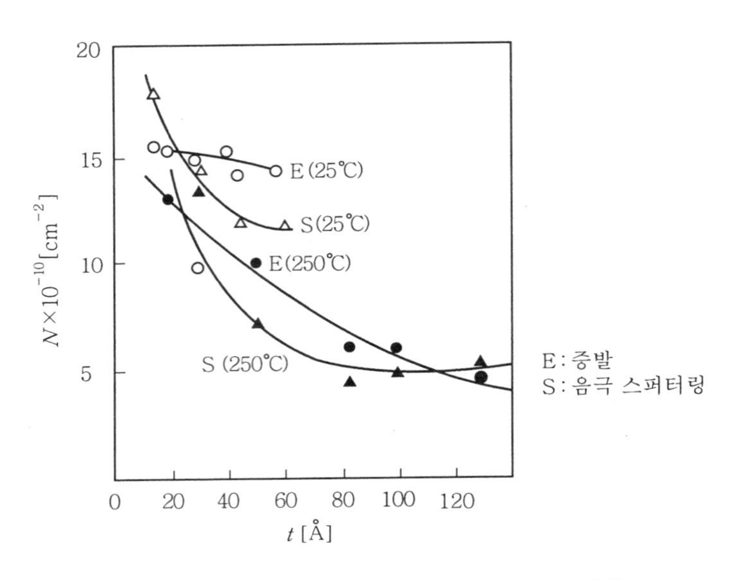

그림 4-19 운모에 대해 Ag 막의 두께에 따른 섬 밀도 N의 변화

그림 4-19에서와 같이 핵 형성 밀도가 초기에 점 결함과 정전기적 전하에 기인되므로 S에서 더 높았다(핵 형성 밀도는 두 S와 E에 대해 크기가 같은 차수이다. 즉, 10^{11}cm^2). 25℃에서 E에 대해 그 밀도는 낮은 이동도 때문에 일정하게 남아 있고, 250℃에서는 감소하였다.

S에 대해 밀도는 실온에서조차도 높은 이동도로 인해 감소하였고, 250℃에서는 매우 빠르게 일정한 값으로 되었다. 이것은 막 S가 낮은 두께에서 이미 연속적으로 되었다는 것을 의미한다.

증착한 막의 에피택시얼 성장은 어떤 에피택시얼 온도 이상에서만 발생한다(4장 6절 참고). 이것은 기판과 증착된 물질에 의존하고, 증착률에도 의존한다. 음극 스퍼터링된 막이 훨씬 낮은 온도(때로는 0℃ 이하의 온도)에서도 에피택시얼로 성장함을 보였다.

그림 4-20의 첫째 줄은 25℃에서 NaCl 단결정 위에 Ar 분위기에서 음극 스퍼터링된 Ag 막의 전자 사진을 나타낸 것이다. 아래쪽은 증착에 의한 것으로 같은 두께를 갖는다.

스퍼터링된 시편에서는 표면의 균일한 덮임의 경향이 두드러졌으며, 두 경우의 전자 회절 결과도 나타나 있다.

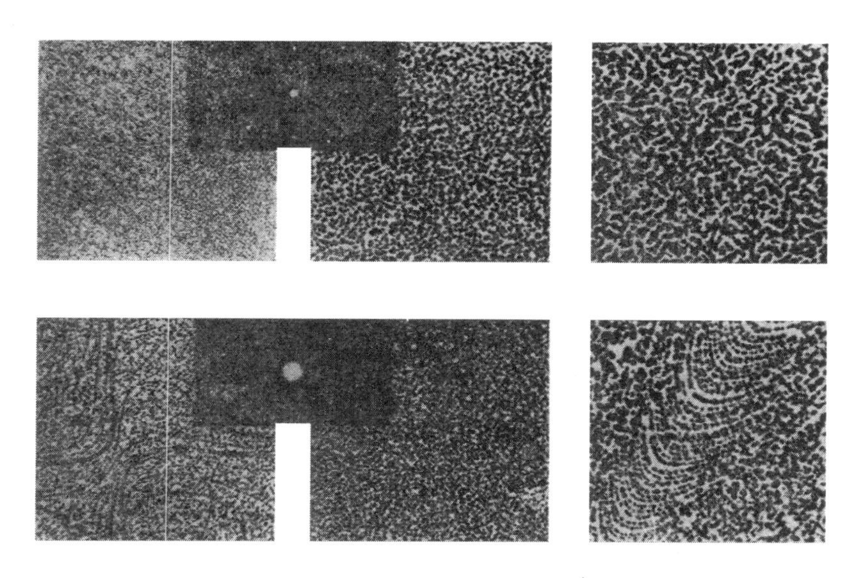

그림 4-20 기판온도 25℃ 에서 증착과 Ar 스퍼터링에 의해 NaCl 위에 형성된 Ag 막

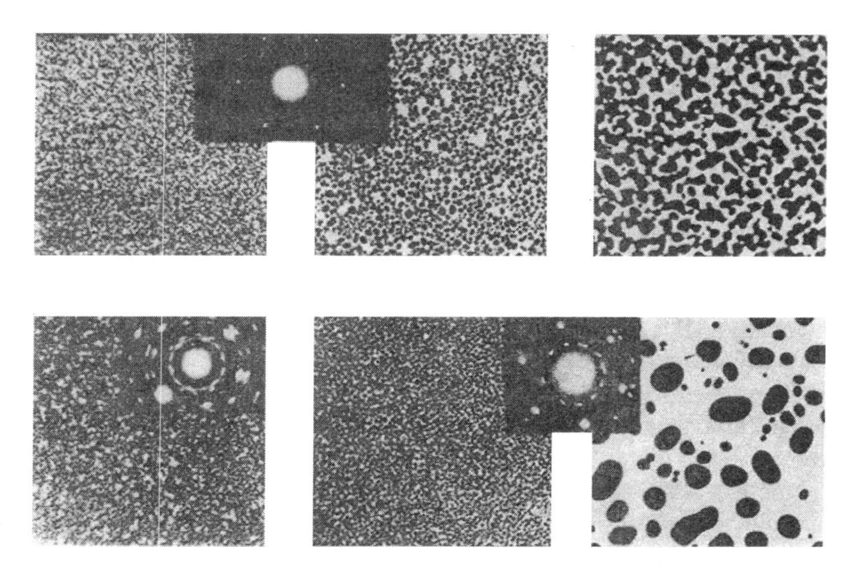

그림 4-21 여러 가지 기판온도에서 증착과 Ar 스퍼터링에 의해 운모 위에 형성된 10nm 두께의 Ag 막

그림 4-21의 첫째 줄은 여러 가지 온도의 기판상에 스퍼터링된 10 nm 두께의 막을 나타낸 것이다. 높은 온도에서 증착한 막은 표면에 큰 방울 같은 것을 형성하고, 연속적인 막의 성장에 대한 경향이 분명하지 않고, 스퍼터링된 막에서는 이와는 반대로 나타나는 것을 알 수 있다.

그림 내에 나타낸 전자 회절은 매우 낮은 온도에서도 완전한 단결정 구조를 이룬 스퍼터링된 막을 보이고 있다. 한편으로 증착한 막에서는 높은 온도에 도달한 후에 부분적인 방향성을 보였다.

다른 조건이 동일하게 유지된다면 He은 Ar 원자보다 대단히 가벼운 것으로 Ar 원자보다 기판에 낮은 에너지를 운반한다.

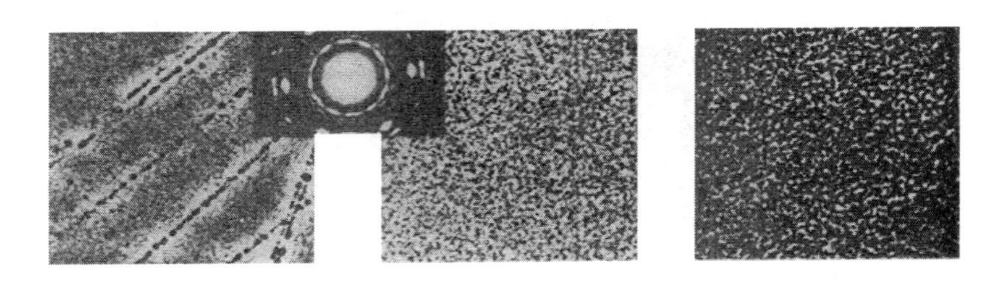

그림 4-22 25℃로 운모 위에 He 음극 스퍼터링된 여러 가지 두께의 Ag 막

25℃의 기판온도에서 운모 위에 스퍼터링된 Ag 막의 결과를 그림 4-22에 나타내었고, 조건들은 그림 4-20의 첫째 줄의 것과 유사하다. 그러나 전자 회절 결과는 Ar 속에서 스퍼터링된 것과 반대로, 박막은 부분적으로 방향성이 있음을 알 수 있다. 이것은 입사입자의 에너지가 막의 방향성을 결정하는데 있어서 중요한 역할을 한다는 것을 증명하는 것이다.

2장 3절에서 언급한 것과 같이 증착과정에서 이온의 역할은 잘 정의된 이온 선속을 사용하여 더 자세히 조사될 수 있다. 박막의 구조와 접착력에 대한 이온의 역할은 많은 논문에서 다루어졌다.

5. 박막의 결정학적 구조

우리는 이미 박막이 성장하는 실제적인 조건에 의존하면서 여러 가지 구조를 갖는다는 사실을 알아보았다. 막에는 세 가지 구조, 즉 비정질, 다정질 및 단결정의 구조를 갖는다.

비정질 막은 실온에서 제조한다면 C, Si, Ge, Se, Te, Se 및 Te 의 몇 가지 화합물과 같은 물질로 형성할 수 있다. 이들은 일반적으로 흡착된 입자의 낮은 표면 이동도에 의해 특징 지어진다. 그러므로 불규칙적인 상태가 주어진 물질의 결정학적 구조에 해당하는 가장 선호하는 에너지의 자리에 입자가 도달하기 전에 굳어져 버린다.

비정질 금속은 다른 방법으로, 즉 매우 빠른 냉각 (quenching) 으로 형성할 수 있다. 비정질 상태는 준안정적이며, 이러한 막은 에너지의 해리로 수반된 재결정화가 쉽게 이루어진다.

비정질 막의 형성을 이끄는 입자의 표면 이동도의 감소는 결정성 막을 형성하는 정상적인 조건하에서 달성할 수 있을 것이다. 예를 들면, 산화현상은 잔류 기체와 혼합하는 효과를 낳는다. 10^{-4}에서 10^{-5} torr 의 압력하에서 쉽게 산화된 물질의 결정 형성을 막는다. 왜냐 하면 생성된 산화물은 섬의 합체를 차단시키므로 큰 결정을 형성할 수 없기 때문이다.

다른 막에서 비정질 상태의 안정화가 여러 가지 불순물에 의해 이루어질 수 있다. 예를 들면, 작동기체 내에 있는 질소의 1 원자 % 가 W, Mo, Ta 및 Zr 의 음극 스퍼터링에서는 충분하다. 일반적으로 응결의 신속한 냉각조치가 채택되면, 비정질 막의 형성에 유리하다.

그러나 순수한 금속은 공유결합을 형성하는 원소들과 반대로, 비록 매우 작은 것 (약 5 nm) 일지라도 액체 He 온도에서조차도 결정을 형성한다. 이러한 막의 회절 무늬는 다결정 구조에 해당한다. 그것은 물론 고도의 불규칙적인 상태이고, 이 사실은 막의 높은 잔류저항에 의해 나타난다 (6장 2−1절 참고).

금속은 입자의 배열이 불규칙적 배열과 다르지 않는 근접 밀집된(close- packed) 구조로 결정화된다. 그 외에 낮은 탈착 에너지를 갖고, 흡착입자로서 더 높은 표면 이동도를 갖는다.

금속 막에서 이동도를 감소시키는 것이 가능하고, 두 가지 적당히 선택된 물질(즉, 16 % 의 SiO 를 갖는 은이나 10 % 의 Cu 를 갖는 주석의 경우) 의 동시 증착으로 비정질 구조를 얻을 수 있다. 유사한 결과를 음극 스퍼터링으로도 얻을 수 있다. 보통 이러한 막은 0.30~0.35 T_s의 온도에서 재결정화가 이루어지고, 여기서 T_s는 두 성분의 평균 비등점이다.

두 성분의 동시 증착에 의해 서로 녹지 않는 물질의 고체상 액체를 만들 수 있다. 물론 이렇게 생성된 액체는 준안정적이다. 약 0.3 T_s의 온도에서 그 용액은 재결정되고, 단상 (single-phase)의 준안정성의 합금으로 남는다. 0.5 T_s의 온도에서 준안정상태가 붕괴되고 두 가지 상 (two-phase)의 시스템이 이루어진다.

이 방법에 의해 상대적으로 안정한 막을 얻을 수 있다. 변칙적인 합금과 고상 액체의 형태만 아니라, 보통의 것과는 다르게 순수한 결정으로 형성된다. 예를 들면, bcc로 표시하는 체심구조의 입방체로 결정화되는 W, Mo 및 Ta은 fcc라는 면심구조의 입방체로서 박막 형태로 제조될 수 있다.

CdS, CdSe, ZnS 및 ZnSe 등의 화합물은 wurtzite 구조의 결정에서 사파이어 구조로 변환된다.

이들의 변칙적인 구조는 보통 안정한 편이나 온도를 상승시키거나, 전자선을 조사시키거나 또는 전장이나 자장을 인가함으로써 정상상태로 전환시킬 수 있다. 비정질에서 정상적인 결정상태로의 전환은 때때로 준안정상태를 거쳐서 진행된다. 다결정으로 된 막은 여러 가지 결정의 크기를 나타낸다.

만약 결정의 크기가 2 nm보다 더 작으면, 전자 회절 방법으로 볼 때 비정질의 것과 구별할 수 없다. 실제로 비정질과 미세 결정 사이의 명확한 경계는 없다. 박막의 결정학적 구조에 대해 더 자세히 이해하려면, 결정학의 기본적인 개념을 도입해야 한다.

물질을 구성하는 원자나 이온의 공간적 배열이 어떤 대칭성을 보이는 결정이나, 만약 어떤 단위 셀(cell)의 규칙적인 공간적 반복에 의해 결정을 구성할 수 있다면, 결정에 대해 이야기할 수 있다.

각 α, β 및 γ를 형성하는 어떤 길이의 세 가지 벡터 $\boldsymbol{a}$, $\boldsymbol{b}$ 및 $\boldsymbol{c}$에 의해 결정된 대칭성을 갖는 기본적인 결정학적 시스템으로 격자를 구분한다.

그것에는 입방체, 육방정계, trigonal, tetragonal, orthorhombic, monoclinic 및 triclinic 등이 있다.

이러한 셀의 대칭성은 결정의 대칭성에 가장 가까운 것에 해당하고, 그의 테두리는 원시 셀의 테두리 보다 간단한 좌표계를 형성한다.

그림 4-23 (a)는 Ni 격자의 기본 셀을 점선으로 나타내었다. 실선은 원시 셀을 위해 사용되었다. 기본 셀은 모서리에 원자를 갖고 있을 뿐만 아니라 육면의 중심에도

갖고 있다. 이것을 면심 육면체 격자(fcc)라고 한다.

그림 4−23 (b)에서는 체심 육면체 격자(bcc)의 두 셀을 나타낸 것이다.

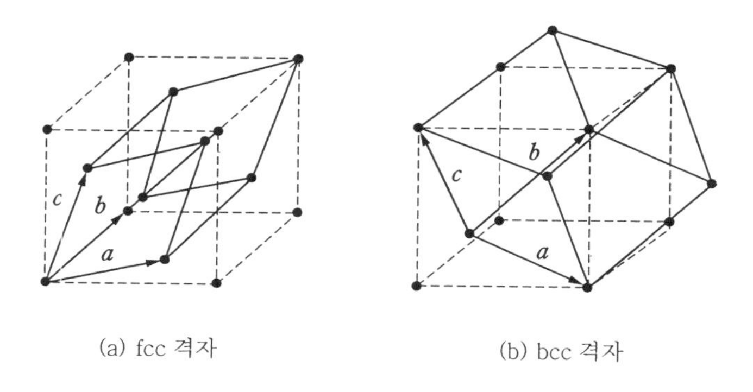

(a) fcc 격자

(b) bcc 격자

그림 4-23 원시 셀(실선)과 기본 셀(점선)

표 4−4에는 기본적인 셀의 특성을 나타내었다.

표 4-4 결정학적 시스템에서 원시 셀의 변수

계 (system)	원시 셀 (primitive cell)의 특성
cubic	$a=b=c$, $\alpha=\beta=\gamma=90°$
hexagonal	서로 120°에서 3 공유축 네 번째 축 $c \neq a$, $c \perp a$
trigonal	$a=b=c$, $\alpha=\beta=\gamma\neq 90°$
tetragonal	$a=b\neq c$, $\alpha=\beta=\gamma=90°$
orthorhombic	$a\neq b\neq c$, $\alpha=\beta=\gamma=90°$
monoclinic	$a\neq b\neq c$, $\alpha=\beta=90°\neq\gamma$
triclinic	$a\neq b\neq c$, $\alpha\neq\beta\neq\gamma\neq 90°$

7가지 전체의 결정학적 시스템에서 화합물 셀을 생각한다면 Bravais 격자라고 불리는 14가지의 다른 격자를 얻는다(이들 수가 7×4가 아닌 것은 그들 중 여러 개가 중복하기 때문이다). 이 격자들을 그림 4−24에 나타내었다.

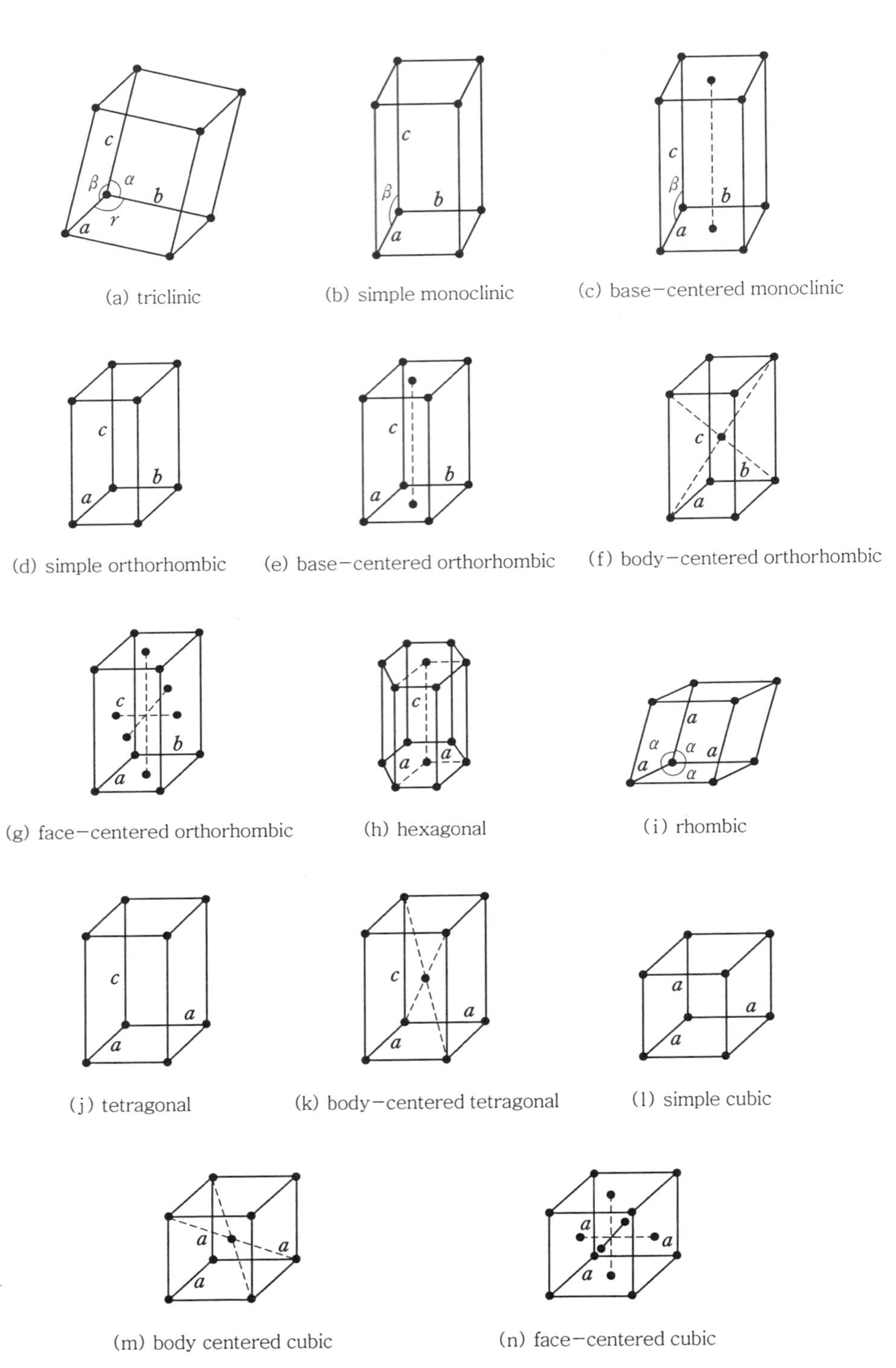

그림 4-24 Bravais 격자

결정들은 Miller 지수에 의해 표시된 결정면으로 표현된다. 이들의 의미는 우선 2 차원적 항으로 설명될 것이다(그림 4-25). 점 $2a$와 $3b$를 지나는 한 면을 택하자(일반적으로 $P_1 a$ 및 $P_2 b$). 유추하여 $P_1 a$, $P_2 b$ 및 $P_3 c$를 자르는 것에 의한 공간에 있는 면을 특정 지울 수 있을 것이고, 여기서 P_1, P_2 및 P_3는 정수(0 이 아님) 이므로 그들에 의해 표시된 축들 위에 교선들은 한 개의 선택된 것에 평행한 면의 집합에 대한 벡터 $\boldsymbol{a}$, $\boldsymbol{b}$ 및 $\boldsymbol{c}$의 제일 작은 적분의 곱들이다(최소 공배수). Miller 지수들은 P_i 들의 제일 작은 공배수로 역수인 $1/P_i$을 곱함으로써 구할 수 있다. 만약 이것이 P_1, P_2 및 P_3라면

$$(hkl)=\left(\frac{1}{P_1},\ \frac{1}{P_2},\ \frac{1}{P_3}\right)P_1P_2P_3=(P_2P_3,\ P_3P_1,\ P_1P_2) \quad \cdots \text{(식 4-46)}$$

만약 선택한 면이 어떤 축과 평행하다면, $P_i=\infty$로 된다. 이것에 대응하는 Miller 지수는 0 이고, 그것의 곱은 제거된다. 그림 4-25의 예에 대한 지수는 $(hk)=(32)$이다.

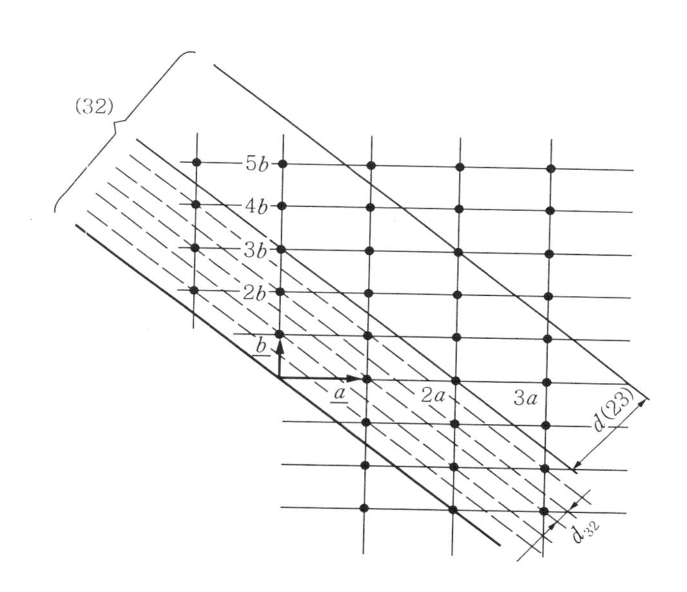

그림 4-25 Miller 지수에 대한 설명 예

지수 hkl은 기초 면에서와 같이 동일한 방법으로, 배열된 원자에 의해 점유된 기초적인 것과 평행한 모든 면을 나타낸다. 이들 이웃한 면에 의해 차단되는 교선은 a/h, b/k 및 c/l 들이고, 그 면들의 수직 간극은 d_{hkl}로 표시한다. 만약 벡터 $\boldsymbol{a}$, $\boldsymbol{b}$ 및 $\boldsymbol{c}$가 서로 d_{hkl}과 수직이면

$$d_{hkl} = \frac{1}{\sqrt{\left[\left(\frac{h}{a}\right)^2 + \left(\frac{k}{b}\right)^2 + \left(\frac{l}{c}\right)^2\right]}} \quad \cdots\cdots (식\ 4-47)$$

그림 4-26에 정육면체 계의 세 가지 중요한 면들을 그것에 대응하는 Miller 지수와 함께 나타내었다. 뒤에 보이지 않는 영역의 어떤 축을 가로지르는 면을 표시하려면, 대응하는 지수 위에 짧은 선으로 표시한다. 예를 들면, $(0\bar{1}0)$이다. 그 면에 법선인 방향을 표시할 때는 Miller 지수를 [100]처럼 [ ] 안에 넣는다. 유사한 면의 집합(교선의 부호와는 다른)은 큰 괄호 사이에 놓인 양의 교선으로 된 지수로 표시한다.

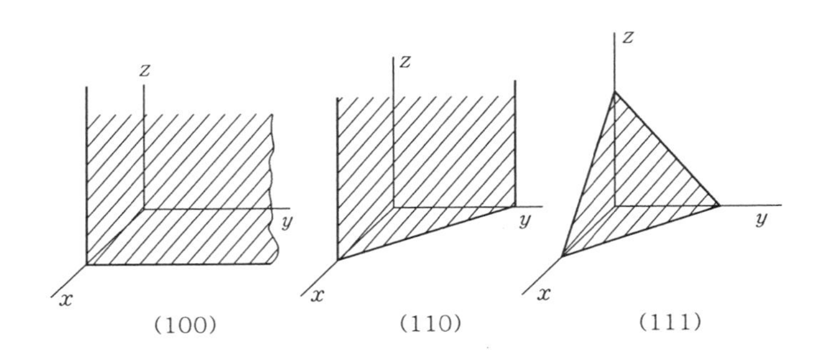

그림 4-26 입방체 시스템에서 가장 중요한 평면

즉, {111}은 다음 면들 (111), $(\bar{1}11)$, $(1\bar{1}1)$, $(11\bar{1})$, $(\bar{1}1\bar{1})$, $(1\bar{1}\bar{1})$, $(\bar{1}\bar{1}1)$ 및 $(\bar{1}\bar{1}\bar{1})$의 집합을 나타낸다. 면들의 각 기호로 표시된 박막에서 자주 발생하는 결정 모양의 예를 그림 4-27에 나타내었다.

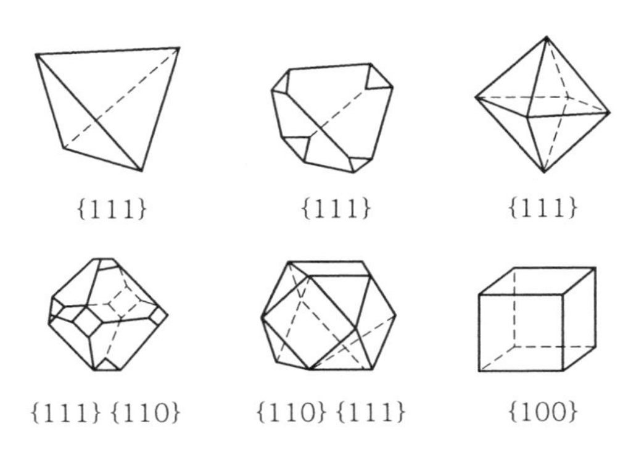

그림 4-27 결정의 가장 일반적인 형태

박막 형태에서 결정의 기본적인 특성은 대부분 벌크 재료의 것들과 같다. 그러나 4장 3절에서 언급한 것과 같이 결정이 매우 작다면 어떤 특이한 모양이 존재한다. 예를 들면, 격자상수에서 어떤 변화 δd가 관측되고, 이론에서는 이 변화를 다음과 같이 표현한다.

$$\frac{\delta d}{d} = -\frac{4}{3}\frac{\sigma}{ED} \qquad \text{(식 4-48)}$$

여기서, σ는 표면 에너지, E는 탄성률 및 D는 결정의 지름이다. $4\sigma/D$는 결정의 내부압력을 나타낸다.

이것은 격자상수에서 팽창이냐 압축이냐에 의해 그 부호가 +나 −를 갖는다. 실험적인 확증은 완전히 응력이 없는 결정에서 수행된다. 또, 그 측정기술이 매우 정교해야 함으로 매우 어렵다 (Moiré 의 방법이 보통 사용된다. 5장 2절 참고). 크기가 축소되는 격자상수의 수축현상은 LiF, MgO 와 Sn 에서 발견되었다.

기판과 막의 격자상수가 유사한 경우 (그들 사이의 차이가 0.2 %), 막은 10 nm 수준의 두께에 도달할 때까지 기판의 구조를 취한다. 만약에 그 차이가 더 커지면 막과 기판 사이의 결합은 강해지고, 더 큰 차이는 격자 결함의 형태로 된다.

기판상에서의 결정의 성장은 분명히 방향을 갖는다. 가능한 방향을 그림 4−28 에 나타내었다.

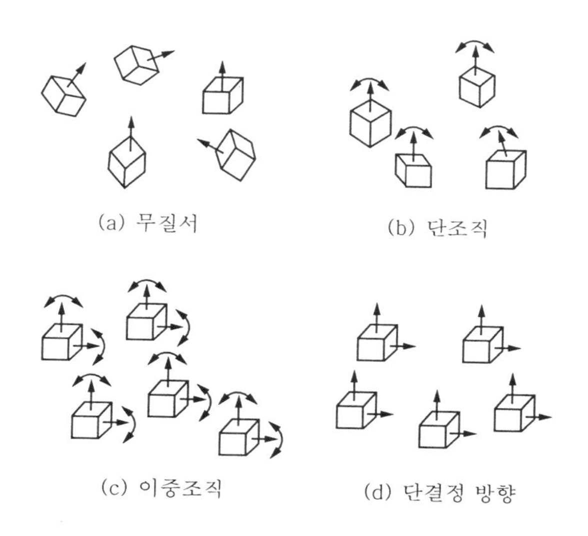

그림 4-28 기판에 대한 결정의 방향 (이중화살은 우세한 방향에서 이탈한 것임)

그림 4－28 (a)의 경우는 결정축의 방향이 불규칙하게 분포되어 있는 완전히 무질서한 막을 표시한다.

그림 4－28 (b)의 경우는 모든 결정의 특별한 축이 비슷한 방향을 향하고 있는 상태를 나타내고 있다. 첫 단계 방향이나 단 한 개의 조직에 대한 것이다. 일반 축을 조직의 축(또는 섬유의 축)이라 한다.

그림 4－28 (c)의 경우는 소위 이단계 방향 또는 이중 조직에 대한 것이다.

그림 4－28 (d)의 경우는 단결정 방향에 대한 것이다. 이것은 에피택시얼막의 경우를 포함하므로 매우 중요하다(4장 6절 참고).

단조직은 금속과 동극성(homopolar) 결합을 갖는 반도체에서 주로 발생한다. 이것은 핵자 형성 동안 계속 결정이 성장하기 시작한 후, 뒤이은 열처리를 하는 동안에 발생한다. 특정조건에 의존하면서 조직이 성장하는 많은 경우가 있고, 조직 형성에 대한 어떤 실험적 법칙이 유도되었다. 그러나 여기서 현상학적 모델이 제안되지 않았으며, 실제적으로 영향을 주는 모든 인자들을 고려해야 한다.

여기서 두 예를 살펴보자. fcc 격자를 갖는 금속들이 비정질 기판 위에 증착되었을 때, 초기에는 [111] 조직에서부터 더 두꺼운 두께에서는 [110]으로 전환된다.

hexagonal 계의 결정을 갖는 금속들, 그리고 낮은 녹는점을 갖는 경우 wurtzite 구조의 화합물과 함께, 핵자 형성의 단계에서 잘 정의된 [001] 방향을 갖는다. 수직에서 본 것에 대한 조직의 축은 보통 기판의 법선이 된다.

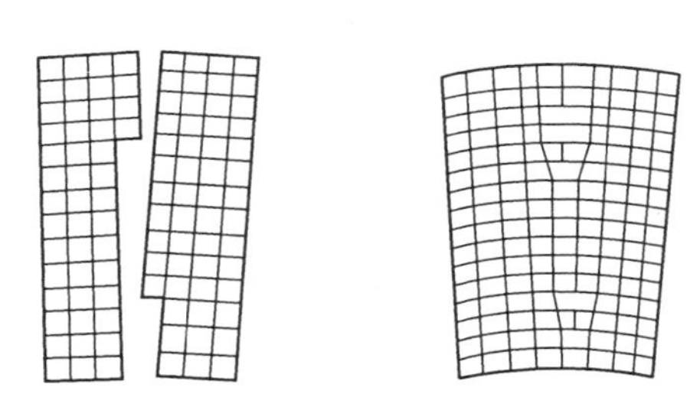

그림 4-29 결정의 경계에서 전위의 근원

여기서, 매우 다양하게 존재하는 박막 내의 결정격자의 결함, 즉 변위, 점결함, 결정쌍, 입계 및 stacking fault에 대해 살펴보기로 한다. Moiré 기술에 의한 fcc 금속의 전자－광학적 검사는 분리된 핵자 내에서는 결함이 거의 없고, 합체과정이 시작된 후에만 발생한다는 것이 밝혀졌다.

가장 흔한 결함은 변위로 이것은 서로 약간 불규칙적으로 변위된 두 결정 영역의 경계에서 발생한다(그림 4－29).

이들 변위들은 큰 섬이 합체하는 동안에 발생한다. 만약에 섬이 매우 작으면 그들은 이동하거나 방향의 차이를 없애기 위해 약간 회전을 한다. 만약에 섬들이 더 커지면 이런 행동은 더 어렵게 되고, 그 이상 변위가 접촉 영역에서 발생하지 못한다. 그들의 수는 큰 섬들의 합체의 최종 단계에서 특별히 증가한다.

변위는 격자상수의 차이 때문에 막과 기판 사이의 경계에서 역시 형성된다. 기판 결함의 과도 성장이 막 내에서 역시 일어난다. 어떤 형태의 결함 밀도가 50 % 의 덮임에서 보통 극대에 도달한다. 그러면 결함은 계속되는 증착으로 감소하고, 어떤 결함은 연속적인 막에서 사라진다 (즉, stacking faults). 결함의 수는 완성된 막의 후 열처리에 의해서도 영향을 받는다.

결정격자의 기본적인 결함은 물론 표면 그 자체이고, 이것은 주기성의 단절을 나타낸다. 열역학적 평형에서 표면의 구조는 일반적으로 벌크 물질과 같은 모양이 될 수는 없다. 표면의 구조는 5가지의 가능한 평면 격자 중 하나로서 설명할 수 있는 2차원적 격자를 형성한다 (벌크에서의 14가지 Bravais 격자에 해당).

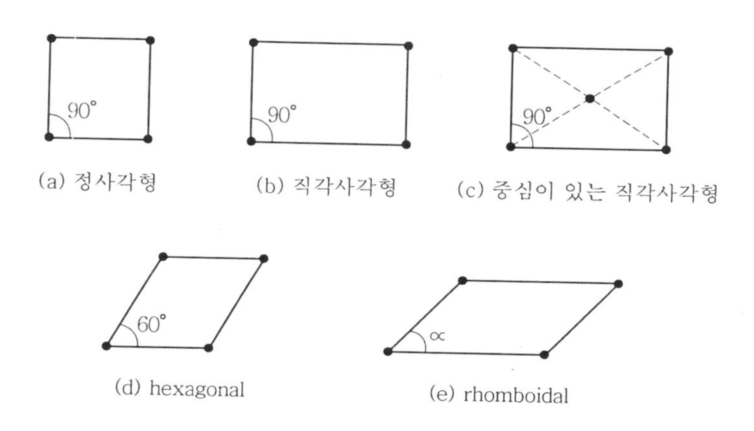

그림 4-30 5가지 면격자

그림 4−30 은 5가지 면격자를 나타낸 것이다. 표면 초구조 (superstructure) 나 기판에 흡착된 물질의 구조 (흡착의 초기 단계나 낮은 덮임) 는 그 물질의 구조에 연관지울 수 있다. 두 가지 경우를 살펴볼 수 있고, 간단한 경우는 두 격자가 균형 잡혀 있고, 같은 형태이면 wood 의 공식이 사용된다.

만약에 흡착격자의 벡터가 b_1 및 b_2 이고, 기판의 벡터가 a_1 및 a_2 라면, 관계식 $\frac{|b_1|}{|a_1|}$ 및 $\frac{|b_2|}{|a_2|}$ 가 형성된다.

즉, $b_1 = 2a_1$ 및 $b_2 = 2a_2$ 라면, 구조는 (2×2)로서 나타내고, 격자가 중심에 모여 있다면, $c(2 \times 2)$, 두 격자가 30° 각을 이루고 있다면, $(2 \times 2)/r\,30°$으로 표시한다. 몇 가지 예를 그림 4−31 에 나타내었다.

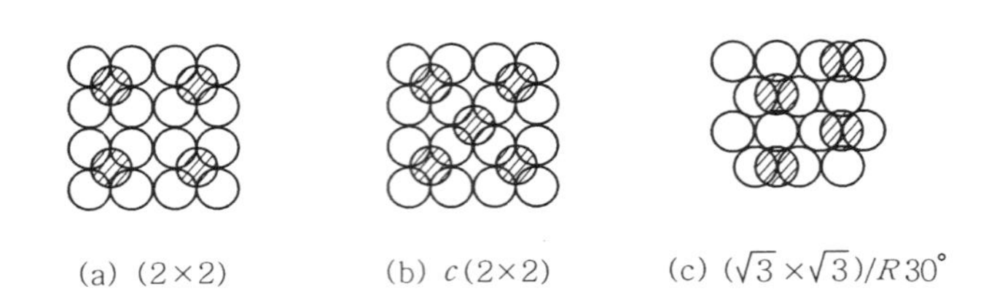

그림 4-31 흡착된 물질 구조의 예

균형 잡히지 않은 격자와 다른 형태의 격자에 대해서 이 방법은 적용할 수 없다. 이 경우에는 다음과 같이 구성된 변환 행렬 M 이 적용되어야 한다.

$$b_1 = M_{11} a_1 + M_{12} a_2$$
$$b_2 = M_{21} a_1 + M_{22} a_2 \qquad \text{(식 4−49)}$$

2차원 구조와 초구조는 몇 개의 원자층으로서만 되어 있는 구조를 밝히는 방법으로 관찰된다. 5장에 나와 있는 낮은 에너지의 전자 회절을 보라. 이 방법에 의해 표면 구조의 결정학적 대칭은 밝혀졌지만, 필요한 이론적인 기초가 확립되지 못했으므로 X-선 회절로 조사한 3차원 격자의 경우에서와 같이 완전한 구조적 해석을 수행할 수 없다.

주어진 물질에 대해 가능한 표면 배열(질서가 있는 것이든 무질서한 것이든)의 전체 수는 온도에 의존하면서 존재할 수 있다. 고온에서 고차원의 초구조, 즉 장거리 주기성(수백 nm)을 갖는 배열이 나타날 수 있다.

6. 에피택시얼막

단결정 기판 위에 에피탁시나 방향이 있는 막의 성장은 이론적인 면에서 매우 흥미 있고, 실제적인 면에서도 매우 중요하다. 보통 단결정 기판 위에 같은 물질(즉, Ge의 단결정 위에 Ge의 막)을 형성할 때 이것을 동종 에피탁시(homoepitaxy)라고 하고, 또는 그 기판에 다른 물질의 막(즉, NaCl 위에 Ag의 막)을 형성할 때 이것을 이종 에피탁시(heteroepitaxy)라고 부른다.

기초 물질과 어떤 물질, 그것이 기체이든, 액체이든, 고체이든 상관없이 그들 사이에 화학적인 반응에 의해 기판 위에 성장하는 규칙적인 방향을 갖도록 하는 반응성층의 형성법이 chemoepitaxy이다. 또한, rheotaxy라고 부르는 비정질 물질이나 액체 표면에 걸쳐 성장시킨 특별한 경우도 있다. 특별한 모양을 갖는 비정질 기판 위에 방향성을 갖는 성장은 graphoepitaxy라고 한다.

기판은 성장하는 막의 특정한 방향을 갖게 하며 매우 중요한 영향을 미친다. 에피탁시는 다른 결정 구조와 다른 화학적 결합을 갖는 물질들 사이에서 발생한다.

예를 들면, Au는 입방 구조를 갖는 알칼리 화합물 위, 단사정계(monoclinic)인 운모 위 및 Ge 단결정의 여러 가지 결정면들 위에 에피탁시로 성장할 수 있다.

그러나 각 경우에서 결과적인 막의 방향은 결정 구조와 기판의 방향에 의존한다. 즉, fcc 금속들은 [100], [110] 및 [111] 방향과 평행한 방향으로 NaCl 위에서 성장하나, 운모 위에서는 그들의 [111] 방향이 운모의 [001]에 평행하게 성장한다.

상호 접촉이 존재하는 기판과 막의 면들 사이에 매우 복잡하지만, 어떤 대칭관계가 존재한다(변환 대칭보다 회전이 더 흔하다).

에피탁시를 위한 조건은 기판의 격자상수와 막의 것과 사이에 얼마나 일치하느냐가 공식적으로 인정된 것이다. 그러나 격자상수의 부정합도 에피탁시를 위한 필요하고도 충분한 조건이 된다. 에피탁시가 두 양과 음의 기호를 갖는 큰 부정합의 경우에서도 조차 발견된다.

이종 에피탁시에서 일반적으로 기판에서 결합력이 막의 것과 다르다. 이들 결합력이 밴드 구조(band structure)를 결정하고, 이 방법에서 역시 물리적과 화학적 특성이 정해진다. 이 경우 전이층이 항상 존재해야 하고, 그 두께는 적어도 두 단원자층은 되어야 한다.

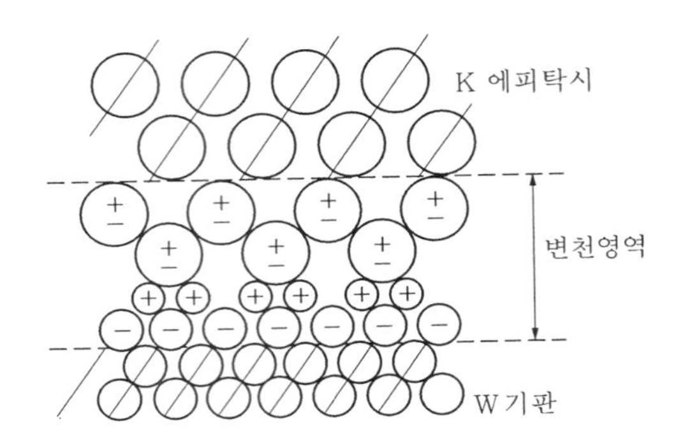

그림 4-32 W 단결정의 (001)면과 에피택시얼 K 막 사이의 천이층의 모델

W 단결정 기판의 (001)면의 경계 위와 K 에피택시얼 층의 사이에서 발생하는 진정한 전이층의 구조에 대한 모델을 그림 4-32에 나타내었다.

질서가 있는 전이층의 구조가 기판에 의해 도입되었으나, 기판의 격자나 에피층의 격자 어느 것에나 정확히 기하학적으로 대응되지 않는다. 이 층의 구성은 기판의 것과 막의 것에서 그들의 크기, 전하, 전하 분포, 결합의 종류와 강도에 대해 어느 것에서나 다르다.

단결정 기판을 덮은 얇은 중간층인 비정질 층위의 에피탁시에 대해 몇몇 연구자들에 의해 언급되었다. 실제에서 다른 종류의 중간층, 즉 부정합(misfit) 등을 연결하는 비정규적인 다중 구조, 기판과 막의 상호작용에 의해 형성된 층(즉, 합금, 중간 단계 화합물, 고상 액체, 도핑된 층, 화학적 화합물), 그리고 흡착된 외부 물질 등은 여러 가지 시스템과 증착조건에 따라 에피탁시에서 결정적인 역할을 할 수 있다.

에피탁시 현상에 대한 연구는 금속 위에 금속, 알칼리 화합물이나 운모 위에 금속, 알칼리 화합물 위에 알칼리 화합물, 반도체 위에 반도체 형태로 다루어진다.

에피탁시로 성장하는데 기본적인 인자는 기판온도이다. 모든 다른 조건이 일정하다고 하면, 물질들의 모든 쌍에 대해 어떤 에피탁시의 임계온도가 존재하는데, 이 온도 위에서는 에피탁시가 완전하고, 그 이하에서는 불완전하거나 존재하지 않는다. 그리고 주어진 물질의 쌍에 대한 에피탁시 온도는 증착률에 의존한다.

앞 절에서 언급하였던 박막 형성의 개념으로부터 온도의 증가는 에피탁시를 자극시킨다. 즉, 불순물의 흡착이 활발해지고, 과포화 상태는 낮아지고, 표면의 원자들은 평형 자리에 필요한 것보다 더 많은 에너지를 갖는다. 높은 온도에서 필요한 활성화 에너지(그들의 이동도를 위해 필요한 것)보다 더 많은 에너지가 흡착원자로 공급되고, 이와 같이 하여 합체 위에서의 재결정화가 활성화된다. 또한, 두 표면과 벌크 확산이 더 큰 섬들의 회전과 전이에 의한 것과 같이, 높은 온도는 흡착원자의 이온화에 기여하고, 에피택시얼로 성장하기 위해 필요한 에너지가 역시 다른 방법에 의해 주어진다.

에피택시얼은 초음파 진동에 의해서도 자극되는 것이 관측되었다. 4장 4-1절에서 본 바와 같이 단결정 막의 성장은 입사입자의 에너지가 증가함으로써 향상되었다. 온도는 많은 다른 인자들에 의해 결정되므로, 에피택시얼 온도를 정확하게 알 수 없다. 몇 가지 다른 알칼리 화합물 위의 은(Ag)에 대해 에피택시얼 온도를 표 4-5에 나타내었다. 기판 특성에 대한 어떤 체계적인 의존성이 있는 것이 분명하다.

표 4-5 알칼리 화합물 위의 Ag에 대한 에피택시얼 온도

온도 \ 물질	Ag / LiF	Ag / NaCl	Ag / KCl	Ag / KI
T_e [℃]	340	150	130	80

에피탁시의 더 중요한 인자는 증착률 R이고, 다음 식은 실험적인 것이다.

$$R \leq A \exp(-Q_{dif}/kT_e) \quad \text{(식 4-50)}$$

여기서, A는 상수이고, Q_{dif}는 표면 확산의 활성화 에너지이다. 이것은 다음 방법으로 표현할 수 있다. 흡착원자는 다른 원자와 충돌하기 전에 평형 위치로 점프하기 위해 충분한 시간을 가져야 한다.

한 개의 결합을 갖는 핵자로부터 이중으로 갖는 핵자로 이동하기 위한 핵자 이론인 Walton-Rhodin 이론으로부터 유사한 관계가 유도되었다(4장 2-2절 참고). 몇몇 경우에 낮은 증착률에서는 에피택시얼이 일어나는 반면, 높은 증착률에서는 결정쌍이 형성된다. 일반적으로 비정질, 다정질 및 단결정상이 매우 넓은 온도영역에서 동시에 존재한다.

에피택시얼 성장에 영향을 주는 다른 인자들은 높은 작동 기체에서 잔류 기체의 흡착으로부터 생긴 오염이다. 흡착된 물질이 기판을 통해 흡착원자의 이동도에 얼마나 영향을 주는지를 고려할 때 에피택시얼 온도가 상승하거나 하강한다. 어떤 종(즉, 산소, 질소 및 수분)은 어떤 기판에 에피택시얼하게 흡착하고, 에피택시얼 성장에 더욱 영향을 주는 표면의 초구조를 형성한다. 다시 말하면, 물이 흡착된 운모 위에 알루미늄(Al)의 에피택시얼 성장의 경우이다.

에피택시얼 온도와 $10^{-4} \sim 10^{-5}$ torr의 진공도에서 기판의 갈라짐에 의해 생긴 오염의 효과를 표 4-6에 나타내었다. 여기에 관련된 금속들은 NaCl의 (100) 표면 위에

에피택시얼하게 성장시킨 것들이다. 공기에서 갈라짐 결정(A) 위에 제조한 유사한 막보다 진공(V) 속에서 갈라진 기판에 대해 에피택시얼 온도가 더 낮았다. 그러나 NaCl 위에 Cu, Ag 및 Au 의 에피택시얼 성장은 좋지 않았다(그러나 Al 과 Ni 은 그렇지 않았다). 초고진공에서 갈라진 결정 위의 막들은 때때로 정상적인 것과 다른 방향을 가졌고, 다시 말하면 (111) 방향이 (100) 대신에 나타났다.

표 4-6 공기에서 깨어진(A) 및 진공에서 깨어진(V) (100) NaCl 위에 형성된 막의 에피택시얼 온도

온도 \ 금속	Au	Al	Ni	Cr	Fe	Cu	Ge
$T_e(A)$[℃]	400	440	370	500	500	300	500
$T_e(V)$[℃]	200	300	200	300~350	300~350	100	350~400

이 사실은 어떤 경우에 표면 오염이 에피택시얼막의 형성에 필요하다는 것을 암시한다. NaCl 위 에피탁시의 경우 물의 흡착에서 이루어진 오염이 결정의 표면을 깎아내고, 에피택시얼막의 성장을 잘되게 하여 재결정화의 효과를 나타낸다. 에피택시얼 성장에 효과를 미치는 부가적인 인자는 전장이다. 이것은 CVD로 만든 몇몇 반도체(Ge, Si 및 GaAs)에 이 전장이 그 성장을 가속시킨다(2장 1절 참고).

앞에서 언급한 것과 같이 에피택시얼막은 화학적 성질과 구조에 따라서 매우 이종적이므로 진공 증착, 음극 스퍼터링 및 CVD로도 형성할 수 있다. 이들 현상의 복잡성과 많은 인자의 존재로 인해 일관성 있고 일반적인 이론을 발전시키는 매우 어렵다.

예를 들면, Brück 와 Engel 은 금속의 원자(이온)와 할로겐 이온 사이의 거리의 합이 최소로 남게 하는 방법으로 알칼리 할로겐 위에 에피택시얼로 금속을 성장시킬 수 있음을 가정하였다. 이는 그 막에서 최대의 쿨롱(coulomb) 힘에 해당한다. 에피탁시의 온도 의존성은 자유 원자의 것과 비교하여 결정 표면에 흡착한 금속 원자의 이온화 에너지 내의 감소 결과로 설명된다.

이것은 상대적으로 낮은 온도에서 이온화가 발생하는 것을 허용한다. 에피택시얼은 이온화된 금속과 정전기적 상호작용이 너무 강하므로, 입자들이 방향성을 갖는 구조에 해당하는 평형 위치를 점유할 수 있는 온도에서 시작한다. 이 이론은 정량적인 정보가 이온화 에너지의 감소에 대해서 알려지기 않았기 때문에 정성적으로 그 막의 거동을 설명하는 것뿐이다.

다른 가설은 표면상에서 아무런 원자의 이온화가 일어나지 않는다는 것이다. 원자들은 단지 분극되고, 온도의 효과가 원자적 분극도의 변화를 통해 작용한다는 것을 가정하였다.

막이 형성되는 동안에 막의 구조를 관찰하는 현재의 방법은 에피탁시가 핵 형성 단계에서 일어난다는 것을 밝혔으나, 섬의 성장과 합체의 단계가 때때로 막의 최종 구조를 위해 결정적이라는 것을 밝혔다. 그러므로 에피탁시의 이론은 핵자 형성 이론으로 출발해야 하지만, 막의 형성에 관한 그 이후의 단계를 포함해야 한다.

이와 같이 핵자 형성의 모세관 이론에 의하면 기판과 막 사이의 경계에서 방향을 위해 더 낮은 자유 계면 에너지가 기대된다. 그러므로 임계 핵자의 형성을 위해 필요한 에너지는 더 낮아진다. 원자적 모델에 의하면 에피탁시는 임계 핵자보다 1개 이상의 입자를 포함하고 제일 작은 덩어리의 배열로부터 생긴 결과이다. 과포화가 감소하면 임계 핵자의 크기는 증가한다(하나, 둘 및 셋 원자 등). fcc 결정에 대해 [111] 방향으로 형성되는 3－원자 핵자에서 결합의 최소 수가 존재한다.

4－원자의 다음 덩어리는 [100] 방향을 형성하고, 5－원자 덩어리는 [110] 방향에 해당한다. 유사한 대응성이 Au와 Ag의 에피택시얼막에서 관측되었다. 그러나 이들은 매우 특별한 경우이다.

이론들은 핵자 형성의 열역학적이고 원자적 이론을 근거로 발전되었다. 에피탁시에서 계면, 표면 이주 및 연관된 현상은 이론적으로 너무 많이 취급되었다. 그러나 정확한 이론적인 취급은 이 책의 한계를 넘는 것이므로, 계속 다른 참고서를 통해 연구하기를 바란다.

제 5 장 박막의 특성 평가

박막의 특성은 화학적 조성, 벌크 내의 불순물의 종류, 결정학적 구조 등에 의해 결정된다. 박막의 특성을 조사하기 위해 여러 방법들이 개발되어 왔지만 그 중에서도 전자 광학적 방법이 가장 널리 사용되고 있다.

전자 광학적 방법은 광학 현미경에 비해 분해능이 뛰어나며, 증착과정의 관측이 가능하다는 이점을 가지고 있다. 막의 결정구조를 통제하기 위해 전자 회절을 이용한 여러 가지 개량방법이 유용하게 쓰이고 있다. 또한, 이온 분광법 등 여러 가지 형광 방법이 막의 화학적 조성, 불순물의 함량 결정 등에 사용된다. 이들 방법 중 가장 많이 사용되는 것들을 이 장에서 언급하고자 한다.

1. 박막의 전자 현미경학적 고찰

1-1 투과 전자 현미경

(1) TEM (transmission electron microscopy)

TEM 은 박막 분야에서 사용된 가장 중요한 방법 중의 하나이다. 전자 현미경은 집속된 전자선속 (electron beam) 을 사용하여 주어진 물체의 영상을 만들며 그 영상을 확대하기 위해 전자 광학 렌즈 시스템을 사용한다.

광학에서 광선을 사용하는 것과 유사하게 입자선속을 사용해서 어떤 영상이 형성된다는 사실은 전기와 자기장 내에서 하전입자가 운동하는 것과 빛이 전파하는 기본 원리 사이의 유사성에 근거를 둔다. 실제로 광선에 정상적인 렌즈가 영향을 주는 것과 유사하게 전자의 선속에 영향을 주는 전기와 자기장을 만들 수 있을 것이다. 따라서, 전자－광학 렌즈 역시 원통형 대칭을 갖고 있으며, 보통 전자선속이 그 계의 중심, 즉 광축을 지난다.

정전기적 렌즈는 원형 조리개의 시스템이거나 적당한 전압에 의해 바이어스된 동축 원통이다. 자장 렌즈는 전류가 흐르는 코일이며, 보통 아주 작은 영역에 자장을 집속시키기 위해 자극 (polepieces) 으로 된 강자성체로 차폐된 내부에 설치된다. 그림 5－1에 정전장 렌즈의 한 형태인 등전위선 렌즈와 자기적 렌즈의 한 형태를 나타내었다. 현대적 전자 현미경은 간단하게 초점거리를 변경할 수 있는 자장 렌즈를 사용한다.

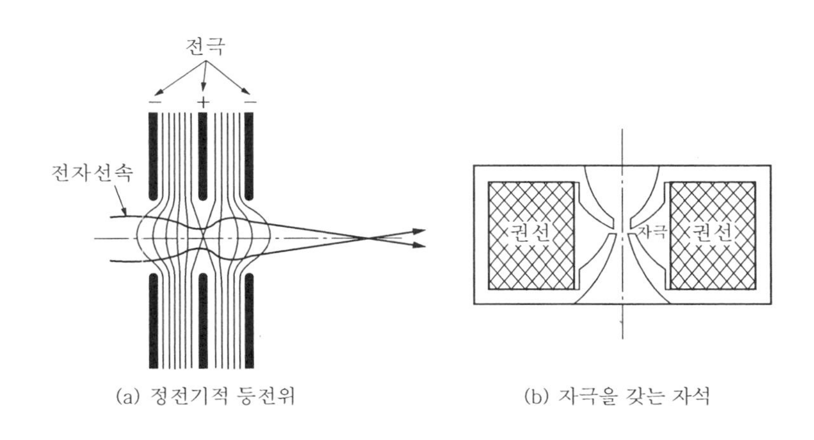

(a) 정전기적 등전위 (b) 자극을 갖는 자석

그림 5-1 전자-광학 렌즈

(2) 전자 현미경의 기본 구조

전자 현미경의 기초적인 구조가 그림 5－2에 나타나 있다. 전자들이 음전극으로 둘러싸여 있는 열음극에서 방출되고 양극에 의해 가속된다. 콘덴서(condenser)라는 제 1 단계 전자렌즈는 시편에 전자선속을 집속시키고, 대물렌즈 (objection lens) 는 시편 아래 가까이 놓여 있다. 이것이 먼저 시편의 상을 확대시킨다. 그 상은 투영렌즈 (projection lens)에 의해 더 확대된 후 형광 스크린에 투영되거나 사진 건판에 찍히게 된다.

실제에 있어서 현미경은 이것보다 더 복잡하다. 여기서, 설명한 대물－투영 시스템보다 더 많은 렌즈를 사용한다. 더욱 복잡한 장치 덕분으로 더욱 크게 확대할 수 있게 되었다. 2단계 시스템에서 5000～25000의 배율이 보통 성취되며, 더욱 정교한 시스템에서는 쉽게 250000배를 얻을 수 있다.

배율과 분해능은 전자 현미경에서 중요한 인자이다. 광학 시스템에서 분해능은 회절효과에 의해 제한 받는다는 것은 잘 알려진 사실이다.

이것은 한 점의 상이 광강도의 주기적 분포에 따르는 회절 무늬의 결과이다(그림 5−3 참조). 두 점은 간섭의 극대가 적어도 주극대(main maximum)의 반폭(half width) 만큼 서로 떨어져 있다면 각각을 구분할 수 있다.

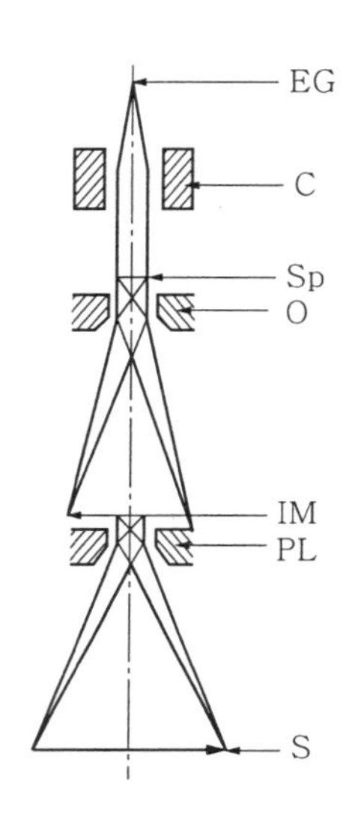

EG : 전자총
C : 콘덴서 렌즈
Sp : 시편
O : 대물 렌즈
IM : 중간 영상
PL : 투영 렌즈
S : 스크린

그림 5-2 투과 전자 현미경의 구조

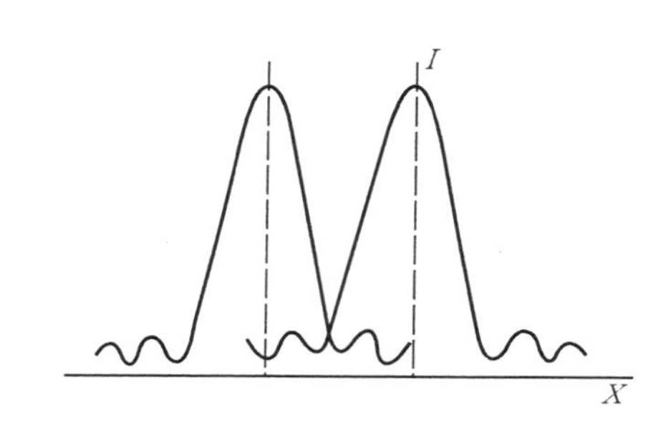

그림 5-3 두 인접점에 의해 생긴 회절무늬

전자는 파동과 같은 성질을 갖고 있다. 파동역학에 의해 어떤 유한한 파장은 다음과 같이 설명될 수 있다.

$$\lambda = h/p \text{ 또는 } \lambda = \sqrt{150/V} \quad \cdots\cdots \text{(식 5−1)}$$

여기서, h는 Plank 상수이고, p는 전자의 운동량이다. 두 번째 식에서 파장은 Å으로, V는 볼트로 나타낸 전자의 가속 전압이다. 가속 전압 10000 V 이상에서는 전자의 속도가 거의 광속과 같으므로 상대론적 수정이 있어야 한다. 분해능 δ는 다음과 같다.

$$\delta \sim 0.61\lambda/\sin\alpha \quad \cdots\cdots \text{(식 5−2)}$$

여기서, α는 개구의 반각, 즉 개구란 전자가 그 시스템에 들어가는 각도를 말한다. 이 각은 보통 아주 작다. 즉, $10^{-2} \sim 10^{-3}$ 라디안(radian) 차수(order)이다.

전자 현미경의 이론적 분해능은 약 0.2~0.3 nm 이나, 실제로는 그 계의 광학적 수차에 의해 더욱 제한을 받는다. 즉, 광학에서와 같이 전자 현미경에서도 렌즈의 수차가 존재한다.

(3) 수 차

전자 현미경에서 나타나는 가장 중요한 수차들은 색과 구면 수차와 축방향의 비점수차 (astigmatism)이다.

① **색 수차** : 모든 전자의 속도가 정확하게 일치하지 않기 때문에 생기는 것으로 렌즈로부터 나온 초점이 다른 거리에 생기기 때문에 발생한다 (광학에서 다른 파장이 다른 초점거리를 만드는 것과 같다).

② **구면 수차** : 광축에서 멀리 떨어진 궤도를 따라 도달하는 거리들이 달라서 이것들이 놓이는 선속들이 렌즈의 평면과 평행한 초점 평면이 되지 않고 구면이 된다는 사실에 있다.

③ **축방향의 비점 수차** : 수차는 축에서 거리의 3승에 비례해 증가하고, 이것은 아주 가는 동축선속을 선택해서 감소시킬 수 있다. 즉, 개구를 작게 한다. 최적 환경은 구면 수차를 회절에 의해 생긴 수차와 똑같게 하면 된다. 이렇게 하면 그 분해능을 약 0.28 nm 까지 줄일 수 있다. 이것이 분해능의 이론적 한계이다. 색 수차와 축방향 비점 수차 때문에 그 값은 0.4~0.5 nm 까지 나빠진다. 실제로 그 정도의 분해능은 현대 전자 현미경으로 달성할 수 있다.

(4) 콘트라스트

중요한 문제는 전자 현미경에서 어떻게 콘트라스트 (contrast) 를 얻느냐 하는 것이다. 광학 현미경의 콘트라스트는 시편의 다른 부분의 빛 흡수 차이로부터 생긴다. 그러나 전자 현미경에서는 그 상황이 다르다. 전자 현미경의 콘트라스트는 주로 전자의 산란 차이에서 생긴다. 비록 전자의 흡수가 발생하지만 큰 문제는 되지 않으나 오히려 시편이 가열되는 것이 더 심각하다.

투과형 전자 현미경에서 사용되는 시편은 충분히 얇아야 하고, 투과된 전자의 흡수를 피해야 할 뿐만 아니라 전자의 다중산란도 피해야 한다. 이것들은 분해능을 감소시킨다. 분해능은 박막의 두께에 대해 1/10 또는 초박막에 대해 1/20 이상 더 좋아질 수 없다. 그래서 시편은 보통 10에서 100 nm 범위 두께를 갖은 막의 형태로 준비한다.

이들 두께의 몇몇 필름은 자기지지 형태로 준비한다. 다른 경우에서 특히 초박막의 경우 기판이 쓰이는 경우도 있다. 이 경우 기판은 그들 자신의 구조가 없어야 하고 가능한 한 전자에 투명해야 한다. 이러한 물질은 탄소이다. 탄소는 전기 방전 속에서 증착에 의해 준비된다. 비정질이고, 화학적으로 불활성이며, 2000℃ 이상의 가열에 견뎌야 하고, 전자포격에도 강해야 한다. 다른 가능성은 양극 산화로 준비한 Al_2O_3 나 셀룰로이드 같은 것들이다. 에피탁시 연구와 같은 목적을 위해 결정성 구조의 기판을 사용할 필요성이 있다. 이 때 마이카, MoS_2, MgO 등이 사용된다.

위에서 언급하였듯이 콘트라스트는 전자의 산란이나 회절에 의해 발생한다. 산란성 콘트라스트의 원인이 그림 5-4 에 개략적으로 그려져 있다. 큰 두께 영역일수록 큰 각도로 전자를 산란하고, 개구 A 는 더욱 강하게 편향된 선속의 통과를 저지함으로써 더욱 강한 산란 영역을 더 어둡게 한다.

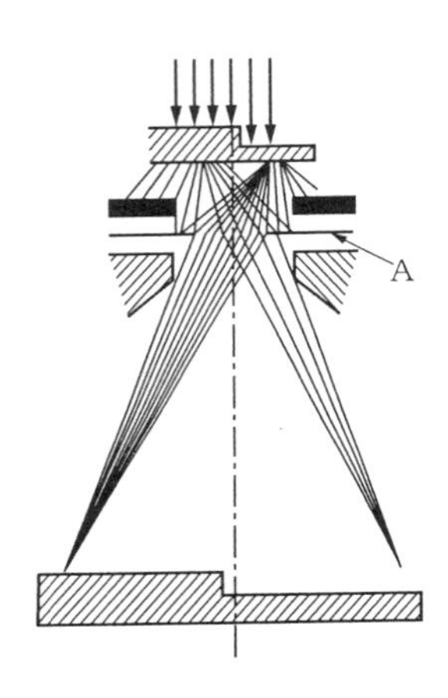

그림 5-4 산란에 기인된 콘트라스트의 원인

(5) 전자 회절

전자 회절은 결정성 물질의 연구에 중요하다. 회절현상은 결정면의 간격과 입사선속에 대한 결정의 방향에 달려 있다. 회절 극대에 대한 Bragg 의 조건은

$$2dhkl\sin\theta = n\lambda \quad \text{(식 5-3)}$$

이다. 여기서, n 은 정수이다. fcc 금속에 대한 전형적인 값은 $d = 0.20$ nm 이다. 즉, $\lambda = 0.004$ nm 가 $\theta = 10^{-2}$ 라디안을 준다. 그래서 회절된 선속은 개구의 중심을 벗어난다.

만약에 결정이 전자선속에 대해 여러 가지 방향을 갖고 있다면, 대응되는 스크린 상의 점은 다른 밝기를 갖는다(그림 5-5). 회절 콘트라스트로 역시 격자의 결함을 관측할 수 있다. 회절무늬의 존재는 어떤 경우에 직접적으로 형성되는 결정격자의 상을 만들 수 있게 한다. 만약에 격자상수 d가 어떤 조건하에서 개구를 통과해 가는 회절된 선속에 대해 충분히 크다면, 간섭무늬가 격자의 구조에 대응하게 나타날 것이다. 이 때 격자상수가 적어도 0.4 nm 라면 격자의 직접적인 상이 나타날 것이다. 더 작은 격자상수에 대해서는 매우 빠른 경사진 전자선속을 사용해야 한다. 이 경우에 0.1 nm 이하의 분해능을 얻을 수 있다.

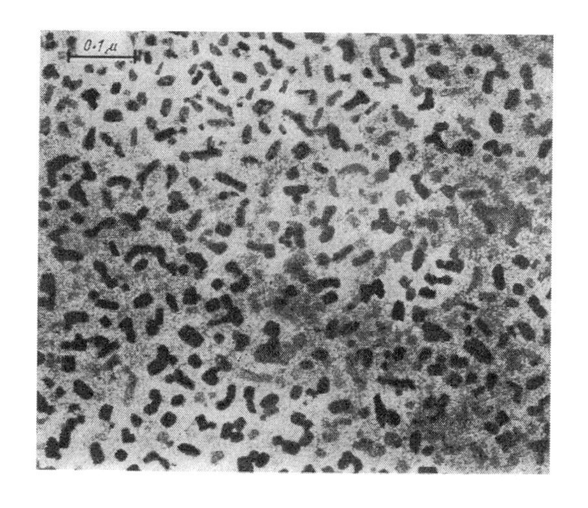

그림 5-5 여러 가지 결정 방향에 의해 생긴 콘트라스트

(6) 모아레 패턴

결정격자와 그의 결함에 대한 연구를 위한 중요한 기술은 모아레(moire) 방법으로 알려진 두 개의 중첩된 격자의 이중회절을 이용하는 것이다. 이 기술의 기본은 광학적 유추로부터 알아보는 것이 최선의 방법이다. 밝고 어두운 무늬가 교대로 되어 있는 두 개의 주기적 구조가 서로 포개져 있다면 모아레 무늬의 두 가지 형태가 형성된다(그림 5-6).

첫 번째 경우에서 결정격자는 서로 평행하게 지나지만 그것들은 다른 격자상수인 d_1과 d_2를 갖는다. 이 경우에 평행한 모아레 무늬는 간격 D를 갖고 형성된다.

$$D = d_1 d_2 / d_1 - d_2 \quad \text{(식 5-4)}$$

두 번째 경우에 양격자가 동일한 상수 d를 갖고 있으면서 서로 작은 각 ε만큼 회전해 있다면 이 때 모아레 무늬의 간격은 $D=d/\varepsilon$이다. 일반적으로 다른 격자상수와 회전각 ε를 갖는 경우 그 간격은 다음과 같다. 즙,

$$D = d_1 d_2 / \sqrt{(d_1{}^2 + d_2{}^2 - 2d_1 d_2 \cos\varepsilon)} \quad \text{(식 5-5)}$$

격자상수 d_1의 크기는 다음과 같이 그 값 m를 이용해서 구한다.

$$m = d_2 / \sqrt{(d_1{}^2 + d_2{}^2 - 2d_1 d_2 \cos\varepsilon)} \quad \text{(식 5-6)}$$

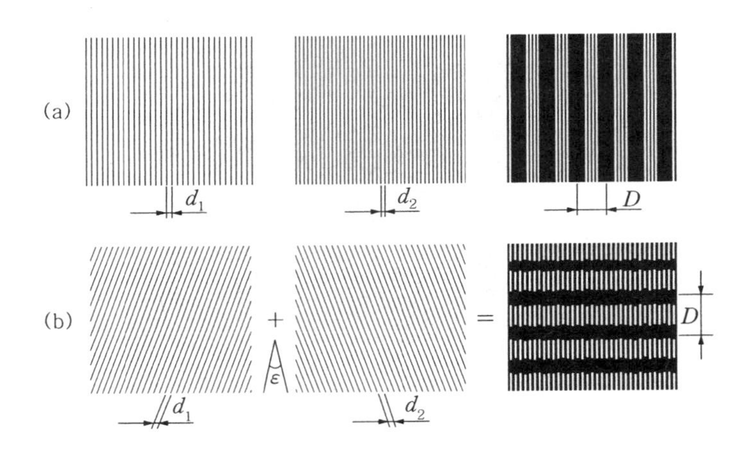

그림 5-6 모아레 패턴 형성의 광학적 유추

이 기술에 의하면 여러 가지 격자 결함이 가시화되고 전위(dislocation)의 경우에도 그림 5-7처럼 광학적 유추에 의해 가시화할 수 있다.

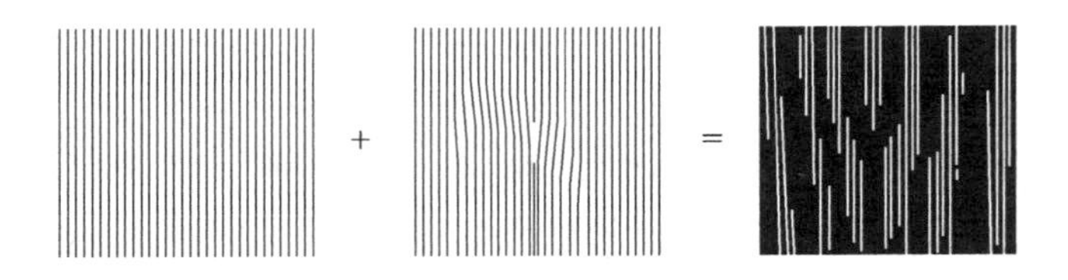

그림 5-7 변위의 모아레 패턴의 형성에 대한 과학적 유추

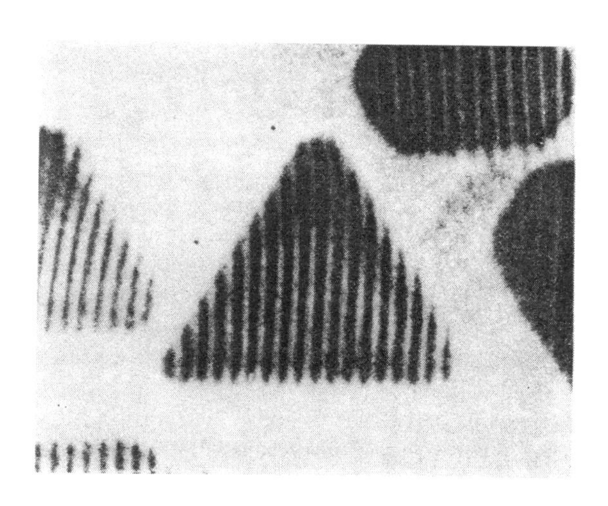

그림 5-8 모아레 패턴 (MoS_2 위의 Au)

MoS_2 기판상에 금의 박막결정의 전자-광학적 그림이 그림 5-8에 나타나 있다. 전위를 갖는 박막의 패턴은 그림 5-9에 나타나 있다.

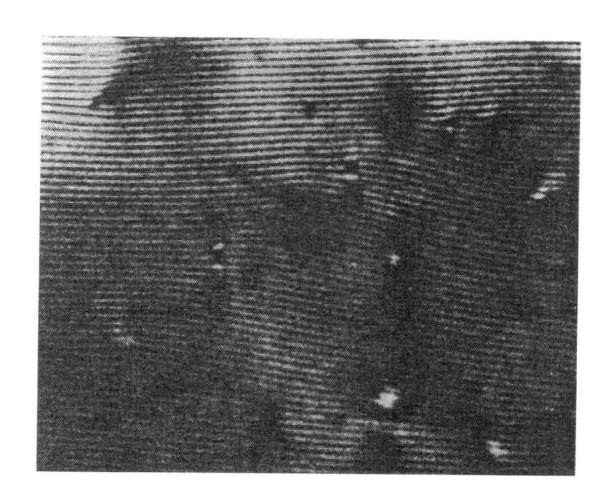

그림 5-9 전위를 갖는 모아레 패턴 (MoS_2 위의 Au)

그 외의 방법에는 어두운 장(dark field) 영상법이 있다. 그 원리는 광학 현미경에서 사용한 어두운 장에서 관찰하는 것과 유사하다. 관찰의 정상적 형태에서 회절된 선속이 상영되어 나간 사이에, 그리고 직접 선속이 영상을 형성하는 동안에 그 반대 과정이 적용된다.

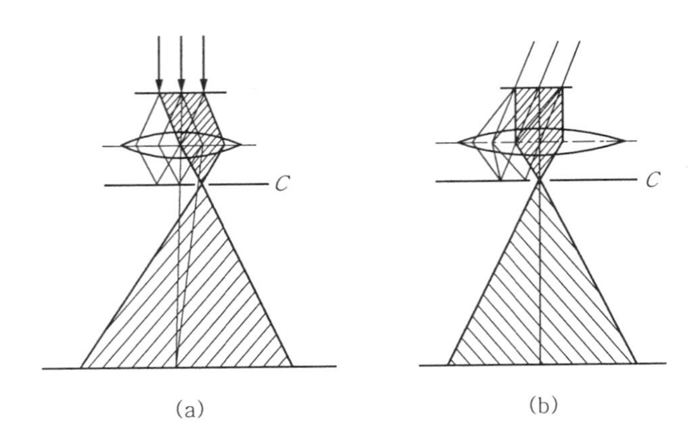

(a) 개구 C는 계의 광축으로부터 편기되어 있다.
(b) 개구가 중심에 있으나, 선속이 경사지게 입사하고 있다.

그림 5-10 어두운 장에서 영상 형성

그림 5-10 (a)로부터 알 수 있듯이 그 계를 직접 통과해 지나가는 선속은 그 계의 축에 대하여 비대칭적으로 놓여 있는 개구 C에 의해 제거되고, 한편으로는 회절된 선속이 그 개구를 통해 지나도록 허용된다. 이와 같이 표현되는 배치는 광축으로부터 먼 선속을 사용함으로써 그려낼 수 있다. 그 상은 분해능을 감소시키는 큰 구면수차를 나타낸다. 그러므로 그림 5-10에서 나타낸 그 계는 그 대용으로 사용된다. 여기서 전자선속은 그 계의 중심을 통해 생성된 영상을 위해 사용되기를 원하는 회절된 선속이 어떤 각도로 놓여 있는 시편 위로 입사한다. 이러한 방법으로 어느 정도 개선된 분해능을 얻을 수 있으며 광학 시스템을 경사지게 할 필요가 있다. 밝은 장과 어두운 장의 형태 사이의 영상에 대한 비교를 그림 5-11에 나타내었다.

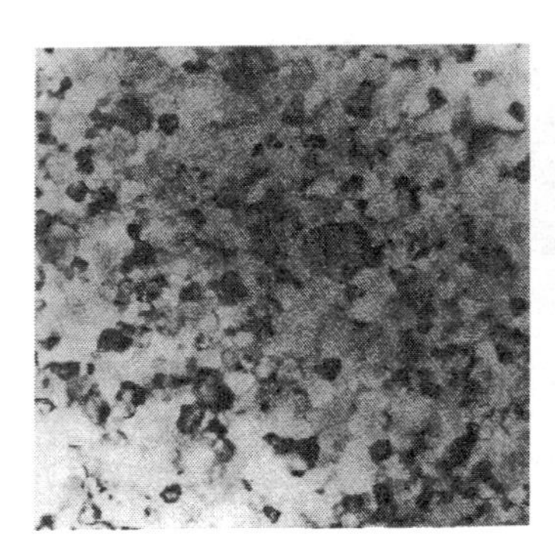

(a) 밝은 장의 전자 현미경

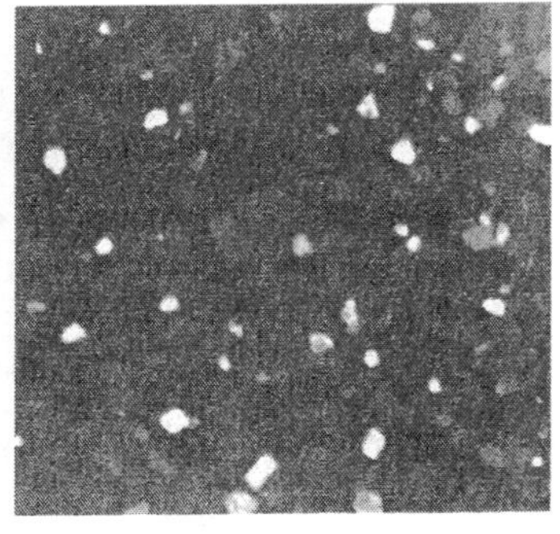

(b) 어두운 장의 전자 현미경

그림 5-11 자기지지 Al 박막

투과형 전자 현미경에는 섀도(shadow) 현미경, 간섭성 현미경 등과 같은 다른 기술이 사용된다. 섀도 현미경은 시편 내의 자기적인 미세장(microfield)의 관찰을 위해 적당하다. 투과형 전자 현미경에서 중요한 응용은 초박막의 관찰에 있고, 앞에서 언급했듯이 초박막이 성장하는 동안의 변화도 관찰할 수 있다.

박막이 성장되는 과정을 직접 관찰하는 것이 관건이다. 여기에서 추가해야 할 것은 막의 증착이 현미경의 관찰하에서 진행된다는 것이다. 즉, 현미경이 그것에 따라서 설치되어야 한다. 상대적으로 낮은 진공에서 (10^{-4}~10^{-5} torr) 현미경이 사용되며, 표면의 오염과 막의 핵 형성(nucleation) 과정을 조사하는데 쓰일 수 있다. 즉, 막의 성장에 영향을 주는 것, 또 그의 성질에 영향을 주는 것 등이다.

오염은 주로 유확산 펌프에 사용되는 펌프 오일의 탄화수소로부터 생긴 것이다. 유기질 물질의 흡수된 층이 전자선속의 입사에 의해 분해되고 고분자 물질을 형성하기도 한다.

한편, 그 두께는 전자가 조사되는 시간에 비례한다. 일반적으로 전자 현미경에서 막의 두께는 초당 0.05~0.1 nm의 율로 증가한다는 사실이 알려져 있다. 이 효과를 제거하거나 적어도 검사하기 위해 현미경은 핵 형성의 연구를 위해 보통 증착장치와 함께 시편을 감싸며, 이것은 특별한 체임버(chamber)에 장착되어 별도로 T_i 승화펌프에 의해 배기된다.

체임버는 단지 두 개의 작은 개구에 의해 현미경의 잔여 공간과 연결되어 있으므로 체임버 내 잔류기체의 압력과 잔류기체 내의 탄화수소의 함량을 낮출 수 있다. 전자선속은 완전한 청결 환경에서 조차도 막의 형성에 영향을 준다. 또, 이것은 전하량을 갖게 한다.

4장에서 언급했듯이 표면전하는 핵 형성과 계속되는 박막 형성에서 섬들의 연결과정에 영향을 미친다. 또 다른 전자선속의 영향은 전자의 일부를 흡수해서 생기는 박막의 가열현상이다. 이 현상은 전자선속의 밀도에 의존하고, 특히 시편이 두꺼울수록 더 심하다.

1-2 복제기술에 의한 표면의 전자 현미경적 검사

(1) 복제방법

어떤 경우에서는 막의 표면 결정구조에 관해 관심이 클 수 있다. 특히, 전자 현미경적 방법은 이 목적에 알맞다.

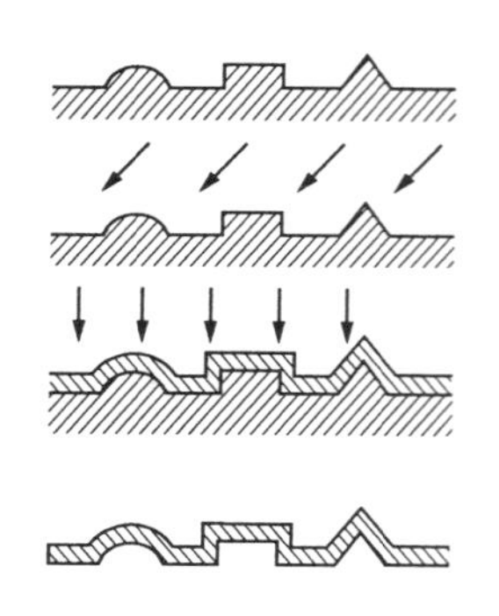

그림 5-12 1단계 복제의 형성단계

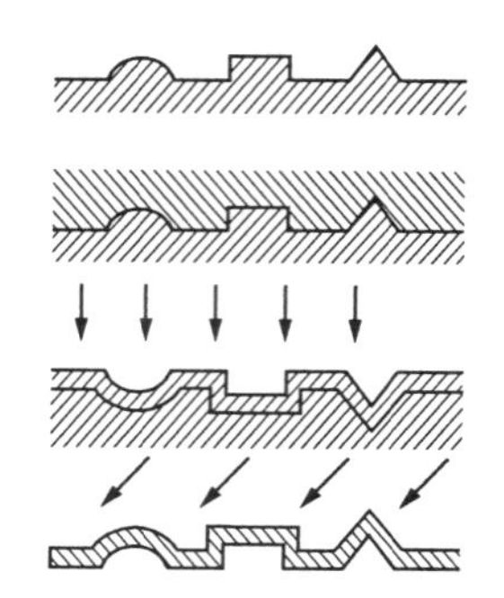

그림 5-13 2단계 복제의 형성단계

복제방법(replica method)은 가장 많이 쓰이는 방법이다. 시편의 성질에 따라서 1단계 또는 2단계 복제기술이 사용된다.

① **1단계 복제** : 시편이 용해성이면 1단계 기술이 적용된다. 그 과정이 그림 5-12에 나타나 있다. 섀도 물질(shadow material)을 검사해야 할 물질의 표면상에 큰 입사각으로 증착시킨다. 섀도 물질은 백금과 같은 큰 원자량을 갖는 금속이 통상 사용된다. 이 과정에서 박막은 크게 산란하는 물질로 여러 가지 두께의 층에 의해 도포된다. 이럴 경우 그 막은 입사 방향에 수직인 면적이 더 두꺼워진다. 따라서 불규칙성 뒤에 그늘이 생성된다. 그늘의 길이는 입사각에 의해, 그리고 불규칙성의 높이에 의해 결정된다.

이와 같은 과정에서 그 막상에 탄소층이 법선으로 입사되어 자체적으로 지지되도록 충분한 두께로 증착된다. 그런 다음에 원래 막은 적당한 용재로 녹여 제거되고 시편 대신에 그늘진 탄소막이 현미경으로 검사를 받는다.

② **2단계 복제** : 만약에 막이 제거될 수 없는 것이라면 2단계 기술이 적용된다. 그 과정은 그림 5-13과 같다. 박막보다 더 두껍게 자국을 만든 후 기계적으로 그 박막으로부터 뜯어낸다. 이 목적을 위하여 아밀 아세테이트(amyl acetate)나 formvar 내에 있는 콜로디온(collodion)의 용액을 에틸렌 이염화물(ethylene dichloride) 내에 녹여서 사용한다. 그 용액은 표면에 증착되고 용제는 증발하도록 남겨 놓는다. 시편으로부터 제거된 후에 시편 표면의 자국은 탄소의 얇은 층으로 도포되고 이것은 그 후에 콜로디온이나 폴리스티렌 모체(polystyrene matrix)에 녹여서 제거한다. 그 복제는 망사형 채로 용재로부터 떠 올려지고 이 채가 현미경의 지지대로 사용된다. 그리고 콘트라스터(contrast)는 보통 위에서 설명한 바와 같이 마스킹(masking) 물질을 경사지게 증착함으로써 높일 수 있다.

그림 5-14 식각한 Al 표면의 Au로 그늘진 복제

그러나 분해능은 1단계 복제술이 더 높다. 얻을 수 있는 값은 2 nm 이다. 분해능은 마스킹 물질의 알갱이 크기에 달려 있다. 이것이 백금(Pt)이나 파라듐(Pd) 같은 고융점의 물질을 사용하는 이유이다. 표면의 복제영상의 예를 그림 5-14에서 보여주고 있다.

1-3 박막 표면의 직접 영상을 얻기 위한 전자 현미경

(1) 주사 전자 현미경

① 원 리 : 주사 전자 현미경(SEM)의 원리는 텔레비전의 브라운관과 유사한 래스터(raster ; 가로지르는 선)의 도움으로 편향된 어떤 초점이 맞춰진 선속에 의해 시편의 표면을 주기적으로 주사하는 것에 근거를 두고 있다. 영상은 긴 잔상이 남는 스크린 위에 비춰진다. 만약 현미경이 투과형으로 설계되어 있다면 그 시편은 고전적인 투과 현미경 보다 전자선에 의한 영향을 덜 받는다는 큰 이점이 있다. 그러나 이 현미경은 주로 시편 표면의 영상을 얻도록 설계되어 있다.

② 개략도 : 주사 전자 현미경의 개략도가 그림 5-15에 나타나 있다. 전자총에서 나온 전자선속이 3개의 전자렌즈 EL에 의해 초점이 맞춰진다. 제 2와 제 3 렌즈 사이에서 그 선속은 편향코일에 의해 주기적으로 편향된다. 따라서, 검사하려는 표면 위를 선속이 지나게 된다.

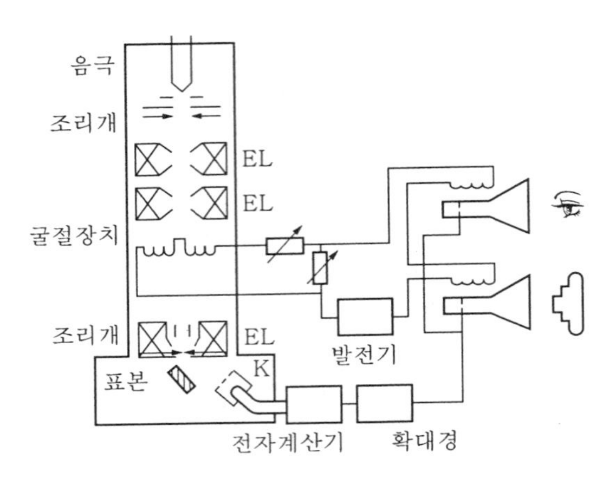

그림 5-15 주사 전자 현미경의 개략도

선속이 표면을 때리면 2차 전자가 방출되고, 이것은 전장에 의해 콜렉터 K로 추출된다. 콜렉터에 의해 기록된 전류의 강도는 포함된 입사면적의 방출 특성에 의해 매 순간에 결정된다. 인가한 전압에 의존하는 모든 2차 전자나 탄성적으로 반사된 전자들은 수집될 수 있다. 신호는 전자 증폭기에 의해 증폭되도록 되어 있다. 이 신호는 래스터(raster)가 현미경의 것과 동기되어 있는 음극선관의 스크린 상에 나타나는 점의 밝기를 결정한다. 긴 잔상을 갖는 관의 스크린 상에 시편 표면의 상이 주로 2차 방출계수의 분포와 시편의 기하학적 모양에 해당하는 형태를 만든다. 결국 이것은 표면에 아주 가까운 전장의 모양을 개량한다. 콘트라스트는 국부 전장과 자기적 미세장에 의해 영향을 받는다. 그러므로 콘트라스트는 투과형 전자 현미경의 것과 다른 물리적 인자에 의해 생긴다.

이 장치의 분해능은 전자선속의 지름을 임의로 줄일 수 없다는데서 우선 제약을 받는다. 또, 2차 전자가 항상 입사 자리 주위의 어떤 유한한 영역에서 생성된다는 사실에 의해 제약을 받는다.

첫 번째 문제는 응용 전자광학과 적당한 전자 소스 (electron source) 의 개발로 해결되었다. 여러 가지 음극으로 얻은 점(spot)의 크기는 텅스텐 필라멘트 소스 $i=8\times10^{-13}$A에서 약 50Å이고, Schottky 방출을 사용한 열음극 $i=2\times10^{-2}$A에 대해 약 25Å이며, 텅스텐 필드 에미션(field emission) 음극으로는 $i=10^{-10}$A에서 약 5Å이다.

두 번째 장애로는 물리학적 현상에 있다. 1차 선속이 그림 5-16에서와 같이 배(pear) 모양의 영역에서 에너지를 잃고 그곳에서부터 2차 전자가 여기된다. 그러나 제한된 영역을 갖는 2차 전자들은 1차 전자의 전체 영역보다 훨씬 짧은 거리에서 생긴다. 즉, 그 배 모양의 목에서 그 영역은 그렇게 넓지 않다. 약 100Å으로 보고되어 있다.

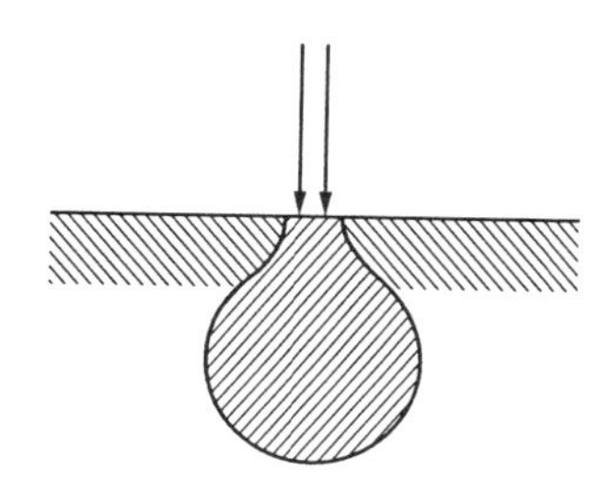

그림 5-16 전자선속에 충격받아 여기된 영역의 형성

콘트라스트를 얻기 위해 충분히 많은 수의 1차 전자가 시편을 때려서 단순한 통계적인 전류의 요동에 의해 생기는 어두운 것이 생기지 않도록 2차 전자방출의 것과 실제적인 차이가 있어야 한다. 선속의 전류밀도가 더 높을수록, 또 탐색시간, 즉 선속이 주어진 점에 초점이 맞춰진 상태에서 머무는 시간이 길수록 관찰할 수 있는 것은 더 작아진다. 그러므로 분해능의 한계는 약 100Å으로 투과 현미경보다 더 작다. 그러나 투과형보다 더 긴 초점심도를 갖는다. 이것은 집적회로의 검사와 다른 분야에서, 즉 생물학에서 중요한 요소이다.

배율은 시편이 전자선속에 의해 거의 영향을 받지 않으면서도 넓은 영역에 걸쳐서 변한다(20에서 50000까지). 미세회로의 검사와 시험에, 이미 설명한 방출형에 곁들어서 전도형 SEM에 자주 사용된다. 이 형에서 사용된 신호는 전자선속의 포격에 의해 시편 위에 유기된 전류나 전압이다.

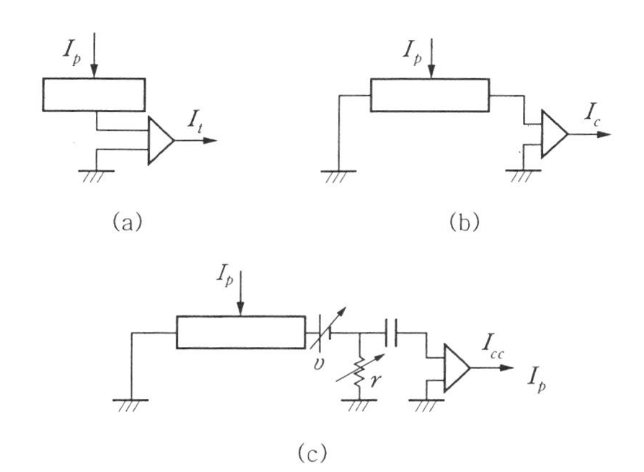

(a) 누설전류가 검출
(b) 전자적 전압효과에 기인된 전류측정
(c) 타깃은 외부와 바이어스 되었고, 전자에 기인한 전류에 유도된 전도도가 측정된다.

그림 5-17 SEM의 용량성 형태의 세 가지 형태

주로 세 가지 형태의 신호가 이 경우에 적용된다. 그림 5−17에 나타나 있다.

그림 5−17 (a)의 경우에는 시편을 통해 흐르는 1차 선속 I_p 로부터 생긴 누설 전류가 증폭되어 비디오 신호나 다른 방법으로 표시되거나 기록된다.

그림 5−17 (b)의 경우에서 전하 수집 전류는 어떤 외부 전원이 없어도 신호를 형성할 것이다. 이것은 외부회로 주위의 전류를 구동하는 기전력을 만들 것이다.

그림 5−17 (c)의 경우에는 외부 바이어스가 인가되면 전하 수집 전류의 변화가 전자선속 유도 전도도 때문에 얻어질 것이다.

여기서, 관찰된 신호는 전자선속에 의해 시편 내에 유도된 효과만 아니라 검출회로의 인자들에 의해서도 영향을 받는다. 시편의 저항은 단순한 옴(ohmic) 성이 아니고 상당한 용량성을 가질 것이다. 접촉도 항상 옴성이 아니며 전체 회로의 시간상수도 무시할 수 없게 된다.

모든 이들 환경이 SEM의 결과를 해석하는데 있어서 고려해야 할 것들이다.

콘트라스트는 그림 5−17 (a)의 경우에서 검출된 전류는 항상 일정한 1차 전류와 시편에 의해서 방출된 전류 사이의 차이이므로, 2차 전자를 결정하면서 생긴 변화에 의해 형성된다. 이것은 그 신호가 2차 전자 방출형 안의 신호에 보조하게 된다는 것을 의미한다.

그림 5−17 (b)의 경우에는 전압효과를 유도한 전자의 메커니즘(mechanism)과 법칙들을 고려해야 한다.

그림 5−17 (c)의 경우에서 유도된 전자의 차이인 전도도가 (β 전도도) 기록된다.

(2) 반사 전자 현미경

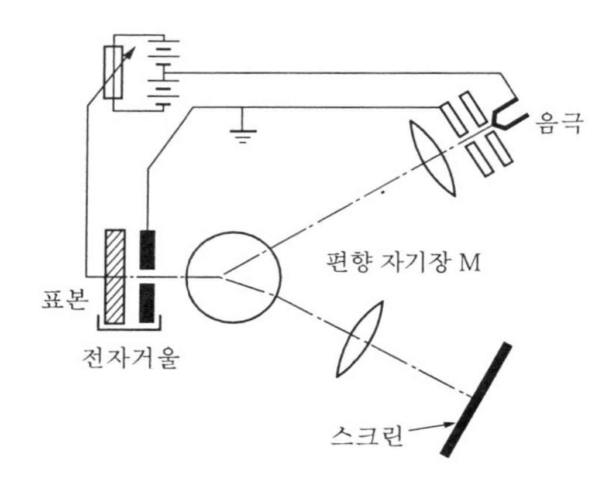

그림 5-18 반사형 전자 현미경의 개략도

반사 전자 현미경의 원리는 그림 5－18에 그려져 있다. 전자총에서 나온 전자들은 자장 M에 의해 편향되고 그 물체의 표면 가까이에 도달한다. 이 물체는 전자 거울 부분을 형성하고 있다. 하전 입자는 그의 운동 에너지에 해당하는 것 보다 더 낮은 감속 전위만 극복할 수 있다.

만약에 입자가 운동 에너지 0인 등전위선에 도달하면 그 입자는 완전히 정지하고, 반사된다. 귀환하는 전자들은 이제 자장 M의 영역에서 다른 편으로 편향된다. 그리고 투영 렌즈를 지난 후 이들은 형광 스크린 상에 영상을 만든다(그림 5－18과 5－19를 참조).

전자가 반사된 곳의 등전위선은 시편 표면의 아주 가까운 곳에서 형성되고, 따라서 그 등전위선은 시편 표면의 미세 기하학적 모양과 같게 된다.

한편, 시편에 미치는 전위의 국부적 변화가 각개 자리의 일함수 변화나 외부로부터 가해진 전위에 의해서 발생한다. 이런 방법으로 수직하게 입사하는 전자들은 다른 접선 성분의 속도를 얻고 그 자리들 사이에 콘트라스트를 제공한다(그림 5－19 참고).

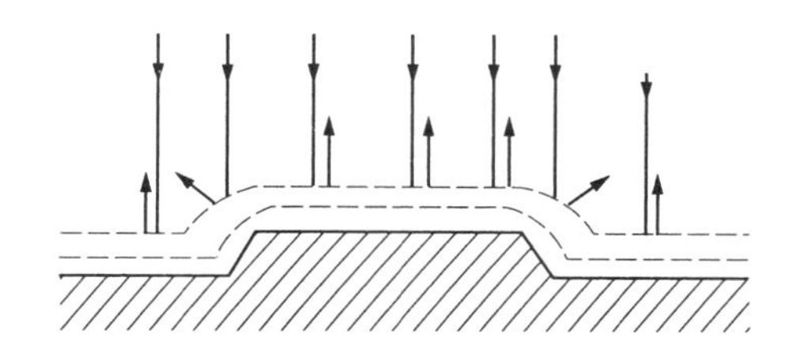

그림 5-19 반사 현미경의 콘트라스트

이 방법의 경우 전자는 시편을 때리지 않으므로, 시편을 가열하는 바람직하지 않는 효과가 발생하지 않는다. 이론적인 분해능은 40 kV 의 가속전압에서 10 nm 이다. 실제의 분해능은 입사 전자가 정확히 단일 에너지가 아니므로 더 나빠진다.

좋은 분해능은 수직방향에서 성취되는데, 두 이웃하는 자리의 높이의 분해도는 약 2 nm 이다. 콘트라스트가 전위의 변화에 의한 것이라면 최소 관측 가능한 전위차는 약 0.03 eV 이다. 현미경의 주사방법은 계속 개선되어 왔으며 콘트라스트도 약간씩 다르게 생산되고 있다.

시편의 전위가 선택되는데 선속으로부터 몇몇 전자는 엄격히 등에너지가 아니므로 이 차이가 등전위선에 반영되어 반사되어 기록된다. 다른 것들은 시편에 입사되어 흡수된다. 입사하는 전자의 에너지는 너무 작아서 2차 전자방출은 무시할 수 있다. 그래서 이들 면적은 어둡게 보인다. 기록장치는 주사 현미경의 것과 유사하다.

1-4 특별한 전자 현미경적 방법

(1) 방출형 현미경

앞에서 설명한 여러 가지 현미경에서 전자의 근원은 특별한 음극이었다. 그러나 여기 방출형 현미경(emission microscope)에서는 전자의 소스가 시편이다.

① 전자 방출방법

(가) 시편을 가열해서

(나) 적당한 파장의 빛을 시편에 조사해서

(다) 입자의 입사에 의해, 즉 2차 전자에 의해 영상을 만든다. 이들 모든 경우에서 시편에서 방출된 전자들은 매우 느려서 우선적으로 가속시켜야 한다(그들의 에너지는 통상 eV의 단위나 그의 일부이기도 한다).

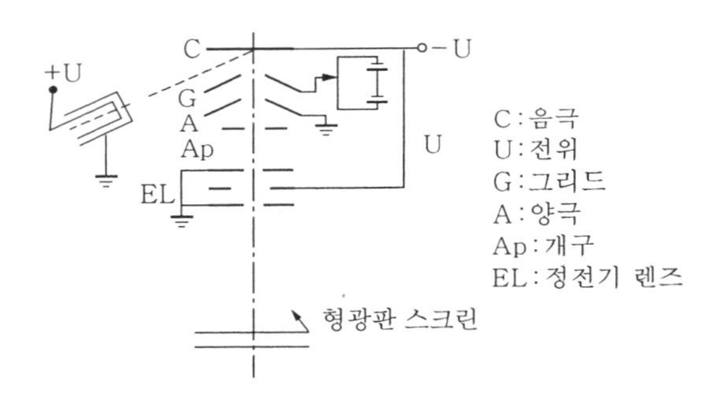

그림 5-20 방출형 현미경의 개략도

첫 집속과 함께 가속은 음극렌즈에 의해 제공되는데, 이것이 각 방출형 현미경에서 중요한 부분이 된다(그림 5-20 참조). 작은 개구 A_p는 초점면에 놓여 있고, 투과형 현미경에서와 유사한 기능을 갖는다.

렌즈(또는 렌즈계)는 확대된 영상을 만들기 위해 설치된다. 이러한 형태의 현미경의 분해능은 시편에서 방출된 전자의 에너지와 시편 표면에 있는 전장의 강도에 의해 정해진다. 전자의 초기 에너지가 높으면 높을수록, 장의 세기가 낮으면 낮을수록 분해능은 더욱 작아진다. 이론적인 분해능의 한계는 열적방출과 광방출에 대해서 약 10 nm이다. 이것은 높은 전자의 초기 속도에 기인하는 2차 방출에 대해 작은 값이다. 실제로 nm의 수십 배의 분해능을 얻을 수 있다.

2차 전자에 의한 표면의 검사를 위해 이온이 자주 사용된다. 2차 전자는 1차적 입자로서 전자를 사용할 때 시편의 표면으로부터 생기고, 2차 전자들은 표면 밑 어떤 깊이에서 발생한다. 그러므로 각 방법은 시편에 대한 다른 정보를 제공한다. 2차적인 방출계수의 변화와 더불어 다른 인자들은 합성 콘트라스트를 생성하는 역할을 하는데, 즉 표면의 지리학적 기복은 표면 근처의 전위의 모양을 개선시키고 2차 전자의 초기 진로의 방향을 결정한다. 1차 입자의 경사진 입사로서 그늘지는 효과를 만들 수 있다. 미세 사진의 정확한 해석은 매우 어렵다.

(2) 장 (field) 전자 현미경 (FEM)

전자 현미경적 방법의 다음 두 가지 종류는 장 (field) 전자 방출과 장 이온화에 의한 것인데 각각 탈착과 증발이라는 물리적 현상에 근거를 둔 것이다.

터널 효과는 퍼텐셜 장벽을 통한 입자수송의 양자 역학적 형태이다. 그림 5−21에 금속−진공 사이의 에너지 그림을 표시해 놓았다. 강도가 F 인 전장이 표면에 수직하게 작용한다. 여기서, $P=0$ 인 경우, E_c 는 전도대의 밑바닥 준위이고, E_a 는 진공에서 전자의 퍼텐셜 에너지이다.

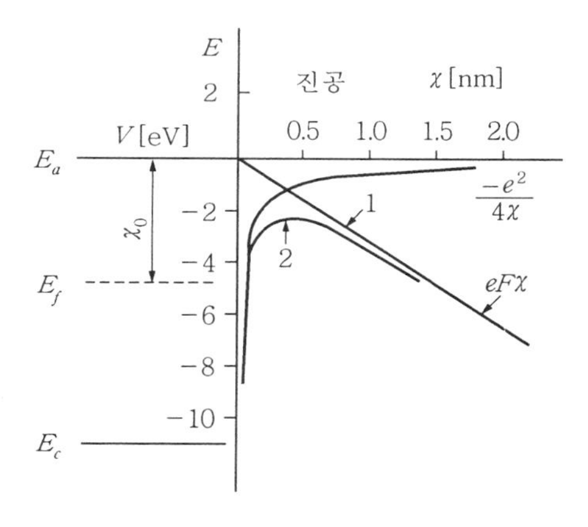

그림 5-21 금속 (W) - 진공 계면의 에너지 대역 그림

적당한 온도에서 금속 내의 전자들은 Fermi 에너지까지 준위가 올라간다. 그리고 그 전자들이 표면 장벽을 극복하고 진공 중으로 탈출할 수 있도록 일함수 χ_0 를 그 전장이 그들에게 에너지를 공급한다. 만약에 장의 크기를 F 라 하면 전위는 eFx (곡선 1) 로 금속 외부에서 감소한다. 영상력(image force)인 $-e^2/4\chi$의 존재를 고려한다면 장 F 에 의해 생긴 장벽의 저하는 곡선 2 로 표시된 형태를 가질 것이다.

만약 최고의 점유된 상태에 해당하는 에너지 레벨에 있는 장벽의 폭이 충분히 좁다면, 즉 장의 세기가 충분히 크다면 양자역학에 의해서 그곳에는 터널 효과로 전자가 그 장벽을 통과할 확률이 존재한다는 것이다. 이런 조건하에서 방출전류는 관찰될 수 있을 것이고, 그 밀도는 양자역학적 계산과 약간의 간소화 가정에 의해

$$i = BF^2 \exp - C\chi_0^{3/2} / F \quad \text{(식 5-7)}$$

로 구해진다. 여기서, B 와 C 는 음극의 성질에 의존하는 상수들이다. 이것이 소위 Fowler-Nordheim 방정식이다. 이 식으로부터 전류가 장의 세기 F 에 강하게 의존하고, 또한 주어진 표면의 일함수에 의존한다는 사실을 알 수 있다. 실제적으로 응용성이 있는 방출전류는 일함수의 정상적인 값 (4~5 eV) 에서 장의 세기가 5×10^8 ~ 5×10^9 V/m 까지에 해당한다.

전자의 터널 방출은 E. W. Muller 에 의해 만들어진 장 전자 현미경에 적용되었다. 이것의 그림이 5-22에 나타나 있다.

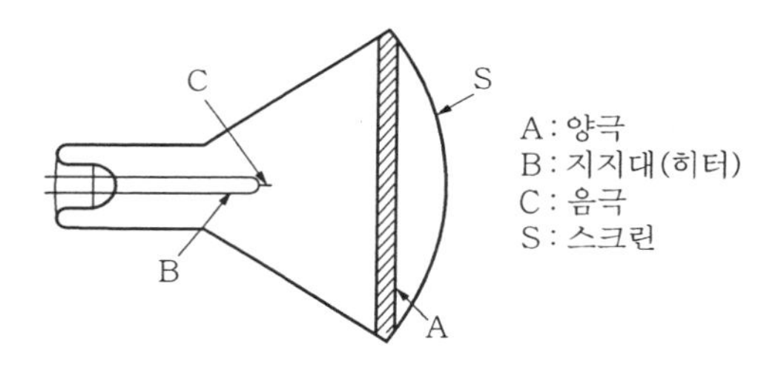

그림 5-22 장 전자 현미경

검사될 물질로 만들어진 음극 C 가 곡률 반지름이 $\leq 1\,\mu$m 정도가 되는 아주 예리한 형태로 만들어져 있다. 이것이 금속 지지대에 장착되어 있고, 이 지지대 B 는 표면을 탈가스 (degas) 하고 청소하기 위해 가열된다. 초고진공까지 배기된 관 내부에 양극 A 가 가락지 형태로 그 관의 벽에 놓여 있다.

형광 스크린 S 도 역시 관의 벽에 설치되어 있다. 그 꼭지에 수 kV 급의 전압을 인가하면 적당한 전류밀도의 터널 방출을 생성하기에 충분한 강도의 장이 생긴다. 꼭지의 끝이 보통 단결정으로 구성되어 있으므로 이것은 보통 화학적 식각으로 둥글게 만든다 (꼭지의 크기가 다결정 물질의 미세구조의 것과 비교할 만하다). 표면의 다른 부분들은 다른 결정면에 해당하며 다른 일함수 값을 갖는다.

방출 전류밀도가 일함수에 강하게 의존하기 때문에 꼭지 표면의 다른 점들은 다르

게 방출할 것이다. 꼭지 표면에서의 장은 동경 방향이다. 이와 같이 방출한 전자들은 스크린을 향해 직선으로 갈 것이다. 또한, 거기서 꼭지 표면에 걸친 일함수 분포의 영상을 형성할 것이다.

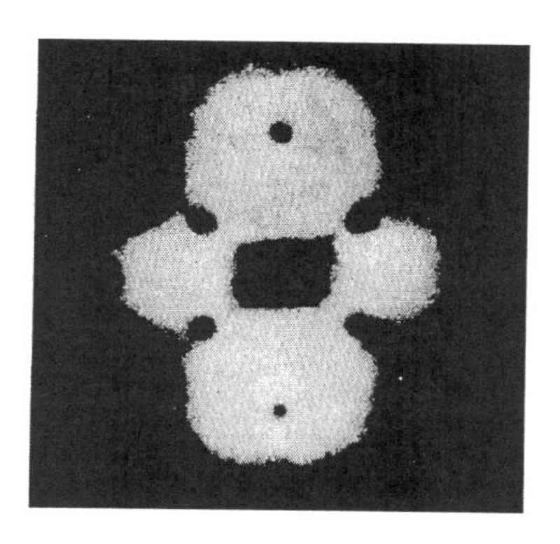

그림 5-23 장 방출 현미경에 의해 만든 *W* 꼭지의 영상

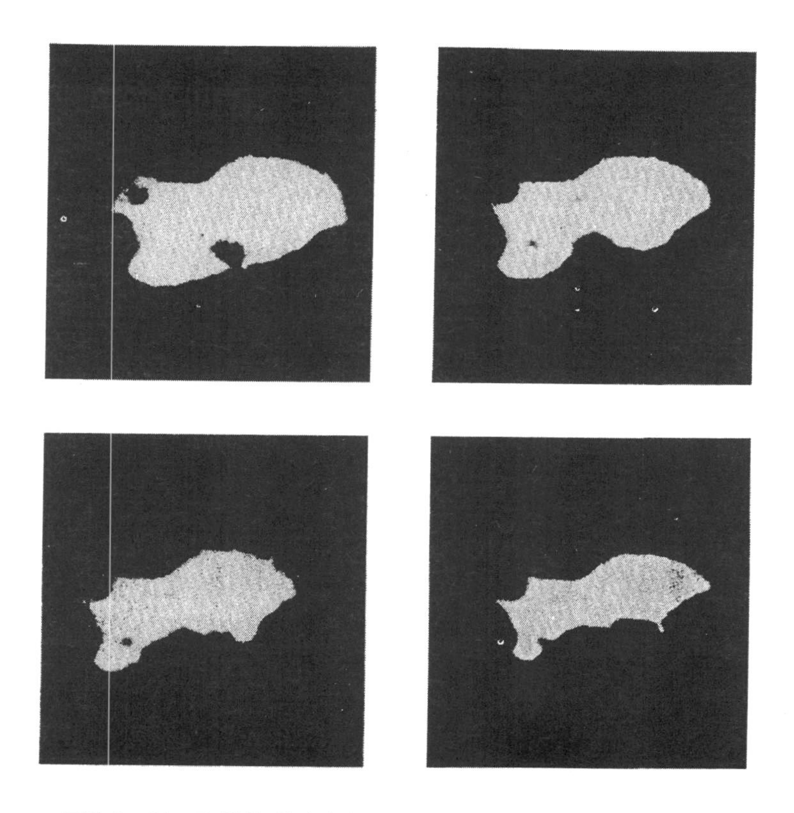

그림 5-24 장 방출 현미경에서 *W* 꼭지상의 흡착된 산소층의 이동

이와 같이 음극의 확대된 방출 영상이 스크린 상에 나타날 것이며 전자-광학적 수차에 의해 영향을 받지 않는다. 그리고 배율은 근사적으로 꼭지와 스크린의 반지름의 비가 된다. 이것의 배율은 $10^5 \sim 10^6$ 차수가 된다. 이 경우에서 분해능은 주로 전자의 회절효과에 의해 제한되고 약 2 nm 이다. 어떤 경우에서는 이 보다 작다.

기본적으로 매우 간단한 이 장치는 방출전자가 일함수에 강하게 의존한다는 사실에 복잡해진다. 환경에 매우 민감해서 잔류 기체의 아주 작은 양에도 흡착이 생긴다. 따라서 모든 측정은 초고진공하에서 수행된다.

한편으로는 표면상의 박막의 흡착에 대한 전류 의존성이 초기 단계에 있어 박막의 검사를 위해 유용한 방법이 된다. 그리고 표면에 걸쳐 흡착된 막의 표면 마이그레이션을 관찰하는데도 유용하다.

앞의 경우에서 매우 작은 덩어리와 그들의 성장까지도 관찰할 수 있다. 후자의 경우에서 과정이 꼭지상에 어떤 물질을 증착하는데 있기 때문에 그것의 일부만이 막에 의해 도포되어 있다. 막의 경계는 쉽게 스크린 상에서 볼 수 있고 그의 이동이나 그의 사라짐도 여러 가지 온도에서, 여러 가지 조건하에서 관찰할 수 있다.

이러한 표면의 예가 앞의 그림 5-24에 나타나 있다. 이런 방법에서 표면 확산계수와 탈착이 결정되며 막의 성장에 매우 중요한 역할을 한다. 그러나 꼭지 표면의 매우 강한 장이 표면에 큰 영향을 준다는 사실을 고려해야 한다.

(3) 장 이온 현미경

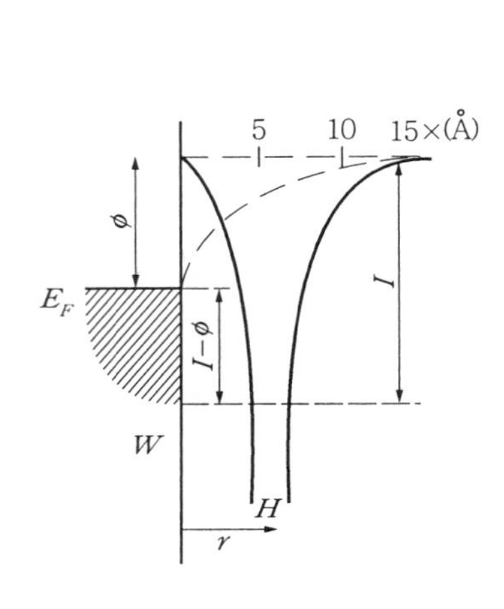

(a) 금속 원자-진공 계면($W-H$)

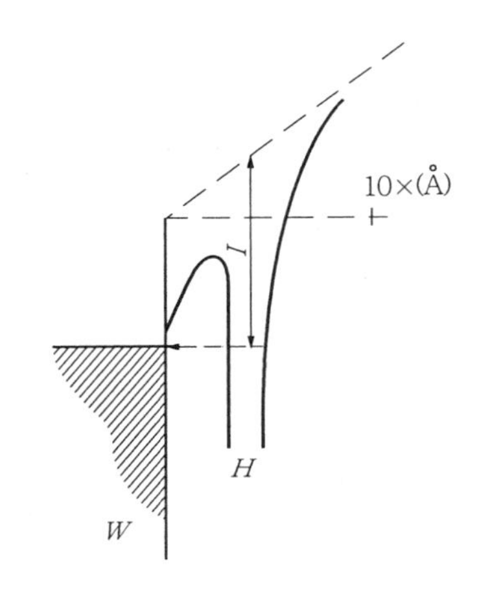

(b) 강한 전장하에서(금속이 +극)의 에너지 대역

그림 5-25 장 이온화 현상

장 전자방출의 부가적 현상은 장 이온화, 탈착, 그리고 증착이다. 그림 5−22와 유사한 시스템에 역전압을 인가하면 금속 꼭지는 +가 된다. 만약에 중성 원자가 표면의 짧은 거리 내에 접근한다면 원자의 가전자가 터널 효과를 통해 금속 내의 자유전자 준위로 가버린다. 그러면 이 원자는 이온화되고 이온으로서 전장에 의해 금속 표면으로부터 강하게 반발한다. 즉, 양전극의 근처로부터 방출된다(그림 5−25 참조).

이 과정이 약 10^{10} V/m 의 장 세기에서 일어난다. 비슷한 조건하에서 꼭지 표면에 원래 흡착되어 있든 종의 탈착도 진행될 수 있다(장 탈착이라 한다).

이와 같은 강한 장 하에서 꼭지 물질의 표면 물질도 증착되기 시작한다. 이들 모든 효과는 장 이온 현미경에서 관찰할 수 있으며, 그것을 개량한 것은 표면의 결정구조를 연구하는데 있어서 아주 중요한 역할을 한다.

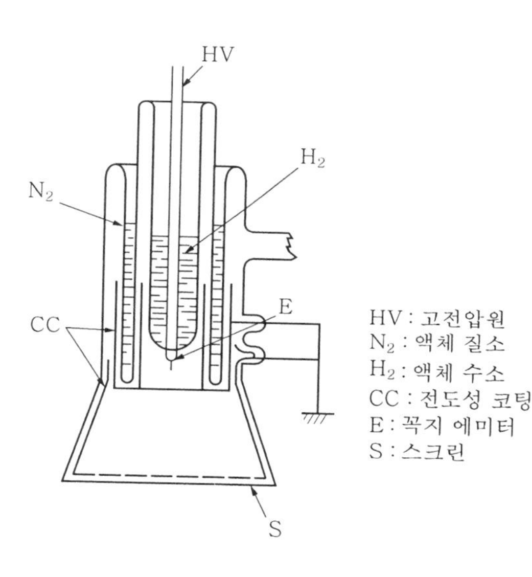

그림 5-26 장 이온 현미경

이것은 박막 물리학, 특히 핵 형성과 에피탁시 막의 연구에 매우 가치가 있다. 장 이온화 효과를 적용하는 장 이온 현미경에서 헬륨 원자는 현미경에 약 10^{-3}에서 10^{-4} torr 의 압력으로 채워져 영상 형성 기체(image-forming gas)로 대부분 사용된다. 그 장치는 장 전자 현미경과 크게 다르지 않다(그림 5−26).

장의 강도가 여기서는 더 높아야 하므로(10^{10} V/m 크기) 꼭지의 반지름이 더 작아야 한다($r \leq 100$ nm). 저온을 유지하기 위하여 액체 질소로 냉각시킨다. 분해능은 0.2~0.3 nm 로 결정격자 내의 각 개별 원자에 해당하는 영상을 얻을 수 있다. 핵 형성의 연구에 적합하다.

2. 전자 회절

Bragg 의 조건은 $n\lambda = 2d\sin\theta$ 로 표현된다. 여기서, n 은 정수, $2d\sin\theta$는 경로차, λ 는 파장이다.

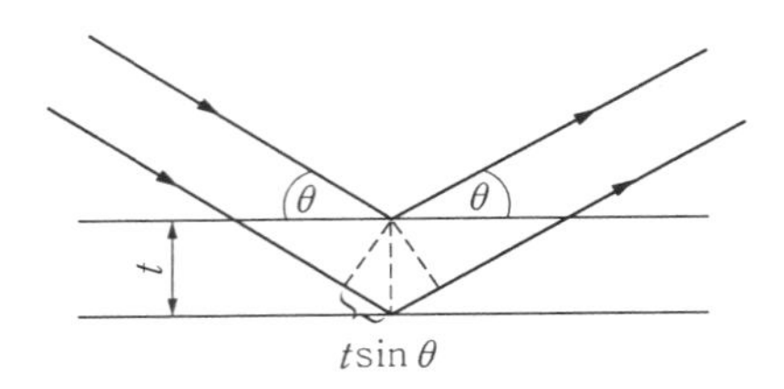

그림 5-27 Bragg 의 조건

2-1 반사나 투과에서 고에너지 전자 회절 (HEED)

(1) HEED

박막 물리에서 박막의 구조 조사에 많이 쓰이는 방법으로 투과형 HEED가 있다. 전자는 수십 kV 로 가속되어 시편을 통과한다.

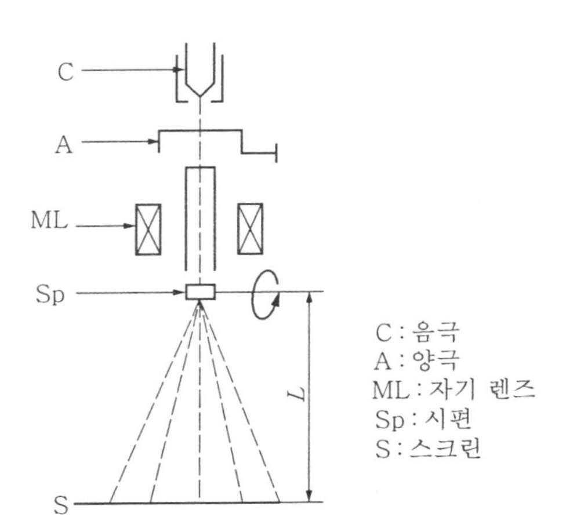

그림 5-28 전자 회절 장치의 개략도

시편의 두께는 수백 nm 범위가 되어야 하며, 회절된 전자가 스크린에 도달하여 영상을 형성하거나 회절무늬를 제공한다. 박막의 기판은 비정질 재료를 사용한다. 10^{-12}g 까지의 작은 양도 관측이 가능하다. 성장하는 박막의 섬(island)의 구조도 관측이 가능하다.

그림 5-28 에 장치의 개략도가 그려져 있다. 또한, 그림 5-29 에는 운모 단결정의 투과 전자 회절 무늬를 나타내며, 그림 5-30 에는 Al 다결정의 투과 전자 회절 무늬로서 자기 지지된 단결정 Al 막과 더 큰 다결정 Al 막에 대한 형상이다.

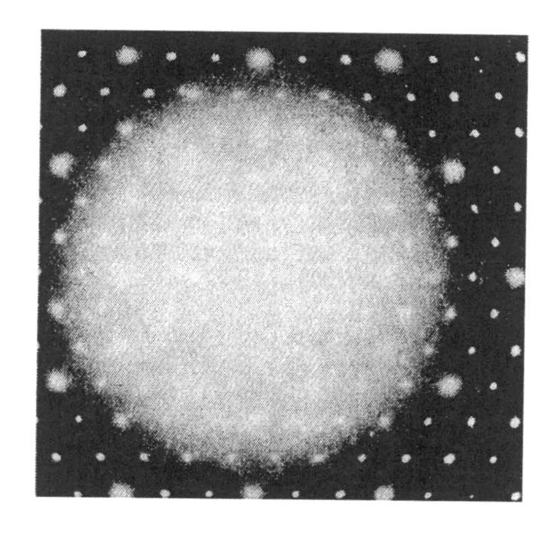

그림 5-29 운모 단결정의 투과 전자 회절 무늬

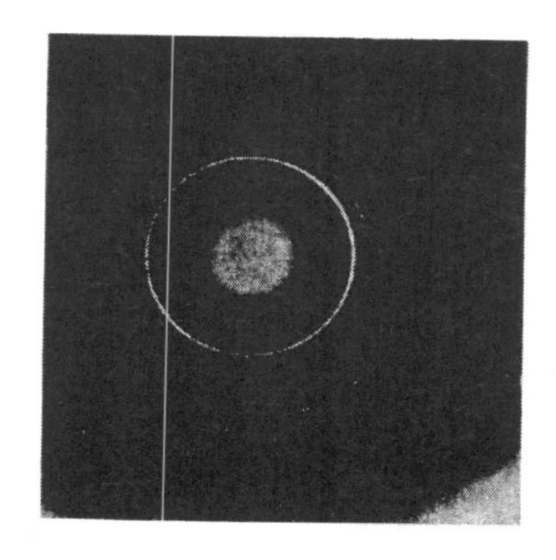

(a) 자기 지지된 다결정 Al 막

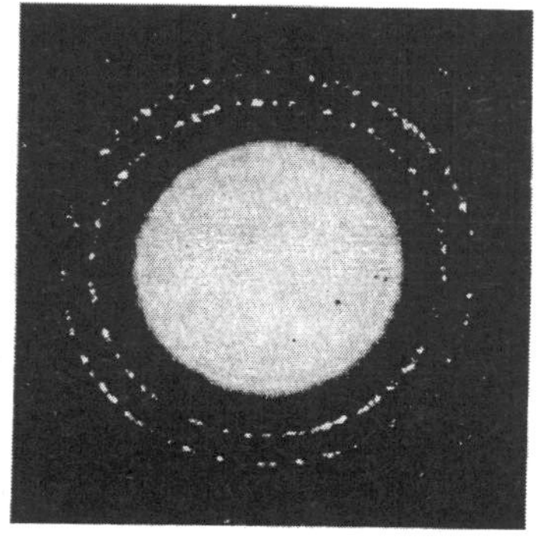

(b) 더 큰 결정으로 된 Al 막

그림 5-30 Al 다결정의 투과 전자 회절 무늬

(2) 반사형 HEED

표면층의 구조 검사를 위해 반사형 HEED, 즉 RHEED로 낮은 각도(약 1°, 30~100 kV) 로 입사시키면 표면의 질에 따라 달라진 회절 무늬가 나타난다(그림 5-31). 평행선은 표면이 아주 매끄러운 경우이며, 선 위에 점이 있는 것은 표면 거칠기의 정도, 점이 선으로 되어 있는 경우는 불규칙한 표면을 뜻한다. 반사형은 투과형보다 정확도가 떨어진다.

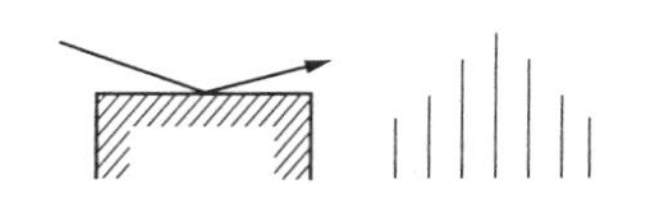

(a) 작대기 무늬를 만드는 평탄한 표면

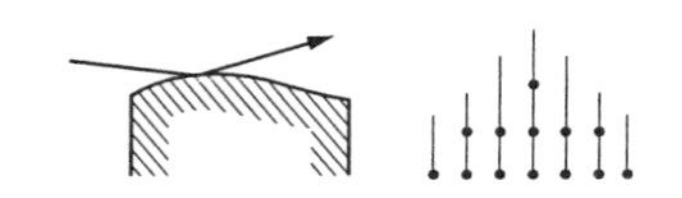

(b) 점과 선으로 된 조금 거친 표면

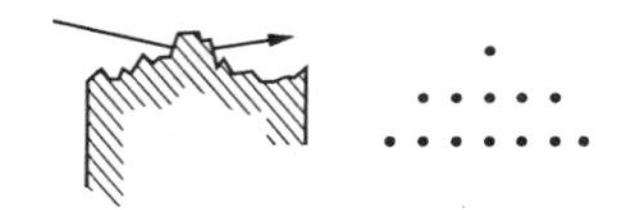

(c) 점무늬를 만든 크고 불규칙한 표면

그림 5-31 RHEED 무늬의 형성

2-2 저에너지 전자 회절(LEED)

표면 구조의 연구에 아주 좋은 방법 중 하나이다. 그림 5-32는 그 장치를 나타낸 것이다. 전자총 G_u 로부터 집속된 저에너지 전자선속(5~500 eV) 을 시편 S 의 표면에 입사한다. 이 전자총은 낮은 일함수와 집속전극들로 된 열음극으로 구성되어 있다.

회절된 전자는 큰 투과도(약 85 %) 의 그리드 G_1, G_2, G_3 를 통과해 지나 눈으로 보거나 사진으로 찍을 수 있는 회절무늬를 생성하는 형광 스크린인 콜렉터에 도달한다. 시편과 콜렉터 사이에 약 4 kV인 높은 가속 전압을 사용할 필요가 있다.

그리드 G_3 은 그 계내로 높은 콜렉터 전위가 투과하는 것을 정전기적으로 차단한다. 그리드 G_1 은 시편의 전위와 같고, 그 주위에 전장이 없는 공간을 만든다. 그리드 G_2

는 시편에 대해 음으로 대전되어 있어서 시편과 상호작용으로 에너지를 잃은 전자가 스크린에 도달하지 못하게 한다. 저에너지 전자들은 몇 원자층의 깊이까지만 투과할 수 있기 때문에 LEED에서 표면의 잔류 기체흡착으로 생긴 오염에 아주 민감하다.

이 사실 때문에 표면을 주의 깊게 닦고 초 고진공에서($<10^{-9}\sim10^{-10}$) 작업할 필요가 있다. 이런 조건하에서 표면은 측정을 수행하기에 충분한 시간인 10~100분간 깨끗하게 남아 있다. 매우 느린 전자의 집속이 문제가 된다. 1 μA 차수의 전류에서 0.5 mm 보다 적은 지름의 선속을 집속시킨다는 것은 어렵다. 더 나은 집속을 얻기 위해 특별한 배치가 필요하다.

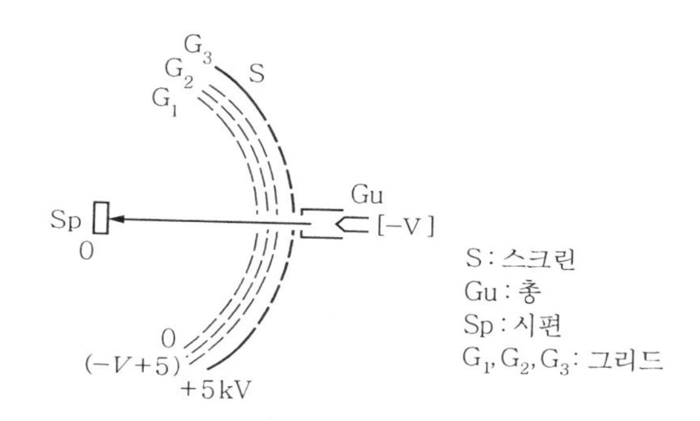

그림 5-32 LEED 장치의 개략도

만약에 시편이 전도가 잘 안 되는 것이라면 낮은 에너지의 전자 때문에 하전된다. 이 효과는 50 Hz 의 주파수에서 작은 값에서 큰 값으로 입사선속의 에너지를 주기적으로 적용해줌으로써 제거시킬 수 있다. 더 높은 에너지에서 시편에 대한 2차 방출계수는 1 보다 더 크므로 저에너지의 전자에 의해 입사하는 동안 축적된 전하는 그 다음 고에너지 전자로 때리는 동안 제거된다.합성 회절무늬는 시편의 처음 몇 표면 원자층의 배열 함수이다. 극대 회절의 조건은 다시 Bragg 의 조건과 맞아야 하나 격자는 2차원 구조의 특성을 갖게 된다. 즉, 만약에 시편이 다결정이라면, 즉 모든 가능한 결정 방향이 존재한다면, 회절 무늬는 어떤 식별할 수 있는 점을 만들지 않는다. 그러므로 이 방법은 단결정 표면이나 어떤 주요한 방향을 갖는 표면에 대해서만 응용될 수 있다. 이 장치는 원자적 두께의 층에 의한 표면의 오염을 검출할 수 있다.

그림 5-33 는 순수한 철 표면의 회절 무늬의 예를 보여주고 있다. 어떤 물질의 표면을 조사하는 동안 흔히 표면구조에서 예측되지 않았든 흥미로운 특성이 발견된다. 예를 들면, 벌크의 것과는 근본적으로 다른 공유결합(covalent bonding)을 갖는 물질의 표면구조이다.

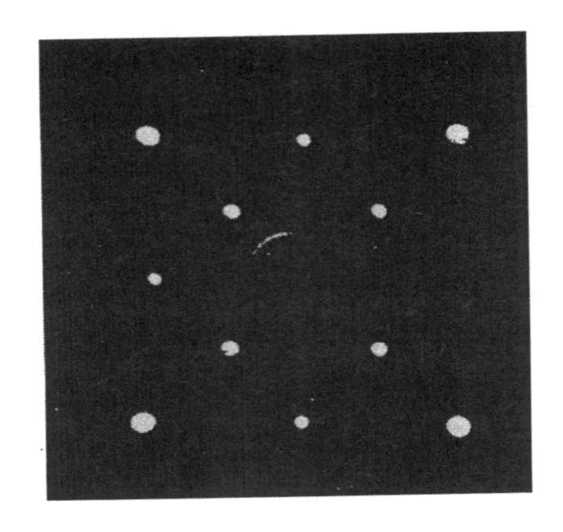

그림 5-33 (100) Fe(92eV)의 LEED 무늬

3. X-ray 방법

3-1 X-ray 회절

5장 2-1절에서 언급한 이론은 원래 결정격자의 X-선 회절을 위해 개발된 것이고 이것을 전자 회절에 응용한 것이다. 박막 물리에서 전자 회절은 X-선 회절보다 더 많이 쓰인다. 그러나 X-선 회절은 더 정확한 격자인자의 측정이 필요한 곳에 사용된다.

두 방법에 있어서 한 가지 차이는 X-선이 더 깊은 곳까지 투과하며, 그 결과로 회절 점이 약 10^3배 정도 전자에 비해 약한 것이다. 투과가 큰 것은 두꺼운 시편에 더 알맞다는 것을 의미한다.

그러나 X-선의 회절무늬는 매우 얇은 시편에 대해서도(5 nm 이하) 얻을 수 있으며, 매우 예리한 초점을 갖는 X-선 관을 사용하면 강도, 또한 증가시킬 수 있다. 이때 노출시간을 약 1/4로 줄일 수 있다.

한편으로 X-선에 대해 회절각은 훨씬 커서 전자의 경우보다 훨씬 더 높은 정밀도로 격자인자를 결정할 수 있다. 회절 무늬는 막 전체 두께에 의해 생성되며, 이것은 격자상수를 결정하는데 있어서 이점이 될 수도 있다.

X-선 회절은 막 내의 역학적 응력을 연구하는데 적용되기도 한다.

회절선의 폭으로부터 다음 식을 이용해서 다결정 박막의 결정입의 크기 a를 알 수 있다.

$$a = \lambda / D \cos \theta \quad \text{(식 5-8)}$$

여기서, D는 강도의 반극대에서 회절선의 각폭이다. λ는 사용된 복사의 파장이며, θ는 Bragg 의 각이다. 이 방법으로 5 내지 120 nm 범위의 결정의 크기를 결정할 수 있으며, 비록 유사한 측정이 전자선 회절에서 수행되었다 하더라도 이 방법만이 전자보다 훨씬 더 짧은 파장에 해당하는 약 10 nm 보다 더 적은 결정에 적용할 수 있다.

3-2 X-선 마이크로스코프

X-선 마이크로스코프(microscope)는 결정격자 결함을 가시화하는데 적당한 기술이다. 좁게 초점이 맞춰진 X-선은 시편을 투과하고 부분적인 회절이 있은 후에 사진건판에 도달한다.

시편과 판은 나란히 있고, 복사가 시편의 다른 곳을 탐색할 수 있도록 시편과 판을 이동시킨다. 주사형 현미경처럼 시편의 전체 깊이에 있는 결함이 스크린 상에 표시되며, 검사할 면적도 다른 것에 비해 넓다.

분해능은 $\leq 1\,\mu m$ 정도이다. 이 방법은 전위의 관찰에 잘 맞고 Ge, Si, GaAs 등 에피탁시 반도체 막의 연구에도 사용된다.

3-3 X-선 형광분석

만약에 충분한 에너지의 X-선이 시편에 흡수되면 그 원소의 특성 X-선이 여기된다. 이 상호작용의 유효 단면적이 가벼운 원소에 대해 작아서 이 방법은 무거운 원소의 분석에 더 적당하다. $1 \sim 10\,\mu g / g$ 의 감도를 얻을 수 있으나, 신호는 X-선의 낮은 흡수계수에 해당하는 더 두꺼운 층(1mm 까지)에서 형성된다.

X-선의 검출과 해석은 전자 마이크로프로브(electron microprobe) 분석기의 것과 유사하다.

4. 전자빔 방법

4-1 일반 원리

앞에서 초점이 맞춰진 전자빔이 결정구조의 조사와 박막 진단을 위해 사용될 수 있었다. 그러나 이 경우 결정격자에서 탄성적으로 산란되고 에너지 손실 없이 시편에서 탈출한 것만을 사용할 수 있었다.

이들 전자들은 시편에서 방출한 모든 2차 전자 중 극히 일부분으로 되어 있다. 이에 곁들여서 전자들은 다른 효과를 일으키는데, 즉 가시광이나 UV 광의 X-선 여기, 전자유도 전도도, 전자 전압효과와 운동 에너지에 의한 열로의 변환 등이다. 이들 모든 효과들은 결정의 다른 내용과 정보를 제공해 줄 것이며, 측정방법과 기술적 과정의 개발에 활용될 수 있다.

표적에 입사한 주어진 에너지의 전자가 물질 내에서 감속되고 산란된다. 그들은 자신의 에너지를 다른 전자와 격자에 전달한다. 여러 가지 상호작용에 의하여 나오는 전자들은 표적을 떠난 2차 전자의 측정된 에너지 분포는 그림 5-34과 같이 개략적인 모양을 나타낸다.

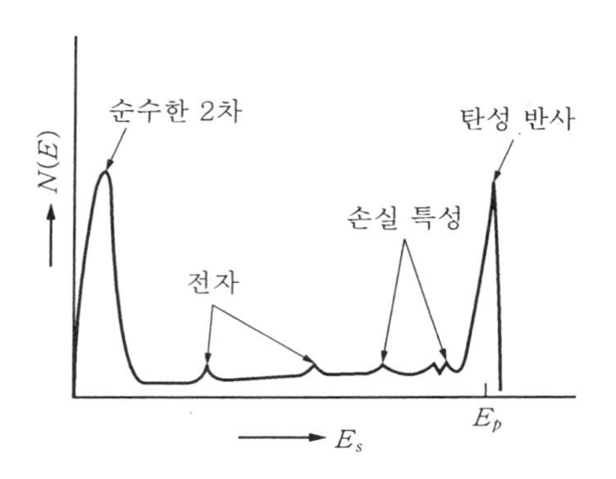

그림 5-34 2차 전자의 에너지 분포

1차 에너지와 동일한 에너지에 있는 좁은 극대(narrow maximum)는 탄성적으로 산란된 전자에 속하며, 고정된 에너지 거리 ΔE에 있는 탄성적 극대 근처에 위치한 낮은 극대는 어떤 특성 에너지 손실로 한 차례 충돌을 경험한 전자들에 의해 형성된 것이다. 낮은 에너지에 있는 극대가 진정한 1차 전자에 의한 극대이다. 즉, 표적의 전자들은 1차 전자들과 상호작용에 의해 여기된 것이다. 약 50 eV에서 E_p (1차 가속 전위) 까지의 넓은 면적은 비탄성 상호작용의 여러 가지 복합을 경험한 다중으로 산란된 전자에 의해 대부분 형성된 것이다.

그리고 표적에 관한 어떤 특성 정보도 없이 진공으로 돌아간다. 뒤로 산란된 전자 (배면확산) 와 시편에 흡수된 전자의 밀도 분포는 Monte-Carlo 방법으로 계산한다. 다른 원자번호를 갖는 세 가지 원소 (Al, Cu, Au) 에 대한 결과가 그림 5－35에 있다. 이 때 $E_p = 30$ keV 이다. 만약 측정방법의 감도가 충분히 높다면 이런 배경에서 작은 특성 극대가 나타날 수 있는데, 이들은 Auger 전자나 더 많은 특성 손실에 속한다.

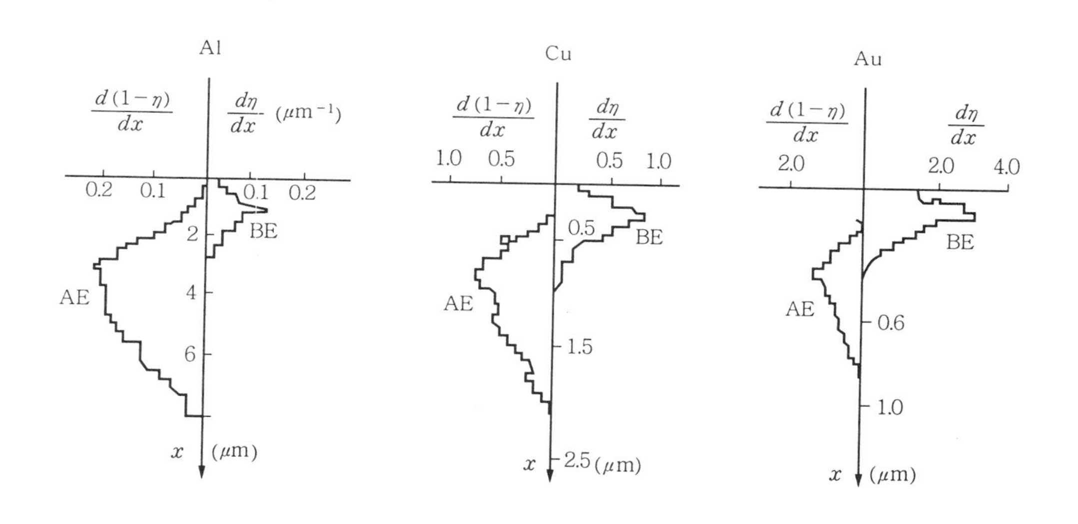

그림 5-35 Monte-Carlo 방법에 의해 계산된 Al, Cu 와 Au 내에서 흡수된 것 (AE) 과 뒤로 산란된 것 (BE) 의 분포

이와 같은 간단한 설명으로부터 특성 손실을 갖는 전자의 에너지와 표적 물질의 구성에 대한 정보를 제공하는 Auger 전자의 에너지를 결정하는 것을 알 수 있고, 이에 대응하는 해석적 방법의 기초로서 받아들일 수 있다 (그림 5－36 참조).

표적에서 속력이 늦어진 전자의 일부 에너지는 전자 복사, 즉 X-선(Bremsstrahlung) 으로 전환되는데 이것은 연속 에너지 스펙트럼을 갖는다.

1차 전자의 일부는 핵 레벨의 전자를 여기시킨다. 코어 레벨의 전공은 뒤에 짧은 시간에 더 높은 레벨의 전자로부터 채워진다.

이 천이로부터 해리된 에너지는 특성 X-선 양자로 전환될 수 있다. 준위 K와 L로 허용된 천이는 그림 5−37에 나타나 있다. 준위 K, L, M, N에 속해 있는 에너지가 각 개 원소의 특성이므로 특성 X-선의 파장 (또는 양자 에너지) 의 측정은 전자 미세탐침 해석으로서 사용된다.

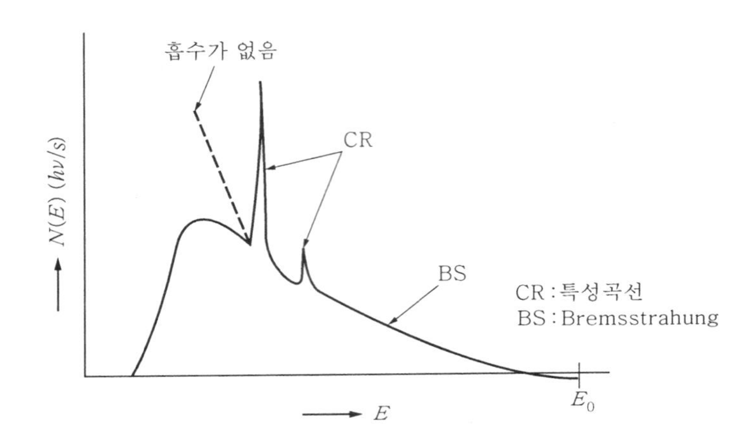

그림 5-36 광양자의 에너지 함수로서 X-복사의 분광강도 (도식적으로)

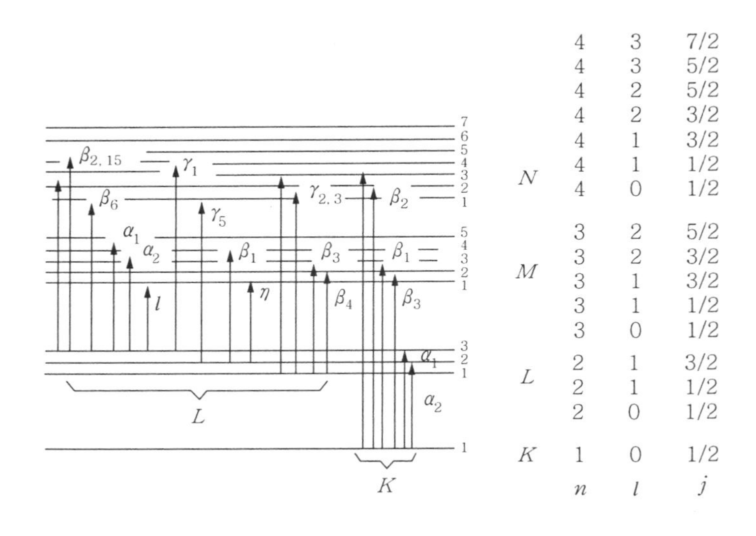

그림 5-37 중간의 Z를 갖는 원자의 기본적인 에너지 준위와 몇 가지 허용된 천이

그러나 가벼운 원소에 대한 X-선 발생 확률은 매우 작다. 그 방법은 $Z>11$인 원소에 대해서만 적용한 것이다. 가벼운 원소에 대한 이완과정(코어에 있는 홀을 채우

는 것)이 주로 Auger 효과를 거쳐서 진행되기 때문이다. 해리된 에너지는 다른 전자로 전달되고 아주 좋은 조건하에서 특성 에너지를 갖고 시편으로부터 방출될 수 있다 (그림 5-38 참조).

$$E_A = E_W - E_x - E_y - \chi \quad \text{(식 5-9)}$$

여기서, E_A, E_x, E_y 는 에너지 준위이고, χ 는 일함수이다 (에너지 E_y 는 원소의 원래 에너지 준위인 E_y 와 약간 다르다. 왜냐 하면 이것이 부분적으로 여기된 어떤 원자에 속해 있기 때문이다). 그 선들은 *KLL*, *LMM* 등 준위가 포함된 뒤에 설정된다.

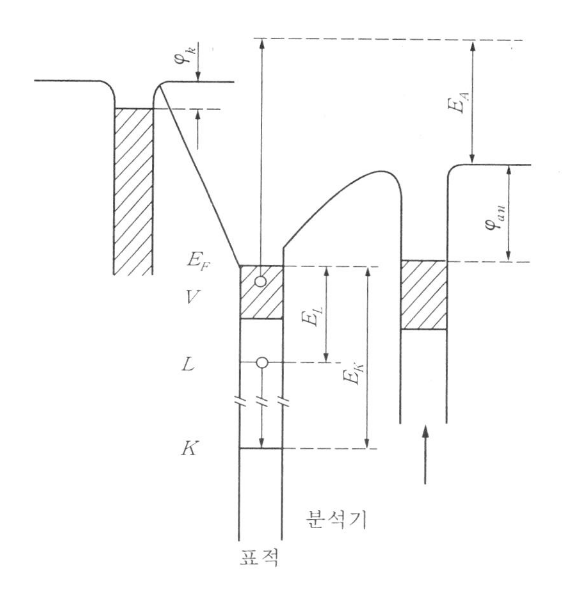

그림 5-38 Auger 과정의 에너지

4-2 전자 마이크로프로브 분석 (EMA)

이 방법에서는 에너지가 약 30~50 keV인 초점이 맞춰진 전자선에 의해 포격 받은 표적으로부터 방출된 특성 X-선이 측정된다. 두 가지 원리가 X-선 스펙트럼을 측정하기 위해 적용될 수 있는데 파장 분산이나 에너지 분산 중 어느 것이든지 사용할 수 있다. 첫째 것이 그림 5-39에 개략적으로 그려져 있다. X-선은 Bragg 의 반사가 일어나는 결정으로 개구 (diaphragm) 을 통해간다.

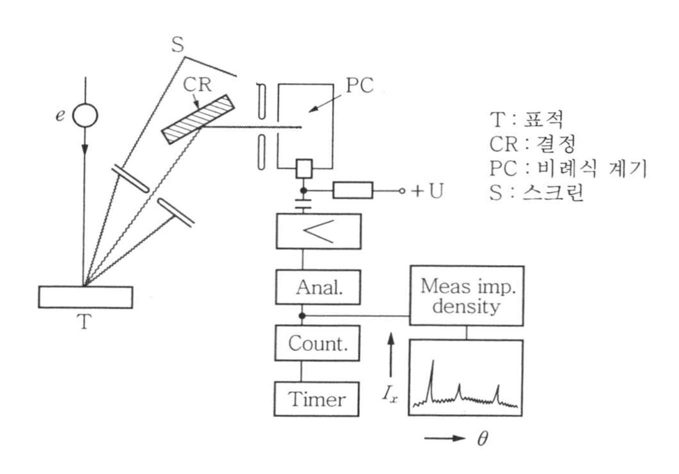

그림 5-39 파장 분산식 X-선 분광기의 구성

각 θ하에서 회절된 복사는 비례 계수기(proportional counter)에 의해 검출된다. 발생하는 펄스는 증폭되고 해석되어 계수된다. 잡음과 외부 펄스는 제거된다.

단위 시간당 형성된 펄스의 수는 전압 및 각으로 변환되어 강도 대 각의 그림을 출력한다.

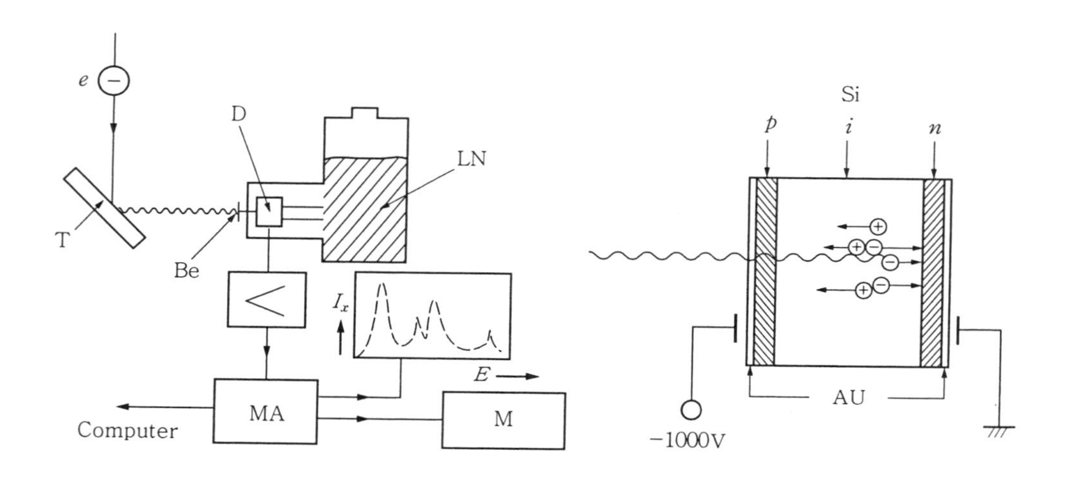

(a) 개략도(T : 표적, D : 검출기, LN : 액체 질소, MA : 다중채널 분석기, M : 기억부, Be : 베릴륨 막

(b) Si (Li) 검출기

그림 5-40 에너지 분산형 X-선 분광기의 구조

박막 해석에 응용하기 위해 전자 현미경 내부에서 나온 데이터를 2차적으로 해석하는 형태가 이점이 있다(그림 5－40). 표적에서 나온 X－선이 Be막을 통과해서 반도체 장벽 검지기(barrier detector)에 도달한다. 검출기에 발생한 전류 임펄스(impulse)의 높이는 흡수된 복사에 의해 생성된 전자－홀 쌍의 수에 비례한다. 이것은 결국 양자 에너지에 비례한다.

이 펄스는 증폭되어 다중채널 분석기(multichannel analyzer)로 처리된다. 주어진 에너지에 해당하는 펄스의 수는 계수되고 채널에 저장된다. 특정 채널에 주어진 시간 후에 발생하는 펄스의 수는 표시기에 나타난다. 그들은 부착된 컴퓨터에 의해 여러 가지 수학적 작동으로 처리된다.

스펙트럼의 예가 그림 5－41 에 있다. 지름이 약 1~0.05μm인 선속이 사용된다. 정보를 얻을 수 있는 깊이는 약 1~5μm 이다. 측정할 수 있는 가장 적은 양은 약 10^{-14} g 이다.

이러한 장치는 SEM 의 주사형에서도 사용될 수 있다. 어떤 원소의 선택된 피크에 검출기를 고정시키고, 잘 초점이 맞춰진 전자선으로 그 표면을 주사한다. 이 피크의 강도와 함께 비디오 신호의 강도를 변조시키면, 표적 내의 이 원소의 2차원 공간 분포를 그려낼 수 있다.

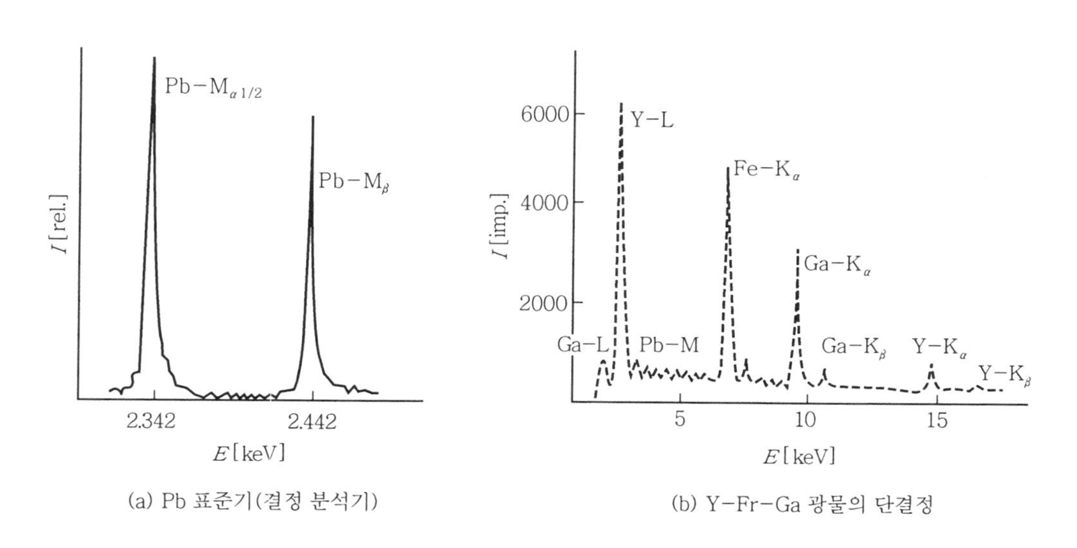

(a) Pb 표준기(결정 분석기)

(b) Y－Fr－Ga 광물의 단결정

그림 5-41 X-선 분광의 예

전자 현미경, 전자 회절, EMA 장치의 복합 사용은 박막의 특성조사에 매우 유용하다. 즉, 박막의 관심 있는 것을 구체적으로 조사할 수 있다.

4-3 Auger 전자 분광기

그림 5-42의 Auger 전자에 속하는 2차 전자의 에너지 분포곡선상의 미세구조를 밝히기 위해서는 특별한 기술의 사용이 필요하다. 몇 가지 형태의 에너지 분석기를 이용하여 에너지 분포를 얻는다. 그 중에 하나를 여기에 언급하는데, 널리 쓰이는 이것은 Auger 전자 분석을 위해 사용되는 원통형 거울 분석기이다.

그 원리는 그림 5-42 로부터 알 수 있다. 1차 선속에 의해 포격받아 표적으로부터 나온 2차 전자들은 분광기의 입력개구에 의해 조정 받아 원추 내에서 방출되고, 두 개의 동심 원통 사이의 공간으로 들어간다. 그 원통 중 외부 것은 음으로 바이어스되어 있다. 어떤 주어진 에너지를 갖는 전자만이 출구개구로 나갈 수 있고, 이것이 전자 증배기(multiplier)에 의해 기록된다.

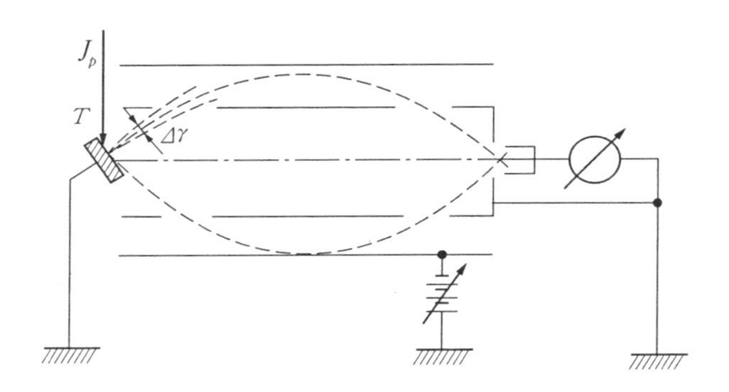

그림 5-42 원통형 거울 분석기

더 빠른 전자들은 외부 원통에 도달하여 수집되고, 더 낮은 속도의 전자들은 바이어스에 걸려 있는 내부 원통에 도달한다.

바이어스 전압의 함수로 출력전류를 측정하면 요구되는 에너지 분포를 구할 수 있다. 즉, 원하는 에너지를 갖고 있는 전자만이 검출되고, 그 분포를 기록할 수 있다.

감도를 높이기 위해 변조 기술을 사용한다. 진동수 ω 인 작은 사인파 전압이 바이어스 전압에 중첩된다. 그 신호로부터 동일한 주파수의 신호를 분리해 내는데 보통 위상 민감 로크-인 증폭기(phase-sensitive lock-in amplifier) 로 수행한다.

이것은 측정한 곡선의 1차 미분에 해당한다. 또는, 진동수 2ω 를 갖는 신호를 사용하기도 하는데 이것은 2차 미분에 해당한다. 1차 미분의 사용으로 Auger 극대의 장소에 분명한 이중 피크가 나타난다(그림 5-43 참조).

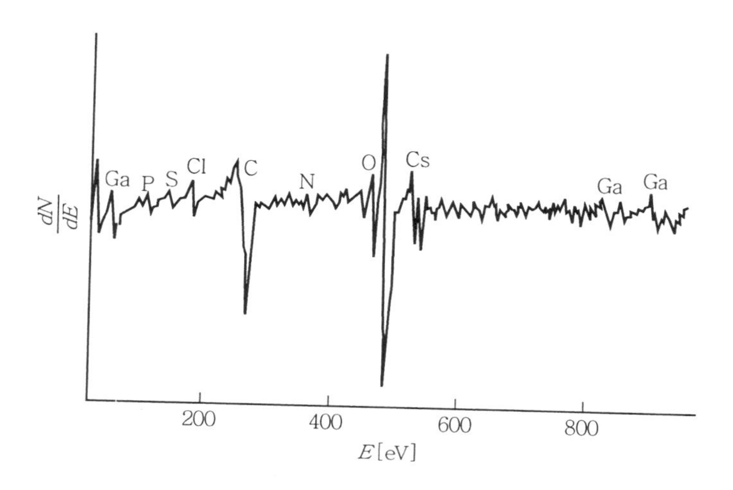

그림 5-43 Cs_2O 층(불순물 C, Cl, S, P, N)을 갖는 GaP 단결정의 표면의 Auger 전자분광

1~5 keV의 1차 에너지가 사용된다. 그러나 Auger 피크의 위치는 1차 에너지에 의존하지 않을 뿐만 아니라 대응되는 중심 준위의 여기 확률도 그것에 의해 영향을 받지 않는다. 상호작용의 유효 단면적은 중심 준위의 약 3배에 해당하는 결합 에너지와 같은 1차 에너지에 해당한다.

H와 He을 제외하고 모든 원소는 특성 Auger 스펙트럼을 갖고 있다. 전형적인 스펙트럼이 특별한 매뉴얼에 저장되어 있고, 실험적으로 얻은 결과를 이것과 비교하여 막의 성분을 알아낸다. 정보가 얻어진 것으로부터의 깊이는 비탄성적 상호작용과 관계된 전자의 평균 자유행정에 의해 주어지고 전자의 에너지에 의존한다.

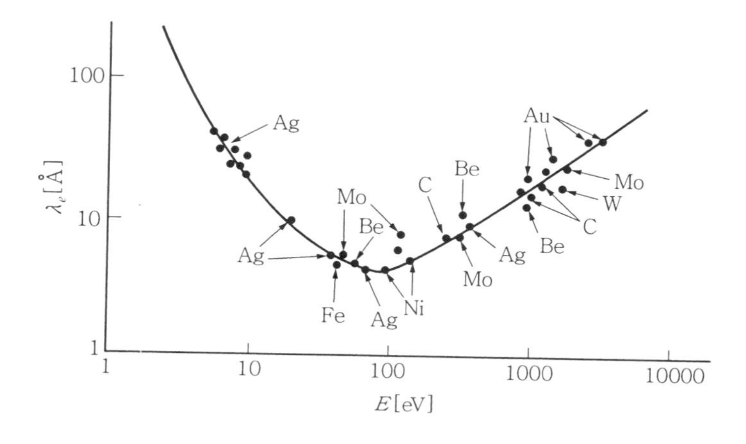

그림 5-44 자기 에너지에 대한 비탄성적 평균 자유행정의 의존성

이 에너지 의존성은 여러 가지 물질에 대해 매우 유사하고 앞의 그림 5-44에 주어진 곡선에 의해 표시될 수 있다. Auger 전자의 에너지가 대부분 수백 eV의 범위에 놓여 있으므로 깊이 정보는 단지 몇 원자층의 것이다. 이 방법의 장점은 표면의 민감성이다. 그래서 흔히 시편의 표면 청결성을 검사하는데 많이 쓰인다.

표면의 정성적 구성은 쉽게 얻어진다. 그러나 정량적 해석은 상당한 원리적인 어려움이 있고, 적당한 기준의 사용과 여러 가지 근사방법을 사용함으로써 수행할 수 있다. AES의 주사식 개량품이 개발되었고 그것으로 표면상의 선택된 원소의 공간 분포를 얻을 수 있다. 이온 포격으로 표면층을 제거할 수 있는 AES는 특정 원소의 깊이 방향의 정보를 얻을 수 있다.

4-4 에너지 손실 분광기 (ELS)

전자의 특성 에너지 손실은 상호작용의 아주 다른 형태에 속할 수 있고 meV (흡착물질의 진동형 상태의 여기) 로부터 keV (중심 준위의 여기) 까지의 범위에 있는 ΔE에 의해 특성 지울 수 있다.

박막 연구에 가장 중요한 것 두 가지에 대해서 간단히 설명한다.

(1) 금속에서 전자의 플라즈마 진동은 전자의 충격에 의해서 만들 수 있다. 대응하는 양자의 에너지인 "플라즈몬 (plasmons)" $\hbar\omega p$ 는 주로 5~60 eV 이다. 어떤 체적 플라즈몬의 진동수는 전자 기체 n_0 의 밀도에 의존한다.

$$\omega_p = n_0 e_2 / m \varepsilon_0 \quad \text{(식 5-10)}$$

표면 플라즈몬의 진동수는

$$\omega_s = \omega_p / \sqrt{(1+\varepsilon_r)} \quad \text{(식 5-11)}$$

여기서, ε_0 는 진공에서의 유전율 (permitivity)이고, ε_r 은 검사될 막위 물질의 상대 유전율이다 (보통 공기나 진공이어서 $\omega_s = \omega_p / \sqrt{2}$). 플라즈몬 손실은 반사형에서 관측될 수 있고, 박막을 위해 역시 투과형에서도 가능하다.

(2) 손실의 두 번째 중요한 형태는 중심 준위의 여기에 연관된 손실이다. ΔE가 대응되는 준위의 결합 에너지와 같다 (보통 수백 eV 에서 keV 까지). 중심 준위의 위치가 특정 원소의 특성이므로 화학적인 분석이 이 방법으로 가능하다. 스펙트럼은

더 간단하고 AES 스펙트럼보다 더 큰 의미를 갖는다.

더욱이 준위의 위치는 화학적 결합에 의해 영향을 받으므로 화학적 성분이 평가될 수 있는 "화학적 변위(chemical shift)"가 관측된다. 이 방법을 때로는 이온화 분광학이라고도 한다. 에너지 분포를 측정하는 방법은 AES에 대한 것과 유사하다.

5. 이온빔 방법

이온은 전자 보다 더 큰 질량을 갖고 있고 표면과의 상호작용도 사뭇 다르다. 극히 높은 에너지의 이온을 제외하고 이들은 단지 물질의 제일 꼭대기 층과 상호작용을 한다. 그러므로 이들 상호작용에 기초를 둔 방법은 표면에 극히 민감하다.

한편, 스퍼터링은 이온빔을 사용하는 방법으로 표적에게 영향을 줄 것이고, 그의 표면의 구조와 구성을 변화시킬 것이며 표면으로부터 상당수의 원자를 떼어낼 것이다.

그러므로 주의가 필요하고 결과의 해석에서 사전의 유의사항이 이 효과를 줄이는데 기여할 것이다.

여기서는 네 가지 중요한 접근이 사용된다.

(1) 탄성적으로 반사된 1차 이온의 에너지 분포

(2) 이온의 포격하의 표면으로부터 방출된 에너지 분포

(3) 이온 포격에 의해 유도된 특성 복사

(4) 유도된 핵반응 등이 관측된다.

5-1 저에너지 이온산란

에너지가 E_0 와 질량 M_1 인 이온이 질량 M_2 인 원자로 된 표면을 때린다면, 산란각 θ 의 이온의 함수로서 표현할 수 있다.

$$E_1 = E_0 \times 1/(1+A)^2[\cos\theta + (A^2 + \sin^2\theta)^{1/2}]^2 \quad \text{(식 5-12)}$$

여기서, $A = M_1/M_2$, $\theta = 90°$에 대해 공식은 간단해진다.

$$E_1 = E_0 \times (M_2 - M_1)/(M_2 + M_1) \quad \text{(식 5-13)}$$

즉, 산란된 에너지를 측정한다는 것은 표적 원자의 질량 M_2를 결정 지울 수 있다는 것이다.

수 keV의 에너지를 갖고 있는 불활성 기체의 이온이 보통 사용된다.

그러나 이들의 상대적으로 낮은 에너지에 대한 상호작용 전위는 상호작용의 유효 단면적을 결정하는데 아주 중요한 것인데 정확히 알지 못함으로 여러 가지 근사법이 도입되어야 한다. 이것은 정량적인 해석에서 다시금 표준을 사용해야 한다는 것을 의미한다.

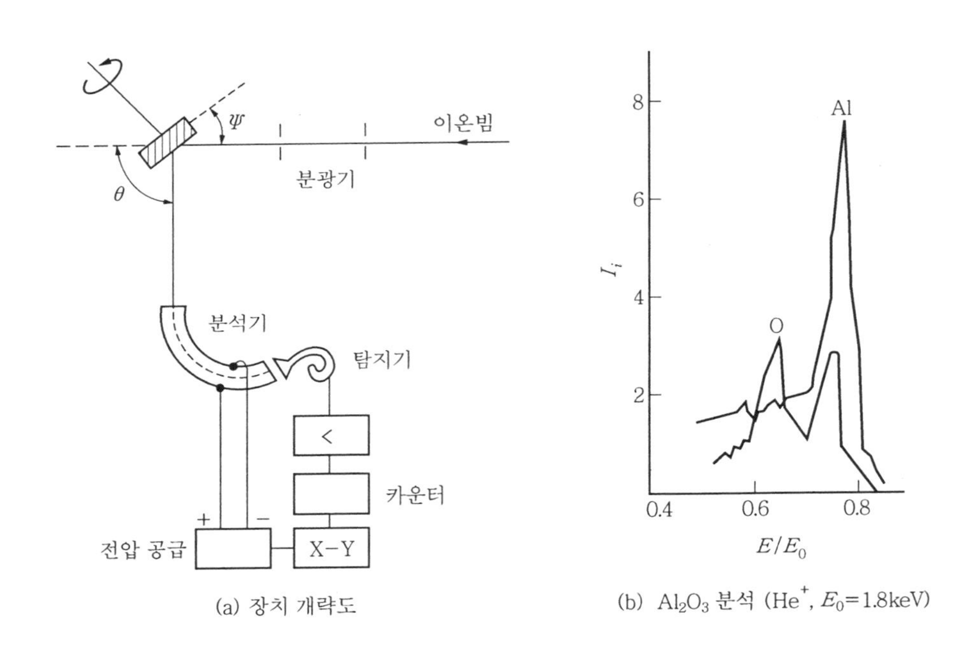

(a) 장치 개략도

(b) Al_2O_3 분석 (He^+, E_0=1.8keV)

그림 5-45 저에너지 이온빔 산란장치 개략도와 분석 예

장치의 개략적인 것이 위 그림 5−45에 그려져 있다. 정보 깊이는 실제로 단 한층이고 스크린 효과는 다른 종류의 원자에 의해 형성된 어떤 표면에서 관측된다. 즉, PbO에 대해 Pb만이 관측된다. 이온은 상당히 강하게 표면을 교란시키므로 낮은 전류가 사용되어야 한다.

5-2 Rutherford Backscattering (RBS)

이온이 높은 에너지(수백 keV로부터 몇 MeV까지)를 갖고 있다면 이온의 표적 원자와의 상호작용은 간단한 정전기적 쿨롱 전위로 정확하게 해석할 수 있고, 따라서 유효 단면적과 스펙트럼의 정량적 해석이 가능하다. 이온은 매우 깊은 데까지 침투하므로 깊이 방향의 검사가 표면층의 제거 없이도 가능하다. 무거운 원소에 대한 분해능은 낮고 감도는 높다. 얇은 박막의 해석에서 예리한 극대가 나타난다.

더 두꺼운 시편에 대해서 이온은 깊은 영역에서 산란하고 비탄성 충돌로 에너지의 일부를 손실한다. 고에너지적 끝부분은 (식 5-13) 중 (식 5-12)에 대응한다. 만약에 표적이 몇 개의 성분으로 구성되어 있다면 band 들은 중첩된다. 특성 에너지들은 그 단계들에 상관된다. 가벼운 원자의 복합 속에 있는 중원자의 적은 양도 식별이 가능하다.

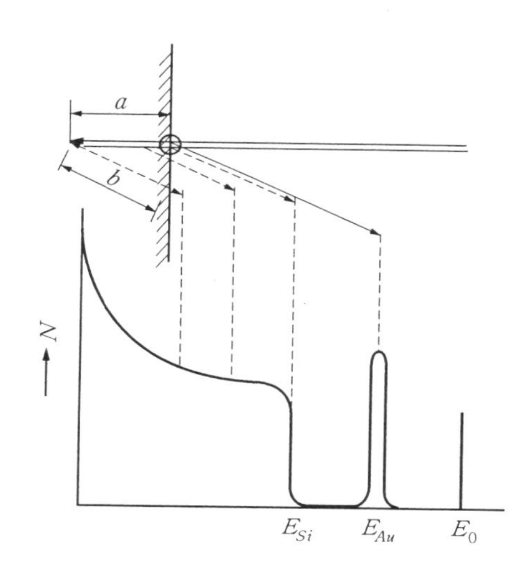

그림 5-46 표면 위에 Au의 박막을 갖고 있는 Si의 RBS 스펙트럼

그림 5-46에는 Au 박막과 함께 있는 Si 스펙트럼의 형태가 개략적으로 그려져 있다. 단결정에 대해서 산란은 결정격자 내에 있는 이온의 채널링(channeling)에 주로 영향을 받을 수 있다.

보통 이온의 검출은 표면 장벽을 갖고 있는 Si 검출기의 수단으로 진행되고 5장 4-2절에서 언급했던 것과 유사하게 다중 채널 해석기로 수행한다. 이온만 아니라 에너지를 갖는 중성 입자도 이 방법으로 기록된다. Al_2O_3의 표면층을 갖는 Al 시편의 스펙트럼 예와 He^+에 의해 주입된 Xe 층의 예가 그림 5-47에 나타나 있다.

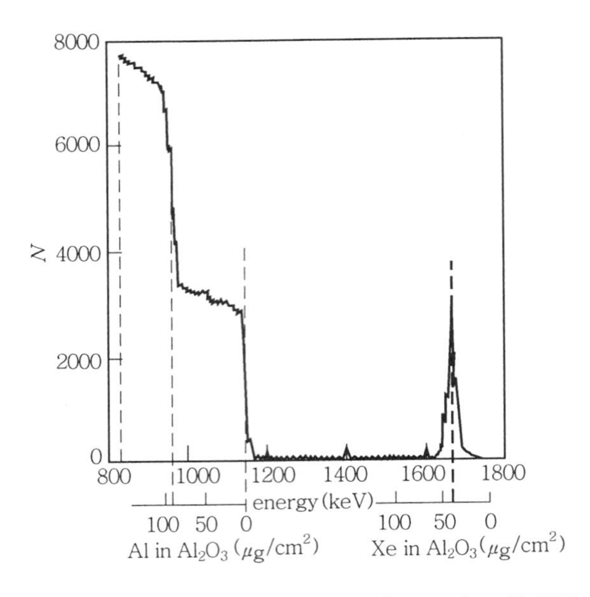

그림 5-47 Xe의 주입된 층과 Al_2O_3의 표면층으로 된 Al의 RBS 스펙트럼

5-3 2차 이온 질량 분광기 (SIMS)

이 방법은 이온-이온 2차 방출의 효과에 기초를 둔 것이다. 보통 Ar 불활성 기체를 사용하는데 이 기체의 단일 에너지 이온이 표적에 입사하고, 2차 이온이 개구를 통해 질량 분석기로 들어간다.

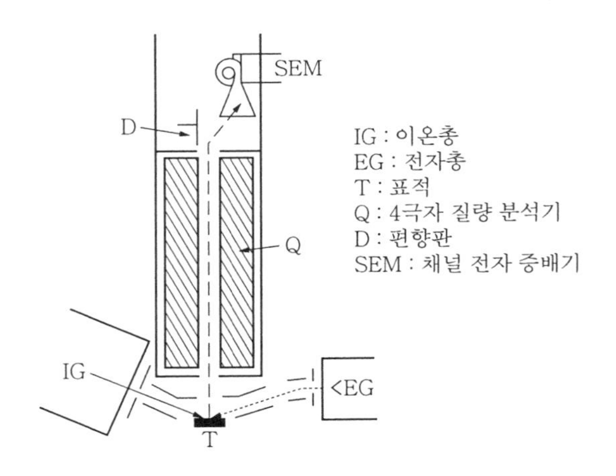

그림 5-48 SIMS를 위한 실험장치

이 질량 분석기는 보통 4극자 질량 필터로 되어 있다. 필터의 공진조건에 부합되는 주어진 질량 (주어진 특성 전하는 e / m) 을 갖는 이온이 편향 후 채널 전자 증배기 (channel electron multiplier)에 의해 검출된다. 전자총은 음전하인 전자에 의한 1차 이온에 의해 절연체의 표면에 유도된 양 전하를 보상시켜 준다 (그림 5−48).

2차 이온의 방출에 관한 메커니즘 해석에는 표적원자에게 1차 이온이 공급한 운동량의 수송에 관한 복잡한 과정이 포함된다. 곁들여서 2차 이온도 역시 전자 및 양성자와 함께 이온당 3~30개의 중성 입자를 표면으로부터 내보낸다. 수율은 보통 1% 의 수준이고, 에너지와 이온의 형태, 그리고 표적 물질에 의존한다. 수율은 물질에 따라 상당히 변한다. 예를 들면, 12 keV의 Ar 이온에 의한 포격하에서 Au에 대한 것보다 Al 의 것이 1000배 더 높다. 스펙트럼의 정량적 분석을 위해 수율을 알아야 하나 수율은 원소의 화학적 결합상태에 매우 민감해서 정량적 분석에는 아직도 여러 가지 주의가 필요하다.

표면상에 1차 이온의 입사는 원자 이온만 아니라 분자 이온과 화합물의 분해로부터 생긴 여러 가지 라디칼 (radical) 을 생성한다. 스펙트럼의 예를 그림 5−49에 보여주고 있다. 원리상으로 두 가지 형태의 이온이 발생한다. 보통 낮은 이온화 에너지를 갖는 물질은 양의 이온을 만들고, 한편 높은 이온화 에너지를 갖는 물질은 음의 이온을 만든다. 방출된 이온의 에너지는 비등점의 열에너지 보다 크기가 1−3차수만큼 더 높다.

그들의 분포는 약 10 eV 에서 한 개의 피크와 20~50 eV 의 반폭을 소유한다. 이 분산은 그리 큰 것이 아니고 한 개의 초점으로 된 분광기가 사용된다. 이미 언급했듯이 이온들은 주로 표적의 최상부 단층으로부터만 나온다. 이것이 표면 해석을 위해 아주 알맞다는 것이다. 포격은 점진적으로 표면층을 제거하며, 제거시간은 1차 전류의 밀도에 의존한다. 표면 덮임하기는 다음과 같이 시간에 따라 변한다. 즉,

$$\theta(t) = e^{-t/\tau} \quad \text{(식 5−14)}$$

여기서, $\tau = n_0 / \upsilon\,\gamma$ 은 단층의 평균 수명(lifetime)이고, n_0 는 본래 표면의 단층에 있는 입자의 밀도이다. υ 는 1차 전자의 밀도이고, γ 는 스퍼터링 효율이다. 검사할 시편의 손상을 방지하기 위해 γ 를 작게 할 필요가 있다 (즉, 10^{-9} A / cm^2 의 전류밀도에 해당한다). 그래서 τ 는 시간 단위로 측정한다.

감도는 가능한 큰 면적과 각 입자를 계산하는 검출기를 사용함으로써 증가시킬 수 있다. 높은 수율을 갖는 어떤 물질에 대한 감도는 단층의 10^{-6}에 이른다 (이것은 10^{-13} g / cm^{2}에 해당한다). H와 He 을 포함한 모든 원소가 검출된다.

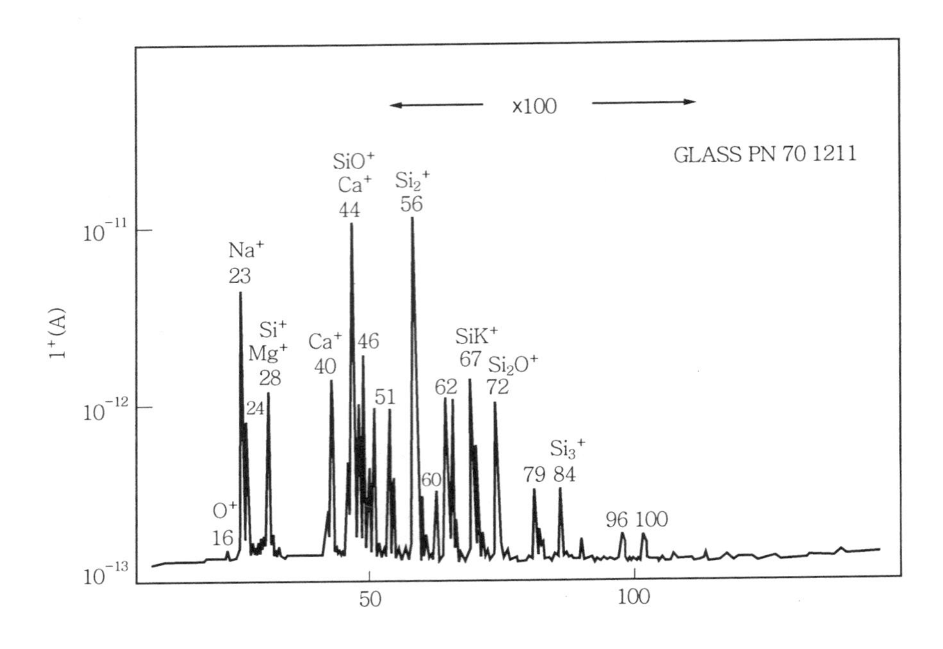

그림 5-49 유리 PN 70 1211 의 SIMS 스펙트럼

1차 선속밀도가 작으면 그 방법을 정적(SSIMS)인 것이라 한다. 한편으로 박막 내의 어떤 물질의 깊이 방향 검사가 필요할 때는 그 방법을 역학적(DSISM)인 것이라고 하며, 이 때는 높은 전류밀도 (10^{-2}A/cm^2 이상) 를 사용한다.

표면층의 제거는 빨리 진행된다. 검사할 면적이 bulk 쪽으로 편기될 율은 다음과 같다.

$$x = M/\rho \cdot \gamma \cdot I_p/L \cdot e \quad \text{(식 5-15)}$$

여기서, M은 표적의 분자량, ρ는 밀도, γ는 스퍼터링 수율, I_p는 1차 전류밀도 (A/cm^2), L은 Loschmidt 수, e는 전자의 전하량이다.

예를 들면, 1mA/cm^{2}의 Ar^+의 전류밀도에 대해 철의 제거율은 10 nm/sec이다. 만약에 어떤 물질의 국부적 분포에 관심이 있다면, 2차 이온 마이크로프로브 질량 분광기를 사용할 수 있다. SIMMS의 경우 $\leq 1\mu$m 의 지름으로 예리하게 집속된 1차 이온 선속을 사용하여 검사할 표면을 주사한다.

분광기는 관심 원소의 질량에 맞춰지고, 신호는 스크린에 표시되거나 사진 건판상에 기록된다.

5-4 이온이 유도된 X-선 방출

표면에 고에너지의 이온이 입사한다면 복사, 특히 X-선을 발생한다. 메커니즘은 5장 4-2절에서 설명한 것과 유사하다. 빠른 이온과 상호작용에 의해 형성된 중심 준위에 있는 전공은 전자에 의해 채워지고 그 해리된 에너지가 X-선 양자로서 나타난다. 주로 MeV 크기의 에너지를 갖는 H^+ 이온 이 여기를 위해 사용된다(그림 5-50 참조). 그 방법을 양성자(또는 입자) 유도된 X-선 방출이라고 한다(PIXE ; proton induced X-ray emission). 해석은 EMA에서와 유사하게 진행된다.

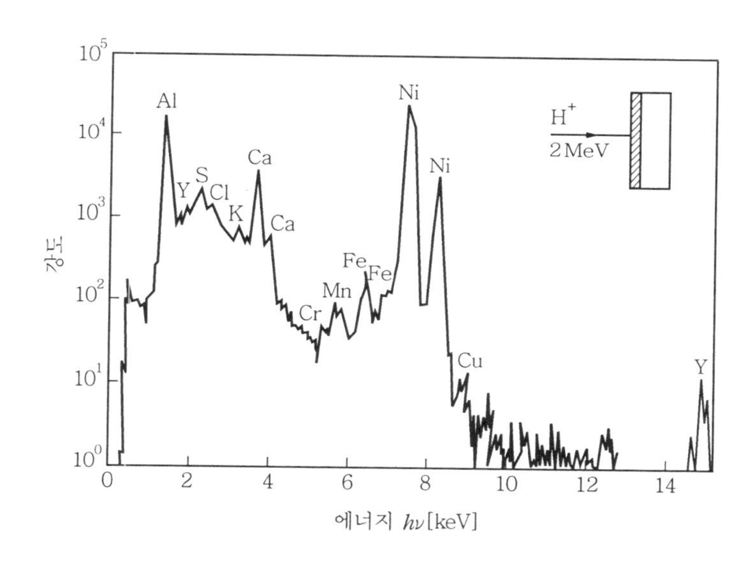

그림 5-50 양성자로 유도한 X-선 스펙트럼

이 방법은 Bremsstrahlung에 의해 형성된 기저선(background)의 크기가 $10^{3\sim4}$배로 작기 때문에 이온에 의한 여기와 비교하여 이점이 있다. 그러나 고에너지의 이온만 사용해야 하기 때문에 장치가 너무 복잡하고 비싼 것이 흠이다.

또 다른 이유는 전공 형성을 위한 유효 단면적이 매우 높은 에너지에서만 형성되기 때문이기도 하다.

장치에 따라서 10~1 ppm까지 감도가 다르고 RBS 방법과 구별해서 중원소의 복합 구성 속에 있는 경원소의 매우 낮은 밀도까지도 결정할 수 있다.

6. 광빔 방법

6－1 광전자 분광기

외부 광효과가 표면과 박막의 검사에 자주 사용된다. 기본 과정은 그림 5－51에 개략적으로 그려져 있다.

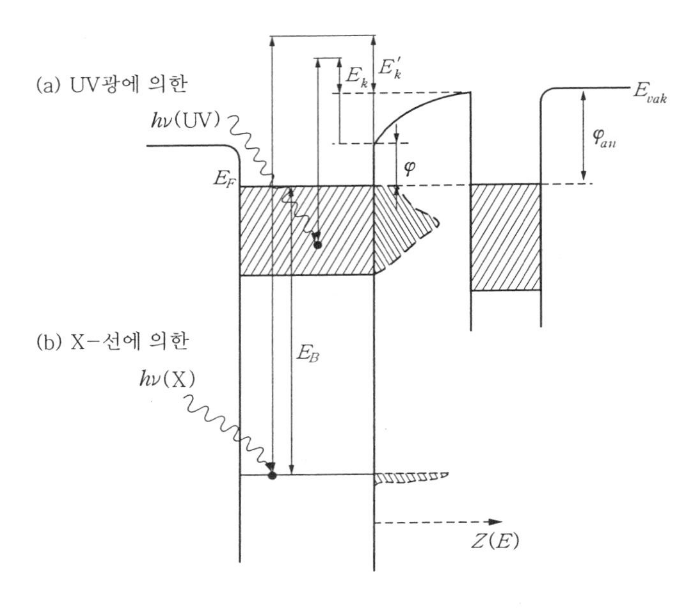

그림 5－51 광전자의 여기

그림 5－51 (a)의 경우는 UV광의 흡수인데 가전자대의 전자들이 여기된 것이다.

그림 5－51 (b)의 경우는 X－선의 흡수로 한 중심의 준위가 여기된 것이다. 이들 두 경우에 대해 방출된 광전자의 운동에너지는 다음과 같이 표현된다. 즉,

$$E_k = h\nu - \chi \pm \delta E - \varDelta E \quad \cdots\cdots \text{(식 5－16)}$$

$$E_{k'} = h\nu - \chi - E_B - \varDelta E \quad \cdots\cdots \text{(식 5－17)}$$

여기서, χ는 일함수, $\pm\delta E$는 Fermi 준위 E_F로부터 여기 준위까지의 거리, E_B는 여기된 중심 준위의 결합 에너지이다. 그리고 $\varDelta E$는 표면을 떠나기 전 여기된 광전

자에 의해 뺏긴 에너지 손실이다. 어떤 주어진 준위가 여기될 확률은 점유된 상태의 대응되는 밀도 $Z(E)$에 비례한다. 일정한 $h\nu$를 가했을 때에 E_k인 전자의 수는 $Z(E)$에 역시 비례할 것이다. 이것은 에너지 분포의 형태가 상태밀도의 분포를 나타낼 것이라는 것을 의미한다. 그러나 이러한 해석은 상황을 지나치게 간단히 한 것이고, 실제로는 다른 인자가 역할을 한다(즉, 천이의 선택, 최종 상태밀도, 에너지 손실 ΔE 등). UV 광의 사용은($h\nu$가 10−40 eV) 가전자의 여기를 불러일으키므로 가전자대에 있는 상태밀도를 이 방법으로 구할 수 있다.

이 분포는 화학적 흡착, 화합물의 형성 등 여러 표면과정에 의해 영향을 받을 수 있다. 모든 물질에 대한 긴 UV 광의 매우 높은 흡수계수 때문에, 그리고 광전자의 매우 짧은 평균 자유행정 때문에 이 방법은 표면에 극히 민감하다.

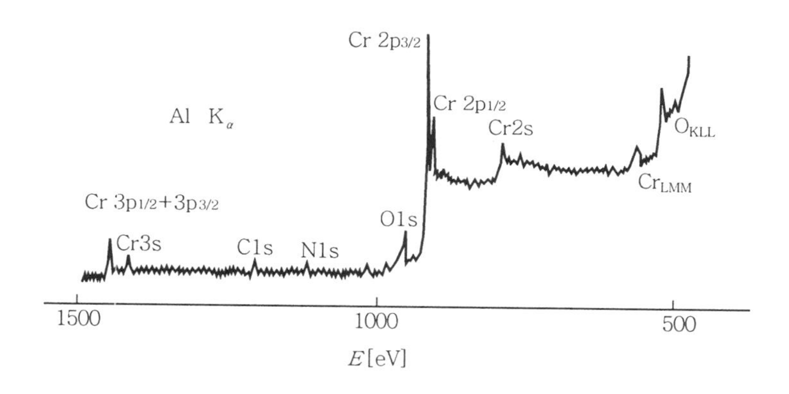

그림 5-52 크롬의 XPS 스펙트럼

분석적 목적을 위해서는 X-선 광전자 분광기(XPS)가 더 중요하다. Al 과 Mg의 K α선들이(각각 1254와 1487 eV) 흔히 사용된다. 그 준위의 위치는 각 원소의 특성이고 그들에 대한 상태분포가 매우 좁아서 광전자 스펙트럼 속에서 예리한 극대가 특성 위치에 나타난다(그림 5−52 참고). 그러므로 그 준위의 에너지와 대응하는 극대의 위치는 다시 화학적 결합에 의해 영향을 받고 화학적 편기가 나타난다. 동일 원소의 다른 결합상태는 매우 분명하게 구분될 수 있다(그림 5−53 참고).

그러므로 이 방법은 화학적 분석에 특별히 가치가 있는 것이고, 화학적 분석을 위한 전자 분광기라고 부른다(ESCA). X-선의 높은 투과 깊이 때문에, 그리고 광전자의 높은 에너지 때문에 정보의 깊이는 매우 크고(금속에 대해 0.5~2.5 nm, 산화물과 유사한 화합물에 대해 1.5~4.0 nm, 유기 화합물과 고분자 물질에 4.0~10.0 nm이다.) 작은 각도로 X-선을 입사시켜 그것을 감소시킬 수 있다(6° 각에 대해 약 10배). 대부분의 경우에서 구면 정전기적 분석기가 에너지 분석기로서 사용된다.

전자나 이온 방법과 비교해서 XPS 방법은 표적에 영향을 적게 주고 비파괴적이어서 복잡한 유기물질이나 고분자 물질의 검사에 알맞다.

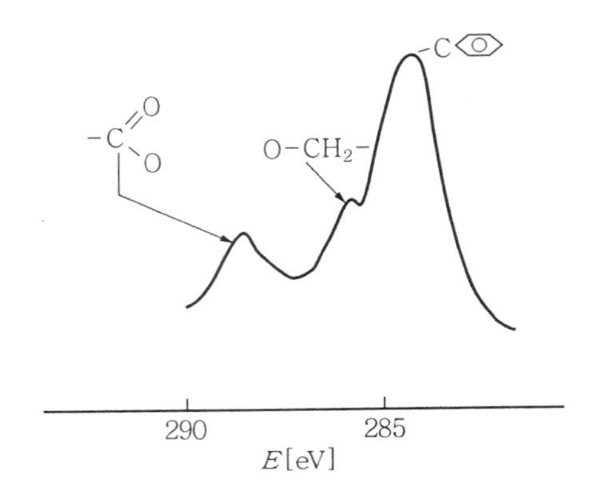

그림 5-53 유기 화합물 속에 다르게 결합된 C-원자의 구별 (XPS)

6-2 레이저로 유도된 분광기

고출력의 펄스인 UV 레이저 빔이 고품질 광학 현미경의 수단으로 시편에 초점이 맞춰진다면(지름 = 1 μm 이내) +와 −의 이온들이 발생한다. 그러면 이들을 질량 분광기로 분석할 수 있다. 이 목적을 위해 time of flight 분광기가 사용된다.

이 경우에서 데이터율 (data rate) 은 지극히 높고 특별한 전환 기록계가 중간단계 저장수단으로서 사용된다. 데이터는 기록계(plotter)에 기록되고 컴퓨터 계산을 위해 저장된다. 네 배의 진동수 (265 nm) 로 된 Nd ; YAG Q−스위치 레이저가 상업용 장치의 소스로 사용된다. 수 ppm인 감도가 얻어졌으며 1000 까지의 질량이 기록될 수 있었다.

이 장치를 레이저 마이크로프로브 질량 분석기(LAMMA ; laser microprobe mass analyzer)라고 부른다. 이러한 레이저 유도된 분광기의 한 예로서 그림 5−54 에 나타내었다. 이런 분석기들은 분자 이온과 분자의 특성부분이 관측될 수 있으므로 가치 있는 구조적 정보를 찾아낼 수 있다.

예를 들어, 미세 시편 내 원소의 흔적 분석이나 유기 박막의 분석(cellular membrane 등)에 알맞다. 그러나 레이저의 입사점에서 전공 (hole) 이 발생하거나 물질이 상당량으로 증발하는 경우도 있다.

제 6 장 박막의 특성

1. 박막의 역학적 특성

많은 연구자들은 지난 수십 년 동안 박막의 역학적 특성에 큰 관심을 가져왔다. 박막의 역학적 특성을 이해하기 위해서는 관찰된 특성을 막의 구조와 연관시킬 필요가 있다. 박막의 역학적 특성은 모든 응용에서 매우 중요한 역할을 한다. 그 이유는 박막의 안정성이 역학적 특성에 의존하기 때문이다.

박막의 내부응력과 기판에 대한 불충분한 부착성은 막 내에 균열을 일으키거나, 기판으로부터 떨어져 벗겨지기도 한다. 박막의 여러 가지 특성의 변화는 내부응력에 기인하며, 원래 등방성인 특성이 이방성을 일으키기도 한다.

특히, 막의 부착성은 초기 성장 단계에서 결정될 수 있으며, 그런 의미에서 초기의 핵 형성(nucleation)은 매우 중요하다. 다른 역학적 특성도 주로 성장과정과 결정학적 상태(비정질, 다결정, 결정질)에 영향을 받는다. 초기의 핵 형성과 결정학적 상태는 제조방법, 즉 진공증착, 스퍼터링 등의 물리적 방법과 기상증착, 양극반응 등의 화학적 방법에 의존한다.

제 5 장에서 살펴본 바와 같이 제조방법에 따라 막의 구조에 영향을 미치는 많은 인자들이 있고, 그것들을 조사하는 것은 어려운 일이다. 얻어진 결과를 해석하는데 어려움이 있고, 역학적 특성을 결정하는 개별적인 양은 막의 제조조건과 관련이 있다. 따라서, 역학적 특성을 실험적으로 조사하는데 어려움이 많다.

이론적 관점에서는 단결정 에피택시얼막을 연구하는 것이 훨씬 간단하지만, 한편으로는 이방성도 고려해야 한다. 실험적인 문제와 여러 가지 응용 때문에 대부분의 결과는 다결정막에서 얻어진다. 그러나 최근에는 에피택시얼막에 대해서도 많은 연구가 이루어지고 있다.

1-1 박막에서의 응력

(1) 인장응력과 압축응력

박막을 기판 위에 증착하는 경우 거의 모든 물질에 대해 변형이 발생한다. 이것은 박막 내의 내부응력 때문이며, 변형에는 두 가지 종류가 있다. 즉, 박막의 어떤 부분이 다른 부분을 인장하고 있는 상태와 압축하고 있는 상태이다. 전자의 내부응력을 인장응력(tensile stress)이라 하고, 후자를 압축응력(compressive stress)이라고 한다.

막 내의 모든 변형은 막이 기판에 단단하게 결합되어 있고, 그 후 막 내에서 체적 변화가 일어나는 사실과 관련되어 있다. 가해진 힘과 시편의 형태에 대해 응력의 분포를 계산할 수 있다.

박막 내에서의 응력은 기본적으로 두 가지 요소로 구성되어 있다. 이 가운데 한 가지는 온도가 변화하는 동안 막과 기판과의 열팽창계수의 차에 의해 발생하는 열적응력(thermal stress)이고, 다른 하나는 진성응력(intrinsic stress)으로 막 형성시 많은 인자에 의존한다.

(2) 열적응력과 진성응력

박막과 기판으로 구성된 계는 바이메탈과 유사한 구조를 갖는다. 박막 형성시에는 온도가 높고, 박막 형성 후에는 박막과 기판의 계를 실온으로 냉각시키면 바이메탈 효과는 왜곡된다. 이 때 계의 각 물질의 Young 율과 열팽창계수를 알면, 박막 내에 발생하는 내부응력을 계산할 수 있다.

이와 같이 바이메탈 효과에 의해 발생한 내부응력을 열적응력이라 하고, 바이메탈 효과 이외의 인자에 의해 발생한 내부응력을 진성응력이라고 한다. 물리적인 고찰의 대상이 되는 것은 진성응력이다.

가열된 기판상에 진공증착, 또는 열분해 방법에 의해 막이 제조된 후 냉각될 때, 막과 기판과의 수축의 차에 의해 발생되는 열적응력은 다음 식과 같다.

$$S=(\alpha_f-\alpha_s)\Delta TE_f \quad \text{(식 6-1)}$$

여기서, α_f, α_s는 각각 막과 기판의 평균 팽창계수, ΔT는 막 증착시의 기판온도와 측정온도의 차이다. 유리에 대한 α값은 약 8×10^{-6}/℃이고, 여러 가지 금속에 대해서는 $10\sim20\times10^{-6}$/℃이고, 알칼리 할로겐 화합물(alkali halide)에 대해서는 40×10^{-6}/℃이다.

만약 ΔT가 +이면 인장응력이 발생하고, −이면 압축응력이 발생한다. 보통 열팽창 변형은 등방성이며, 이방성 결정에 대해서는 열팽창 텐서(tensor)가 사용된다.

막의 열팽창에 의한 뒤틀림은 간략화된 조건하에서 계산할 수 있다. 짧은 막에 대한 열팽창의 예를 그림 6−1에 나타내었다.

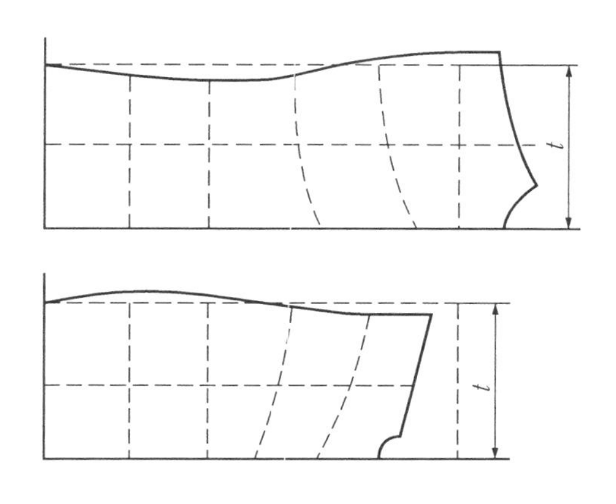

그림 6-1 짧은 막 ($L/t=5$, $\Delta\alpha\Delta T=20\%$) 에서 계산된 열적 뒤틀림

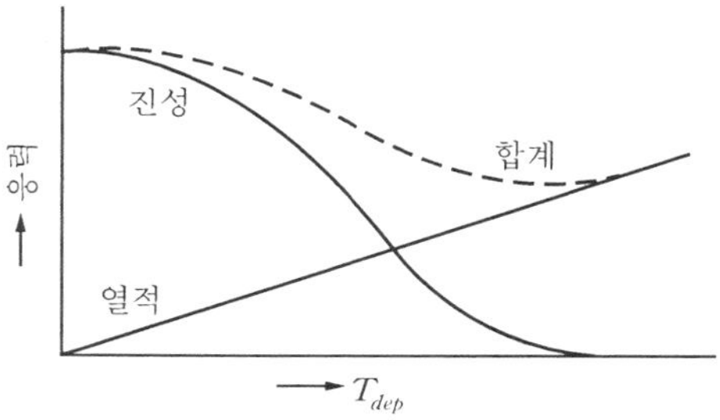

그림 6-2 증착온도에 따른 열적 및 진성응력의 의존성

진성응력이 작아도 열적응력은 중요하다. In, Sn 또는 Pb와 같은 융점이 낮은 금속막에서 진성응력은 실온에서 빨리 사라지고, $5\times10^2\,N/cm^2$ 보다 더 작은 값에 도달한다. 물론 진성응력과 열적응력 사이의 비는 실제 제조방법에 의존한다.

Chopra 에 의하면 75℃의 온도에서 연질 유리 위에 증착된 니켈 막을 25℃에서 측정하였을 때 열응력은 전체 응력의 약 5% 였다. 더 높은 온도에서는 열응력이 지배적이다.

열응력의 역할을 논의할 때 중요한 것은 막이 성장할 때의 실제 온도가 열전대로 측정한 기판온도와 상당히 다르다는 사실이다. 증착되는 동안의 실제 온도는 증착원의 열복사에 의해 결정되고, 응축되는 동안 해리된 잠열에 의해서도 결정된다. 앞의 인자는 표면의 반사계수에 더욱 의존하고, 막이 성장하는 동안에 변할 수도 있다. 즉, 실제 표면의 온도를 정확하게 결정하기는 어렵다.

기판온도 T_s 에서 증착된 후 T_o 의 온도로 냉각된 막 내에서의 응력의 의존성을 그림 6−2에 나타내었다.

만약 막의 열팽창계수가 기판의 것보다 더 크면, 응력에 대한 미분 열팽창의 기여가 증가한다. 진성응력은 온도에 따라 감소하는 함수이므로 온도는 전체 응력이 최소가 되도록 한다.

진성응력은 많은 원인에 의해 발생하고, 금속에 대해서는 $10^4 \sim 10^5\,N/cm^2$ 라는 큰 값에 도달한다. 응력은 인장과 압축적인 특성을 갖고 있으며, 실온에서 증착된 금속과 유전체에 대해서는 대부분 인장성이다. 응력 특성은 두께에 따라 변화하므로 막을 기판에서 분리시켰을 때 막이 동그랗게 말리는 것은 이 때문이다. 평균응력은 막의 두께와는 관계가 없다. 분명히 기판의 물질과는 관계가 없고 기판온도, 증착률, 입사각 등에 의존한다.

진성응력의 원인 중의 하나는 막의 실제 온도가 증착되는 동안의 기판온도와 상당히 다르다는 것이다. 또한, 막이 연속적으로 다른 조건에서 증착되는 것 같이 전공정을 통해 그 온도가 변화하는 것이다.

응력에 기여하는 다른 효과로는 증착과정에서의 상전이(결정성의 변화, 화학양론적 변화)와 이에 수반되는 체적 변화, 박막의 격자 결함 (주로 vacancy, void 등) 의 소멸, 박막 내의 불순물 원자의 첨가 등이다.

이외에도 박막 형성 초기의 표면적 변화에 의한 표면 에너지의 변화도 진성응력의 원인이다.

10 nm 두께 이하의 박막에서 기판 (σ_1) 과의 계면과 공기 (σ_2) 와의 계면에서의 표면 인장의 차는 역시 응력을 발생시키고, 다음과 같이 주어진다.

$$P = \frac{\sigma_1 - \sigma_2}{t} \qquad \text{(식 6-2)}$$

여기서, t 는 막의 두께이다. $\sigma \approx 10^{-4}\,J/cm^2$ 의 전형적인 값과 위에서 언급한 두께에서 응력은 $10^4\,N/cm^2$ 정도이다.

정전기적 효과도 어떤 영향을 미친다. 결정 위에 자유전하의 존재는 결정의 자유에너지를 증가시키고, 그 결과 기하학적인 변화를 발생시켜 응력을 변화시킨다.

막과 기판 사이의 격자상수의 차는 기판 인자에 대해 막의 첫 원자면에 영향을 주므로 격자는 약간 변형되고 전위(dislocation)가 발생한다. 점 결함 또는 불순물 원자를 포함하는 결함 등의 격자 결함뿐만 아니라, 전위는 결정의 크기, 원자간 간격의 변화 또는 상전이에 의해 응력을 발생시킨다.

중요한 역할은 결정입계에 의해 이루어지고 표면 효과도 포함된다. 그러나 이러한 메커니즘은 아직 잘 밝혀지지 않았고, 다른 종류의 응력의 원인은 여러 가지 증착방법에서 나타난다.

즉, 고온에서 증착되는 CVD 방법에서는 열응력이 지배적이고, 스퍼터링에서는 성장과정이 결정적이다.

그림 6-3은 UHV 내에서 또는 다른 기체(압력 4×10^6 torr)가 존재할 때 유리 위에 증착된 Ag-MgF_2 막의 두께에 대한 응력의 의존성의 예를 나타낸 것이다.

CH_4 (또한 N_2)에 대한 곡선은 UHV에 대한 곡선과 거의 일치하고, H_2O (또한 CO)에 대해서는 작은 변화가 나타났다. O_2에 대한 곡선은 상당히 다르게 나타났다.

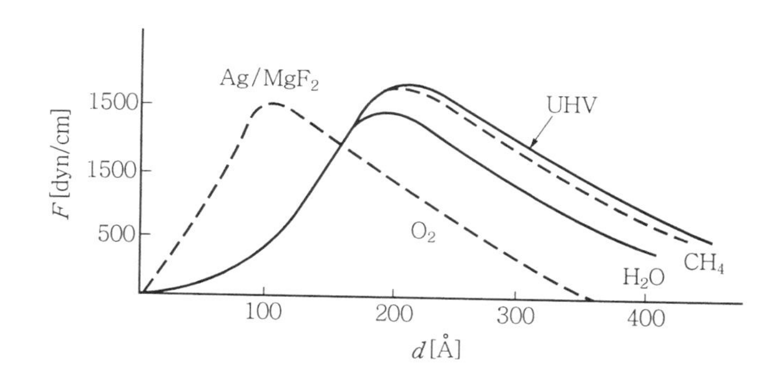

그림 6-3 다른 기체가 존재할 때 유리 위에 증착된 Ag / MgF_2 막의 두께에 따른 응력의 의존성

성장시 기체가 흡착되거나 다른 불순물이 포함된 막에서는 압축응력을 기대할 수 있다. 이것은 유리기판 위에 열적으로 성장된 SiO 막의 결과와 유사하다. 그림 6-4는 SiO 막 증착시의 잔류 수증기압에 따른 응력의 의존성을 나타낸 것이다. 물분자의 수가 증가할수록 압축응력이 더욱 크게 작용함을 알 수 있다.

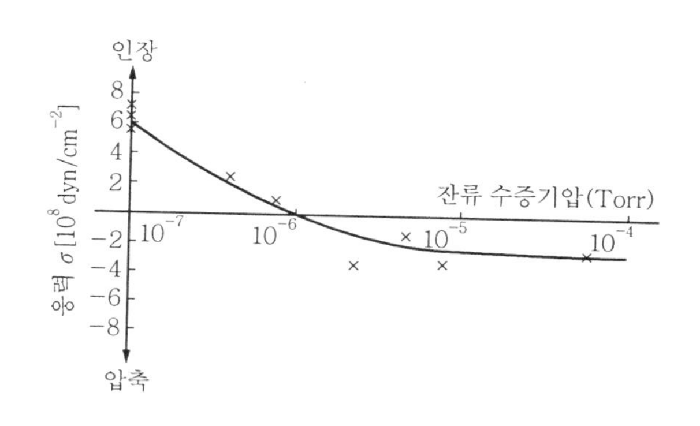

그림 6-4 SiO 막 증착시의 잔류 수증기압에 따른 응력의 의존성

SiO 막의 진공증착시 증착인자의 영향을 그림 6-5에 나타내었다. O 원자의 도달률 N에 따른 SiO 막의 응력은 압축에서 인장으로 변화함을 알 수 있다.

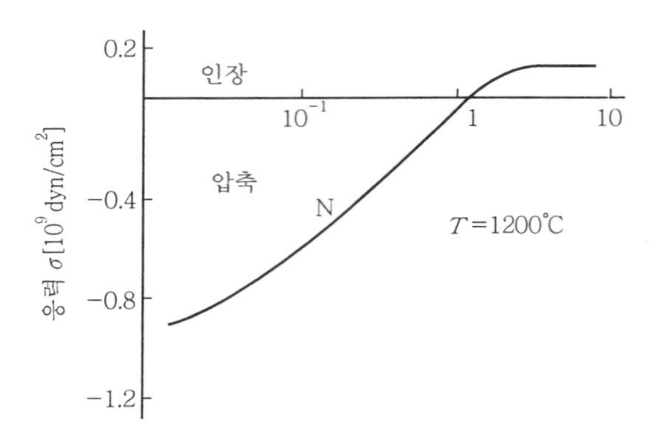

그림 6-5 SiO 막의 진공증착시 O 원자의 도달률 N에 따른 응력의 의존성

1-2 박막의 응력 측정

박막의 응력은 막의 성장이나 구조 변화에 의해 발생되는 내부응력과 바이메탈 효과에 의한 열적응력으로 구분된다. 초기에 막 내에서의 응력에 대한 연구가 보고되었으나, 실제로 측정된 것은 변형에 대한 것이었다. 측정은 주로 Hook 의 법칙을 응용한 것이다.

(1) 내부응력의 정적 측정법

막의 내부응력을 측정하기 위해 자주 사용되는 방법은 정적방법(static method)이다. 이 방법에서 막은 사각형의 줄 또는 판 형태의 얇은 기판에 증착된다. 기판은 어느 한쪽 끝이 고정되어 있거나 (cantilever beam) 양쪽 끝에서 지지된다. 박막에서 응력은 기판 내에 변형을 일으키므로 먼저 자유단의 변위가 측정되고, 다음으로 중심의 변위가 측정된다. 변위는 간섭방법, 전자역학적 방법(그 중 하나는 stylus 방법), 용량을 이용한 방법에 의해 측정된다.

응력은 기판에 대한 박막의 부착성이 강하고, 계면에서 변형이 없을 경우에 변위 δ로부터 계산된다. 응력 S는 다음과 같이 주어진다.

$$S = \frac{\delta E_s D^2}{3L^2 t(1-\chi_s)}\left(1 - \frac{E_f t}{E_s D}\right) \quad \cdots\cdots (식\ 6-3)$$

여기서, E_s와 E_f는 각각 기판과 막의 young 율, δ는 변위, t는 막의 두께, D는 기판의 두께, L은 기판의 길이, 그리고 χ_s는 기판에 대한 Poisson의 비이다.

$t \ll D$ 이므로, 위의 (식 6-3)은 다음과 같이 나타낼 수 있다.

$$S = \frac{E_s D}{6rt(1-\chi_s)} \quad \text{(식 6-4)}$$

여기서, r은 편향된 기판의 곡률 반지름이다. 기판은 보통 운모나 0.1 mm 두께의 유리판을 사용한다.

박막의 내부응력을 S, young 율을 E라고 하면, 박막의 단위 체적당 저장된 에너지 u는

$$u = \frac{S^2}{2E} \; [\mathrm{erg/cm^3}] \quad \text{(식 6-5)}$$

로 주어진다. 따라서, 박막의 두께를 t라 하면, 기판의 단위 면적 위의 박막에 저장된 에너지는

$$ut = \frac{S^2 t}{2E} \quad \text{(식 6-6)}$$

로 된다.

(2) 내부응력의 동적 측정법

박막에서의 응력은 동적방법(dynamic method)으로도 측정할 수 있다. 한쪽 면에 금속으로 도포된 얇은 수 μm 유리 멤브레인(membrane)이 금속링 위에 펴져 있다. 이것은 진공장치 내에 놓여지고, 배기된 후에 역학적으로 진동된다.

기본적인 공진 주파수는 약 1~2 kHz이다. 멤브레인의 표면에 막이 증착되는 동안 질량의 변화와 응력 효과에 의해 공진 주파수가 변화된다. 질량의 변화는 진동하는 수정결정 위에 막이 증착됨과 동시에 관찰된다. 그리고 응력은 이론식으로부터 계산된다.

측정의 정확도는 주파수, 멤브레인의 두께, 유리와 박막의 질량의 정확한 측정에 의존한다. 링에 대한 멤브레인의 부착의 재현성도 역시 중요하다. 또한, 박막에서 응력은 전자나 X-선 회절에서 회절 무늬나 점을 넓게 하는 사실을 이용하여 결정될 수 있다. X-선 회절에서 Bragg 각이 더 크기 때문에 더 좋은 결과를 얻을 수 있다.

막의 표면에 평행한 응력에 대해 다음 식이 성립한다.

$$S = \frac{E_f}{1-\chi_f}\frac{d_o - d}{d_o} \quad \text{(식 6-7)}$$

그리고 수직응력에 대해서는

$$S = \frac{E_f}{2\chi_f}\frac{d-d_o}{d_o} \quad \cdots\cdots (식\ 6-8)$$

여기서, d_o는 응력이 없는 벌크 물질의 격자상수, d는 응력이 있는 막 내에서 측정된 격자상수, 그리고 χ_f는 막의 Poisson의 비이다.

X-선 회절을 이용한 응력 측정에서 법선 방향과 각 ϕ를 이루는 방향의 격자면의 간격을 a_ϕ라 하면,

$$a_\phi = \frac{1+\chi_f}{E_f} S \sin^2\phi \cdot a_o + a_n \quad \cdots\cdots (식\ 6-9)$$

의 관계를 얻는다. 여기서, E_f는 막의 young 율, a_o는 무응력 상태의 면간격, a_n은 박막 표면에 수직인 방향의 면간격을 나타낸다. ϕ에 대해서 면간격 a_ϕ를 측정한 후, a_ϕ를 $\sin^2\phi$의 함수로서 구한 기울기로부터 막의 내부응력 S를 계산할 수 있다.

그림 6-6은 경사법에 의한 격자정수로부터 응력을 결정하기 위한 a_ϕ와 $\sin^2\phi$의 관계를 나타낸 것이다.

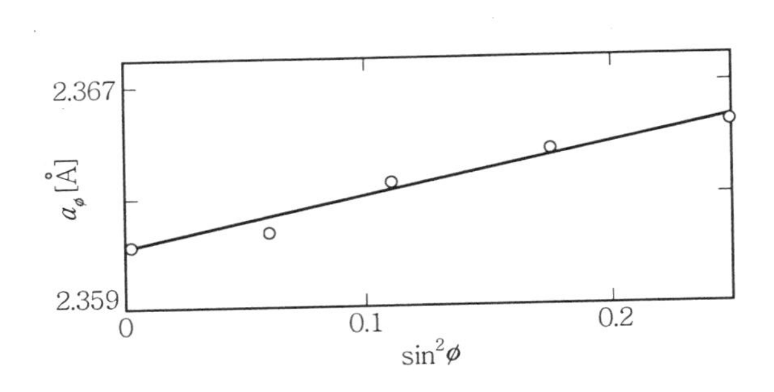

그림 6-6 격자정수로부터 응력을 결정하기 위한 a_ϕ와 $\sin^2\phi$의 관계

원리적으로 응력에 의존하는 것으로 알려진 다른 특성을 응력 측정에 이용할 수 있다. 즉, 강자성 박막에서의 이방성의 발생, 반도체에서의 금지대 갭의 변화, 그리고 전기저항의 변화 등을 포함한다. 막의 단위 면적당 최소로 작용하는 힘은 측정방법에 따라 다르고 기록방법에 의존한다. 이 힘은 $1N/cm^2$에서 수천 분의 $1N/cm^2$까지 변한다.

1-3 박막의 역학적 상수 측정

역학적 상수를 결정하는 데 가장 중요한 것은 인가한 응력에 대한 변형의 의존성의 관계이다. 이 관계의 전형적인 결과를 그림 6-7에 나타내었다. 이 의존성은 처음에는 선형적이지만 그 후에는 기울기가 감소한다. 두 번째 측정은 초기 곡선을 재현하지 않고 어떤 변형된 곡선을 나타낸다. 이것은 초기 곡선의 어느 부분에서나 매우 작은 응력에서도 완전한 탄성적 변형이 없다는 것이다. 만약 막에 어떤 시간 동안 응력을 가하면 휨이 관찰될 것이다.

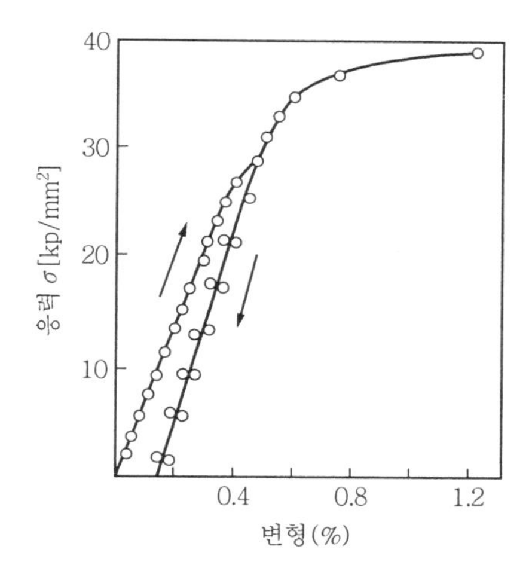

그림 6-7 (111) Au 단결정 막에 대한 응력-변형곡선

장력 측정과 함께 주어진 응력의 부하에서 막의 변형을 측정하는 장치를 그림 6-8에 나타내었다. 시편 S_p가 두 개의 고정장치에 연결되어 있고, 그 가운데 한쪽은 고정되어 있고, 다른 쪽은 솔레노이드 S에 삽입된 자석과 연결되어 있다.

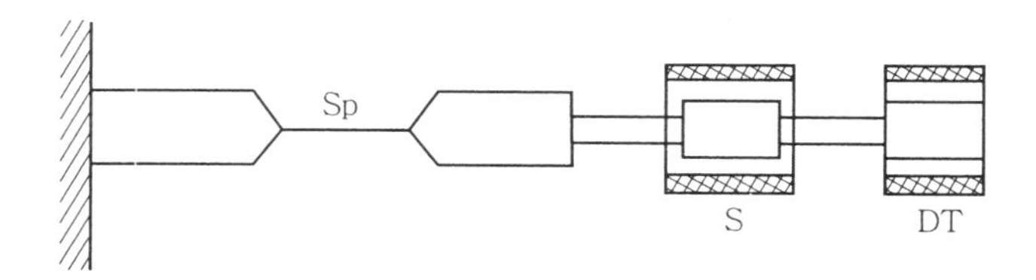

Sp : 박막(시편), S : 솔레노이드, DT : 미분 변압기

그림 6-8 응력 변형 측정을 위한 장치

솔레노이드를 통해 전류를 흐르게 하고, 막에 장력을 작용시키면 그 변형이 미분 변압기(DT)나 광학적 방법 등의 다른 방법에 의해 기록된다.

이 방법은 바늘과 같은 단결정을 측정하기 위해 개발된 것으로 주로 0.1 μm 이상 두께의 막에 사용된다.

다른 방법은 어떤 압력이 존재하는 원통관의 한쪽 끝에 조사하고자 하는 막을 설치하는 것으로, 이 경우 막은 팽창되고 일종의 구형 모자가 형성된다. 이 변형은 간섭계로 관찰할 수 있다. 이 경우 잘 알려진 Newton 의 간섭 무늬가 발생하고, 원형 모양이 달라진 정도에 의해 막의 이방성을 평가할 수 있다. 압력차 p 를 사용하면 관계식은 다음과 같다.

$$p = \frac{2t}{r}\left[S_o + \frac{E_f\, a^2}{3p^2(1-\chi_f)}\right] \quad \text{(식 6-10)}$$

여기서, r 은 모자의 반지름, a 는 막의 반지름, S_o 는 압력차가 작용하지 않는 막 내의 응력이다 (다른 기호는 앞의 식에서와 같은 의미이다).

실제로 팽창된 것은 구형 모자 모양이 아니고 회전성 포물면이나, 쌍곡선의 모양이므로 현미경에서 기본적인 인자를 결정하고 더 복잡한 식을 사용할 필요가 있다. 이 방법의 어려움은 막을 가장자리에 신뢰성 있게 부착하는데 있다.

Si 기판 − SiO_2 막의 계에서는 시편의 형성에 표준 식각공정이 이용되고, 그 결과 미세 규모의 측정이 가능하다. 막 내에 압축성 내부응력이 존재한다면 기판에서 막을 분리시켰을 때 팽창과 휨이 일어나고, 이것은 그림 6−9에서와 같이 광학적으로 관찰할 수 있다.

역학적 강도를 측정하기 위해서 원통의 표면에 막을 증착하면 막의 부착성은 약해지고, 그 크기를 알 수 있다. 원통이 회전되면 어떤 속도에서 막이 균열된다. 이것은 원심력 효과 때문으로 쉽게 계산된다.

다른 강도 측정방법을 다음 그림 6−10에 나타내었다. 막은 홈이 파여진 판 위에 증착되고, 힘은 화살표 방향으로 가해진다. 이 방법은 전자 현미경으로 막의 파괴과정을 직접 관찰할 수 있게 한다.

그러나 구성이 복잡하므로 정량적인 결과는 단지 근사화된다. 그런 면에서 막이 증착되는 동안의 직접적인 측정은 매우 가치가 있다.

또한, 레이저를 이용한 간섭방법과 홀로그래피 기술을 이용한 방법이 보고되고 있다. Moire 기술은 이방성 막에서의 응력을 결정하는 데 적용된다. 그리고 증착과정에 의한 열적 효과는 제외되거나 최소화되어야 한다.

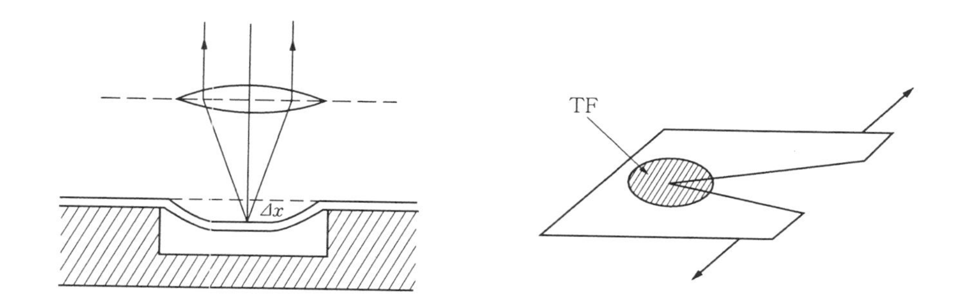

그림 6-9 국부응력을 결정하는 Moat 기술　그림 6-10 간단하게 박막의 장력을 측정하는 개략도

그림 6-11은 박막의 탄성을 측정하기 위한 로터리식 인장시험기의 개략도를 나타낸 것이다. 두께 1 μm, 폭 1mm의 박막시료를 측정하는 경우, 0.1 g의 하중에 의해 0.1 kg / mm^2의 응력을 작용시킨다.

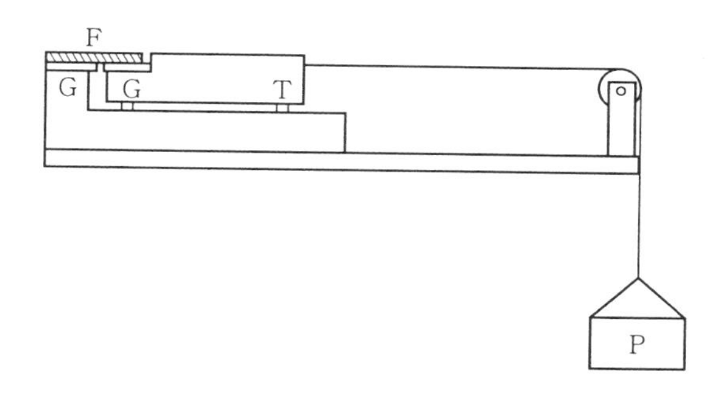

그림 6-11 로터리식 인장시험기의 개략도

Neugebauer는 Au 막의 young 율을 인장시험기로 측정하였다.

표 6-1에 그 결과를 나타내었다. 증착막의 배향 정도가 막의 탄성에 영향을 주는 것을 알 수 있다. 벌크의 Au에서는 방향에 따라 다음과 같은 young 율을 갖는 것으로 알려져 있다.

(100) 방향　4200 kg / mm^2

(110) 방향　8500 kg / mm^2

(111) 방향　11400 kg / mm^2

표 6-1 Au 박막의 young 율

결정 상태	두께 (Å)	young 율 (kg / mm²)
완전 배향 (100) 방향	2650 2900 3000	4800 4850 5160
부분 배향	1480 1500 1900 2900	4000 4380 3400 4430
무 배 향	620 4175 5000 15500	3080 7120 5400 6700

1-4 박막의 부착성

(1) 부착성

박막이 기판 위에 형성된 이상, 기판과 박막 사이에는 어떤 상호작용이 존재한다. 이 상호작용의 일반적인 표현이 부착성(adhesion)이다. 박막은 한 면이 부착에 의해 구속되어 있으므로 박막 내에 변형이 일어나기 쉽다. 여기서, 박막면의 수직인 단면을 가정하면, 단면의 양쪽 부분에는 서로 힘이 작용하고 있다. 이 힘을 내부응력이라 부르며, 부착성과 내부응력은 박막에서 특징적인 현상이다.

표 6-2 여러 가지 결합의 상호작용 에너지

결 합 형 태		에너지(kcal / mol)
화학 결합	이온 결합 공유 결합 금속 결합	140~250 15~170 27~83
분자간 결합	수소 결합 쌍극자-쌍극자 쌍극자-유기쌍극자	<12 kcal < 5 kcal <0.5 kcal

경험에 의하면, 기판에 대한 부착성이 약한 막은 그 성능도 좋지 않은 경우가 많다. 부착성은 박막이 어떤 세기로 기판에 부착되어 있는가를 나타내는 것이다. 이것은 기판과 막 사이의 성질과 결합력의 세기에 의존한다. 표 6－2는 여러 가지 결합의 상호작용 에너지를 나타낸 것이다.

(2) 부착성의 측정원리

부착성은 접착성 테이프를 이용하여 기판으로부터 막을 벗겨내는 peeling 법에 의해 평가할 수 있다. 그림 6－12 는 기판상에 부착되어 있는 막을 셀로판 테이프로 벗겨내어 막의 부착성을 측정하는 원리를 나타낸 것이다. 테이프가 당겨질 때 막은 기판에서 부분적으로 제거되거나 완전히 제거된다. 이 경우 보통 θ는 90°로 하고, θ가 동일하게 유지되도록 기판을 이동시킨다.

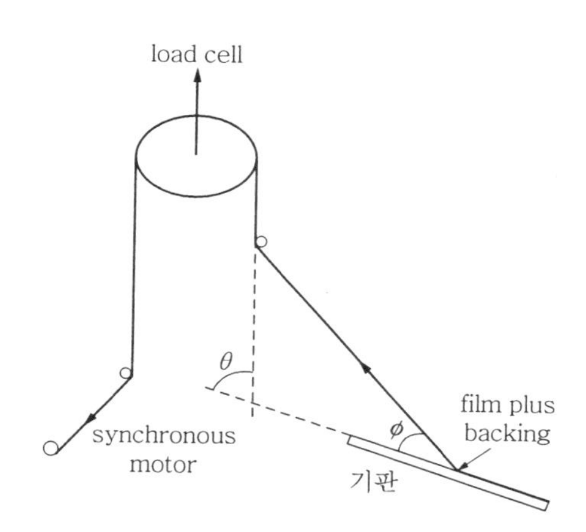

그림 6－12 peeling 법에 의한 부착성의 측정원리

막을 긁어내는 스크러치(scratch)법에 의한 부착성의 측정은 Heavens에 의해 최초로 이루어졌다. 그 후 Benjamin과 Weaver에 의해 정량적인 측정이 가능하게 되었다.

이 방법에서는 둥근 크롬강의 끝이 막의 표면을 가로질러 이동하고 인가된 부하는 점차로 증가된다. 막이 기판으로부터 벗겨지는 임계부하가 부착성을 나타내는 값이다. 팁의 지름이 0.08～0.003 cm인 경우, 임계부하는 막과 기판의 성질에 따라 수 g 으로부터 100 g 또는 그 이상으로 변화한다.

금속 팁 프로브에 의한 스크러치법을 이용하여 다양한 종류의 증착막에 대해 부착성을 조사할 수 있다.

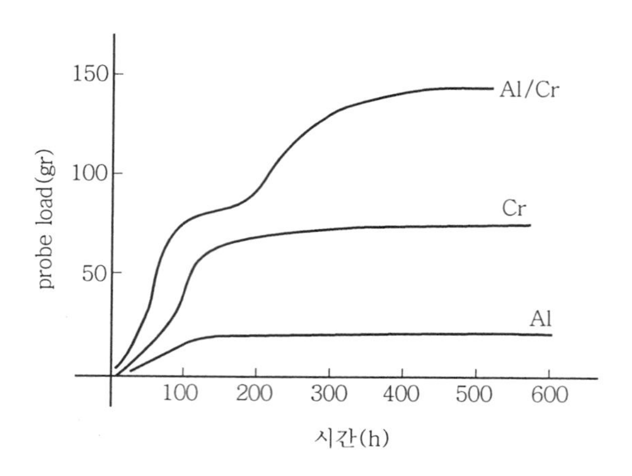

그림 6-13 Al, Cr, Al/Cr 막에 대한 시간에 따른 부착성(Al 700Å, Cr 150Å)

그림 6-13은 실온에서 유리기판 위에 증착된 Al, Cr, Al/Cr 막의 시간에 따른 부착성을 나타낸 것이다.

유리기판 위에 증착된 Al/Cr 막의 부착성은 어떤 구간에서 시간에 따라 증가하는 특성을 나타내었다.

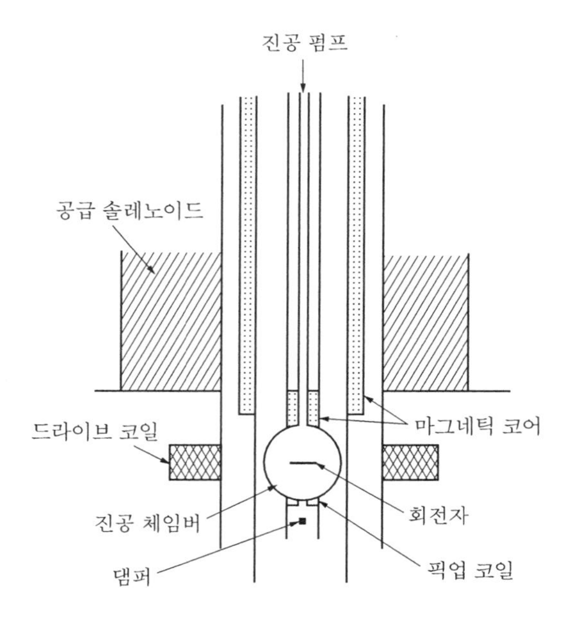

그림 6-14 초원심력법에 의한 부착성의 측정원리

앞의 그림 6-14와 같은 초원심력법에 대해 살펴보기로 한다. 이 방법은 내부에 강자성체를 포함하는 회전자(원판 또는 구로, 그 표면에 막이 부착되어 있다)를 수직 방향의 솔레노이드 자계에 의해 부유시키고, 수직 방향을 축으로 하는 회전 자계를 인가하여 고속으로 회전시키는 것이다. 막은 원심력에 의해 기판으로부터 떨어져 나가는 힘을 받으면서 비접촉으로 막을 떼어낼 수 있다. 이 방법은 장치가 복잡할 뿐만 아니라 고속 회전의 문제가 있으므로 부착성이 매우 약하거나 막이 매우 두꺼운 경우로 한정된다.

최근에는 기판에 초음파 진동을 가하고, 그 때 발생하는 가속도에 의해 막을 떼어내는 초음파법이 개발되었다. 금속막의 경우 이 방법을 적용하기 위해서는 막을 두껍게 해야 하지만, 두꺼운 막은 내부응력에 의한 영향이 있으므로 측정값을 그대로 믿기에는 어려운 단점이 있다.

(3) 부착 에너지

기판과 박막이 이종 물질이고, 두 물질 사이에 경계 또는 계면이 존재할 때 부착현상을 살펴보기로 한다.

부착 에너지는 기판과 박막의 물질 사이의 상호작용 에너지로, 이것은 계면 에너지의 일종이다. 부착 에너지를 기판과 박막 사이의 거리로 미분한 최대값이 실용적 의미의 부착력이다.

어떤 연구자들은 부착성이 van der Waals의 힘에 의한 것이라고 말한다. 다른 alkali halide 위에 증착된 몇 종류의 금속에 대해 단위 면적당 van der Waals의 에너지와 긁어내기 방법에서 가해진 힘 사이에 직선적인 관계가 얻어졌다.

일반적으로 van der Waals의 힘은 이종 물질의 원자 사이의 상호작용으로, 이것은 영구 쌍극자 및 유도 쌍극자 사이의 힘이나 기타의 분산력의 총칭이다. 두 분자 사이의 이 상호작용 에너지를 U라 하면,

$$U = -\frac{3\alpha_A\alpha_B}{2r^6}\frac{I_A I_B}{I_A+I_B} \quad \cdots\cdots \text{(식 6-11)}$$

로 주어진다. 여기서, r은 분자 사이의 거리, α는 분자의 분극률, I는 분자의 이온화 에너지이다. 그리고 첨자 A와 B는 각각 두 분자 A와 B를 나타낸다. 많은 부착현상은 van der Waals의 힘으로 설명되고 있다.

만약 유리 위에 산화물을 형성시키는 금속이 증착되면, 산화물의 천이 영역은 기판과 부착성을 크게 향상시키는 막 사이에 존재한다.

이 경우 대기로부터 산소의 확산에 의해 시간이 경과하면서 부착성이 증가된다. 이 과정은 막의 구조에 의존하며, 미세 결정막은 산소를 더 잘 통과시키므로 이 과정이 촉진된다.

음극 스퍼터링에 의해 형성된 막은 진공증착된 막보다 부착성이 우수하다. 이것은 기판 표면에 결함을 만들어 결합 에너지를 증가시키고, 기판과 스퍼터링된 물질 사이에 천이 영역을 형성시키는데 높은 에너지의 충돌 입자가 기여하기 때문이다. 기판상의 불순물은 결합 에너지가 감소되느냐 또는 증가되느냐에 따라 부착성을 약화시키거나 강화시킨다.

부착성을 측정한 여러 가지 결과로부터 다음과 같은 결론을 얻을 수 있다.

① 금속박막 : 유리기판의 계에서는 Au 박막의 부착성이 매우 약하고, $10^6 \sim 10^7$ dyn/cm^2 이다.

② 산화되기 쉬운 원소를 갖는 박막의 부착성은 매우 좋다.

③ 박막의 가열(증착 중 또는 증착 후)은 부착성 및 부착 에너지를 증가시킨다. Au/유리기판의 경우, 부착성은 수배로 되고, 부착 에너지는 200~300 erg/cm^2 으로부터 2000~4000 erg/cm^2 으로 증가한다.

④ 기판을 이온으로 조사하면 부착성이 증가한다.

산화물의 경우 부착성은 van der Waals 의 힘 또는 화학적 결합에 의한 것이다. 금속과 알칼리 핼라이드(alkali halide)와의 부착성은 전기적 이중층의 형성과 관련되어 있다고 여겨진다.

박막과 기판이 전도성이고, Fermi 준위의 차가 존재하면, 박막의 형성에 의해 한쪽으로부터 다른 쪽으로 전하가 이동하여 계면에 전기적 이중층이 생긴다. 이 때 박막과 기판 사이의 정전기력 F 는

$$F = \frac{n^2}{2\varepsilon_o} \quad \text{(식 6-12)}$$

로 주어진다. 여기서, n 은 계면에서의 전하밀도, ε_o 는 진공의 유전율이다. 이 힘이 부착의 원인이 되는 것도 충분히 고려할 수 있다.

1-5 Rayleigh 표면파

(1) 체적 탄성파

압전 특성은 결정구조에 매우 민감하고, 박막화하는 경우에는 박막물질의 결정성이 문제이다. 또한, 압전 효과는 방향성에 크게 의존하므로 전장과 기계 변위의 방향에 의한 최적의 결정 방위가 존재한다. 따라서, 그런 방향성을 갖는 결정박막을 얻기는 어렵다. 그러므로 임의의 기판상에 결정성이 양호한 압전 특성을 갖는 박막을 얻는 기술이 매우 중요하게 된다.

고체 내에서 체적 탄성파가 발생된다는 사실은 잘 알려진 것이다. 100 Hz 로부터 수 MHz 까지의 주파수를 갖는 파는 여러 가지 압전소자 및 역학적 필터 등에 사용된다. 파는 횡적 또는 종적일 수 있고, 횡파의 속도는 다음과 같이 주어진다.

$$C_{tr}=\sqrt{\frac{G}{\rho}} \quad \cdots\cdots \text{(식 6-13)}$$

여기서, G 는 비틀림 탄성률, ρ 는 고체의 밀도이다.

(2) 표면 탄성파

체적 탄성파 외에도 물체의 표면은 1887년 Rayleigh 에 의해 최초로 보고된 표면 탄성파를 나타낸다. 이 파를 RSW (Rayleigh surface wave) 또는 ASW (acoustic surface wave) 라고 부르기도 한다. 이 파는 벌크의 파보다 더욱 느리고, 그 속도는

$$C_R=C_{tr}\frac{0.07+1.12x}{1+x} \quad \cdots\cdots \text{(식 6-14)}$$

로 주어진다. 여기서, x는 Poisson의 상수이다. 이 속도는 매우 넓은 범위, 즉 2×10^5~6×10^5 cm/s 의 전형적인 값에 대해 주파수와는 무관하다.

이와 같이 10 MHz 로부터 10 GHz까지의 주파수에 대해 파장은 0.6 mm 로부터 0.2 μm 까지 변한다. 벌크 방향으로의 감쇠는 지수적이고, 전파 방향으로의 감쇠는 매우 작다.

표면 바로 아래의 깊이 d 에 따른 진폭의 의존성은 그림 6-15에서와 같이 주어진 진동의 파장 단위로 측정된다. 깊이에 따른 진폭의 감소는 주파수에 의존하고 고주파에서는 저주파에서보다 더욱 강하게 진동한다.

만약 파장을 정수로 나눈 것과 같은 두께를 갖는 표면상에 어떤 다른 막이 존재하면, 그 파는 분산하게 된다. 그리하여 이것은 많은 소자로 구성된 음향 도파로를 구성하게 된다.

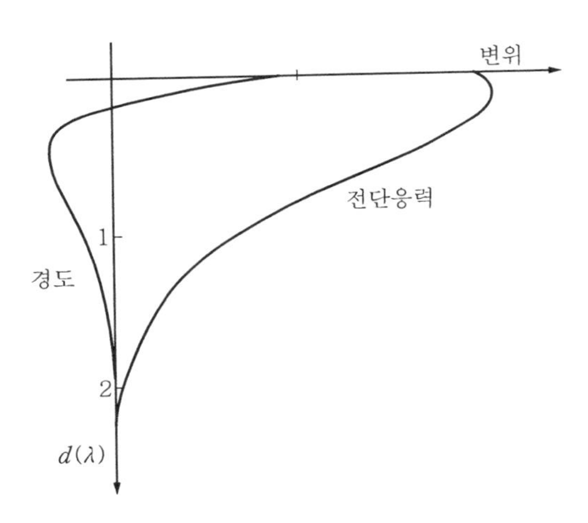

그림 6-15 종적, 비틀림 진동 모드에 대한 표면 아래의 깊이에 따른 변형의 의존성

(3) 도파로

도파로는 그림 6-16에서와 같이 막이 도파로로서 작용하는 층형(layer type)과 두 막 사이에 동작부분이 있는 슬롯형(slotted type)이 있다. 전자의 경우는 분산 (주파수에 따른 전파 속도의 변화)이 음이고, 후자의 경우는 양이다. 주파수의 범위는 막의 두께에 의존하고, 작은 분산을 갖는 광대역 소자로는 슬롯형 도파로가 더욱 효율적임이 밝혀졌다.

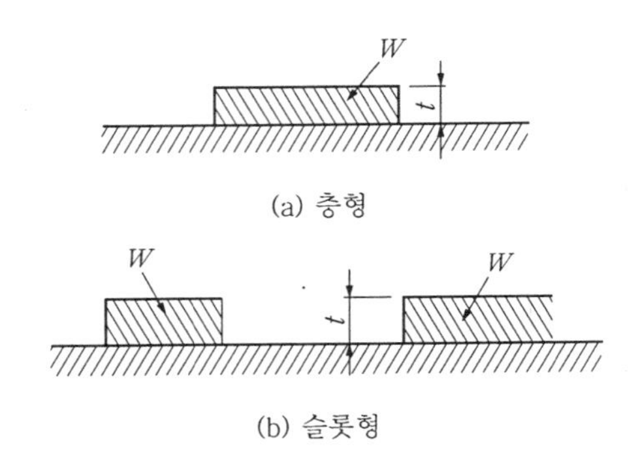

그림 6-16 도 파 로

(4) 표면 음향파

표면 음향파는 그림 6-17에서와 같이 웨지(wedge) 소자를 통한 전기음향 트랜스듀서와 막의 기계적 접촉(a), 압축성으로 여기된 금속 빗(b), 인터디지털 트랜스듀서(c)에 의해 여기된다.

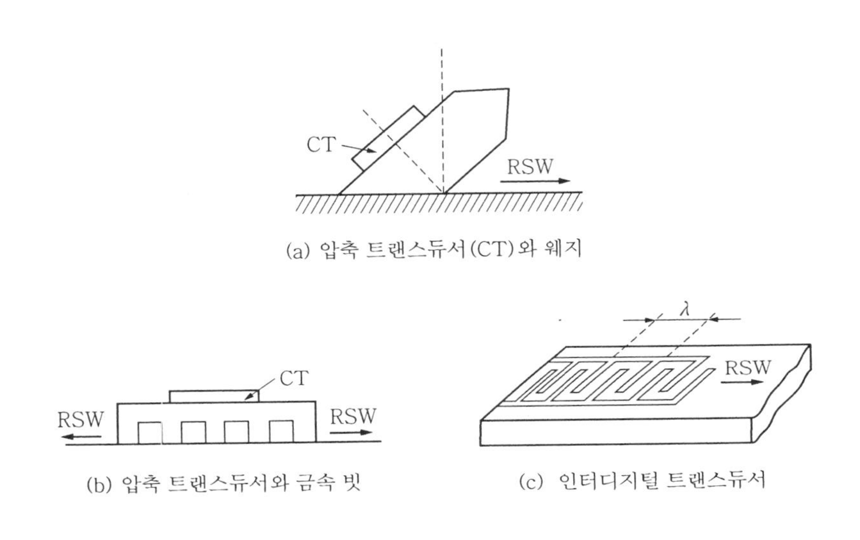

그림 6-17 Rayleigh 표면 음향파의 여기 모드

2. 박막의 전기적, 자기적 특성

전자공학에서 모든 종류의 박막 응용기술의 발전으로 박막의 전기적, 자기적 특성은 큰 관심을 갖게 되었다.

현대의 고체이론은 주어진 물질의 에너지 구조, 즉 전자의 에너지 준위의 위치와 상태 밀도에 대한 정보를 제공한다. 이 이론은 밴드이론으로 알려져 있으며, 결정질 재료의 전자의 에너지가 금지대 갭에 의해 분리되어 있는 허용된 에너지의 밴드를 형성한다는 것이다. 주어진 재료가 금속, 반도체 또는 절연체인가를 결정하는 것은 이 밴드의 모양과 점유에 의한 것이다.

초기의 밴드이론은 가상적인 무한 결정에 대해 개발되었다. 그러나 벌크 결정재료의 표면 근처에서는 결정 퍼텐셜의 교란으로 에너지 상태 밀도가 변화하고 에너지 구조의 변화를 일으킨다.

이러한 효과는 반도체의 표면상태에서 현저하게 나타난다.

박막의 구조는 이론에서 가정한 이상적인 것과는 매우 다르고 많은 막들은 다결정이다. 이 경우 기본적인 밴드구조는 무한 단결정에 대해 유도한 것과 같지만 결정 입계가 매우 중요하게 된다.

어떤 경우에 결정 입계는 각각의 결정립의 벌크 인자보다도 더 시편의 특성에 영향을 미친다. 장거리 질서(long-range order)도 아니고 단거리 질서(short-range order)도 아닌 비정질막에 있어서는 관련된 물질의 배열만이 존재한다. 단결정, 다결정 또는 비정질 상태의 물리적 특성은 서로 매우 다르다.

저항, 접촉, 그리고 상호연결을 위해 박막을 사용할 경우에는 전도도 및 그것의 온도 의존성, 열처리 공정시의 안정성 등을 알아야 한다. 저항률의 조사는 이론적 및 실제적인 관점에서 모두 중요한 금속막의 구조적 및 전기적 특성을 고찰할 수 있게 한다.

한편, 도체를 통해 대전류를 흐르게 하면, 그 특성은 물론 모양에서도 상당한 변화를 일으킬 수 있다. 이 가운데 전자 마이그레이션(electromigration)과 같은 효과는 집적회로에서 중요한 불량의 원인이 되므로 최근에 집중적으로 연구되고 있다. 커패시터의 절연층으로 유전체 박막을 사용하는 경우에는 절연특성, 유전상수, 수송현상, 절연파괴 등의 연구가 필수적이다. 광전자공학과 집적광학에서의 응용을 위해서는 전자－광학, 자기－광학, 압전현상에 대한 지식이 중요하다.

초전도를 기초로 전자기파의 발생과 검출에 대한 새로운 원리가 형성되었다. 초전도는 고용량, 고속 메모리에 사용될 수 있고, 그것을 실현하기 위해 자기박막이 매우 가치 있게 되었다.

끝으로 반도체 박막에서의 전기적 수송현상은 반도체 전자공학에 중요한 기초를 형성한다.

2－1 연속적인 금속막의 전도도

(1) 면저항

두 접촉 사이에 놓인 금속막의 저항은 다음 식으로 주어진다.

$$R = \rho \frac{l}{S} \qquad \text{(식 6−15)}$$

여기서, S는 기하학적 인자로 막의 단면적, l은 길이, ρ는 저항률이다. 그림 6－18에서와 같은 구조에서 막의 저항을 구하면,

$$R = \frac{\rho}{t}\frac{l}{b} \quad \text{(식 6－16)}$$

로 된다. 만약 $l = b$이면,

$$R = \frac{\rho}{t} = R_s \quad \text{(식 6－17)}$$

로 된다. 여기서, R_s를 면저항이라 부르고, 단위는 Ω/□로 나타낸다. 이 면저항은 유사한 조건에서 증착된 같은 물질의 막을 비교하는데 유용하게 사용된다. 막의 두께와 면저항을 알면, 저항률은 다음 식과 같이 주어진다.

$$\rho = dR_s \quad \text{(식 6－18)}$$

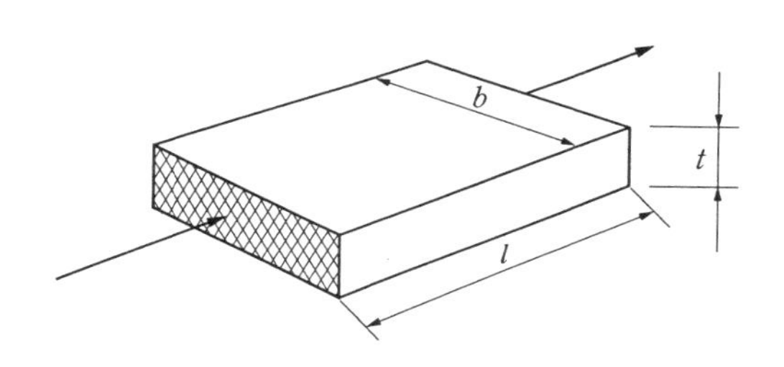

그림 6－18 면저항의 정의

(2) 면저항의 측정법

막의 저항률을 측정하는데는 4점 프로브법이 많이 이용되고 있다. 그림 6－19에서와 같은 4점 프로브법에서 저항률은 다음 식과 같이 주어진다.

$$\rho = \frac{V}{I}\frac{2\pi}{\frac{1}{s_1}+\frac{1}{s_3}-\frac{1}{s_1+s_2}-\frac{1}{s_2+s_3}} \quad \text{(식 6－19)}$$

만약 $s_1 = s_2 = s_3 = s$이면, 위의 식은 다음과 같이 된다.

$$\rho = \frac{V}{I}(2\pi s) \quad \text{(식 6－20)}$$

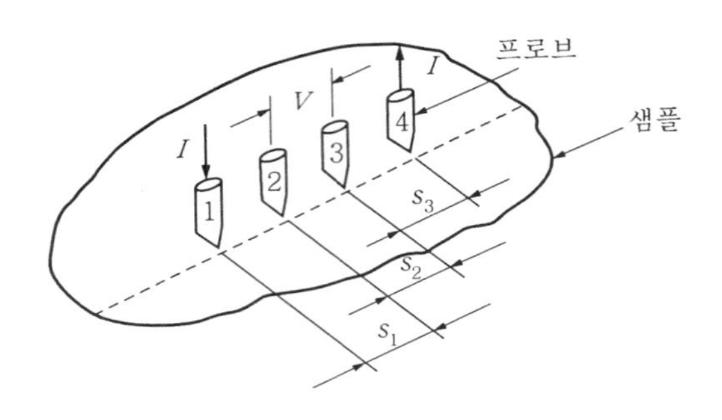

그림 6-19 4점 프로브법

이 저항률이 벌크 물질의 저항률과 같은가 생각해 보자. 측정결과 박막의 저항률이 더 큰 것으로 나타났다.

금속이 이온과 전자를 갖는 격자로 구성된다는 개념으로부터 출발하면, 저항률은 자유전자와 격자 결함의 충돌에 기인한 것이라는 결론을 얻게 된다. 전자의 평균 자유행정이 길수록, 벌크 물질의 전도도 σ_B 는 더욱 커진다. 기본적인 이론에 의한 σ_B 는 다음 식으로 주어진다.

$$\sigma_B = \frac{Ne^2\lambda_o}{\mu} \quad \text{(식 6-21)}$$

여기서, N 은 자유전자의 농도, λ_o 는 벌크 물질 내에서 전자의 평균 자유행정, m 과 e 는 각각 전자의 질량과 전하량, u 는 평균 열속도이다. 전자의 충돌수의 증가는 전도도의 감소, 즉 저항률의 증가를 나타낸다. 이론적으로는 격자가 완전하다면 격자와 전자의 충돌로 인해 전도도가 감소되지 않는다는 것과 저항률은 단지 불완전한 격자와의 충돌만에 의한다는 것이 밝혀졌다. 불완전성은 실제적으로 격자구조의 불규칙성(불순물, 대칭성 결함)일 수 있고, 열적진동에 의한 어떤 주어진 격자점의 변위의 결과일 수도 있다.

두꺼운 막 $(t \gg \lambda_o)$ 에 대한 전도도 σ 는 다음 식으로 주어진다.

$$\sigma = \sigma_o\left(1 + \frac{3\lambda_o}{8t}\right)^{-1} \quad \text{(식 6-22)}$$

그리고 얇은 막 $(t \gg \lambda_o)$ 에 대한 전도도 σ 는

$$\sigma = \sigma_o\frac{3t}{4\lambda_o}\left(\ln\frac{\lambda_o}{t} + 0.4228\right) \quad \text{(식 6-23)}$$

로 된다. 산란에 의해 반사되는 전자의 비율을 p라 하면, 위의 (식 6−22)와 (식 6−23)은 각각 다음과 같이 된다.

$$\sigma = \sigma_o\left(1+\frac{3(1-p)\lambda_o}{8t}\right)^{-1} \quad \cdots\cdots \text{(식 6−24)}$$

$$\sigma = \sigma_o\frac{3t}{4\lambda_o}(1+2p)\left(\ln\frac{\lambda_o}{t}+0.4228\right) \quad \cdots\cdots \text{(식 6−25)}$$

그림 6−20은 여러 가지 p값에 대해 t/λ_o에 따른 ρ/ρ_o의 이론적인 결과를 나타낸 것이다.

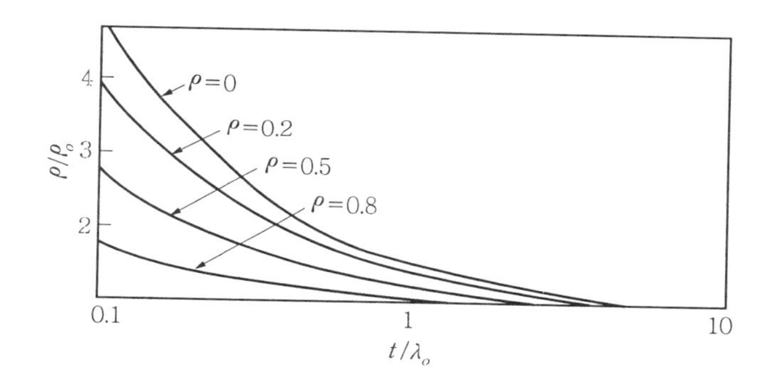

그림 6-20 t/λ_o에 따른 ρ/ρ_o의 의존성

Matthiessen의 법칙에 의하면 저항률은 특별한 형태의 산란에 대응하는 성분으로 나뉘어질 수 있다. 벌크 물질에 대한 저항률은 다음 식으로 주어지고, 실험적으로 Matthiessen의 법칙은 잘 유지되는 것으로 알려져 있다.

$$\rho_B = \rho_{ph} + \rho_g \quad \cdots\cdots \text{(식 6−26)}$$

여기서, ρ_{ph}는 결정격자의 진동(포논 상호작용)에 의한 것이고, ρ_g는 기하학적 구조 결함에 의한 산란에 대응된다. 포논 상호작용은 온도가 감소함에 따라 감소하고, 매우 낮은 온도에서는 결함과 상호작용하는 것에 대응하는 잔류 저항률만 남는다.

그러므로 저항률을 다음과 같이 온도에 의한 저항률 ρ_{temp}와 잔류 저항률 $\rho_{residual}$의 합으로 나타낼 수 있다.

$$\rho_B = \rho_{temp} + \rho_{residual} \quad \cdots\cdots \text{(식 6−27)}$$

또한, 표면산란(surface scattering)에 의한 저항률을 ρ_s라 하면, 저항률 ρ는 다음과 같이 주어진다.

$$\rho = \rho_{ph} + \rho_g + \rho_s \quad \text{(식 6-28)}$$

저항률의 온도계수는 다음과 같이 정의된다.

$$\alpha = \frac{1}{\rho}\frac{d\rho}{dT} \quad \text{(식 6-29)}$$

일반적으로 이 계수는 박막과 벌크 물질에서 서로 다르다. 벌크 물질(첨자 B) 및 박막(첨자 f)에 대한 온도계수는 각각 다음과 같이 정의된다.

$$\alpha_B = \frac{1}{\rho_B}\frac{d\rho_B}{dT}, \quad \alpha_f = \frac{1}{\rho_f}\frac{d\rho_f}{dT} \quad \text{(식 6-30)}$$

다소 두꺼운 막에서는 표면산란이 온도에 무관하므로, 다음과 같이 나타낼 수 있다.

$$\frac{d\rho_f}{dT} = \frac{d\rho_{ph}}{dT} = \frac{d\rho_B}{dT} \quad \text{(식 6-31)}$$

그러므로 (식 6-30)으로부터 다음의 식을 얻을 수 있다.

$$\alpha_f\,\rho_f = \alpha_B\,\rho_B \quad \text{(식 6-32)}$$

매우 얇은 막($t \leqq 0.1\lambda_o$)에 대한 저항률의 온도계수는 다음과 같이 주어진다.

$$\alpha_f = \frac{\alpha_B}{\ln\frac{\lambda_o}{t} + 0.4228} \quad \text{(식 6-33)}$$

2-2 불연속적인 금속막의 전도도

앞 절에서는 막의 두께가 어디에서나 균일한 연속적인 막에 대해 살펴보았다. 그러나 초기 성장단계에서만 연속적인 막이 존재한다. 이 경우의 막은 다른 섬들(islands)과 물리적으로 연결되어 있거나 그렇지 않은 작은 섬들로 구성되어 있다. 만약 각각의 섬들이 벌크의 값에 근접하는 저항률을 갖더라도, 단지 기하학적인 이유만으로도 높은 저항률이 측정될 것이다. 그러나 매우 얇은 막의 온도계수는 벌크의 값에 근접한다. 대신에 그런 막들은 보통 음의 온도계수를 갖는다.

불연속적인 금속막의 전기적 특성은 Mostovetch와 Vodar에 의해 측정되었다. 그림 6−21은 서로 다른 불연속적인 금속막의 저항−온도 특성을 나타낸 것이다.

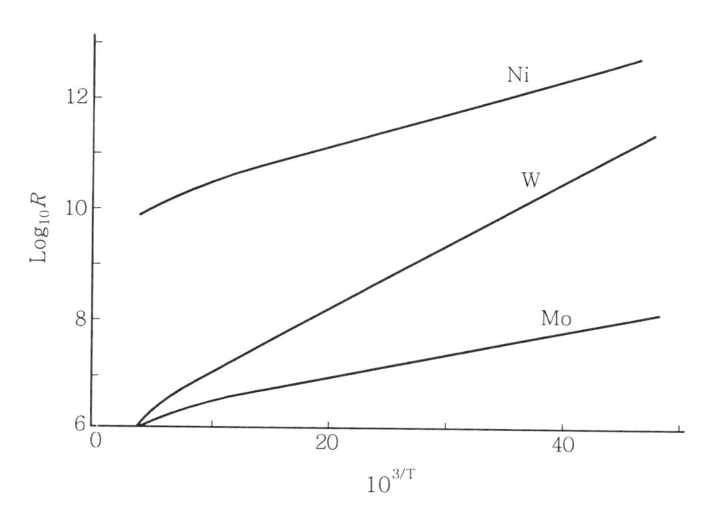

그림 6-21 세 개의 불연속적인 금속막의 저항-온도 특성

그림 6−22는 유리기판 위에 증착된 수 Å두께의 Ni 막에 대한 온도에 따른 컨덕턴스의 의존성을 나타낸 것이다. 그림에서와 같이 1/T에 대한 컨덕턴스의 대수값은 우수한 선형성을 나타내었다. 이 때 온도는 77 K로부터 373 K까지 변화시켰다.

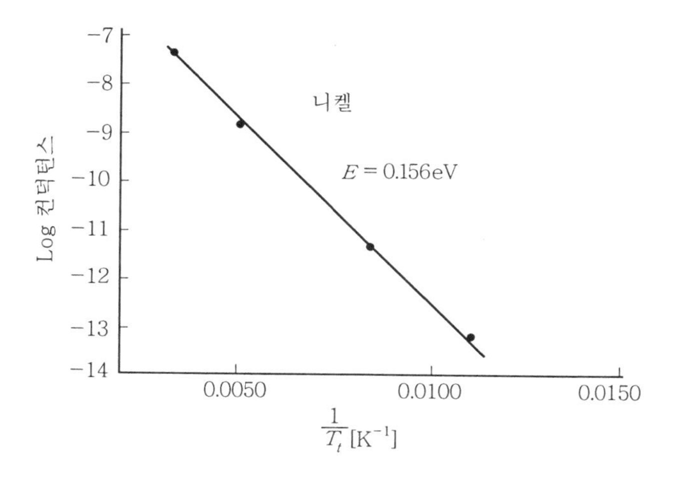

그림 6-22 불연속적인 Ni 막에 대한 컨덕턴스의 온도 의존성

두께의 변화에 대한 박막의 전도도는 많은 인자들에 의존하고, 그림 6-23에서와 같이 막의 전도도는 두께에 따라 급격하게 증가한다. 이 때 막의 두께는 막이 연속적으로 되는 단계이고, 정상적인 금속의 전도도를 나타낸다. 매우 얇은 두께의 막은 전자 현미경에 의해 확인되듯이 전기적으로 고립된 섬들로 구성되어 있다.

그러나 이들 막의 전도도는 벌크 금속보다 절대 크기에서 훨씬 낮을 뿐만 아니라 온도 의존성이 다르다. 그리고 이 때의 전도도는 온도에 따라 지수 함수적으로 증가한다. 이 종류의 온도 의존성은 열적으로 활성화된 과정이 불연속적인 막의 전도도에 포함된다는 것을 보여준다.

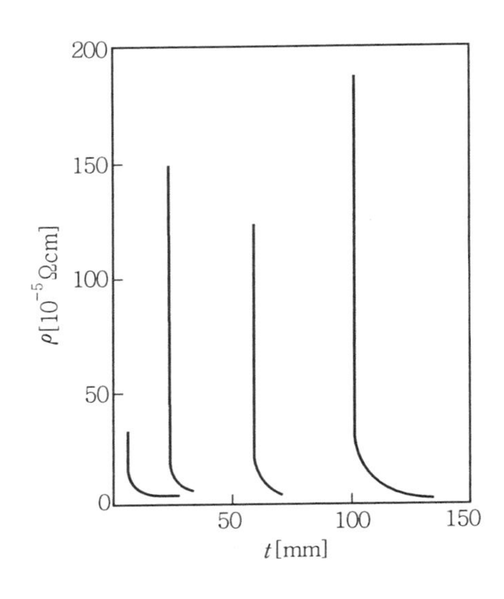

그림 6-23 유리 위에 증착된 Hg 막의 저항률의 두께 의존성
(왼쪽에서 오른쪽으로 각각 20 K, 68 K, 78 K, 90 K)

이 전도도는 두 가지 다른 개념으로 고려할 수 있다.

그림 6-23 (a) 전하 수송은 한 섬으로부터 열적으로 방출되어 다른 섬에 의해 포획된 전자에 의한 것이다.

그림 6-23 (b) 수송은 기판 또는 진공을 통해 두 개의 이웃하는 섬들 사이의 터널링에 의해 영향을 받는다. 만약 섬들 사이의 강한 전장에 의해 수송이 이루어지면 전자를 field-assisted 열적 방출 또는 쇼트키 효과라고도 한다.

섬들 사이의 실제 전장은 막의 길이, 인가 전압 등과 같은 거시적인 인자로부터 계산된 것보다 훨씬 더 강하다. 이것은 금속 섬 내에서의 전장이 실제적으로 0이고, 전위의 기울기가 갭에 집중되기 때문이다. 결론적으로는 300 K에서 보통 인자의 막 내에서 쇼트키 효과는 섬 사이의 간극이 10 nm 이상으로 큰 경우에만 지배적이고, 2~5 nm 의 간극에서는 터널링 효과가 지배적이다.

섬들 사이의 열적 방출은 금속에서 진공으로의 열적 방출에 대한 Richardson 방정식과 유사하다. 흐르는 전류에 비례하는 전도도는 다음 식으로 주어진다.

$$\sigma = \frac{BeT^2}{k} d \exp\left(-\frac{\varphi - Ce^2/d}{kT}\right) \quad \text{(식 6-34)}$$

여기서, φ 는 막의 벌크 상태의 일함수, d 는 섬들 사이의 거리, C 와 B 는 상수, k 는 Boltzmann 상수, T 는 절대온도, 그리고 e 는 전자의 전하량이다. Ce^2/d 의 항은 섬 사이의 거리가 작을 때 유효 일함수를 줄일 수 있는 영상력(image force)의 영향을 나타낸다. 만약 섬들 사이에 전장 F 를 인가하면 쇼트키 효과에 의해 유효 일함수는 더욱 감소할 것이다.

$$\varphi_{ef} = \varphi - \frac{Ce^2}{d} - Ce\sqrt{eF} \quad \text{(식 6-35)}$$

열적 방출과 쇼트키 방출에 의한 전도도는 그림 6-24에서와 같이 $1/T$ 에 대한 전도도의 대수값은 선형 의존성을 갖는다. 특히, 낮은 전장에서는 선형(σ 가 상수), 강한 전장에서는 $\sqrt{F}$ 에 대한 지수적 의존성을 나타낸다.

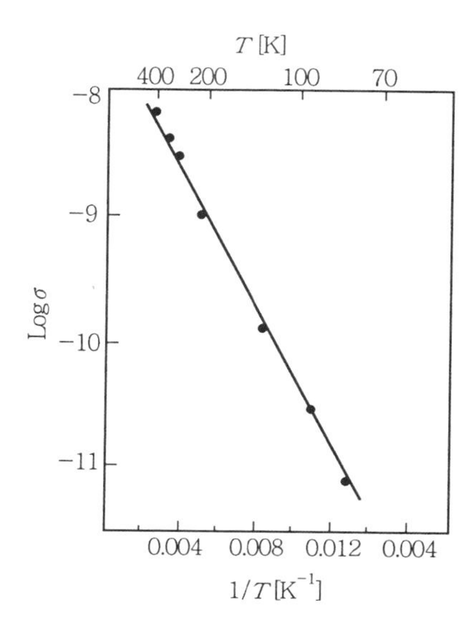

그림 6-24 섬 구조의 Pt 막에 대한 log σ 대 $1/T$ 특성

작은 유전체 갭에 의해 분리된 두 도체 사이의 전자의 터널링에 대해서는 많은 연구자들에 의해 연구되었다. 전자가 높이 ϕ, 폭 d인 장벽을 통과하는 확률 D는 다음 식으로 된다.

$$D=\frac{\sqrt{2m\phi}}{h^2 d}\exp\left[-\frac{4\pi d}{h}\sqrt{2m\phi}\right] \quad \text{(식 6-36)}$$

여기서, h는 Planck 상수이다. 인가 전위차가 매우 낮은 경우 반지름 r의 입자가 같은 종류의 다른 입자로 천이할 확률은

$$P=Dr^2eV \quad \text{(식 6-37)}$$

이다. 전자가 두 입자 사이를 이동하는데 필요한 시간은 천이확률에 반비례하므로, 이동도(단위 전장에서의 속도)는 다음과 같이 표현된다.

$$\mu=\frac{dP}{V/d}=Der^2d^2 \quad \text{(식 6-38)}$$

두 개의 중성입자 사이에 전하를 유도하려면, Coulomb의 힘을 극복하기 위해 에너지가 공급되어야 한다. 에너지는 $W=e^2/\varepsilon r$이고, ε은 유전상수이다. 이것이 열의 형태로 공급되는 활성화 에너지이다.

열역학적 평형상태에서 전하의 농도는

$$n=\frac{n_o}{n_o r^3}\exp\left[-\frac{e^2}{\varepsilon rkT}\right] \quad \text{(식 6-39)}$$

이다. 여기서, n_o는 전체 입자의 수이다.

적당한 표현을 사용하면 다음과 같이 전도도에 대한 식을 얻을 수 있다.

$$\sigma=ne\mu=\frac{e^2d\sqrt{2m\phi}}{rh^2}\exp\left[-\frac{e^2}{\varepsilon rkT}-\frac{4\pi d}{h}\sqrt{2m\phi}\right] \quad \text{(식 6-40)}$$

이 경우에 σ는 $1/T$에 지수 함수적으로 의존하고, 낮은 전압에서의 전류는 Ohm의 법칙을 따른다.

강한 전장 내에서는 장벽의 높이와 폭이 장에 의해 변화되므로, 유효 활성화 에너지는 더욱 감소한다.

전장 F에 의한 효과는 다음 식으로 표현된다.

$$W_{ef} = \frac{e^2}{\varepsilon r} - \frac{2e\sqrt{eF}}{\varepsilon} + reF \quad \text{(식 6-41)}$$

여기서, 작은 r과 중간 정도의 전장에서는 마지막 항을 무시할 수 있다. 강한 전장에서는 터널링 확률이 매우 크므로, 전체 과정이 전자의 열여기율에 의해 제한되고 전류는 포화된다.

2-3 반도체 박막의 전기적 특성

반도체 박막에 대한 실험적 조사는 아직도 금속막의 연구보다 훨씬 어렵다. 이것은 전도도 등의 특성이 불순물의 농도 변화 및 결정격자의 결함에 크게 의존하기 때문이다.

표면 특성과 효과는 반도체에서 매우 중요하고 전기적 특성에 특별한 영향을 미친다. 이것은 표면 전하에 의한 전장이 반도체 내의 전하의 수송현상에 영향을 주기 때문이다.

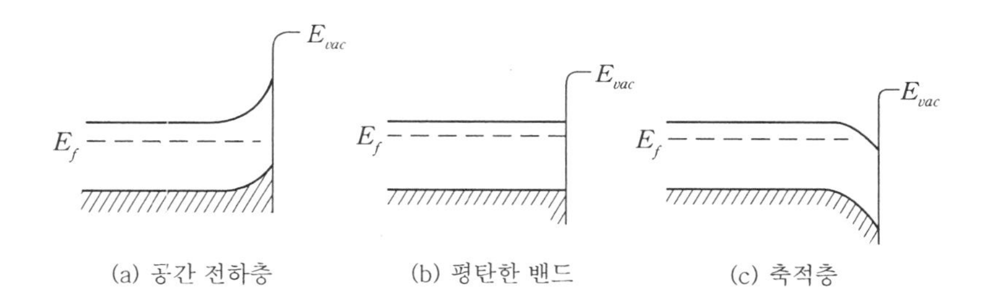

그림 6-25 n형 반도체 표면에서 에너지 밴드의 변화

특별한 경우에만 이 전장을 무시할 수 있고, 이것은 위의 그림 6-25에서와 같이 표면에서 에너지 대역이 휘어지도록 한다. 이러한 결과는 두께가 두꺼운 시편이나 두께가 장의 투과 깊이에 비해서 작은 막을 다룰 때 나타난다. 즉, Debye 길이는

$$L_D = \left(\frac{4\pi\varepsilon kT}{e^2(n_o + p_o)} \right)^{1/2} \quad \text{(식 6-42)}$$

로 나타낸다. 여기서, n_o와 p_o는 각각 벌크 물질에서 전자와 정공의 농도, ε은 유전상수이다.

표면과 벌크의 두 형태의 산란에 대해 살펴보자. 이들 각각의 상호작용은 그것의 특성 이완시간과 합성 이완시간 τ를 갖고 있으며, 다음과 같이 주어진다.

$$\frac{1}{\tau_f}=\frac{1}{\tau_s}+\frac{1}{\tau_o} \quad \text{(식 6-43)}$$

막의 전체 두께를 평균속도 v_z로 나누면 τ_s를 얻을 수 있다. 즉,

$$\tau_s=\frac{t}{v_z}=\frac{t}{\lambda}\,\tau_o=\gamma\,\tau_o \quad \text{(식 6-44)}$$

여기서, λ는 다음 식으로 정의된 전자의 평균 자유행정이다.

$$\lambda=\tau_o\, v_z\,,\quad \gamma=t/\lambda$$

λ는 다음 식과 같이 다른 인자들과 관계가 있다.

$$\lambda=\mu_o\,\frac{h}{e}\left(\frac{3}{8\pi}\,n_o\right)^{1/3} \quad \text{(식 6-45)}$$

여기서, μ_o와 n_o는 각각 n형 벌크 물질의 자유 캐리어의 이동도와 농도이다. 축퇴된 반도체(degenerate semiconductor)에 대한 전형적인 값은 $n_o=10^{18}/\text{cm}^{-3}$, $\mu_o=1000\,\text{cm}^2/V_s$이므로, λ는 약 20 nm이다.

박막 내의 이동도는 벌크에서의 것과 유사한 식을 이용할 수 있다. 즉, $\mu_f=e\tau_f/m$으로, 여기서 m은 캐리어의 유효 질량이다. (식 6-43)과 (식 6-44) 으로부터

$$\mu_f=\frac{\mu_o}{1+1/\gamma} \quad \text{(식 6-46)}$$

로 된다.

더욱 두꺼운 막 ($t>L_D$)에서는 표면 전하에 의한 에너지 밴드의 휨을 무시할 수 없고, 전도도에서 크기 효과 (size effect) 는 주로 이 인자로 기술되어야 한다.

표면 전위의 강하를 V_s로 나타내면 정규화된 양인 $v_s=eV_s/2kT$와 표면으로부터 공간 전하의 중심까지의 유효 거리 L_{ef}를 도입할 수 있다.

$$L_{ef}=\frac{v_s}{F_s}\,L_D \quad \text{(식 6-47)}$$

여기서, F_s는 공간 전하 분포함수이고, 이것은 v_s가 증가함에 따라 급격하게 감소한다. 만약 에너지 밴드가 약간만 휘게 되면, 즉 v_s가 작다면 L_{ef}는 L_D에 접근한다.

한편, 표면 이동도는 이론적으로 다음의 식으로 주어진다.

$$\mu_s = \frac{\mu_o}{1 + \frac{1}{L_{ef}}(t-p)(1+v_s)^{1/2}} \quad \text{(식 6-48)}$$

여기서, p는 전체 전자 가운데 반사적으로 산란되는 전자의 비율이다.

그림 6-26은 진공증착된 다결정 Ge 막에 대한 실험 결과와 이론값을 비교한 것이다.

CdS, CdSe, PbSe, PbTe 등의 II-VI족 반도체와 GaAs, GaP, InAs, InSb, GaSb 등의 III-V족 반도체에 대한 많은 연구가 이루어졌다. 이들 재료들은 우수한 광전도도, 광기전력 효과 또는 발광 특성을 갖는다. 이러한 재료 가운데 어떤 것은 레이저나 고주파 발진기용으로도 사용되고 있다. 여기서 모든 특성을 설명할 수는 없으며, 그 재료들을 박막으로 제조하는 경우 복잡한 기술적 문제가 있다. 그러나 이 문제는 새로운 증착방법에 의해 해결될 수 있다.

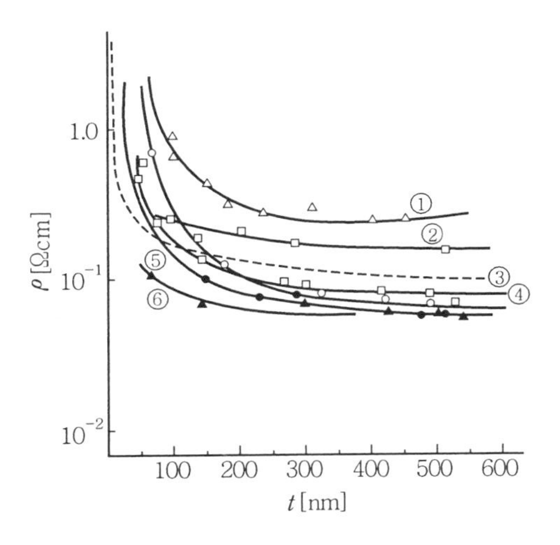

① 7.2 nm/min, ② 200 nm/min, ③ 75 nm/min
④ 470 nm/min, ⑤ 210 nm/min, ⑥ 120 nm/min
점선은 $p=0$, $\lambda=50$ nm에 대한 이론값을 나타낸다.

그림 6-26 여러 가지 증착률의 Ge 막에 대한 저항률의 두께 의존성

2-4 기체 흡착에 의한 저항률의 변화

표면의 조건들이 박막의 저항률에 영향을 미치는 것을 알았다. 만약 표면이 반응성 기체와 접촉한 상태에 있으면, 기체의 흡착 또는 흡수가 일어난다. 그리고 기체의 흡착이 저항률을 증가시키는 원인이 된다는 것이 밝혀졌다.

Suhrmann 은 흡착된 원자들이 자유전자의 일부를 구속하므로 전자의 농도가 감소하고, 저항률이 증가한다는 가정을 기초로 한 모델을 제안하였다. 근사적으로 저항률의 상대적 증가인 $\Delta\rho/\rho$ 는 막 내의 전도 전자수의 상대적 감소인 $-\Delta N/N$ 에 비례한다. 감소분 $-\Delta N$ 이 흡착된 원자의 수 n_a 에 비례하고, 전자의 수 N 이 t 에 비례한다고 가정한다면,

$$\frac{\Delta\rho}{\rho} = K_1 \frac{n_a}{t} \quad \text{(식 6-49)}$$

로 된다. 여기서, K_1 은 상수이다.

ρ/ρ_o 의 비(ρ 는 막의 저항률, ρ_o 는 벌크의 저항률) 가 두께 t 와 열처리 온도 AT 의 함수라고 가정하면 $\rho/\rho_o = f(t,\ AT)$ 이다. 즉,

$$\frac{\Delta\rho}{\rho\Delta t} = \frac{\Delta f(t,\ AT)}{f(t,\ AT)\Delta t} = \frac{h(t,\ AT)}{t} \quad \text{(식 6-50)}$$

이고, Δt 를 n_a 라고 가정하면,

$$\frac{\Delta\rho}{\rho} = \frac{K_2 h(t,\ AT) n_a}{t} \quad \text{(식 6-51)}$$

로 된다.

함수 f 와 h 는 다른 열처리 온도에서 측정된 저항률의 두께 의존성으로부터 실험적으로 얻을 수 있다.

열처리된 다결정 막은 매우 평탄한 면을 갖지만 그들의 특성은 주로 결정입계 산란에 의해 영향을 받는다. 금속막과 반응성 기체의 상호작용에서는 화학적 흡착 결합에 의한 전도 전자의 구속이나 산화물과 같은 표면 화합물의 형성을 가정할 수 있다. 저항률 증가의 시간 의존성은 한 개 이상의 흡착된 단층이 저항률의 변화를 일으키는 것을 의미한다.

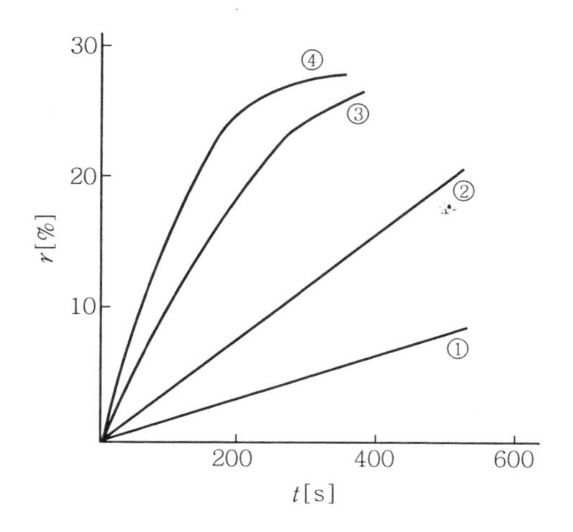

$r = \Delta R / R_o (R_o = 5\text{k}\Omega)$
① 1.6×10^{-6} Pa, ② 3×10^{-6} Pa, ③ 8×10^{-6} Pa, ④ 1.6×10^{-5} Pa

그림 6-27 여러 가지 압력에서 산소에 노출되는 동안 Ti 막의 저항률 변화

그림 6-27은 T_i / O_2 상호작용의 예를 나타낸 것이다. 그러나 다결정 막에 대해서는 입계를 따른 기체의 확산과 내부 산란 중심의 수적인 감소도 고려해야 한다. 어떤 경우에는 벌크 확산도 역할을 한다.

그림 6-28은 금속(Ti)과 수소와의 상호작용을 나타낸 것이다. 이것은 표면의 상호작용만으로 설명할 수 없고, 수소는 더욱 낮은 저항률을 갖는 수소 화합물을 형성하면서 층의 내부로 확산된다.

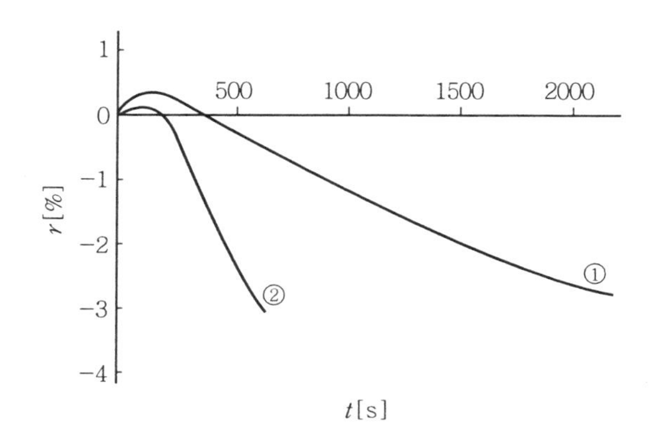

$r = \Delta R / R_o (R_o = 4.5\text{k}\Omega)$ ① 4×10^{-5} Pa, ② 1.6×10^{-4} Pa

그림 6-28 여러 가지 압력에서 수소에 노출되는 동안 Ti 막의 저항률 변화

다른 물질을 박막의 표면 위에 형성하면 박막의 표면상태가 변화된다. 이 때 저항률의 증가 또는 감소는 막의 조합에 따라 다르게 된다.

반도체 박막의 저항률에 대한 기체 흡착의 영향은 매우 복잡한 현상이다. 왜냐 하면 흡착은 반도체의 표면상태를 변화시키고, 표면층의 모든 전기적 인자들을 변화시킨다. 이것은 앞의 금속에 대해서 논의한 효과들과도 관련이 있다. 그러므로 이에 대한 일반적인 법칙을 논의할 수는 없다.

2-5 전자 마이그레이션

전자 마이그레이션은 전류나 전장에 의해 물질을 수송하는 현상이다. 이것은 1930년 이후 알려졌으며, 금속으로부터 불순물의 분리, 물질의 도핑 및 특별한 기술적 공정 등을 위해 사용되었다.

그러나 현재 이 효과에서는 부정적인 결과가 더욱 중요하다. 왜냐 하면 대전류에서 미세 회로의 전도용 박막 배선을 파괴시키기 때문이다.

일반적으로 다른 원인에 의해 격자 내에서 물질이 수송될 수 있다. 입자의 흐름 I는

$$I = -D\nabla N + F\frac{D}{kT}N \quad \text{(식 6-52)}$$

으로 주어진다. 여기서, D는 확산계수, N은 입자농도, F는 구동력이다. 입자농도의 기울기를 포함하는 첫 번째 항은 등온(isothermal) 확산에 해당한다. F가 전기력이면, 두 번째 항은 전자 마이그레이션에 대응한다. 이 경우

$$F = Z^{*}|e|E = (Z^{*}_{f} + Z^{*}_{w})|e|E \quad \text{(식 6-53)}$$

Z^{*}는 입자의 유효 전하수이다. $Z^{*}_{f}|e|E$ 항은 직접적인 전기력을 나타낸다.

$Z^{*}_{w}|e|E$ 항은 전기적 "wind"의 힘을 나타낸다.

이것을 그림 6-29에 나타내었다. 전장에 의해 격자 내의 양이온은 오른쪽으로 이동한다. 한편, 반대 방향으로 이동하는 전자들은 충돌시에 그들의 운동량의 일부를 양이온에 전달하여 양이온이 왼쪽으로 이끌리게 한다.

금속에서는 직접적인 전기력에 해당하는 첫 번째 항이 무시될 수 있다. 그러므로 물질은 음극으로부터 양극으로 수송된다.

이 결과 양극에는 물질이 쌓이고, 음극에는 구멍과 균열이 발생한다. 이로 인해 그림 6-30에서와 같이 박막계는 파괴된다.

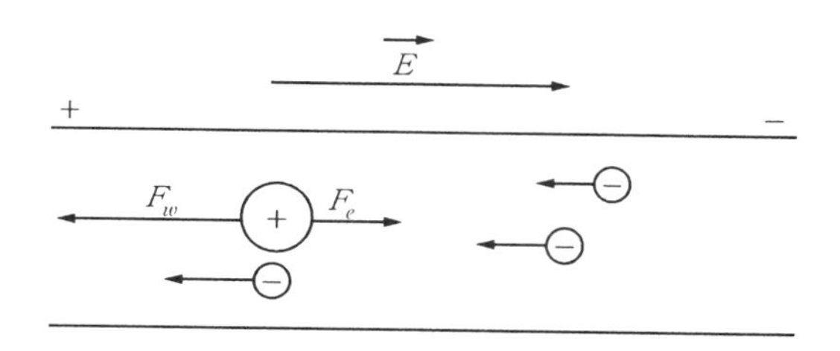

그림 6-29 전자 마이그레이션 메커니즘

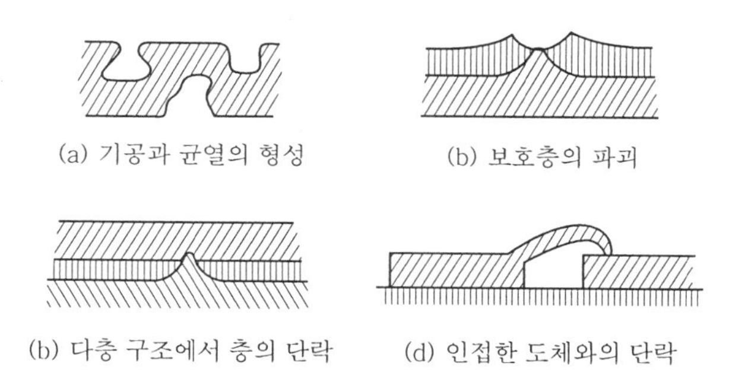

그림 6-30 전자 마이그레이션에 의한 박막의 파괴형태

균열과 기공(a)은 전류밀도를 더욱 증가시키고, 결국에는 배선을 파괴시킨다는 결과를 낳는다. 융기(b, c)는 다중 배선의 단락 및 보호층의 균열을 일으킬 수 있다. 그리고 긴 융기(d)는 인접한 도체와의 단락을 일으킬 수 있다.

AlCu 합금 내에서 Al의 전자 마이그레이션의 경우, 448 K에서 Z^*_w는 −30이다. 이 효과는 온도와 전류밀도에 따라 증가한다. 175℃의 온도 및 2×10^4A/mm^{2}의 직류에 대해 Al 배선의 수명은 단지 30시간이다.

전자 마이그레이션에 의한 파괴는 불균일성이 나타나는 곳(온도, 저항률, 확산계수 등이 변화하는 곳과 결정 입계, 부착성 등의 기하학적인 불균일성이 있는 곳)에서 시작된다.

실제적인 목적으로 동일한 시료의 50%가 파괴될 때의 시간을 t_{50}으로 정의한다. 이것은

$$t_{50} = \frac{A}{j^n} \exp\left(\frac{Q}{kT}\right) \qquad \text{(식 6−54)}$$

로 표현된다.

여기서, A 는 막의 기하학적 구조와 물리적 특성에 의존하는 상수이고, j 는 전류밀도이다. n 은 이론적으로는 1, 실험적으로는 Al 의 경우 2~3 의 값을 갖는 지수로, 일반적으로는 전류밀도 j 에 의존한다. 또한, Q 는 공정의 활성화 에너지로, 결정입계에서의 확산의 활성화 에너지와 관련이 있다.

2-6 박막의 전류 자기효과

가장 많이 알려진 전류 자기효과는 Hall 효과이다. x 방향으로 전류 I_x 가 흐르는 도체가 전류 방향과 수직인 자장 (Hz) 내에 있다면, 전하는 자장과 전류의 방향에 대해 모두 수직인 방향 (y 방향) 으로 작용하는 Lorentz 의 힘을 받게 된다. 이 결과 Hall 전장이 형성된다.

$$E_y = \frac{I_x H_z}{ne} \quad \text{(식 6-55)}$$

여기서, I_x 는 전류밀도, H_z 는 자장의 세기, n 은 캐리어 농도이다. Hall 계수는

$$R_H = \frac{E_y}{I_x H_z} = \frac{1}{ne} = \mu\rho \quad \text{(식 6-56)}$$

로 나타낸다. 여기서, μ 는 캐리어의 이동도, ρ 는 주어진 물질의 저항률이다. 그러나 이 식은 자유 캐리어가 한 종류인 물질에 대해서만 유효하다. 다른 경우의 반도체에서는 R_H 가 결합의 특성에 의존하고 $1/ne$ 과 같지는 않다. 같은 이유로 Hall 계수는 두께에 따라 변하고, 박막의 저항률도 변한다.

이론적으로 복잡한 식이라도 극단적인 경우에는 더 간단히 할 수 있다.

$$R_{Hf} = R_{HO} \cdot \gamma > 1 \quad \text{(식 6-57)}$$

$$R_{Hf} = R_{HO} \frac{4}{3\gamma} \frac{1-p}{1+p} \frac{1}{(\ln 1/\gamma)^2} \; ; \; \gamma \ll 1, \; p \ll 1 \quad \text{(식 6-58)}$$

여기서, 첨자 f 는 막과 관련된 양을 나타내고, o 는 벌크에 관련된 것이다. 막의 이동도는 다음 식과 같다.

$$\mu_f = \frac{\mu_o}{1 + \frac{3}{8\gamma}(1-p)} \; ; \; \gamma > 1 \quad \text{(식 6-59 (a))}$$

$$\mu_f = \mu_o \frac{1}{\ln(1/\gamma)}\ ;\ \gamma \ll 1 \quad \cdots\cdots \text{(식 6-59 (b))}$$

여기서, $\gamma = t/\lambda_o$이다. 이들 관계를 그림 6-31에 나타내었다. 실험 결과는 이론적인 예측과 잘 일치한다. 예를 들면, 다결정 구리에 대한 측정 결과는 그림 6-31의 이론적인 결과에 대응된다.

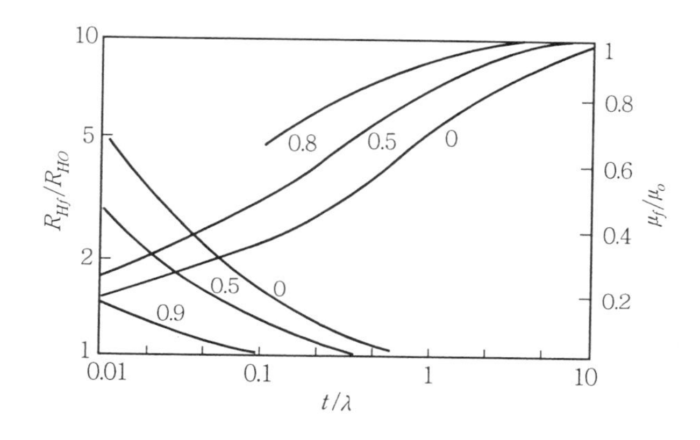

그림 6-31 막의 두께에 따른 Hall 계수와 이동도의 이론적 변화

우리가 취급할 다른 전류 자기효과는 자장에 의해 생긴 도체의 부가적 저항률이다. 이 때 전자의 경로는 반지름 r인 나선형으로 되고, 자기력선의 방향을 중심으로 한다.

$$r = \frac{mv}{He} \quad \cdots\cdots \text{(식 6-60)}$$

여기서, 각 기호는 앞에서 설명한 것과 같다. 만약 전자가 자유롭다면, 이 효과에 의한 벌크 전도도의 변화는 없다.

2-7 박막에서의 초전도

초전도란 말은 저항률이 무시할 정도로 작은 값을 갖는 전기적 상태를 나타내는 것이다. 이러한 상태는 어떤 물질의 온도가 임계온도 이하로 내려갈 때 나타난다. 초전도 물질에 유도된 전류는 실제적으로 무한대의 시간 동안 그 곳에서 회전할 것이다. 이것은 전류의 시간 감쇠로부터 계산된 것으로, 초전도 물질의 저항률은 $10^{-23}\Omega\text{cm}$

를 초과하지 않는다. 이 저항률은 상온에서 구리의 저항률보다 10^{17}배 더 작은 값이다. 임계온도는 수 K 범위이며, 초전도 물질은 상온에서 상대적으로 높은 저항률을 갖는 금속 및 화합물로 구성되어 있다.

물질의 초전도 상태의 중요한 특징은 이상적인 반자성 성질로, 자장이 매우 제한된 깊이만 침투하도록 자기력선에 반발하는 것이다. 온도의 함수인 어떤 임계값의 외부 자장에서는 초전도 상태가 사라진다.

지난 수십 년 동안 초전도의 양자 이론이 연구되어 왔고, 박막 물리는 이론적 모델의 연구와 그 결과의 증명에 중요한 역할을 하였다.

초전도 상태를 파괴하는 임계 자장은 다음 식에서와 같이 온도에 의존한다.

$$H_c = H(0)\left[1-\left(\frac{T}{T_c}\right)^2\right] \quad \text{(식 6-61)}$$

여기서, $H(0)$는 $T=T_c$에서 임계 자장이다. 초전도 상태는 초전도체를 통해 흐르는 전류에 의해 구분되며, 이 전류는 표면에서 H_c를 초과하는 크기의 자장을 유도한다.

고전적인 전자기학으로는 초전도 현상을 충분히 설명하지는 못한다. 예를 들면, Maxwell 방정식에서 저항률을 0으로 하면, 어떤 깊이에서 자속의 시간적 변화율이 0에 접근한다. 이것은 실험 결과와는 달리 내부로부터 자장이 사라질 수 없다는 것을 나타낸다.

이것은 결정격자의 원자에 의한 전자의 산란이 없다는 것을 나타낸다. 즉, 초전도 상태의 전자의 파동함수가 정상상태의 전자의 파동함수와 다르다는 것이다. 격자의 주기성이 전자에 영향을 미치지 않는다는 사실로부터 파동함수가 무한 공간에 확장된 것으로 가정할 수 있다.

벡터 퍼텐셜 A의 자장 H 내에서 속도 v로 이동하는 전자의 운동량은

$$P = mv + \frac{eA}{c} \quad \text{(식 6-62)}$$

로 주어진다. 여기서, c는 광속이다. 만약 이 식에 전류밀도 J를 도입하면

$$P = \frac{m}{ne}J + \frac{e}{c}A = \frac{e}{c}\left(\frac{4\pi\lambda_L^2}{c}J + A\right) \quad \text{(식 6-63)}$$

$$\lambda_L^2 = \frac{mc^2}{4\pi ne^2}$$

로 된다.

여기서, λ_L 은 자기장의 London 침투 깊이이다. 정상적인 크기의 전자 밀도를 갖는 초전도체에서 침투 깊이는 약 10^{-6}cm이다. 측정값은 이것보다 약간 높은 5×10^{-6}cm이다. 만약 $P=0$ 이라면 대응하는 파동함수는 공간적으로 제한이 없을 것이다. (식 6-63)으로부터 다음과 같은 조건을 구하고,

$$\frac{4\pi\lambda_L^2}{c}J+A=0 \qquad \text{(식 6-64)}$$

이것을 Maxwell 방정식에 대입하면

$$\Delta^2 H=\frac{4\pi ne^2}{mc^2}H=\frac{1}{\lambda_L^2}H \qquad \text{(식 6-65)}$$

로 된다.

만약 초전도체와 무한대의 평면 사이의 경계를 고려한다면, 초전도체 내부로 자장의 침투는 다음과 같이 나타낼 수 있다.

$$H(x)=H(0)\exp\left(-\frac{x}{\lambda_L}\right) \qquad \text{(식 6-66)}$$

이것은 특히 초전도체 박막의 두께가 얇은 경우에 중요하다.

London 깊이의 온도 의존성은 다음 식으로 주어진다.

$$\lambda_L(T)=\lambda_L(0)\left[1-\left(\frac{T}{T_c}\right)^4\right]^{1/2} \qquad \text{(식 6-67)}$$

London 에 의하면 초전도체 루프를 통과하는 자속은 h_c/q의 단위로 양자화되어 있다는 결론을 얻는다. 여기서, q 는 캐리어의 전하량이다. 실험적으로는 이론과 일치하도록 $q=2e$ 로 양자화된다. 이것은 초전도 현상이 한 쌍 방식(pair-wise)의 전자 수송을 나타내는 것을 의미한다.

초전도체의 천이에는 정상상태로부터 초전도 상태로의 급격한 천이(1형 초전도체)와 중간상태를 경유하는 점진적인 천이(2형 초전도체)가 있다.

미시적인 관점에서 초전도성은 Bardeen, Cooper, 그리고 Schrieffer (BCS) 의 이론에 의해 해결되었다.

이 이론에 의하면 격자 포논 (lattice phonon) 과의 상호작용으로 반대 방향의 스핀과 운동량을 갖는 한 쌍의 전자 사이에서 결합이 이루어진다. 이 결합은 매우 약하므

로 정상상태와 초전도 상태 사이의 에너지 차도 매우 작다. 이 Cooper 쌍의 존재는 실험적으로 증명되었다.

에너지 스펙트럼에서 낮은 쪽의 에너지는 정상상태로부터 $2\varDelta$의 거리에 위치해 있고, 이 양이 일종의 밴드갭을 나타낸다.

이론적으로 $\varDelta$는 다음과 같이 표현된다.

$$\varDelta = 2h\nu_L \exp\left[-\frac{1}{VN(\varepsilon_F)}\right] \quad \text{(식 6-68)}$$

여기서, ν_L은 평균 포논 진동수, V는 전자와 포논의 상호작용 계수, $N(\varepsilon_F)$는 Fermi 준위에서의 상태 밀도이다. $T = T_c$에 대해 $\varDelta(T_c) = 0$이다.

BCS 이론에서 임계온도는 다음 식으로 표현된다.

$$kT_c = 1.14k\theta_D \exp\left[-\frac{1}{VN(\varepsilon_F)}\right] \quad \text{(식 6-69)}$$

여기서, θ_D는 Debye 온도이고, 다른 기호들은 (식 6−68)에서와 같은 의미를 갖는다. 이와 같이 T_c의 변화는 (식 6−68)에 포함된 양의 변화에 의해 영향을 받는다.

In, Al 등의 물질에서는 그림 6−32에서와 같이 막의 두께가 감소함에 따라 임계온도가 증가하고, Pb와 같은 물질에서는 임계온도가 감소한다. 이러한 효과는 시편의 냉각에 의한 응력에 기인한 것으로 설명된다.

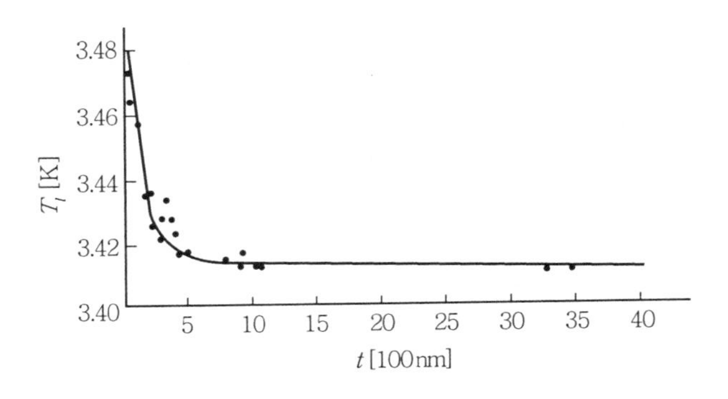

그림 6-32 막의 두께에 따른 In의 임계온도 변화

두 물질을 동시에 증착시키거나 많은 결함을 갖도록 하는 다른 방법에 의해 구조 내에 결함을 발생시켜 임계온도를 높일 수 있다.

표 6−3에는 Chopra 에 의한 박막의 초전도성에 관한 몇 가지 데이터를 나타내었다.

표 6-3 몇 가지 금속 박막의 초전도 특성

물 질	T_{cf}/T_{co}	t[nm]	T_{Debye}[K]	증착방법
Al	2.60	100	370~400	V
Mo	5	10~400	375	CS, EB
W	400	10~400	315	CS, EB
Sn	1.26	50	110~210	V
In	1.22	−	100~150	V
Be	800	−	925	V
Bi	600	−	111	V

여기서, V는 진공증착, CS 는 음극 스퍼터링, EB 는 전자빔 증착이다.

시편의 두께가 감소함에 따라 임계자장 H_{cf}는 증가한다. 매우 얇은 막($t \ll \lambda_L$)에 대해 이 의존성은 근사적으로 다음과 같이 표현된다.

$$H_{cf} = H_c 2\sqrt{\frac{6\lambda_L}{t}} \quad \text{(식 6−70)}$$

그리고 두꺼운 막($t \gg \lambda_L$)에 대해서는

$$H_{cf} = H_c\left(1 + \frac{\lambda_L}{t}\right) \quad \text{(식 6−71)}$$

열처리를 한 두꺼운 막($t \gg \lambda_L$)의 경우는 1형의 천이를 나타낸다. 즉, 이 때 정상 상태로부터 초전도 상태로의 천이는 급격하다. 매우 불규칙한 구조와 높은 불순물 농도를 갖는 박막($t \ll \lambda_L$)은 2형의 천이를 나타낸다. 즉, 자장을 증가시킴에 따라 저항률이 점진적으로 감소한다.

한 개 또는 두 개가 초전도 상태인 두 금속을 분리시키는 얇은 유전체막을 통과하는 전자의 터널링은 흥미 있는 과정이고, 초전도 이론의 규명에 크게 기여하였다.

초전도 이론에 의하면 정상적인 터널링 이외의 Cooper 쌍의 터널링을 위해서는 막이 매우 얇아야($\leq$ nm) 하고, 자장이 매우 약해야($\leq$ 수 gauss) 한다.

이것이 소위 Josephson 터널링으로, 그림 6−33에서와 같이 어떤 전류까지 어떤 전압 강하도 발생되지 않는다.

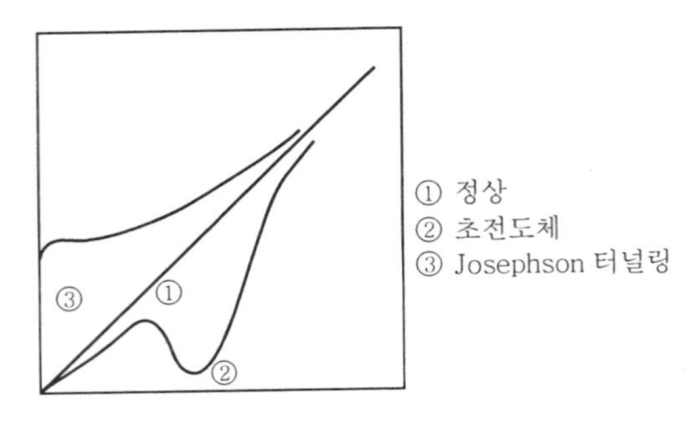

그림 6-33 전류-전압 특성

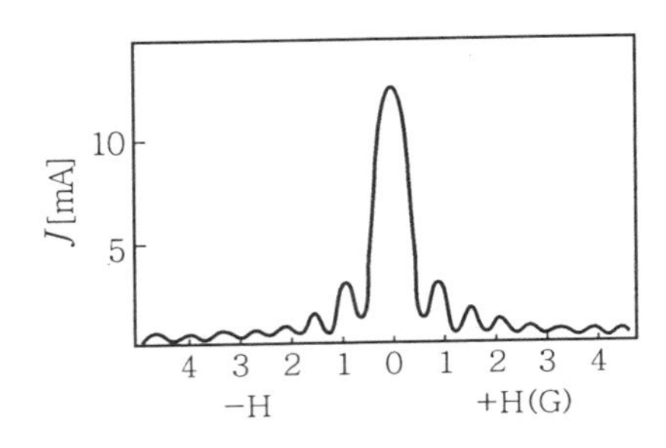

그림 6-34 자장에 대한 Josephson 전류의 의존성

자장에 대한 전류의 의존성은 다음과 같다.

$$I = I_c \frac{\sin(\pi \Phi_s / \Phi_o)}{\pi \Phi_s / \Phi_o} \quad \cdots\cdots (식\ 6-72)$$

여기서, Φ_s는 비초전도 영역을 통과하는 자속, Φ_o는 양자 자속이다. 막의 평면에 평행한 자장에 대한 전류의 의존성을 그림 6-34 에 나타내었다.

이 변화는 실제로 관찰되며, 그림으로부터 매우 작은 자장이 전류를 현저하게 감소시킴을 알 수 있다.

만약 전류가 임계값을 초과하면 접합에는 Josephson 효과에 의해 전위 V가 생기고, 두 초전도체 사이의 파동함수의 위상차는 시간에 따라 변화한다. Cooper 쌍의 전류는 다음 각 주파수로 진동한다.

$$\frac{d\phi'}{dt} = \omega_j = \frac{2eV}{\hbar} \quad \cdots\cdots (식\ 6-73)$$

그림 6-35는 외부 자장과의 상호작용에 의한 전류-전압 특성이다. 외부 자장이 없는 경우에는 전압이 증가함에 따라 전류가 연속적으로 변화하지만, 외부 자장을 인가한 경우에는 계단을 만들면서 변화한다.

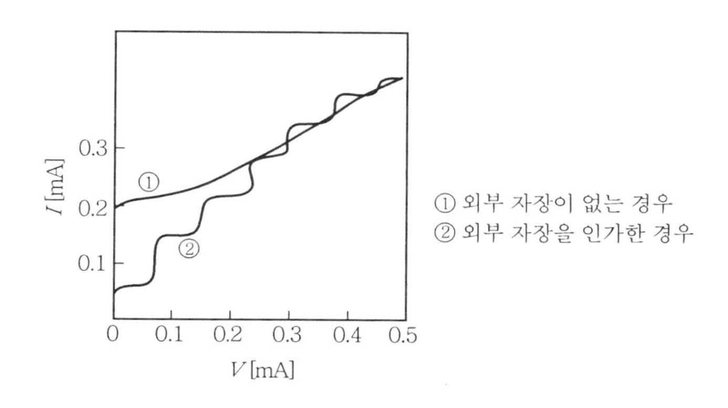

그림 6-35 Josephson 접합의 전류-전압 특성 (약한 결합)

고전적인 Josephson 접합의 예는 얇은 유전체 박막에 의해 분리된 두 개의 초전도체로 구성된 샌드위치형이다 (그림 6-36 (a)). 보통의 S-I-S (초전도체-절연체-초전도체) 형태 이외에는 S-N-S (N : 비초전도성 금속), 또는 S-c-S (c : 초전도체의 좁은 영역)의 일종의 브리지형이다 (그림 6-36 (b)).

다음으로는 브리지를 가로질러 비전도층을 증착시킨 것이다 (그림 6-36 (c)). 이것은 초전도체 사이의 상호작용을 약하게 하고, 바람직하지 않은 온도 의존성을 감소시킨다. 그리고 기판 위에 놓여진 팁에 의해 접합을 형성한 점접합형이 있다 (그림 6-36 (d)). Nb-NbO-Nb 형태의 샌드위치 구조는 상대적으로 큰 용량을 갖는 단점이 있으므로, 고주파 회로에는 부적합하다. 일반적으로 초전도 및 Josephson 효과는 많은 분야에 응용되고 있다.

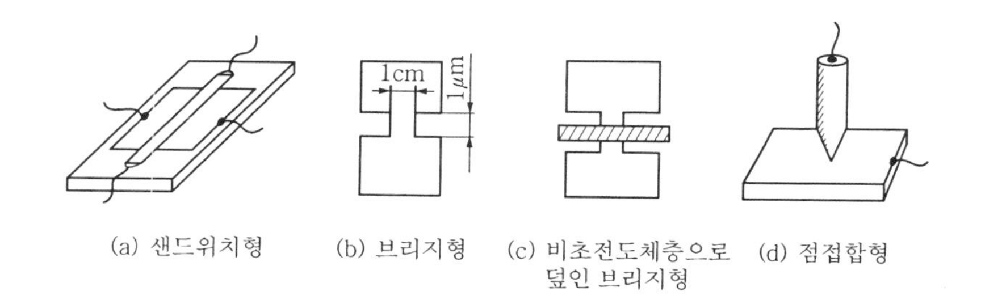

그림 6-36 여러 가지 Josephson 접합의 예

2-8 유전체 박막의 전도도

(1) 유전체

유전체란 상온에서 매우 적은 수의 자유 캐리어를 갖는 물질을 말한다. 유전체는 수 eV 정도의 넓은 금지대 갭을 갖고 있으므로, 열에 의한 여기만으로는 가전자대로부터 전도대로 전자를 여기시킬 수 없다. 그럼에도 불구하고 매우 높은 밀도의 전류가 유전체 박막을 통해 흐를 수 있다. 이것은 충분한 수의 자유 캐리어가 전극으로부터 유전체의 전도대로 주입될 때 일어난다.

(2) 유전체 박막의 전도도

유전체 박막의 전도도는 유전체가 두 개의 평행한 전극 사이에 있는 구조에서 조사되며, 이와 같은 형태를 샌드위치 구조라고 한다.

유전체 박막을 통하여 흐르는 전류의 메커니즘을 설명하기 전에 한 가지 중요한 사실을 살펴보기로 한다. 유전체 박막에 대한 실험적 연구는 비정질막에 대해 이루어졌다. 이러한 막의 예는 Al, Ta, Zr 등과 같은 금속의 표면을 열산화시키거나 양극 산화시킨 산화물이다.

그림 6-37에서와 같이 비정질 물질에서는 격자의 불규칙성으로 인해 허용 상태의 꼬리(tail)가 밴드의 끝부분에 나타난다.

만약 가전자대와 전도대의 꼬리가 중첩되면, 그 물질은 반도체라고 가정한다. 실험적으로 밝혀진 바와 같이 비정질 구조의 전도도는 보통의 반도체에 비해 불순물에 민감하다.

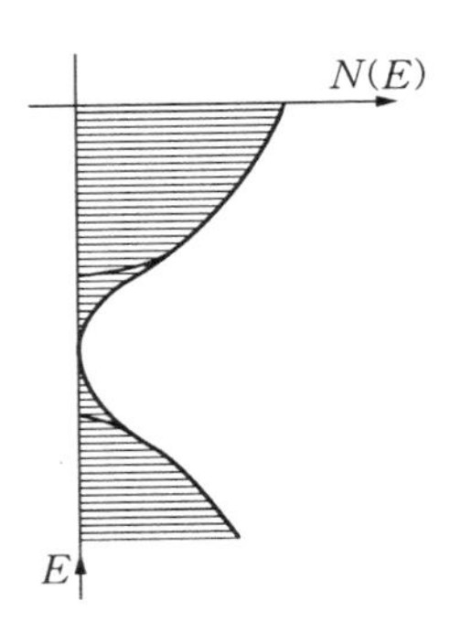

그림 6-37 비정질 물질의 에너지 밴드

비정질 물질의 캐리어 이동도는 매우 작다. 만약 이동도가 $5\,\text{cm}^2 / V_s$ 보다 작으면 전자의 평균 자유행정이 격자상수보다 더 짧다. 이것은 원리적으로 불가능하고, 여기서는 평균 자유행정의 개념이 사용될 수 없다.

낮은 이동도는 금지대갭(또는 이동도갭)에서의 전자 수송 특성과 관련이 있다. 이것은 전자가 이 에너지 준위에 부분적으로 국재되어 있으므로, 전장에 의한 그들의 운동이 금지되기 때문이다. 전자는 특별한 국재 중심(local center)에 포획되고 다시 자유롭게 된다. 중심에 머무는 시간은 유효 평균 드리프트 속도의 감소에 의해 분명하게 된다.

결정격자는 완전하지 않고, 항상 이온에 의해 점유되지 않은 vacancy 를 포함한다. 온도가 증가하여 격자점의 열적 진동의 진폭이 크면, 이온은 인가 전장에 의해 인접한 빈 자리로 점프한다. 이 결과 이온 전류가 흐르게 된다.

(3) 전자 수송 메커니즘

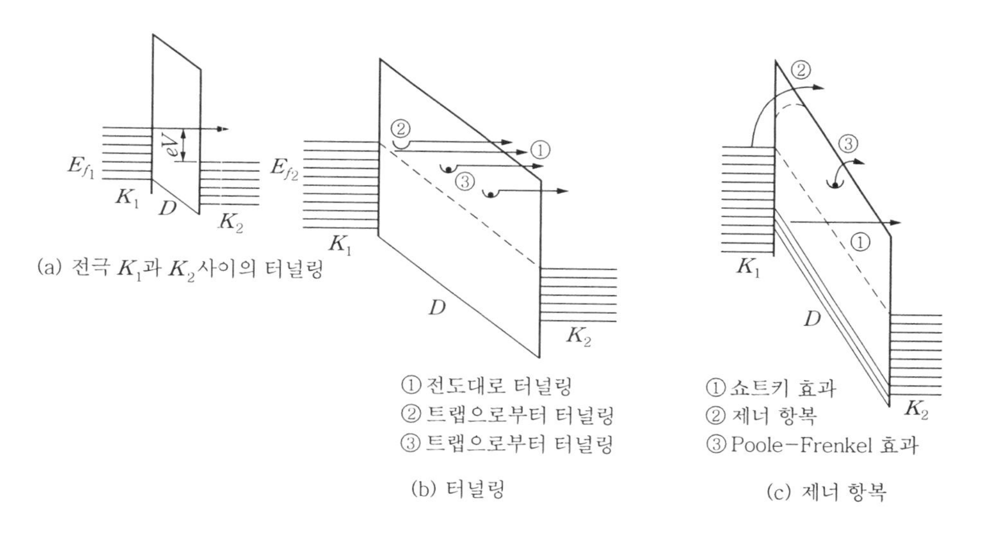

그림 6-38 유전체막 D 내의 전하 수송 메커니즘을 나타내는 에너지 밴드

그림 6-38의 에너지 밴드는 유전체 박막에서 여러 가지 전하 수송의 가능성을 나타낸 것이다. 만약 박막이 수 nm 정도로 매우 얇고 인가전압이 높지 않으면 전자는 그림 6-38 (a)에서와 같이 음극으로부터 양극의 점유되지 않은 준위로의 터널링에 의해 전류가 흐른다.

전압이 더욱 높거나 막이 두꺼워져 $Ft > \phi$이면, 전자는 그림 6-38 (b)와 같이 유전체의 전도대로 터널링된다 (①).

만약 유전체가 많은 수의 트랩을 포함하면 터널링은 어떤 트랩을 통해 발생할 수도 있다(②). 계산에 의하면 이 방법에서 수송 확률은 크게 증가된다. 터널링은 어떤 점유된 트랩으로부터 전도대로 일어날 수도 있다(③).

또는, 높은 인가 전장에서는 그림 6-38 (c)와 같이 가전자대로부터 전도대로 터널링할 수 있다(①). 이것을 제너 항복(zener breakdown)이라고도 한다.

이 메커니즘 외에도 전자들은 열적 활성화 에너지에 의해 유도된 과정에 의해 유전체의 전도대로 주입된다.

즉, 그림 6-38 (c)에서와 같이 인가 전장에 의해 장벽이 낮아져 음극으로부터 유전체의 전도대로 열적 전자의 방출(Schottky 효과, ②)과, 강한 전장에 의한 트랩의 열적 이온화(Poole-Frenkel 효과, ③)가 해당된다.

유전체에서 여러 가지 상호작용을 하는 캐리어는 제한된 평균 행정을 갖는다. 이 캐리어는 결정격자의 진동, 즉 광학적 포논과의 상호작용으로 상대적으로 작은 양의 에너지를 잃거나 트랩에 의해 포획된다.

유전체에 포획된 전자는 전하 수송에 영향을 미치는 공간 전하를 형성한다. 이 현상은 유전체와 금속의 경계 장벽이 낮고 전자가 유전체 내로 매우 쉽게 이동할 수 있을 때 발생한다.

이것은 저항성 접촉의 경우이고, 다음은 공간 전하 제한 전류에 대해 살펴본다. 이것은 한 준위에서 이웃한 준위로의 전자의 터널링 또는 열적 천이가 일어날 수 있도록 국재 준위가 매우 가까이 있고, 높은 결함 밀도를 갖는 물질에서 발생한다.

이와 같은 현상을 호핑(hopping) 전도라 한다.

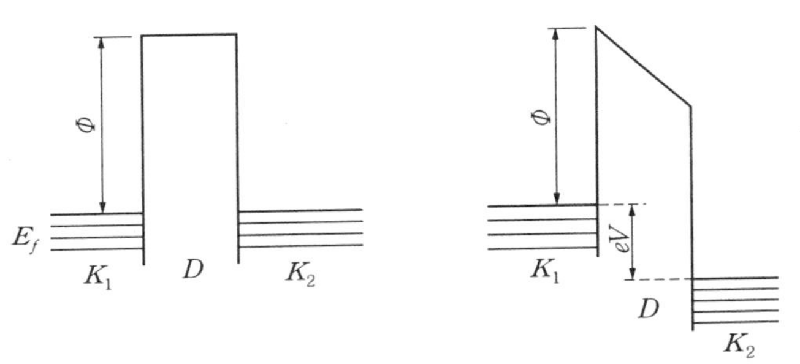

(a) 전압을 인가하지 않은 경우 (b) 외부에서 전압을 인가한 경우

그림 6-39 얇은 사각형 장벽

(4) 기타 전자 수송 메커니즘

이제 몇 개의 메커니즘에 대해 상세하게 살펴보자.

① 두 금속 사이의 얇은 장벽을 통과하는 전자의 터널링의 경우, 그림 6−39 (a)와 같은 사각형 장벽에 대해 양자 역학적 관계가 유도된다. $K_1 \rightarrow K_2$ 로의 전자 수송과 반대 방향의 수송에 대해서는 어떤 확률이 존재한다. 전체 전류는 두 전류의 대수적인 합과 같다(그림 6−39 (b)와 같이 장벽을 가로질러 어떤 전압이 인가되면 전체 전류는 0과 다르게 된다).

$$i = \frac{4\pi me}{\hbar^3} \int_o^\infty (f_1 - f_2)\, dE \int_o^E D(E_x)\, dE_x \quad \text{(식 6−74)}$$

여기서, f_1과 f_2는 각각 첫 번째와 두 번째 금속의 전자의 에너지 분포함수이다. D는 장벽의 투과도, 즉 에너지 E의 전자에 대한 터널링 확률이고, E_x는 막의 면에 수직인 운동량의 성분에 대응된다. 분포함수는 전류−전압 특성을 결정하고, 또한 투과도를 결정하는 것은 전체 이론의 중요한 문제이다.

양자 역학은 준 고전적인 근사(Wentzel−Kramer−Brillouin 방법−WKB)에 의해 이 문제의 해를 구할 수 있도록 해준다.

직사각형 장벽에 매우 낮은 전압 V가 인가되면

$$i = \frac{e^2(2m\Phi)^{1/2}}{\hbar^2 s} V \exp\left[-\frac{4\pi s}{\hbar}(2m\Phi)^{1/2}\right] \quad \text{(식 6−75)}$$

와 같고, 여기서 Φ는 Fermi 준위 이상의 장벽 높이이다.

매우 높은 전압에서, 즉 높은 전장에 대해 $F = V/(s_2 - s_1)$ 이므로

$$i = \frac{e^2F^2}{8\pi h\Phi} \exp\left[-\frac{8\pi}{3heF}(2m)^{1/2}\Phi^{3/2}\right] \quad \text{(식 6−76)}$$

로 된다. 여기서, s_1과 s_2는 유효 장벽 두께를 정하는 점이다.

이 이론은 Stratton과 Simmons에 의해 주로 연구되었고, 임의의 모양의 장벽과 임의의 온도에서 장벽을 통과하는 전류를 결정할 수 있도록 한다. (식 6−75)와 (식 6−76)은 어떤 전자도 Fermi 준위 위로 여기되지 않을 때 적용된다.

이런 관점에서의 실험은 대부분 금속의 산화에 의한 매우 얇은 산화막에 대해서 이루어졌다. Polack과 Morris에 의한 $Al-Al_2O_3-Al$ 구조에서의 전류−전압 특성의 예를 그림 6−40에 나타내었다.

전류밀도가 상당한 값에 도달함을 알 수 있고, 온도 의존성이 이론적인 것보다 더 높음을 보여 준다.

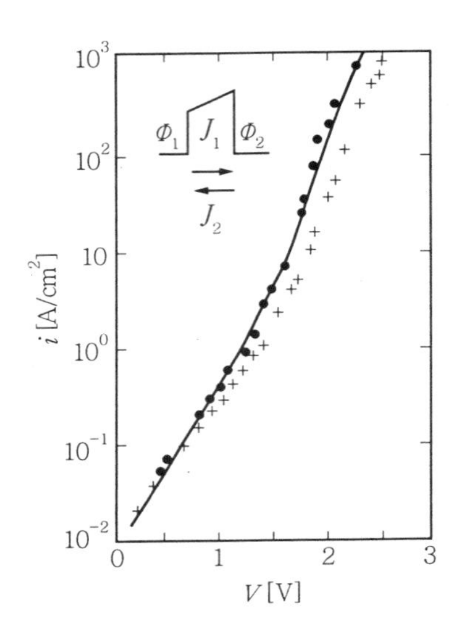

+는 300 K 에서 전류 I_1, ●은 300 K 에서 전류 I_2

Δs = 1.75 nm, Φ =1.5 eV, $\Delta\Phi$ = 0.35 eV, ε = 12

그림 6-40 Al-Al_2O_3-Al 구조의 전류-전압 특성

② 강한 전장에 의해 낮아진 장벽을 넘어가는 열적 방출(Schottky effect)은 Richardson-Schottky 관계식에 의해 지배된다. 일함수(표면 장벽의 높이)가 Φ인 물질에서의 열적 전류밀도는 다음과 같이 주어진다.

$$i = AT^2 \exp\left(-\frac{\Phi}{kT}\right) \qquad \text{(식 6-77)}$$

여기서, A는 Richardson 상수이다. 금속의 Sommerfeld의 이론으로부터 구한 이론적인 값은 120 A/cm^2 K이지만, 일함수의 온도 의존성에 의해 실제로 수~수백 A/cm^2 K의 범위를 갖는 것으로 가정한다. 강한 전장이 존재할 때는 초기 높이가 Φ_o인 장벽의 모양은 변화되고, 그 높이는 그림 6-41과 같이 낮아진다.

표면으로부터 거리 x에 따른 전위의 의존성은

$$\Phi = \Phi_o - eFx - \frac{e^2}{16\pi\varepsilon_r\varepsilon_o} \qquad \text{(식 6-78)}$$

로 되고, 여기서 ε_r 과 ε_o 는 유전상수이다. $\partial\Phi(x)/\partial x = 0$ 의 조건으로부터 최대값을 구하면,

$$\Phi_{\max} = \Phi_o - \frac{1}{2} e\sqrt{\frac{eF}{\pi\varepsilon_r\varepsilon_o}} = \Phi_o - \beta_s eF^{1/2} \quad \text{(식 6-79)}$$

여기서, β_s는 Schottky 상수이다.

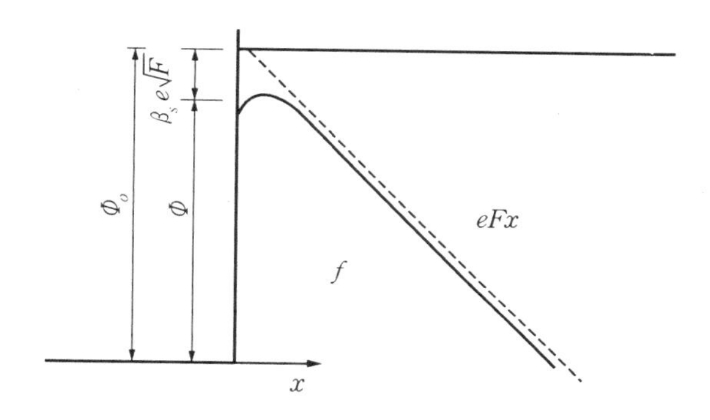

그림 6-41 쇼트키 효과를 나타내는 금속-진공의 에너지

그러므로 열적 전류밀도는 다음과 같이 주어진다.

$$i = AT^2\exp\left(-\frac{\Phi_o - \beta_s\, eF^{1/2}}{kT}\right) = i_o\exp\left(\frac{\beta_s\, eF^{1/2}}{kT}\right) \quad \text{(식 6-80)}$$

이 경우 전류는 인가 전압의 제곱근에 따라 지수적으로 증가한다. 터널링 메커니즘과 대조적으로 온도에 대한 전류의 지수적 의존성이 존재한다.

특히, Schottky 전류는 더욱 낮은 장벽 높이와 더욱 높은 온도에 대해 중요하다. (식 6-80)에 대응하는 동작은 더욱 두꺼운 막 ($\geq$10 nm)에서 관찰되었다.

Poole-Frenkel 효과에 의한 전류와 Schottky 전류를 실험적으로 구분하기는 어렵다. 전장에 의한 트랩의 열적 이온화는 유사한 법칙에 의해 지배된다.

$$i = i_o\exp\left(\frac{\beta_{PF}\, eF^{1/2}}{kT}\right) \quad \text{(식 6-81)}$$

여기서, $\beta_{PF} = 2\beta_s$ 이다.

그러나 ln i 대 $f(\sqrt{V})$ 의 그래프에서 직선의 기울기를 구하면, 그 값은 Schottky

Schottky 값에 접근한다. 이것은 여기에 포함된 과정이 큰 확률과 벌크 의존성을 갖고, Poole−Frenkel 효과에 의해 결정되기 때문이다.

Poole−Frenkel (또는 Schottky) 효과에 대응하는 전류−전압특성의 예를 그림 6−42에 나타내었다.

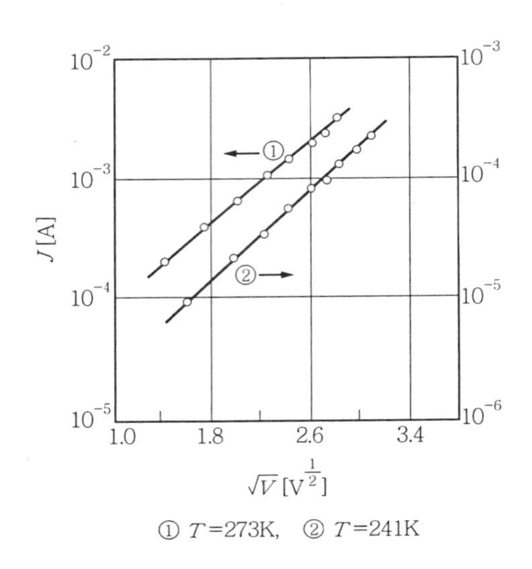

그림 6 - 42 Pb - Al_2O_3 - Pb 구조의 전류 - 전압 특성

③ 공간 전하에 의해 제한된 전류를 지배하는 법칙은 그 전류가 한 종류 또는 두 종류의 캐리어에 의해 수송되는가에 따라 다르다 (즉, 전자 또는 정공만에 의한 것인가, 또는 전자와 정공에 의한 것인가에 따라 다르다). 그리고 유전체가 트랩을 갖고 있는가의 여부에도 의존한다. 이 상황은 접촉 전극의 성질에 의존하며, 만약 한 전극만 저항성 접촉이면, 한 종류의 캐리어만 존재한다. 만약 양극과 음극의 두 전극이 저항성 접촉이면, 유전체 내에 두 종류의 캐리어가 존재한다.

이제 단일 또는 이중 주입에 대해 살펴보기로 한다. 먼저 한 개 또는 두 개의 접촉이 충분한 수의 자유 캐리어를 공급한다고 가정한다. 그 결과 전류는 캐리어의 수가 아니라 존재하는 공간전하에 의해 제한된다. 전하는 자유 캐리어에 의한 것과 트랩된 전하에 의한 것으로 구성된다.

전류밀도에 대한 방정식은

$$i = e(\mu_n n + \mu_p p)F - e\left(D_n \frac{dn}{dx} - D_p \frac{dp}{dx}\right) \quad \text{(식 6−82)}$$

여기서, μ_n과 μ_p는 각각 전자와 정공의 이동도, n과 p는 주입된 캐리어의 농도, D_n과 D_p는 각각 전자와 정공의 확산계수이다(어떤 경우에는 확산전류가 무시된다).

트랩이 없고 단일 주입의 유전체에서 공간전하 제한전류는 다음과 같이 주어진다.

$$i = \frac{9}{8}\varepsilon\mu\frac{V^2}{t^3} \quad \text{(식 6-83)}$$

여기서, ε은 유전체의 유전상수, μ는 전하 캐리어의 드리프트 이동도, V는 인가 전압, t는 유전체의 두께이다. 만약 얕은 트랩(shallow trap)이 존재한다면(트랩 준위는 Fermi 준위와 전도대의 바닥 사이에 위치한다), 전류는 다음과 같다.

$$i = \frac{9}{8}\vartheta\varepsilon\mu\frac{V^2}{t^3} \quad \text{(식 6-84)}$$

여기서, ϑ는 전도대의 전자밀도와 트랩된 전자밀도의 비이다. 이 계수는 매우 작은 값(10^{-7}까지 내려감)을 갖는데, 이것은 트랩의 존재가 전류를 급격하게 감소시킴을 의미한다. Fermi 준위 아래의 깊은 트랩(deep trap)은 항상 채워져 있으므로 전류에 영향을 주지 않는다. 그러므로 주입된 캐리어의 포획에 기여하지 못한다.

여러 가지 종류의 트랩이 존재한다면 이 법칙은 더욱 복잡해진다. 재결합 중심(recombination center)이 없는 이중 주입의 전류-전압 특성은 다음의 형태를 갖는다.

$$i = \frac{9}{8}\mu_{ef}\,\varepsilon\frac{V^2}{t^3} \quad \text{(식 6-85)}$$

여기서, μ_{ef}는 두 종류의 캐리어의 드리프트 이동도의 복잡한 함수로 주어지고, 이동도가 작은 경우에는 10^3배 더 크게 된다. 이와 같이 두 종류의 캐리어가 존재하면, 공간 전하의 상호 중성화로 인해 전류가 증가한다. 만약 재결합이 재결합 중심에서 일어난다면, 전류-전압 특성은 다음과 같이 나타낼 수 있다.

$$i = \frac{9}{8}\varepsilon\,\mu_n\,\mu_p\,\tau_h\,N_r\frac{V^2}{t^3} \quad \text{(식 6-86)}$$

여기서, N_r은 재결합 중심의 밀도, τ_h는 주입 전류밀도가 높은 경우의 캐리어의 평균수명이다. 이 식은 재결합 중심이 전자보다 정공에 비해 훨씬 큰 유효 단면적을 갖고 있으며, 공간 전하의 영향을 무시할 수 있는 경우에 유효하다.

이중 주입의 경우 어떤 조건하에서의 특성은 부성 저항의 영역을 나타낸다.

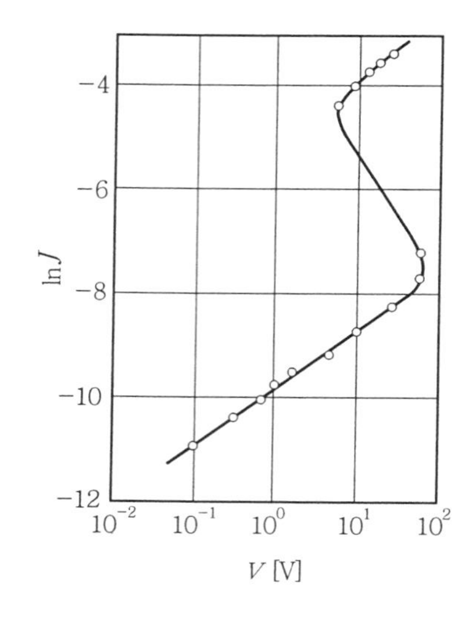

그림 6-43 공간전하 제한전류의 전류-전압 특성 (부성 저항-S 형태)

이 영역에서 접촉 사이의 전위 강하는 전류가 증가함에 따라 감소하고, 그 특성은 그림 6-43에서와 같이 일종의 S자형으로 나타난다.

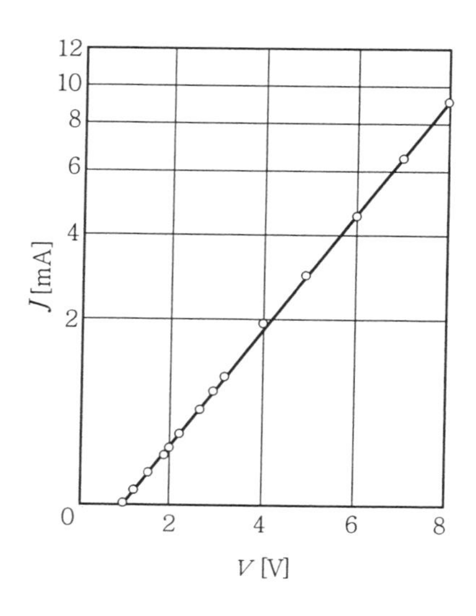

그림 6-44 공간전하 제한전류 특성 (In-CdS-Au)

이 효과는 주입 레벨에 캐리어의 수명이 의존하는데 기인한 전도도의 급격한 증가 때문이다. 어떤 경우는 그림 6-44에서와 같이 이론과 잘 일치한다. 다른 경우에는 이론에 의해 결정된 막의 인자가 다른 방법에 의해 결정된 인자와 일치하지 않으므로 상당한 차이가 있다.

④ 불순물 중심을 통한 전도도는 매우 낮은 온도에서의 유전체나 반도체에서 주로 관찰된다. 이 경우 전자는 어떤 시간 동안 머무는 인접한 중심 사이를 이동하므로 매우 낮은 유효 이동도를 갖는다. 이것은 또한 정공에도 적용된다.

전도는 트랩 중심의 농도에 의존하여 두 가지 방법으로 일어난다. 만약 불순물 농도가 상대적으로 낮으면(10^{15}~$10^{17}cm^{-3}$), 포획된 전자들은 개별 중심에 국재화된다(실제 그들의 파동함수는 중첩되지 않는다). 터널링에 의해 한 중심에서 인접한 빈 중심으로의 전자의 수송 또는 열적 여기에 의해 장벽을 가로지르는 수송 확률이 존재한다.

전장의 존재는 그 장의 방향으로의 수송이 잘 되도록 하고, 그 결과로 전류가 흐른다. 전류는 불순물 농도에 강하게 의존한다. 만약 불순물 농도가 높으면 개별 중심의 전자의 파동함수가 중첩되어 중심들은 연속적인 불순물 밴드를 형성한다.

결과적으로 전도도는 금속의 특성을 갖는다. 유전체 박막에는 위에서 언급하지 않은 부가적인 전자 수송 메커니즘이 존재한다. 그러나 유전체에서의 수송현상은 아직도 완전하게 밝혀지지는 않았다. 수송현상은 전자적인 응용에 매우 중요하므로 그것을 규명하기 위한 노력은 앞으로도 계속될 것이다.

2-9 박막의 유전 특성

유전체 박막을 사용하면 작은 체적 내에 큰 용량을 얻을 수 있으므로 그들의 유전 특성, 즉 유전상수 또는 유전율, 손실각($\tan\delta$), 그리고 유전강도(절연 파괴전압)를 조사할 수 있다.

(1) 유전상수

첫째 질문은 박막이 벌크 물질과 같은 유전상수를 갖는가, 그리고 그 양이 두께 의존성인가에 대한 것이다. 계산에 의하면 몇 층의 매우 작은 두께에 도달할 때까지 유전상수가 같아야 한다. 이 결과는 지금까지 단지 카드뮴 스테아레이트(cadmium stearate)

의 경우에만 실험적으로 증명되었고, 단 한 층의 두께까지 되어도 유전상수는 변화되지 않았다. 만약 막이 진공증착에 의해 형성된다면 이 상황은 달라진다. 이 경우 막은 연속적이 아니고, 그 구조가 다공성이기 때문에 유전상수가 감소하게 된다. 유전상수가 변화하기 시작하는 문턱 두께(threshold thickness)는 기판의 재료 및 온도, 증착률 등의 실제적인 증착조건에 따른 구조적 특성에 의존한다.

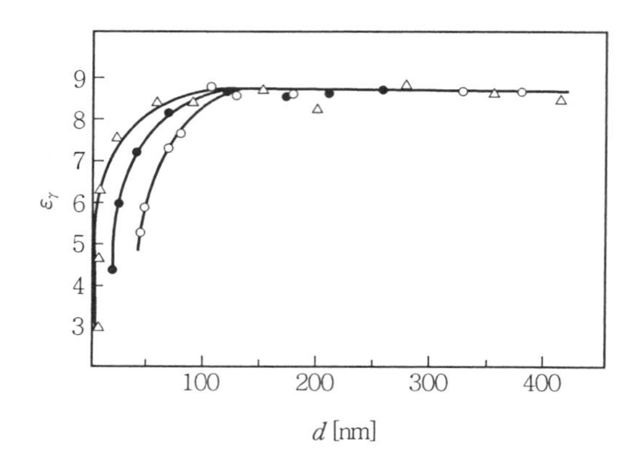

△ : Al－ZnS－Al－운모, ● : Al－ZnS－Al－유리, o : Au－ZnS－Au－유리

그림 6-45 막의 두께에 대한 ZnS의 유전상수의 의존성

그림 6－45는 이러한 의존성의 예를 나타낸 것이다. 한편, 양극 산화나 열산화에 의한 비정질 산화막은 터널 전류의 측정으로 확인한 바와 같이 수 nm의 두께까지 연속적이다.

실제로 Ta_2O_5와 Al_2O_3는 커패시터에 사용되고 있으며, 양극 산화막은 10 nm, 열산화막은 50 nm부터 사용된다. 또한, 증착된 SiO 막도 사용되며, 이와 같은 산화막의 특성은 산소 압력 및 증착률 등의 증착조건에 크게 의존한다.

최근 이러한 점에서 스퍼터링에 의해 형성된 유전체가 매우 적당한 특성을 갖는다는 것이 밝혀졌다.

(2) 유전 손실각

유전 손실은 유전체 내부의 분극이 외부 전장의 변화에 대응할 수 없을 때 발생한다. 손실의 주파수와 온도에 대한 의존성은 이완 과정에 대한 정보를 제공한다. 만약 막의 구조가 표준구조와 다르거나, 막의 표면이 내부 쌍극자의 방향에 영향을 미칠 정도로 두께가 얇으면, 벌크와 박막 물질의 손실에 대한 비교는 어떤 차이를 나타낸다.

앞 장에서 살펴본 바와 같이 막의 화학양론적 조성, 구조, 결합의 종류 및 수가 증착조건에 크게 의존하며, 결국 유전 손실을 일으킨다.

알칼리 할로겐 화합물 박막에서는 증착 후의 시간에 따라 증착된 막의 유전 손실이 감소한다. 이것은 그림 6-46에서와 같이 주로 저주파에서 나타났다.

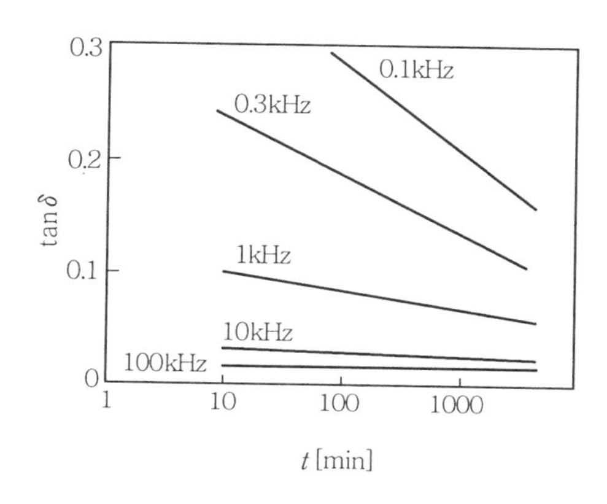

그림 6-46 여러 가지 주파수에서 시간의 함수로 측정한 NaCl 의 손실각

경시 효과는 음이온의 반지름이 증가함에 따라 증가하고, 양이온의 반지름이 증가함에 따라 감소한다. 현저한 손실의 두 영역은 손실-주파수 그래프에서 약 1Hz와 약 0.01 Hz 의 매우 낮은 영역에서 나타났다.

이 현상은 Weaver 에 의해 연구되었으며, 그는 이 기본적인 손실 메커니즘이 음이온 vacancy 의 이주에 의한 것이라고 제안하였다. 물질 내의 vacancy 의 농도는 약 10^{19} cm^{-3} 정도로 매우 높다. 이들 물질의 직류 전도도는 매우 낮으므로 전도과정은 분극효과를 수반한다. vacancy 의 이주가 결정 입계에서 방해된다는 것은 Weaver 에 의해 제안되었다.

이와 같은 방해에 의해 상대적으로 고주파에서 손실 피크가 존재하게 된다. 이 피크는 증착온도 및 결정립의 크기가 증가함에 따라 현저하게 나타난다.

이런 관점에서 볼 때 다결정막에 비해 단결정 에피택시얼막에서 더욱 낮은 손실을 기대할 수 있다. LiF 에피택시얼막의 경우 0.01 Hz 에서 100 kHz 까지의 주파수 범위에 대한 손실은 다결정 물질보다 적어도 1차수 더 작고, 고주파에서 손실 피크는 발견되지 않았다.

저주파에서의 손실은 두 물질에서 모두 비슷하며, 이것은 전극 근처에서 분극효과가 일어나는 것을 가정한 것과 일치한다.

양극 산화에 의한 비정질 산화막은 가청 주파수의 범위에서 일정한 tan δ를 나타낸다. Ta_2O_5 에 대한 tan δ의 주파수 의존성의 예를 그림 6−47에 나타내었다.

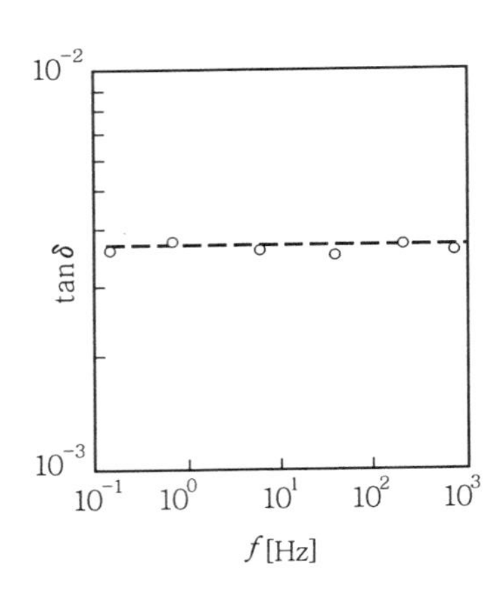

그림 6-47 주파수에 따른 Ta_2O_5 의 손실각

저주파에서의 손실은 이온의 운동에 의해 생기지만, 고주파에서는 이온들이 전장의 빠른 변화를 따라갈 수 없으므로 그런 운동은 불가능하다.

고주파에서의 손실은 전자의 분극에 의해서만 일어난다. 그리고 유전율은 광학적 굴절률의 제곱과 같다.

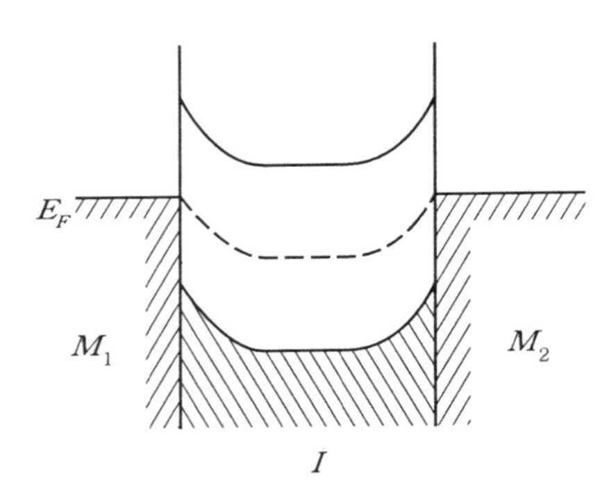

그림 6-48 공간전하를 갖는 M-I-M 구조의 에너지대

그러나 실제로 박막의 특성은 막의 두께를 통해 균질한 것으로 생각할 수 없다. 표면 및 계면 효과는 막의 특성을 변화시킨다. 계면 근처에서는 공간전하 및 built-in 전위(확산 전위)가 존재한다.

그림 6−48은 전압 V가 인가된 M−I−M 구조(샌드위치 구조)이며, 계면에서 밴드의 휨은 공간전하에 기인한 것이다.

이 구조에서 흐르는 전류는 다음과 같이 주어진다.

$$I = I_p + \frac{A\varepsilon_0}{d}\frac{dV}{dt} - \frac{A}{d}\int_0^d \frac{\partial P}{\partial t}dx + A\int_0^d \left(1 - \frac{x}{d}\right)\frac{\partial \rho}{\partial t}dx \quad \cdots \text{(식 6−87)}$$

여기서, A는 면적, P는 벌크의 분극, ρ는 공간 전하밀도, I_p는 직류전류이다.

식 6−87의 우측의 제2항은 진공 내에 흐르는 변위전류, 제3항은 물질 자체의 분극과 관계된 전류, 제4항은 계면의 존재에 의한 것이다. 교류전압 v를 이용하면 교류전류 i는

$$i = \frac{v}{R_d} + j\omega C_D v \quad \cdots\cdots \text{(식 6−88)}$$

여기서, R_d는 등가 병렬저항, C_D는 등가 병렬용량이다.

built-in 확산 전위차와 공간 전하의 존재는 외부의 직류 또는 교류에 의해 영향을 받으므로, 그 현상을 해석하고 R_d와 C_D의 유효값을 찾는 것은 복잡하게 된다.

(3) 유전강도

유전체의 다른 중요한 특성은 유전강도이다. 열적 파괴(thermal breakdown)를 포함한 전기적 파괴에 대해서는 여러 가지 메커니즘이 있다.

열적 파괴는 상당한 부분의 전자 에너지가 결정격자에 전달되어 Joule 열이 발생하고 유전체를 파괴시킨다.

애벌란시(avalanche) 파괴는 유전체의 가전자대로부터 부가적으로 전자를 여기시킬 수 있을 정도로 전자들이 가속될 때 발생한다. 이 과정에서 전자는 자유행정 동안 다른 전자를 여기시킬 만한 충분한 에너지를 얻는다. 이것은 막의 두께가 전자의 평균 자유행정보다 더욱 커야 함을 의미한다.

실험에 의하면 파괴전압은 박막에서 상대적으로 높고, 터널링 파괴에 근접하는 전장의 세기에 해당한다.

예를 들면, Al_2O_3 박막은 2.3×10^7 V/cm의 절연파괴 전장을 갖는다. 많은 물질에서 두께가 감소함에 따라 유전강도가 증가하는 것이 관찰되었다.

2-10 박막의 강자성 특성

자기 박막이라고 하면 보통 강자성체를 의미한다. 박막에서 상자성 및 반자성 효과는 거의 관찰할 수 없다. 한편, 강자성 박막의 연구는 강자성의 규명에 기여해 왔다.

초기의 강자성막의 연구는 Fe, Ni, Co, Gd 등과 같은 강자성 금속과 강자성 합금에 대한 것이었다.

그 후에는 유전체의 강자성막, 즉 페라이트가 연구되었다. 제조방법으로는 증착법, 음극 스퍼터링법, 열분해법, 스프레이법 등을 이용할 수 있고, 대부분의 연구는 진공 증착된 박막에 대해 이루어졌다. 강자성 특성은 기판온도, 증착률, 조성 등에 크게 의존하지만, 산화막 이외에는 압력의 변화에 민감하지 않다.

이미 알려진 바와 같이 강자성 물질에서는 개별 원자에 대한 전자의 궤도 및 스핀 자기 모멘트가 그들의 상호작용에 의해 어떤 방향으로 자발적으로 정렬하는 자발 자화 영역이 존재한다.

자구 (domain) 라 부르는 이 영역들은 정상조건하에서 불규칙하게 배열되므로, 외부적으로 어떤 자기 모멘트를 나타내지 않는다. 그러나 외부 자장을 인가하면 자장의 방향과 일치하는 자구는 성장하기 시작하고, 다른 자구는 어떤 자장에서 포화 자화에 도달하도록 회전한다. 자장의 세기를 더욱 증가시키면 외부 자장의 방향으로 접근하도록 자화의 방향이 회전한다.

단결정 형태의 강자성 물질의 벌크에서는 쉽게 자화되는 어떤 방향이 있다. 예를 들면, Ni에서 가장 자화되기 쉬운 방향은 (111)이고, 다음으로 (110), (100) 방향이다. Fe에서는 그 순서가 반대이다.

이러한 방향의 발생원인은 전자들의 궤도 모멘트 및 스핀과 결정격자의 주기적 전장과의 상호작용에 있다. 만약 막이 외부 자장이 없는 곳에서 형성된다면 강자성 단결정 물질에서는 매우 작은 두께에 이르기까지 이 특성이 유지된다.

외부 자장의 작용은 자장의 방향에 의존하는 상당한 이방성을 나타낸다. 이 이방성은 실제 응용에서 중요하고, 매우 낮은 항자성(coercivity)을 갖는 Ni과 Fe의 합금 (Ni 81 %, Fe 19 %인 소위 permalloy)에서 연구되었다.

강자성 박막에 대한 기본적인 의문의 하나는 자화 M 및 큐리 온도 (물질이 강자성 특성을 잃고 상자성체로 되는 온도) 와 같은 기본적인 양이 어떻게 막의 두께에 의존하는가이다.

강자성 상태에 대해서는 분자장 모델과 스핀-파동 이론의 두 가지 모델이 있다. 두 이론에 의하면 2~3 nm 두께까지 되어도 강자성 특성이 유지된다.

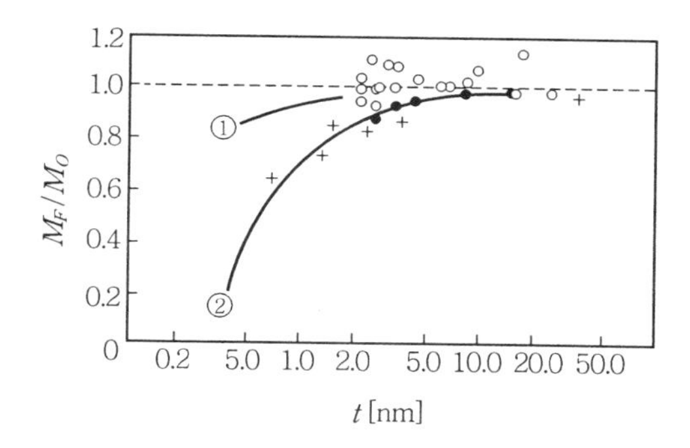

(a) 막의 두께에 대한 자기 모멘트 M_F 의 의존성 (M_F는 벌크 값 M_o와 관련되어 있다.)
①: Ni (111)에 대한 분자장 이론의 결과, ②: Ni(111)에 대한 스핀－파동이론의 결과
• : Stunkel, ∘ : Neugebauer, + : Gradmann과 Muller

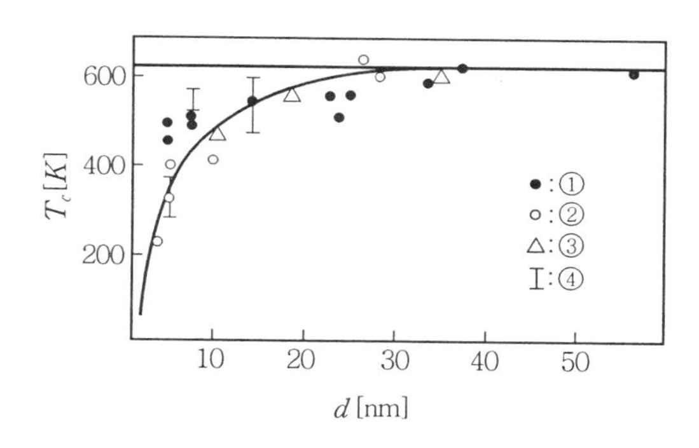

(b) permalloy 막의 두께에 대한 큐리 온도의 의존성

그림 6-49 구리 위에 증착된 Ni 와 permalloy 막의 두께에 따른 자화 M 및 큐리 온도의 의존성

그림 6－49와 같이 구리 위에 Ni 과 Fe－Ni의 에피택시얼막에서 이론과 일치하는 결과를 얻었다. 그림 6－49 (a)와 그림 6－49 (b)는 이 이론에 의한 자기 모멘트와 큐리 온도의 변화를 실험값과 비교한 것이다.

자기적 이방성의 발생은 강자성 물질의 자유 에너지가 자화 M 의 방향의 함수임을 나타낸다. 자화되기 쉬운 방향은 에너지의 최소에 해당하고, 자화되기 어려운 방향은 에너지의 최대에 해당한다.

박막에서 매우 중요한 동축 자기적 이방성의 경우 (한 개의 자화되기 쉬운 방향이 있을 때), M 이 막의 평면에 놓여 있다면(실제로 이것은 박막에서 충족되는 조건이다), 에너지 E 는 다음과 같이 주어진다.

$$E = K_A \sin^2\theta \quad \text{(식 6-89)}$$

여기서, K_A는 동축 이방성의 상수, θ는 M과 자화되기 쉬운 방향(ED ; easy direction) 사이의 각이다.

그러므로 $\theta = 0$과 $\theta = \pi$에 대해 두 상태의 최소 에너지가 존재한다. 평형상태는 M이 (E_D)에 평행하거나 반평행한 상태이다. 에너지의 최대는 $\theta = \pi/2$와 $\theta = 3\pi/2$에 대해 발생한다. (E_D)의 방향과 어떤 각도로 막의 평면에 작용하는 외부 자장이 한 개의 안정한 방향으로부터 다른 방향으로 자화를 변화시키는 데 영향을 주는 것은 실제 응용에서 중요하다. 외부 자장이 작용하는 동안 전체 에너지는 (식 6−89)의 에너지와 외부 자장과 상호 작용하는 에너지의 합으로 주어진다.

$$E = K_A \sin^2\theta - H_e M\cos\theta - H_h M\sin\theta \quad \text{(식 6-90)}$$

$$(H_e = H\cos\beta,\ H_h = H\sin\beta)$$

여기서, H_e와 H_h는 각각 자화되기 쉽거나, 자화되기 어려운 축을 따른 외부 자장의 성분이다. 최소 에너지의 조건은

$$\frac{dE}{d\theta} = 0 \quad \text{(식 6-91)}$$

$$\frac{d^2E}{d\theta^2} > 0 \quad \text{(식 6-92)}$$

이것은 다음 식으로 된다.

$$H_A \sin\theta\cos\theta + H_e \sin\theta - H_h \cos\theta = 0 \quad \text{(식 6-93)}$$

$$H_A(\cos^2\theta - \sin^2\theta) + H_e\cos\theta + H_h\sin\theta > 0 \quad \text{(식 6-94)}$$

기호 H_A는 다음과 같이 정의된 이방성 자장을 나타낸다.

$$H_A = \frac{2K_A}{M} \quad \text{(식 6-95)}$$

(식 6−93)으로부터 자기이력 곡선을 그리면 자장의 임의의 방향에 대해 계산될 수 있다. 두 극단적인 경우를 생각해 보자.

(1) 장이 자화되기 쉬운 방향(E_D)과 평행한 경우, 즉 $\beta = 0$이다. 그러면 $H_h = 0$에 대해 (식 6−93)과 식 6−94)를 풀면,

$$H_e = -H_A \cos\theta \quad \text{(식 6-96)}$$

로 되고, θ는 0 또는 π이다. 그러므로 $\theta=0$과 $\theta=\pi$ 사이의 천이가 $H=\pm H_A$에서 발생한다. 이력곡선은 그림 6-50 (a)에 보인 직사각형 모양을 갖는다.

(2) 장이 자화되기 어려운 방향(H_D)과 평행한 경우이다. 같은 방법으로 $H_e=0$에 대해 풀면 $\theta=\pm\pi/2$를 얻는다. 이 경우 이력곡선은 그림 6-50 (b)와 같다. 이 이력 곡선은 증가하는 자장에 따라 자화가 초기 방향 E_D로부터 H_D 방향으로 회전하는 것을 나타내고 있다. H_A 이상의 자장에서 자화는 완전히 평행하고 더 이상 변화하지 않는다.

그림 6-50 (a)에 나타낸 바와 같이 자장의 방향에 평행하고 반평행한 두 개의 안정한 자화상태가 존재한다. 이것은 디지털 컴퓨터의 기억소자(2진법에서 디짓 0 또는 1을 기억하는 것)로 사용될 수 있다. 만약 소자를 빨리 동작시키려면, 한 개의 안정한 상태에서 다른 상태로 매우 짧은 시간 내에 스위칭이 일어나야 한다.

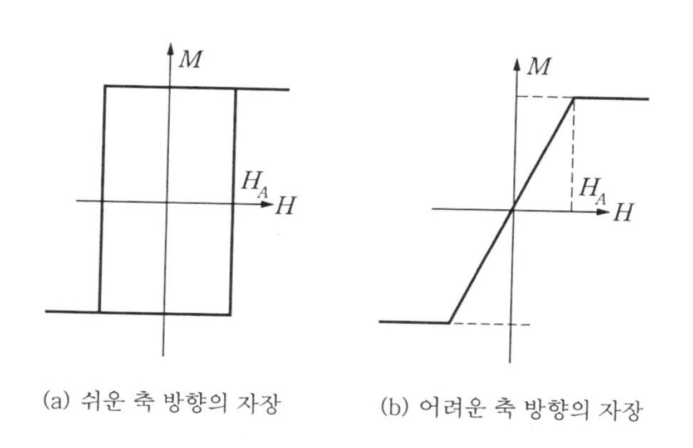

(a) 쉬운 축 방향의 자장 (b) 어려운 축 방향의 자장

그림 6-50 자기이력곡선

이와 같은 요구사항은 스위칭 시간이 n_s 차수인 자기 박막에 의해 충족된다. 다결정 니켈과 철의 합금(permalloy) 막에 대해서 $H_A \approx 3\,O_e$이고, 항자성은 약 $1\,O_e$이다. 이 경우 수 Oersted의 자장이 스위칭에 알맞다.

강자성 물질은 자발 자화에 의한 방향으로 정렬된 자구라는 어떤 영역을 갖고 있다. 이러한 자구는 일반적으로 박막 강자성체에도 발생한다. 자구 사이의 경계를 통과하는 스핀의 방향은 급격하게 변화하지 않고, 그곳에는 스핀이 점진적으로 변화하는 천이 영역이 존재한다.

만약 자구벽(domain wall)이라고 부르는 이 영역이 두꺼우면, 인접한 스핀의 방향은 약간씩 달라지고 스핀-스핀 상호작용 에너지는 작아진다. 그러나 자화 방향이 E_D와 다른 체적은 크게 된다. 한편, 그 벽이 얇으면 천이 체적은 작지만, 큰 스핀-스핀 상호작용 에너지를 갖는다.

3. 박막의 광학적 특성

3-1 기본적인 광학적 특성

박막 광학에 의한 기본적인 물리적 특성은 광의 파장과 입사각에 대한 박막에서의 광의 반사, 투과 및 편광이다. 이러한 특성은 막의 복소수 굴절률과 두께의 함수로 전자기파 이론으로부터 결정된다. 반사와 투과는 Fresnel 의 식을 따른다. 만약 n_o를 광이 입사되는 매질의 굴절률, n_1을 막의 굴절률, n_2를 광이 막을 통과해 나간 곳의 매질의 굴절률이라고 하면, n_o / n_1 계면(그림 6-51)에서 비흡수막에 대한 반사도 $r_1(r_2)$과 투과도 $t_1(t_2)$는 다음과 같이 주어진다.

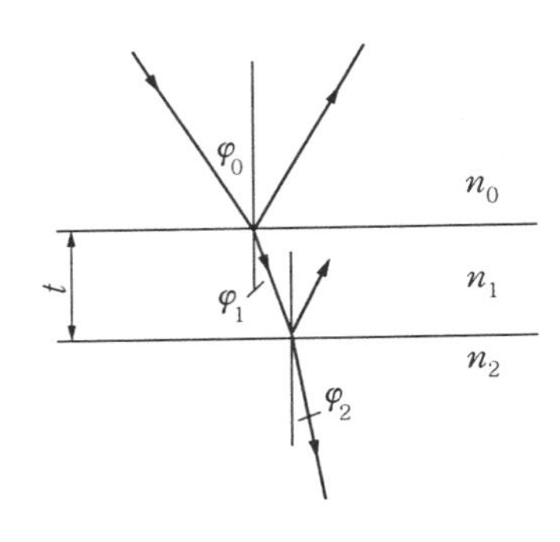

그림 6-51 박막을 통과하는 광의 경로

$$(r_1)_{II} = \frac{n_1 \cos \varphi_o - n_o \cos \varphi_1}{n_1 \cos \varphi_o + n_o \cos \varphi_1} \quad \text{(식 6-97)}$$

$$(t_1)_{II} = \frac{2n_1 \cos \varphi_1}{n_1 \cos \varphi_o + n_o \cos \varphi_1} \quad \text{(식 6-98)}$$

이것은 입사면에 평행한 광에 대한 경우이고, 입사면에 수직으로 편광된 광에 대해서는

$$(r_1)_\perp = \frac{n_1 \cos\varphi_1 - n_o \cos\varphi_o}{n_1 \cos\varphi_1 + n_o \cos\varphi_o} \quad \text{(식 6-99)}$$

$$(t_1)_\perp = \frac{2n_1 \cos\varphi_1}{n_1 \cos\varphi_1 + n_o \cos\varphi_o} \quad \text{(식 6-100)}$$

로 주어진다. 전체 반사도와 투과도는 위상차를 고려하여 반사되고 투과된 광을 합해서 구한다(즉, 위상차 $\delta_1 = 2\pi\nu n_1 t\cos\varphi$, 여기서 ν는 광의 파수, t는 막의 두께이다). 등방성 막에 대해 그 합은 각각

$$R = \frac{r_1^2 + 2r_1 r_2 \cos 2\delta_1 + r_2^2}{1 + 2r_1 r_2 \cos 2\delta_1 + r_1^2 r_2^2} \quad \text{(식 6-101)}$$

$$T = \frac{n_2 t_1^2 t_2^2}{n_o(1 + 2r_1 r_2 \cos 2\delta_1 + r_1^2 r_2^2)} \quad \text{(식 6-102)}$$

로 주어진다. (식 6-97)에서 (식 6-100) 까지는 반사되거나 투과된 광의 평행 및 수직인 성분에 대한 Fresnel 의 계수를 제공한다.

막이 광을 흡수하는 경우 이 상황은 더욱 복잡해진다. 막의 인자들은 단지 수직으로 입사되는 경우에만 측정되며, 이것은 일정한 위상의 면이 일정한 진폭의 면에 평행하기 때문이다. 광의 전파는 복소수 굴절률 $(n_1 - ik_1)$ 으로 나타내고, 파의 형태는 다음 식으로 주어진다.

$$\exp\left(-\frac{2\pi k_1}{\lambda_\nu}\right)\exp 2\pi i\nu\left(\tau - \frac{n_1 z}{c}\right) \quad \text{(식 6-103)}$$

여기서, λ_ν는 진공 중의 방사파장, τ는 시간, z는 전파축, c는 전파속도이다.

반사도와 투과도에 대한 식은 Fresnel 의 관계식인 (식 6-97)으로부터 (식 6-100)에 굴절률 $(n_1 - ik_1)$ 을 대입하여 얻는다. 가시광 영역에서의 금속과 같이 강하게 흡수하는 물질은 두께가 증가함에 따라 투과도는 감소한다. 금속에서 투과도는 100 nm의 막에서 약 1% 정도이다.

박막의 굴절률은 어떤 경우에서 벌크 물질의 굴절률과 같다. 다른 경우로 CaF_2에서와 같은 다공질 구조에서는 굴절률이 더욱 낮다. 이 경우에 다공성은 굴절률로부터 구해진다.

박막 광학에서 매우 중요한 분야는 다층막 구조에 대한 것이다. 두께와 굴절률이 다른 여러 가지 막을 조합시키면, 어떤 파장에서 원하는 반사도와 투과도를 얻을 수 있다. 이 방법으로 유전체 막들을 조합 (CeO_2, MgF_2 와 같은 막으로 전체 15개의 막으로 구성) 시키면 어떤 파장 λ 에서 100 % (이론적으로는 0.9996이지만, 실제는 0.99 이상을 얻음)에 가까운 반사도를 얻을 수 있다.

유사한 방법으로 여러 가지 대역폭을 갖는 필터나 비반사막 (antireflection coating)을 만들 수 있다. 특별히 매우 좁은 대역(1nm)까지도 얻을 수 있다.

오늘날에는 컴퓨터에 의해 더욱 복잡한 광학 시스템을 계산할 수 있게 되었다.

3－2 광발생과 광도파로

광전자 공학과 집적 광학의 급격한 발전은 광소자에 대한 새로운 필요성을 요구하게 되었다. 집적 광학에서의 소형화는 박막 기술의 발전으로 가능하게 되었다. 그러나 새로운 이론적, 실험적, 그리고 기술적 문제가 나타나고 있다.

광전자 공학과 집적 광학의 주요 목적은 가시광, 적외선, 자외선에 해당하는 진동수에 대한 정보의 전송과 처리이다. 이러한 시스템에서 광발생기(보통 간섭광)는 캐리어의 진동수를 얻는데 필요하고, 이 파의 진동수, 진폭 또는 위상 변조를 위해 변조기, 전송 선로 (도파로, 즉 도광로) 및 검출기가 필요하다.

발광 다이오드 (LED) 나 반도체 주입 레이저는 광원으로 사용되고 있다. 원리적으로 LED나 반도체 주입 레이저는 순방향으로 바이어스된 pn 접합을 갖는 다이오드이다. 여기서, 전자들은 n 영역으로부터 p 영역으로 주입되고, 정공은 p 영역으로부터 n 영역으로 주입된다. 주입된 소수 캐리어는 다수 캐리어와 재결합하고 재결합 에너지는 광 ($h_\nu = E_g$) 으로 방사된다.

만약 LED에서 특별한 방출과정이 서로 독립적이면, 비간섭성 광이 발생한다.

만약 주입이 너무 많으면 반전현상 (즉, 높은 에너지 준위가 낮은 에너지 준위보다 더 많이 점유된다)이 생기고, 적당한 광학적 궤환현상 (발생한 방사의 일부가 활성영역으로 되돌아간다)이 일어나면 자극 받은 광방출로 된다. 따라서, 간섭성의 광이 방출되고, 이것이 바로 레이저광이다.

도광로의 목적은 가능한 한 왜곡과 감쇠 없이 광원으로부터 수신기까지 신호를 전송하기 위한 것이다. 거리 l 까지 전달된 전력은

$$P(l) = P_o \exp(-\alpha l) \quad \text{(식 6－104)}$$

여기서, 감쇠계수 (attenuation coefficient) α는 흡수와 산란에 의한 감쇠를 포함한다. 두 가지의 감쇠는 도광로가 형성된 물질 내에서 아주 낮게 유지된다. 그러므로 사용된 물질은 비흡수성이어야 하고, 광학적으로 균질하고 등방성이어야 한다. 또한, 도광로의 경계에서 광이 밖으로 나가지 않도록 되어 있다.

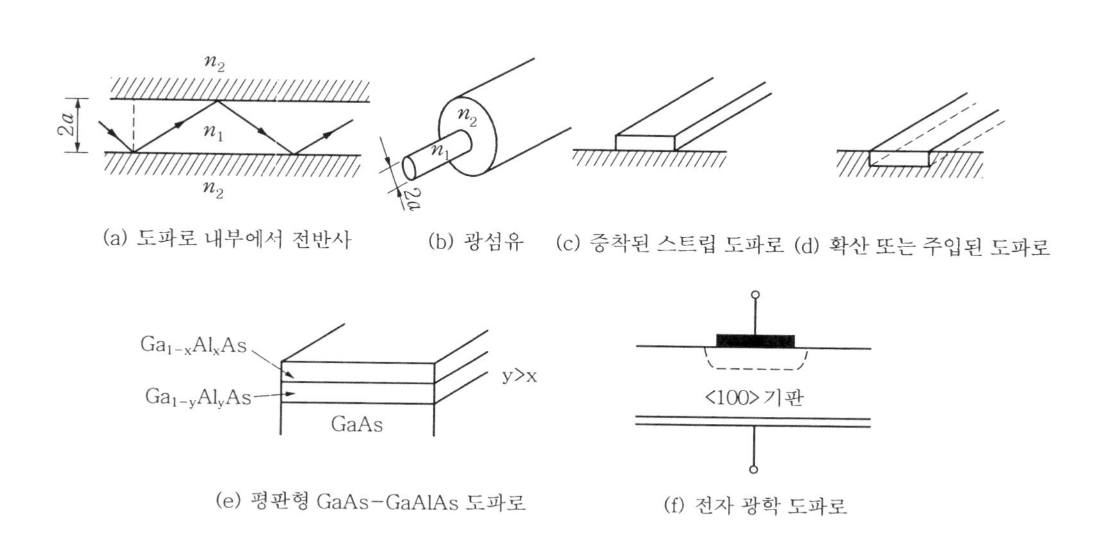

(a) 도파로 내부에서 전반사 (b) 광섬유 (c) 증착된 스트립 도파로 (d) 확산 또는 주입된 도파로

(e) 평판형 GaAs-GaAlAs 도파로 (f) 전자 광학 도파로

그림 6-52 광도파로

이것은 그림 6-52 (a)와 같이 경계에서의 전반사를 이용하면 가능하다. 굴절률 n_1인 도광로의 중심이 $n_2 < n_1$인 클래드로 둘러 싸여 있다. 각 $\theta > \sin^{-1}(n_2/n_1)$일 때 전반사가 일어나고, 광은 도광로 내부에서 전파된다. 대개 다른 군속도 (group velocity) 로 몇 개의 다른 모드가 전송되며, 전송모드의 수는 근사적으로

$$N = 2\pi^2 \frac{a^2}{\lambda^2}(n_1{}^2 - n_2{}^2) \qquad \text{(식 6-105)}$$

로 주어진다. 즉, a/λ의 비에 의존한다.

단일 모드 도광로에서 군속도는 진동수에 약하게 의존하며, $L = 1\text{km}$에 대해 약 10^2 Gbit/s 의 전송 용량이 가능하다.

그림 6-52 (b)와 같이 유리나 유기 물질의 두 가지 다른 종류로 구성된 얇은 유전체 도선이 도광로서 사용된다. 특별한 종류의 유리로 1dB/km 이하의 감쇠를 얻을 수 있고, 이것은 중거리 통신에 사용된다.

박막 형태의 도광로(평판 도광로)는 집적 광학에 사용되고, 원리적으로 두 가지 종류가 있다.

그림 6-52 (c)와 같이 박막 또는 박막 스트립이 낮은 굴절률을 갖는 기판 위에 증착된다.

그림 6-52 (d)와 같이 높은 굴절률을 갖는 스트립이 기판 내부에 형성(확산, 이온교환, 이온주입 등에 의함)된다.

그림 6-52 (e)와 같이 에피택시얼로 성장시킨 도파로(GaAlAs) 도 사용된다.

그림 6-52 (f)의 전자-광학 도파로는 강한 전자-광학 효과를 나타내는 물질(GaAs, GaAlAs)에 전장이 인가될 때, 굴절률이 변화되는 것을 이용한 것이다.

도파로의 상부는 보통 $n=1$인 공기에 접해 있으며, 이러한 도파로는 단거리용이다. 그 기능은 광케이블과 유사하나 몇 가지 차이점이 있다. 여기서, 최적 감쇠계수는 유기 물질에 대해서는 0.1 dB/cm, 무기 물질에 대해서는 1 dB/cm이다.

광이 가능한 한 막 내로 들어가도록 하기 위해서는 그 내부에서 전반사가 일어나야 한다. 이것이 바로 도파로 모드이다. 이 조건이 충족되지 않는다면, 광의 일부는 공기나 기판 내로 들어가게 된다. 즉, 공기 또는 기판 모드가 발생한다. 다른 유도된 모드는 원리적으로 유전체 도선에서와 같이 전파될 수 있다.

그러나 막의 두께가 매우 얇으므로 쉽게 단일 모드 기능을 얻을 수 있다. 어떤 각으로 광을 막 내로 입사시키는 것은 시스템의 효과적인 전송 특성을 얻는데 매우 중요하다.

이 방법에는 그림 6-53과 같이 렌즈를 이용하는 방법, 레이저 다이오드를 이용하는 방법, 프리즘이나 격자를 이용하는 방법 등이 있다.

먼저 그림 6-53 (a)와 같이 렌즈에 의해 광을 집속시키는 방법은 기술적으로 복잡하다.

그림 6-53 (b)와 같이 레이저 다이오드를 박막 도파로와 연결시키는 방법이 있다.

그림 6-53 (c)와 같이 막과 100 μm 정도의 좁은 간격을 갖도록 프리즘을 사용하는 방법도 있다. 이 때 프리즘의 굴절률은 $n_p > n_1$ 이고, 프리즘의 아래 면에서 전반사가 일어난다.

전자기파의 강도는 경계로부터 떨어진 거리에 따라 지수적으로 감소한다. 만약 막과 프리즘의 간격이 충분히 작다면 에너지의 일부가 막 내로 전달된다.

다른 방법으로 그림 6-53 (d)와 같이 회절 격자를 사용하는 경우, 레이저 광선이 이 격자와 상호 작용한다면 광의 방향과 위상은 변조된다.

어떤 경우에는 그림 6-53 (e)와 같이 테이퍼된 커플러(tapered coupler)가 사용되기도 한다.

그림 6－53 (f)와 같이 두 도파관을 연결하기 위해 광학적 터널링이 사용된다. 이것은 유도된 모드의 끝부분이 중첩되도록 동일한 전파상수를 갖는 두 도파관이 아주 얇게 분리되어 있다.

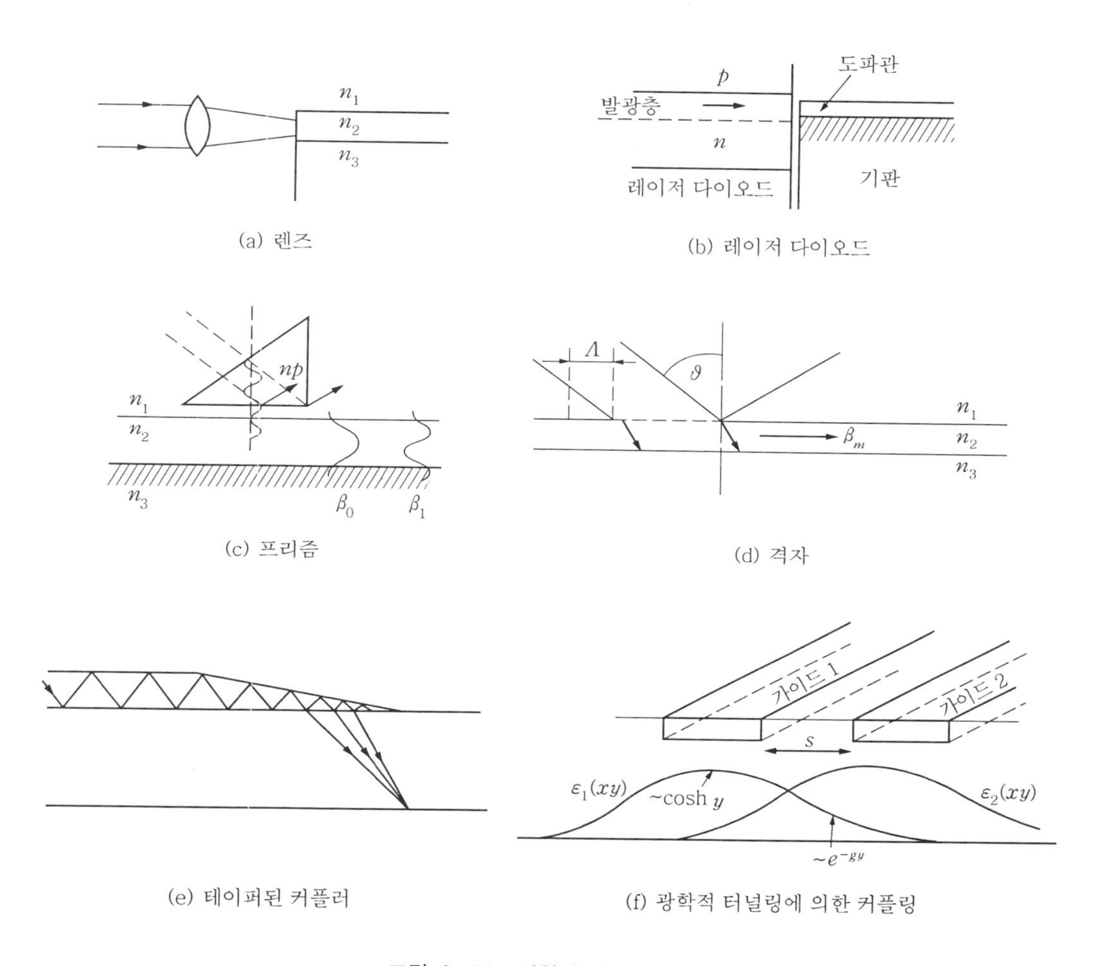

그림 6-53 광학적 커플링 방법

3－3 광변조

광의 위상, 편광, 또는 강도의 변조는 전자－광학, 음향－광학, 또는 자기－광학 효과에 의한 활성 매질의 굴절률의 변화, 또는 전자 흡수효과에 의한 흡수계수의 변화로 이룰 수 있다. 전자－광학 효과는 전장에 의한 결정의 광학적 이방성의 변화에 의한 것이다. 이 경우 전장의 방향은 광의 전파 방향과 수직이 되도록 한다.

전장은 굴절률의 변화를 일으키고, 또한 결정을 통과해 나가는 편광된 광의 성분의 속도 변화를 일으킨다. 또한, 발생된 위상속도의 차이는 광의 위상을 변화시키고, 이 위상변화는 변조전압에 의해 형성된 전장에 비례한다.

평판형이나 스트립형 도광로의 배치를 그림 6-54에 간략하게 나타내었다. 사용된 재료는 주로 $LiNbO_3$ 또는 $LiTaO_3$이고, 도광로는 확산(Li의 out-diffusion 또는 Nb의 in-diffusion)에 의해 만들어진다. 파장 λ가 $10.6\,\mu m$인 경우에 대해서는 GaAs가 매우 적당하다.

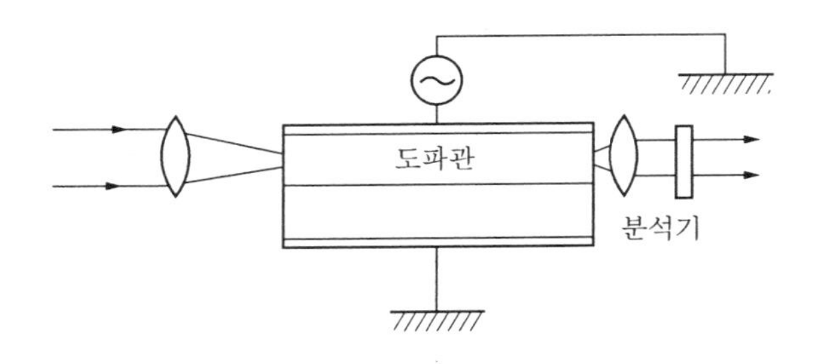

그림 6-54 전자-광학 변조기

음향-광학 효과는 음파에 의해 광이 회절되는 것이다. 음파는 물질의 밀도를 국부적으로 변화시켜 결국 국부적으로 굴절률의 변화를 일으킨다. 평판형 박막 소자에서 Rayleigh 표면파가 사용된다.

이것은 체적파를 사용하는 것보다 더 효과적이고, 소자를 미세화할 수 있다. 탄성파와 전자기파가 표면의 매우 얇은 층에 놓여지면, 그들의 상호작용이 강하게 되므로 더 낮은 전력이 요구된다.

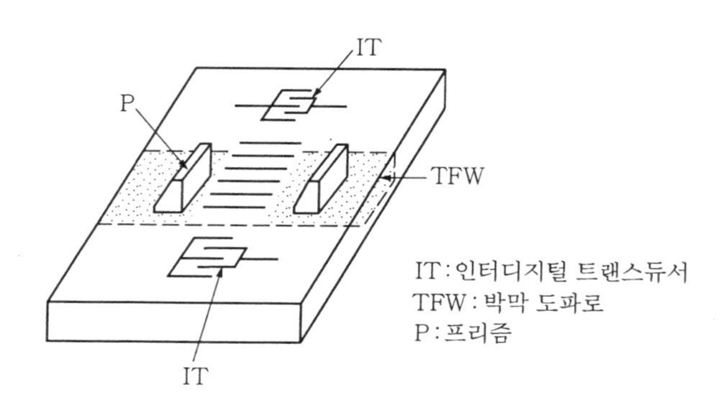

그림 6-55 음향-광학 변조기

음향-광학 변조기의 예를 그림 6-55에 나타내었다. 광이 박막 도광로에 도입되고, 두 개의 프리즘에 의해 밖으로 유도된다. 탄성 표면파는 사진 식각법에 의해 형성된 인터디지털(interdigital) 트랜스듀서에 의해 발생된다.

회절된 광의 강도는 Bragg의 회절조건을 따르고 탄성파의 강도에 비례한다. 광의 진폭 변조는 이러한 방법으로 이루어지고 mW/MHz의 전력이 필요하다. 유사한 원리가 레이저광의 편향에 사용되며, 가장 좋은 음향-광학 재료로는 $LiNbO_3$가 사용된다.

자장-광학 효과로부터 변조를 위해 Faraday 효과(자장에 의해 편광된 광의 면을 변화시키는 것)가 이용된다. 자화 방향으로 자장-광학적 결정을 지나는 선형 편광된 파는 굴절률이 n_+와 n_-로 된 두 개의 원형으로 편광된 파로 분리된다. 결정을 지난 파는 다시 선형으로 편광되지만 그 편광면은 뒤틀린다. 단위 길이당 Faraday 회전은

$$F = \frac{\omega}{c} \frac{n_+ - n_-}{2} \quad \text{(식 6-106)}$$

이고, 자화에 비례한다. 만약 자장이 변화하면 광의 강도는 변조된다.

박막형 자장-광학 변조기를 그림 6-56에 나타내었다.

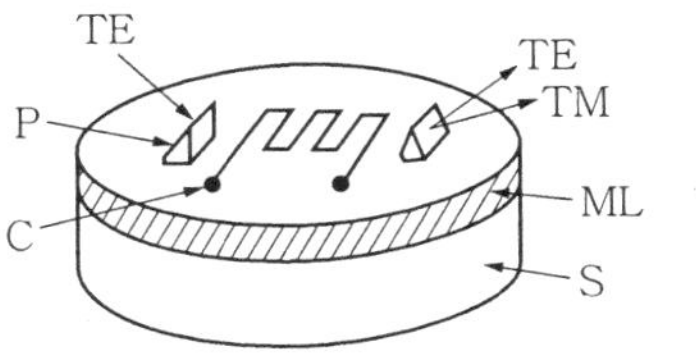

그림 6-56 자기-광학 변조기

평판 도광로가 자장-광학 재료 위에 형성되어 있다. 변조된 전류는 표면에 증착된 회로 내에 흐르게 된다. 적당한 재료로는 여러 가지 석류석($Y_3Ga_{0.975}Sc_{0.5}Fe_{3.71}O_2$ 또는 $GdPr_2Al_{0.5}Fe_{4.5}O_{12}$)이 사용된다.

흡수에 의한 변조는 $10^4 \sim 10^5$ V/cm의 전장에서 반도체나 절연체의 흡수단이 낮은 에너지(장파장)쪽으로 이동하거나, 반도체에서 자유 캐리어의 농도 변화로 인한 한계파장 이상에서의 흡수 변화에 의존한다(역방향으로 바이어스된 *pn* 접합이 이 목적으로 사용된다).

제 7 장 박막의 응용

앞 장에서 언급한 바와 같이 박막은 우수한 광학적, 전기적, 기계적, 그리고 기타 특성을 지니고 있다. 부가해서 박막은 부식, 저항, 촉매 등과 같이 표면과 계면에서 일어나는 여러 가지 과정에 상당한 영향을 줄 수도 있다.

1. 역학적 특성의 응용

박막은 마찰을 감소시키는 층으로나, 부식을 방지하는 층으로, 역학적으로 부하가 걸리는 부분에 마모를 줄이기 위한 코팅층으로서 널리 사용되고 있다.

1-1 박막 코팅층의 사용 예

(1) 베어링에 인듐박막을 도포함으로 윤활특성을 갖게 된다.

(2) 납이나 세슘과 같은 박막을 도포함으로 높은 유연성도 갖게 된다.

(3) 유리의 표면저항은 그의 표면에 Al_2O_3 층을 증착함으로써 높일 수 있고, SiO_2 층으로 도포하면 유리의 표면장력을 바꾸거나 계면에서 화학반응을 변경시킬 수도 있다.

(4) 릴레이 접촉 부위의 연소를 방지하기 위하여 희토류 금속의 박막을 도포해서 사용되고 있으며, 이 경우 이온 보조 스퍼터링(ion assisted sputtering)법으로 도포하면 훌륭한 접착력을 갖게 된다.

(5) 매우 단단한 질화티타늄이나 탄화티타늄의 코팅이 마찰의 감소와 고속강 공구의 수명을 연장시키기 위해 사용된다.

이와 같은 박막 증착에 저압 플라즈마 증착, 반응성 바이어스 스퍼터링, 반응성 이온 보조 스퍼터링, 이온주입 등의 방법이 사용되며, 때로는 산소처리나 열처리 과정이 추가되기도 한다. 수 μm 의 두께로 코팅된 소자는 수명 검사에서 10배 이상까지 향상됨을 보이며, 표면의 모양에서도 훨씬 좋게 보인다.

TiN 박막은 매우 흥미 있는 광학적 특성을 갖고 있는데 투명전극으로서 태양전지에 널리 쓰이고, 장식에도 사용되고 있다.

1-2 이온 보조 스퍼터링법

이온 보조 스퍼터링법으로 제조된 고강도 탄소(i-C)이나 고강도 질화보론(i-BN)박막에서 매우 높은 강도, 낮은 마찰계수와 흥미 있는 광학적 특성을 갖는다는 것이 발견되었다.

(1) 고강도 탄소박막은 다이아몬드 구조를 갖음으로, 강도는 Mohs 규격으로 9.4 정도가 되며 Vickers 경도도 30~60 GPa 된다.

(2) 비저항값은 $10^7 \sim 10^{10}\,\Omega\text{cm}$ 되며, 적외선 영역에서 투명하다.

(3) 가시광 영역에서 반투명 특성을 갖는다.

(4) 굴절률도 제조조건에 따라서 1.8~2.3가 된다. 수백 eV 의 이온 에너지가 고강도 탄소를 형성하는데 필요하다.

(5) 산이나 알칼리 및 유기용재에 대하여 화학적 부식에 매우 강하다.

(6) 같은 방법으로 제조한 고강도 질화보론 박막에서도 고강도 탄소박막과 유사한 특성을 갖고 있다.

2. 전자공학과 미세 전자공학에의 응용

전자공학에서 박막의 응용에 대한 중요성이 과거 수년간 꾸준히 성장해 왔다. 전자 시스템의 크기와 무게가 작아지는 추세와 장기간 안정성, 즉 신뢰성 확보, 운용시간의 단축, 생산 단가 저하 등의 차원에서 더욱 이 박막의 개발이 요구되어 왔다.

디지털 컴퓨터와 계측이나 제어를 위한 복잡한 전자 시스템의 구성에 동일 기능의 전자소자의 대량 복제 기술이 필요하게 되었다.

이런 기술의 발전은 집적회로와 같이 독립된 단위로 이들 소자를 한곳에 집적화하는 것이 목적이며, 이들을 생산하기 위해 박막기술은 중요한 존재가 되었다.

전자 시스템의 각 성분은 크게 두 가지로 나눌 수 있다. 즉, 단지 에너지를 전달하는 수동소자와 에너지의 일부를 소모하는 진공관이나 트랜지스터와 같은 능동소자가 있다.

2-1 전기적 접촉, 상호연결, 저항체

(1) 전기적 접촉

전자회로의 미세화에는 각각 소자들 사이에 접촉과 전기적 연결에 심각한 필요성을 가지게 되었다. 진공 증착한 금속박막이 이 목적을 위해 알맞다는 것이 증명되었다.

이 금속 박막을 적당한 마스크나 사진각법이나 전자선, 이온, 레이저빔에 의해 원하는 패턴으로 형성시킬 수 있다. 이들 기술은 이미 앞에서 논의하였다. 이 금속 박막의 재료로는 비부식성인 금, 알미늄, 그리고 이들의 합금이 보통 사용된다.

(2) 상호연결

접촉과 상호연결은 그들의 저항 특성과 원하는 전류밀도에 의해 제한 받으며, 이것은 전자 마이그레이션(electron migration)과 연관되어 있다.

집적회로를 위해 낮은 저항의 상호연결로서 내화금속 실리사이드(silicide) 막이 사용된다.

(3) 저항체

전자 시스템에 사용되는 저항체는 다음과 같은 특성을 만족하여야만 한다.

① 비저항값의 정확성
② 낮은 온도계수
③ 작동조건하에서 안정성
④ 낮은 잡음수준
⑤ 적은 전압계수를 가져야 한다.

가장 완벽한 저항체는 권선저항이다. 그러나 이들은 고가이고, 미세화가 되지 못함으로 집적회로에 사용이 불가능하다.

표 7-1은 이들의 특성을 탄소 저항체와 비교한 것이다.

표 7-1 전기 저항체의 중요한 특성

저항체	저항체 값의 공차(%)	저항범위(MΩ)	잡음 (μV / V)	전압계수
탄소막	0.25	1~50MΩ	0.3~0.5	2×10^{-3}
금속막	0.10	1~10MΩ	0.1	10^{-4}
권 선	0.01	1~0.05MΩ	only hot wire	0

비저항값이 $10^{-5}\Omega$cm 되는 금속을 진공 증착해서 높은 저항의 박막 저항체를 만들려면 매우 얇은 박막 형성으로 만들 수가 있다. 물론 이런 극히 얇은 막은 연속적이 되지 못함으로, 실제에는 어떤 극단적인 특수한 성질을 발생하게 되며, 이들에 대해서는 6장 2-2절에서 논의하였다. 이에 수반되는 이들의 특성들은 대부분 불안정하다.

보통 박막저항은 R□양으로 특정 지워지는데 이는 양단자 쪽에서 측정한 평방막(square film)의 판 저항(sheet resistance) 값이다. 이것은 $R=\rho/t$ 임을 의미하는데, 여기서, ρ는 비저항이고, t는 막의 두께이다. 이 저항의 단위는 Ω/□로 표시한다. 80 : 20 의 비로 만든 Ni 과 Cr 의 합금인 니크롬을 50 nm 의 두께로 만든 박막저항은 $R_{\square}=500\Omega/\square$이 된다. 이 때 증착방법으로 니크롬을 플래시(flash) 기술이나 전자선 포격으로 텅스텐 보트를 사용하여 증착한다. 또한, Ta, Ti, Nb 를 박막저항 재료로 사용하는 경우는 주로 음극 스퍼터링으로 증착하며 보다 더 낮은 저항값으로 된다. 그래서 정확한 저항값을 갖도록 추가 공정으로 양극 산화를 한다. 이 공정에서 박막의 표면이 산화되어 보호막이 형성되어 더 안정된 저항체가 얻어진다.

전체 저항값을 증가시키기 위하여 박막저항을 막대 위에 나선형으로 증착하거나 평판 위에는 꼬불꼬불하게 증착하여 필요한 패턴으로 적당하게 마스크나 기계적으로나 전자선으로 절단하여 만든다.

높은 값의 저항은 세라믹(cermet) 박막으로 만들 수 있다. 이것은 금속과 유전체의 혼합체이다. 이들의 비저항값은 유전체의 함량에 따라 달라진다. 매우 넓은 범위에 걸쳐서 변화시킬 수 있다.

Cr−SiO 세라믹에 대해는 10^{-5}으로부터 10^{1} Ωcm 까지 변화시킬 수 있다. 이것은 100 nm 두께의 막에 대해서 $R_{\square}$가 1Ω/□ 로부터 1MΩ/□ 까지 변화시킬 수 있다는 것을 의미한다.

박막저항은 통상 연마한 세라믹 관이나 판상에 증착하여 제조한다. 증착한 박막저항체의 안정성을 높이기 위하여 인위적으로 경시처리하는데 이것은 수시간 동안 150~300℃에서 막을 처리한다. 경시처리를 하는 시간에 따라 저항값이 지수함수적으로 감소한다.

이러한 조치를 통해 박막 내의 결함의 수를 감소시키기도 한다.

이론적으로는 어떤 시간 후에 안정한 상태로 도달하나 실제로는 저항값은 표면의 계속되는 산화 때문에 약간식 계속 변하고, 또 주위의 기체로부터 흡착에 기인되어 계속 변한다.

그래서 저항체는 SiO 층을 증착하거나, 또는 보호상자에 넣어 보호해야 한다. 안정성은 특히 고전류에 의한 전자수송(electron transport)에 의하여 박막의 일부분이 이동되어 얇아져서 구멍이 생기게 됨으로 음극 근처의 물질이 없어지는 결과를 낳는다.

몇 가지 박막저항체의 특성을 표 7−2 에 나타내었다. Pd, Ag

표 7-2 박막저항체의 특성

성 분	비저항(Ωcm)	TCR(10^{-6}/℃)	TCR의 온도범위(℃)
Pd, Ag	38	50	0~100
Cu (83), Mn (13), Mg (4)	48	10	15~35
Ni (80), Cr (20)	110	85	55~100
Ni (76), Cr (20), Al (2), Fe (2)	133	5	65~250
Ta (α)	25~50	500~1800	−

여기서, TCR = temperature coefficient of resistivity

2-2 커패시터와 인덕터

(1) 커패시터

박막 커패시터의 제작은 표 7-3에 나타나 있는 고유전율의 유전체(TiO_2 등)를 초박막으로 제작하여 만든다면 매우 높은 용량의 것을 만들 수 있다는 큰 장점을 갖고 있다.

표 7-3 몇 가지 물질의 유전상수

물 질	SiO	SiO_2	Al_2O_3	Ta_2O_3	TiO
εr	5~7	4	7	15~25	40~170

일반적으로 커패시터들은 유전체로 기름종이나 여러 가지 포일(foil)을 증착한 전극으로 만든다. 이들 커패시터는 한 가지 이점이 있는데, 즉 어떤 주어진 곳에 단락이 발생하여도 전극의 일부가 증발이 일어나서 커패시터는 단락회로로서 남지 않는다. 즉, 손상된 영역이 자기치유 역할을 한다.

그러나 미세화나 집적회로의 형성에는 커패시터의 기본적인 세 층 모두를 진공 증착으로 제작해야 한다. 이 때 주요한 문제는 핀 홀(pin hole)이 없는 유전층과 불량을 일으키는 다른 결함이 없는 유전체층을 제작하는 것이다. 이들은 극히 얇은 박막 제작에서 나타나는 것으로 보통 기판상의 먼지나 증착원으로부터 큰 입자들의 증발 등에 의한 것이다. 이러한 관점에서 보면 양극산화나 열산화에 의하여 유전체층을 만드는 방법이 보다 균일한 두께로 더 좋은 품질을 만들 수 있다.

커패시터는 전기 용량뿐만 아니라 부가해서 높은 단락 전압을 가져야 하고, 적은 손실각, 그리고 좋은 열적 안정성을 소유해야 한다.

유전 파괴전압은 보통 10^6 V/cm 이상 되어야 하며, 예로서 Ta_2O_3 유전체로 커패시터를 만든 경우 유전 파괴전압은 5×10^6 V/cm가 된다. 그러나 여기서 Ta는 상대적으로 높은 비저항을 갖음으로 커패시터의 직렬저항의 증대로 손실각의 증가를 일으킨다. 이런 기본적인 증가현상은 Ta 전극 위에 금이나 백금과 같은 좋은 전도체를 증착시켜서 보상할 수 있다.

복합물 유전체는 증착하는 동안에 물질의 부분적인 해리가 발생하는데 이것이 손실각의 증가를 낳는다. 가장 자주 쓰이는 물질은 규소산화물, 알루미나, Ta_2O_3 들이다. 특히, SiO와 같은 물질을 증착할 때 큰 입자가 증착되어 박막이 못쓰게 되는 것을 막기 위해 전용 증착원과 보트를 사용해야 한다.

그래서 전자선 가열증착, 음극 스퍼터링, 이온 보조방법 같은 것을 사용하는 경향이 증가하고 있다.

SiO_2 나 Al_2O_3 는 높은 유전율을 갖지 못하지만 좋은 열적 인내성을 갖고 있으므로 널리 사용되고 있다. 즉, Al_2O_3 경우 400℃ 이상에서도 사용할 수 있다. Ta_2O_3로 만든 커패시터에서는 50 V의 전압 인가로 0.22 μF/cm^2 이상의 용량을 얻을 수 있다. 더 높은 용량을 얻으려면 TiO_3나 TiN 을 사용해서 얻을 수 있으나 이들 물질들로 양질의 박막을 제작할 수 있게 많이 연구해야 할 것이다.

(2) 인덕터

박막 인덕터에 관하여 저주파수에서 충분히 높은 인덕턴스 값을 구현하는 것은 어려운 일이다. 그러나 현재 박막 인덕터는 상자성체 기판상에 나선형으로 만든 마스크를 사용하여 진공 증착한 형태로 만들어지고 있다.

더 높은 인덕터를 만들기 위해서는 페라이트 기판상에 증착하여 만들 수도 있다. 부가적으로 인덕턴스 값을 더 높이기 위하여 보조 페라이트를 인덕터 위에 입혀서 그 효과를 얻는 경우도 있다. 그러나 이런 추가적인 방법은 생산 단가를 높이므로 실용적이 되지 못한다. 그러나 이런 박막 인덕터를 고주파수에서 사용될 때는 이런 문제들은 거의 없어진다.

2-3 능동 전자소자

고체 전자공학의 기본 소자들은 다이오드와 트랜지스터이다. 소형화된 양극성 및 단극성 트랜지스터들은 박막공학의 기술로 생산될 수 있다.

(1) 다이오드

다이오드는 원리적으로 적당한 접촉이 되어 있는 $p-n$ 접합들이며, Schottky 다이오드는 정류특성을 갖고 있는 비저항성 반도체-금속 접촉에 의하여 되어진다(그림 7-1 의 (a), (b) 참조).

예를 들면, 매우 양호한 Schottky 장벽은 분자선 에피탁시(epitaxy) 방법으로 만든 GaAs 의 단결정 박막 위에 Al 박막을 증착함으로 제조된다. 이 두 층은 진공을 깨지 않고 만든 것이므로 GaAs 상에 산화층이 없고, 접촉도 합금법으로 만든 경우보다 훨씬 더 좋은 저항성(ohmic) 접촉을 갖는다.

이와 같이 만든 Schottky 다이오드는 동작속도가 크게 개선되므로 mm 파의 범위에서 믹싱(mixing)으로 사용되고 있다.

특별한 경우로 $p-i-n$ 다이오드는 p 형과 n 형 반도체 사이의 진성(intrinsic) 영역(그림 7-1 의 (c) 참조)을 넣음으로써 이들의 동작속도나 고감도가 더욱 개선되어지므로 광 다이오드로 널리 사용되고 있다.

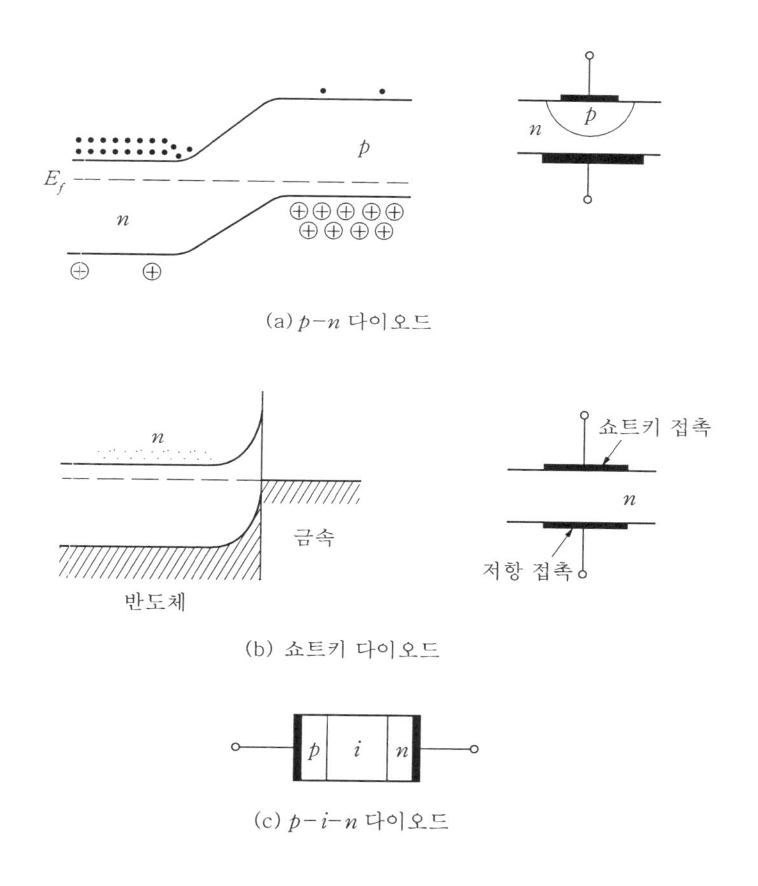

(a) $p-n$ 다이오드

(b) 쇼트키 다이오드

(c) $p-i-n$ 다이오드

그림 7-1 반도체 다이오드

(2) 트랜지스터

① **평판형 쌍극 트랜지스터** : 평판형의 쌍극 트랜지스터의 기본적인 형태는 그림 7-2에 나타내었다. 이 소자는 마스킹을 사용한 박막기술로 제조될 수 있다. 이 경우에 그 계의 몇 층들은 CVD에 의해 박막으로 제조되고, 증착이나 스퍼터링 방법으로도 만들어진다. 이것이 진성층을 만드는 일반적인 방법이다.

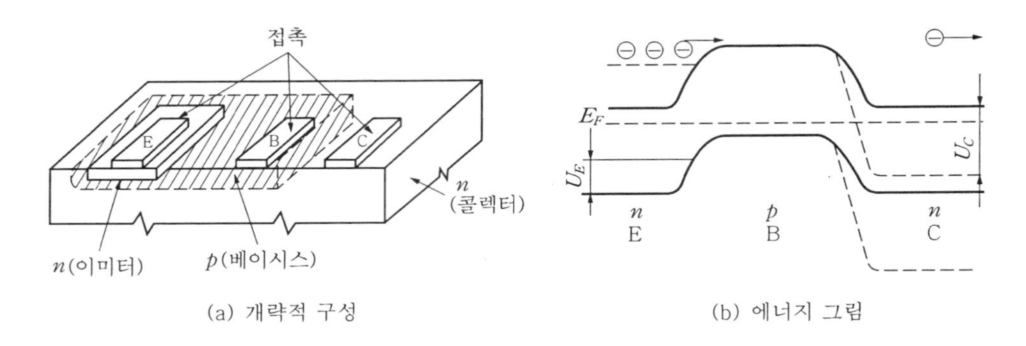

(a) 개략적 구성 (b) 에너지 그림

그림 7-2 평판형 쌍극 트랜지스터

② 박막 트랜지스터 : 가장 흥미 있는 박막 전자공학의 목표는 단지 박막기술로만 박막 트랜지스터를 만드는 것이다. 그래서 공장 규모로 제조되는 이러한 소자는 단지 한 가지가 있는데 소위 전기장 효과를 이용한 Weimer 의 박막 트랜지스터(TFT ; thin film transistor)이다. 이것은 한 개의 단극성 전기장 효과 트랜지스터(FET ; field effect transistor)이다.

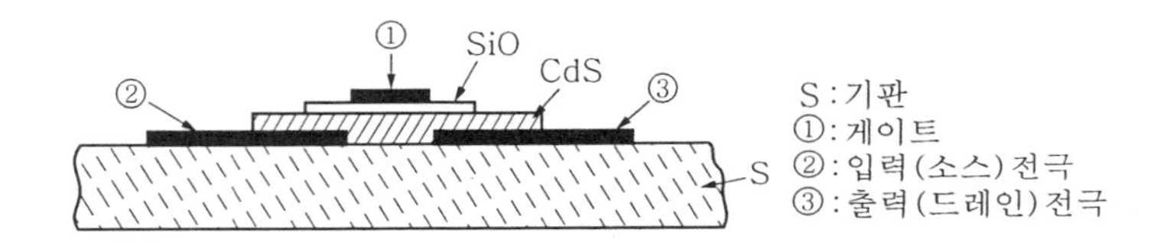

그림 7-3 TFT 의 단면도

단면이 그림 7-3 에 있다. 이것은 유리 기판 위에 2개의 금속 전극(소스와 드레인)을 증착한 후 그 위에 반도체 박막(a-Si, CdS, CdSe 등)을 증착하고, 그 반도체 박막 위에 유전체(SiO)의 박막을 도포한 다음 게이트 금속 전극을 형성함으로써 소자가 완성된다. 그 소자의 소스와 드레인 사이에 전압을 걸어 주면 반도체 박막의 저항에 의해 결정되는 전류가 소스와 드레인 사이로 흐르기 시작한다.

이 저항은 게이트 전극의 바이어스로 변경시킬 수 있는데 이는 바이어스의 작용이 전기장을 만들고 반도체 박막 표면층의 캐리어(carrer) 농도에 영향을 주어 전도도를 변화시키게 된다. *n* 형 반도체의 표면에서 에너지 대역이 아래로 꾸부러진다면, 즉 그곳의 전자농도가 더 커진다면 게이트의 부 바이어스가 소스와 드레인 사이의 전류감소를 초래한다.

이런 동작상태를 공핍형 모드 (depletion mode) 라고 한다. 만약 반대로 표면층이 에너지 대역을 위로 기울게 하는 상대적으로 낮은 전자농도로 되는 게이트의 양의 바이어스는 전류를 증가시키게 된다.

이런 동작상태를 증식형 모드 (enhancement mode)라고 한다. 트랜지스터의 주요 파라미터(parameter)는 소스와 드레인 사이의 전류 증가와 게이트 바이어스 증가와의 비(ratio)이다. 이 두 형태에서 포화상태가 생기는데 전도 채널은 드레인 전극으로부터 분리될 때 발생한다.

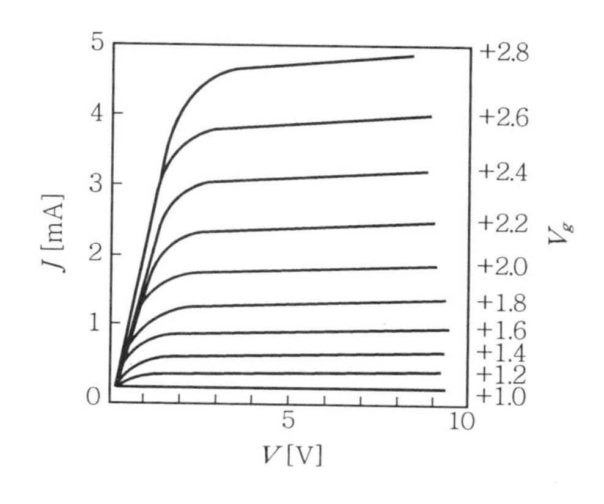

그림 7-4 게이트 전압을 파라미터로 한 증식형 모드의 n 형 CdS TFT 의 특성

전류-전압 특성의 예가 그림 7-4 에 나타나 있다. 여기서, 충분한 크기의 게이트 바이어스 전압을 인가함으로 그 전기장의 증가로 개리어가 증가되어서 드레인 전류가 증가하게 된다. 즉, 그 특성은 반도체 내에 있는 불순물 (도너나 어셉터) 농도에 크게 영향을 받는다. 또한, 반도체-절연체의 계면상에 있는 트랩(trap)들에 의하여도 영향을 받게 되다. 따라서, 기하학적 구조에 의해서도 역시 크게 영향을 받게 된다.

③ 박막 트랜지스터의 종류 : 박막 트랜지스터는 활성화층 (active layer), 게이트 절연층, 소스-드레인 전극과 게이트 전극의 제작순서에 따라 크게 4가지로 그림 7-5 와 같이 나눌 수 있다.

먼저 게이트 전극과 소스-드레인 전극이 활성화층을 사이에 두고 있는 스태거드형(staggered type)과 게이트 전극과 소스-드레인 전극이 활성화층의 한쪽 면에 같이 있는 코플라나형(coplanar type)이 있다.

스태거드형 박막 트랜지스터는 소스-드레인 전극이 기판 위에 형성되고 활성화층, 절연층, 게이트 전극의 순으로 제작된다. 이 형태는 활성화층 위에 주로 발생할 수 있는 단점이 있다. 코플라나형 박막 트랜지스터는 활성화층 위에 소스-드레인 전극, 절연층, 게이트 전극의 순으로 제작한다.

코플라나형은 스태거드형과 마찬가지로 절연층 제작 공정에서 발생되는 계면결함 외에, 활성화층 위에 전극을 형성하기 위하여 필요한 식각(etching) 공정으로 인해 계면결함이 더욱 커지는 단점이 있다. 이 때문에 비정질 실리콘 박막 트랜지스터에서는 널리 사용되지 않고 있다.

또 다른 구조는 위의 스태거드형과 코플라나형의 제작순서를 역으로 한 역스태거드형(inverted staggered type)과 역코플라나형(inverted coplanar type)이다. 역스태거드형이 비정질 실리콘 박막 트랜지스터에서 가장 많이 사용되고 있다.

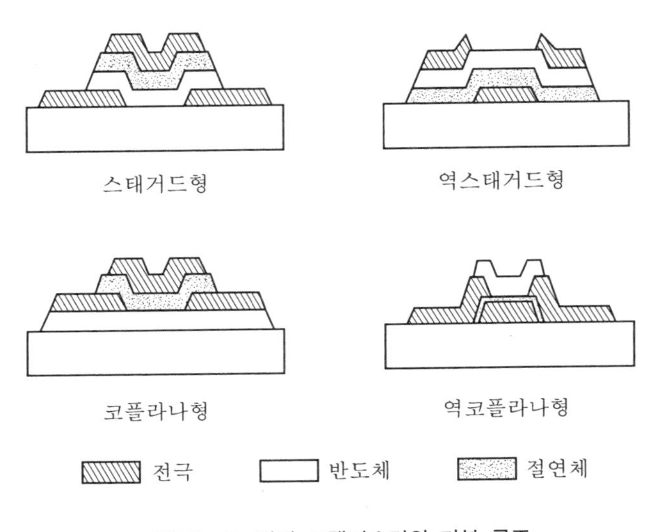

그림 7-5 박막 트랜지스터의 기본 구조

2-4 집적회로

집적화에는 극소화시키는 문제가 공통적인 요구사항이 되고 있다. 우선적으로 납땜 작업이 인쇄기판의 연결로 대체된 것이 그 하나일 것이다.

소위 미세모듈(micromodule)이라는 세라믹 기판에 전체 부품을 장착하고, 한편으로는 그 기판 위에 수동소자들을 직접 박막 형태로 제작하는 것이다. 세라믹 기판은 그림 7-6에 보인 바와 같이 연결되어 있어서 몇 개의 출구만 있는 콤팩트 부록에 장착된다.

(1) 박막 집적회로(TFIC)와 고체상태 집적회로(SSIC)

그 이상의 발전은 미세모듈로부터 집적회로에로 가는 것이다. 이들은 주로 두 가지로 구분된다. 박막 집적회로(TFIC ; thin film integrated circuit)와 고체상태 집적회로(SSIC ; solid-state integrated circuit)이다. 이상적인 경우에서 TFIC의 모든 부품을 절연성 기판상에 진공 증착으로 만들어지는 것이다.

(2) 하이브리드 회로(hybrid circuit)

한편으로 수동소자들만은 박막기술로 증착하고 능동소자들은 분리된 단위로 기판에 고정시키는 것이 하이브리드 회로(hybrid circuit)이다. 하이브리드 회로의 다른 형태로는 단결정 반도체 기판(Si) 상에 만드는 것으로 능동소자를 불순물 확산에 의해 만들고, 수동소자도 증착하여 만드는 방법도 있다.

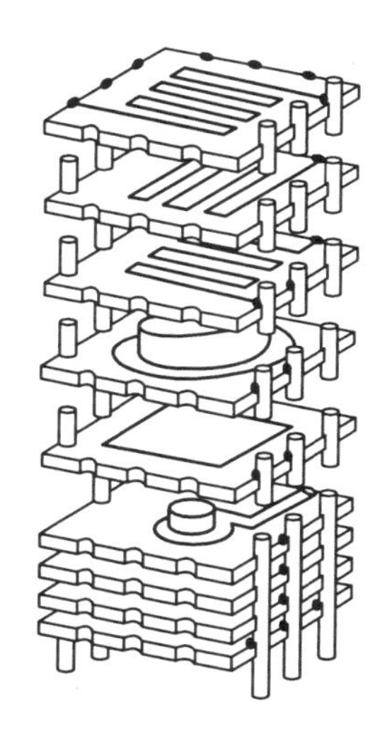

그림 7-6 완전히 조립된 미세모듈 단위

(3) 단순 식각 고체 전자 집적회로

단순 식각 고체 전자 집적회로는 주로 실리콘 단결정으로 구성되는데 능동소자나 수동소자를 마스킹이나 접촉기술 등을 혼합해서 적당한 방법으로 보통 반도체 공정기술을 이용해서 만든다. 저항체는 적당한 불순물을 특정지역에 도핑해서 생산되고, 절연층은 이산화규소로 만들고 이것은 열산화시켜 만든다. 전기용량은 역바이어스 하에서 적당한 $p-n$ 접합에 의해 만들어진다. 이들 집적회로는 크기가 아주 작다.

한편으로 모든 소자의 큰 온도 의존성과 $p-n$ 접합 전기용량의 전압 의존성이 큰 것이 이들의 결점이다. 바이폴라 트랜지스터로 된 IC 내의 기억소자의 체적은 단지 $6.25\times10^{-4}mm^{2}$이고, 표면 밀도는 6 cm^2의 면적 내에 800000에서 1000000 트랜지스터가 놓이게 되는 소위 LSI 회로에서는 한 개 칩에 약 10^4 소자를 포함한다.

(5) VLSI

VLSI 에는 약 10^6 소자를 포함하고 있다. 한 개의 소자는 25~1000 μm^2 의 표면을 갖으며, 일반적으로 반도체, 절연체, 그리고 금속이 50 nm 에서 약 5 μm 까지의 두께를 갖는 몇 개의 층으로 구성되어 있다. 이 경우에서 소자의 매우 높은 밀도가 박막 공정의 앞선 기술방법으로서만 할 수 있게 된다. 모든 소자들이 반도체 특성을 갖는 한 개의 단결정에 놓이므로 특별한 수단으로 이웃 소자간의 서로 독립시켜서 사용되어야 한다.

매우 빠른 동작으로 움직이는 컴퓨터나 컨트롤 시스템을 위해 VHSI (very high speed integration) 시스템이 필요로 한다. LSI 나 VLSI 시스템은 주로 실리콘 단결정 위에 놓이나 VHSI 를 위해 높은 개리어의 이동도를 갖는 물질이 이 목적을 위해 필요하다. 주로 GaAS 가 사용된다.

IC 의 패턴이 아주 복잡해서 어떤 경우에서는 2중 또는 다중 구조가 사용된다. 이것은 매우 높은 재질과 공정이 요구된다. 이러한 시스템의 설계는 구조를 최적화해야 하고 많은 수의 다른 파라미터들을 고려해야 한다.

많은 수의 각각 기술적 공정의 중첩이 한 개의 칩을 성공적으로 만드는 요소가 되므로 자세한 통제가 요구된다.

그림 7-7 IC 의 미세 사진

오늘날 논리회로가 미세 전자적 생산의 주요 목표가 되었다. 현대적 소자의 지연 시간이 1ns (즉, 0.7 ns) 보다 적다. 이러한 소자들은 10^{-8}초 이하의 초고속 컴퓨터에 사용된다. 기억용량도 수만 배로 증가되고, 계속 증가하고 있다. 동시에 집적회로 내에 포함된 가격도 고전적 회로 보다 수백분의 일로 줄어들었고, 동시에 더 좋은 특성들, 더 높은 신뢰도, 그리고 더 적은 에너지 소모와 적은 체적도 성취되었다.

2-5 몇 가지 더 개선된 전자소자

6장 2-8 에서 언급한 MIM (또는 MSM) 다이오드의 응용 외에 금속-산화물-금속 다이오드가 적외선광의 정류에 응용될 수 있다 (즉, $\lambda = 10.6\,\mu$m 를 갖는 CO_2 레이저의 광원). 약 $2\,\mu m^2$의 면적을 갖는 수백 개의 소자가 사진 식각 기술로 한 개의 기판상에 제조될 수 있다.

얇은 금속 도포층을 갖는 MIM 다이오드가 콜드 캐소드로 사용될 수 있다 (즉, Al-Al_2O_3-Au). 전장 음극 (field cathode) 으로 작용하는 매우 작은 몰리브덴 팁의 시스템이 박막기술의 방법으로 얻어질 수 있으며, 그 구조가 계략적으로 그림 7-8 에 나타나 있다.

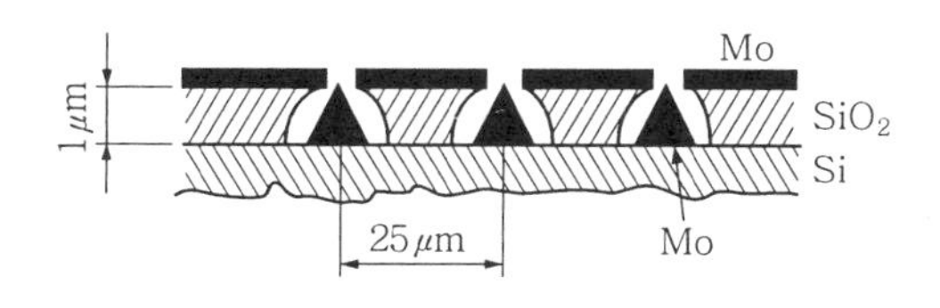

그림 7-8 박막 콜드 음극

사진 식각법을 이용해서 매우 큰 면적의 음극을 얻을 수 있다. 그 특정 팁의 반지름은 0.03~0.08 μm 정도이고, SiO_2 층에 의해 베이스 전극과 분리되며, 팁 주위의 구멍들 (Φ=1.5 μm) 을 포함하고 있는 양극의 몰리브덴 전극의 거리는 0.5~0.8 μm 정도이고, 팁간에 약 12.7 μm 거리를 갖는 5000개의 팁이 지름이 약 1 mm 인 면적 내에 설치된다. 5~300 V 의 전압을 인가해서 150 mA 의 전류를 얻을 수 있으므로 특수한 마이크로 증폭기에의 응용이 제안되었다.박막 에피택시얼(epitaxial) 기술이 IMPATT 다이오드 (impact avalanche and trasit time diode)나 Gunn 다이오드와 같은 반도체 마이크로파 발진기의 제조에 사용된다. 특수한 박막기술에 의하여 10 kG 자장에서 $\Delta R/R$ 이 약 90 % 인 감도를 갖는 InSb 자기저항 (magnetoresistor) 이 개발되었다.

2-6 강자성체와 초전도체 박막의 응용

(1) 강자성체 박막

비등방성 강자성체와 초전도성 박막은 정보 저장기능을 갖음으로 메모리나 논리회로에 이용될 수 있으므로, 특히 디지털 컴퓨터에 이용될 수 있다.

이런 비등방성 자기박막은 자장이 약 100 Oe 의 자장 내에서 300~400℃를 유지하면서 유리나 세라믹 기판 위에 세라믹 도가니로부터 니켈과 철 합금 (permalloy) 의 증착에 의해 이 목적을 위해 만들어진다.

이 방법으로 편이 자화 (easy magnetization) 의 방향이 확립된다. 자화의 재방향 설정은 직접 반전에 의하거나 막의 면에서 벡터 M을 회전시키거나 어느 것으로도 가능하다.

앞의 경우 (약 1 μs) 는 후자의 경우 (1 μs)에 비해 상대적으로 늦다. 그래서 회전을 통하여 방향을 재설정하는 것이 효율적인 면에서 바람직하다.

그림 7-9 에는 강자성체 기억소자에서 자화의 반전과정을 나타낸 것이다.

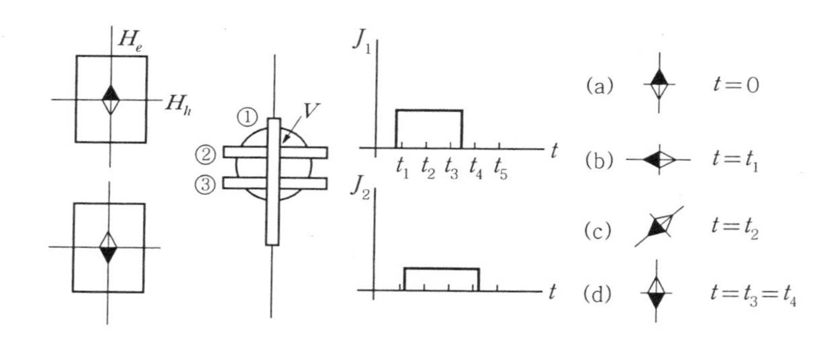

그림 7-9 강자성체 기억소자에서 자화의 반전과정

강자성체 박막을 가로질러 세 개의 도체가 기판과 서로 고립된 상태로 증착되어 있다. 도체 ①과 ③은 기록용 선이고, ②는 판독용 선이다.

초기 단계에서 박막의 자화는 편이방향 중 한 가지를 따라 그림 7-9 (a)와 같이 자침으로 표시되어 있다.

전류 펄스 I_1 에 의한 자화는 그림 7-9 (b)와 같이 하드 (hard) 방향으로 회전되며, 펄스 I_2 는 그림 7-9 (c)의 위치로 회전한다.

두 펄스를 가해진 후 자화는 자발적으로 그림 7-9 (d)에 나타나 있는 방향으로 간다. 즉, 자화상태를 판독하는 과정이 그 방향 중 하나는 0이고, 다른 하나는 ①이 되는 것이다.

판독선으로 어떤 펄스를 보냄으로써 수행되며 그 펄스가 선 ③ 내로 어떤 전류를 만들고 그의 방향이 박막의 자화에 따른다.

기억소자의 동작속도는 자화방향의 재설정의 속도에 의해 정상적으로 결정되는 것이 아니며 연결된 전기적 회로에서 천이 절차의 속도에 의해 결정된다.

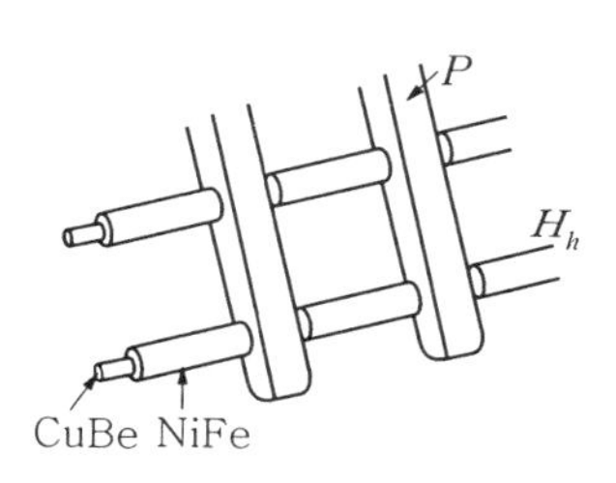

그림 7-10 원통형의 강자성 자기 기억소자의 계략적 구조

기억소자의 이런 평판식 구조 이외에도 그림 7-10과 같은 원통형으로도 만들 수 있다. 보통 CuBe 합금으로 만들어지는 도선은 전해방법으로 강자성체인 니켈과 철의 합금(permalloy) 층을 도포한다. 자화축은 그 층의 외면에 놓이고 전류를 흐르게 해서 이룰 수 있다. 전선은 축에 수직으로 깔리고, 이런 모습의 상대적인 이점은 각개 소자의 자기적 회로가 닫혀져 있다는 사실에 놓여 있다. 즉, 그곳에서는 탈자장은 없다.

자기 기억소자에서 제일 큰 문제는 박막의 균질성과 연관된 데서 만난다. 편이(easy) 축이 비균일한 두께와 내부응력 때문에 모든 곳에서 동일한 방향을 갖지 않는다는 사실이다. 이론에 의하면 포화값 H_A와 같아져야 하는 항자성(coercivity) H_k는 실제에서 더 작다(소위 역박막이라는 경우에서는 더 높다). H_k는 박막의 두께에 의존하고 보통 0.5~3 Oe이다. H_A는 기판온도, 증착률, 막 내의 불순물에 의존하고 2~5 Oe 값을 갖는다.

(2) 거품 기억소자

자기 기억소자의 매우 진보된 형태로 소위 거품 기억(bubble memories)이라는 것이 있는데 그림 7-11과 같은 거품의 형태로 자기자구(magnetic domain)가 생성되고 이동하여 강자성체 박막에서 검출된다.

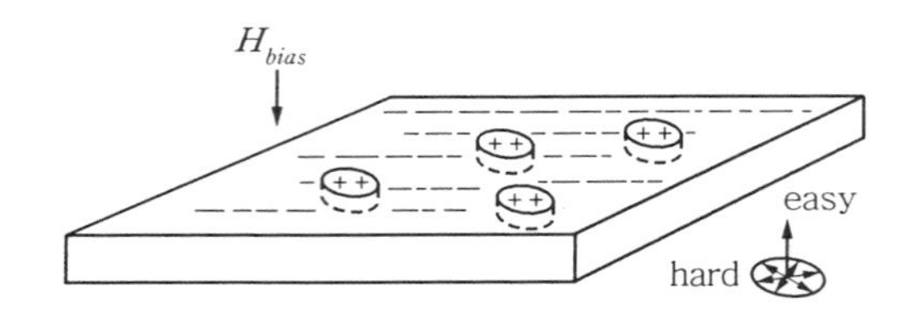

그림 7-11 거품 기억소자

(3) 크라이오트론

크라이오트론(cryotron)이라는 초전도성 스위칭 소자는 매우 적은 크기와 에너지로 높은 동작속도로 동작하는 특성을 갖고 있다. 그러나 그들의 동작이 액체 해륨(He)의 온도에서 구동하며, 박막성분이 없는 일반적인 크라이오트론의 형상을 다음 그림 7-12 (a)에 보여주고 있다.

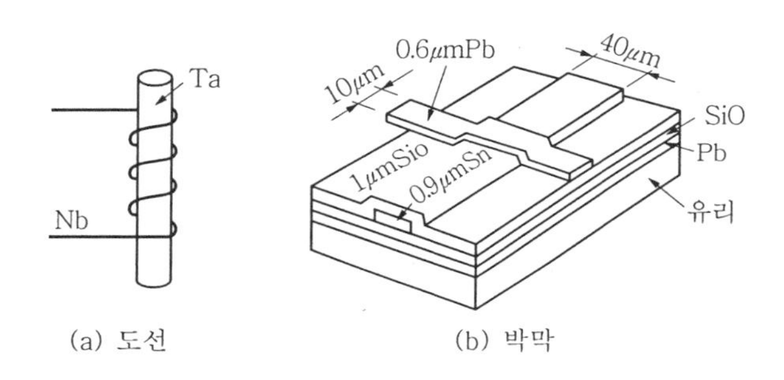

그림 7-12 크라이오트론

이 소자의 구조는 니오븀(Nb) 전선이 탄타륨(Ta) 막대 주위에 감겨져 있다. 액체 해륨 내에서 두 도체가 초전도성 상태로 유지된다. 적당한 강도의 전류가 그 전선을 통해 흐르면 막대 내의 초전도성 상태가 전류유도에 의한 자장의 작용 때문에 파괴되고, 탄타륨은 정상적인 도체가 된다. 그러나 그 전류는 니오븀 전선 자체 내의 초전도성을 파괴시키지 않기 위해 아주 작아야 한다.

이러한 상태는 다음과 같은 물질의 선택에 의해서만 가능하며, 단 니오븀에 대해 $T_c = 8\text{K}$이고, 탄타륨은 $T_c = 4.4\text{K}$이다. 막대 내에서 초전도성의 소멸에 대한 적당한 전선에 흐르는 전류값은 도선 자체 내에서 초전도성의 소멸에 필요한 것 보다 대단히 적다.

이와 같이 소자도 역시 증폭기와 같이 작동한다. 그러나 이 구조에서 그 소자는 상당한 자기-인덕턴스 값을 나타내며, 이것은 천이속도에 결정적인 역할을 한다.

이러한 관점에서 그림 7−12 (b)에 보인 박막형 평판 크라이오트론은 호감이 가는 것이다. 양 도체는 증착된 평판 줄(strip) 모양을 형성하고 있다.

니오븀과 탄타륨은 증착하기가 어렵기 때문에 실제로는 납($T_c = 7.2$ K)과 석연(Sb)이 사용된다. 절연막으로는 SiO의 증착 박막이 사용된다. 이러한 구조는 위에서 언급한 것보다 매우 적은 인덕턴스를 가지게 되며, ns 수준의 스위치 오버(switch-over) 시간을 갖게 된다(정상상태에서 초전도 상태로 천이하는데 필요한 시간은 10^{-10}초 수준이다).

이러한 소자들을 기초로 하여 기억소자의 단위가 개발되어 왔으며, 이들의 기능은 초전도성 회로 내에서 어떤 유도된 전류가 실제로 무제한적 시간 동안 흐르게 한 사실에 있다. 여기서는 이러한 단위의 한 형태인 Crowe의 것에 대해서 논의할 것이다. 그 형태는 그림 7−13 (a)에 나타나 있다. 지름이 수 nm인 원형 개구(aperture)로 된 초전도성(Pb)이 좁은 스포크(spoke) 형태로 놓여져 있다.

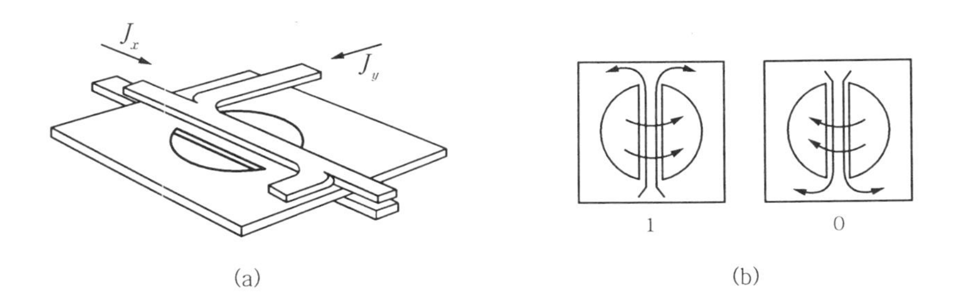

그림 7-13 Crowe의 크라이오트론 기억소자 : 1과 0 사이 상태에서 유도된 전류의 방향

전류는 서로 절연된 두 개의 평행한 제어선에 의해 스포크에 유도된다. 전류의 통로는 그림 7−13 (b)와 같이 개구 끝에서 폐쇄되어 그 전류는 두 반대방향, 즉 0과 1 상태에 해당하는 방향으로 흐른다.

막의 다른 면에 있는 판독선(reading line)은 두 개의 기록선(writing line)과 나란하게 놓여 있다. 유도된 전류는 막 내에 있는 두 개의 D−모양의 폐회로(loop)를 통해 흐른다.

기록선에 의해 유도된 전류의 합은 그 전류로부터 감해지거나 합해진다. 전류가 감해지는 경우에는 스포크(spoke)는 초전도성 사태로 남아 있고, 판독선에는 신호가 유도되지 않아서 영(zero)이 된다. 전류가 합해지면 유도 자장이 임계값을 초과하여 스포크는 정상상태로 변환된다.

정상적인 크기의 회로에서의 시정수(time constant)는 10에서 20 ns 범위에 놓여 있다. 초전도성 기억소자는 고속 컴퓨터의 발전을 위해서 매우 전망이 유망하다. 이들 소자구동에 헬륨이 사용되지만 소모량이 많지는 않다. 예를 들면, 일백만 비트(bit)를 갖는 Crowe의 기억소자는 30*l*의 체적을 갖고 있음에도 시간당 2*l*의 헬륨만 소모된다고 밝혀졌다.

마이크로파 소자의 내부 벽을 덮은 초전도성 박막은 저항을 무시할 수 있기 때문에 높은 작동 전류밀도를 갖는 회로(약 $10^6 A/cm^2$)나 공진회로, 매우 높은 Q 인자를 갖는 필터에 사용될 수 있다.

예를 들면, 고주파 표면저항이 주파수에 따라 증가함에도 불구하고 ($R_s \sim \omega^2$) 공통형 공진자(cavity resonator)가 30 GHz 에서도 $Q = 10^9$의 값을 갖는다. 여기에 사용된 박막재료는 Nb과 Pb이다. 이런 소자에는 아주 좋은 표면이 필요하다. 응용 가능한 임계 주파수는 Cooper 쌍의 해리가 생기느냐에 달려 있고, mm 파의 영역에 놓여 있다. 이 때 양자들은 에너지 간극(energy gap) $\Delta(0)$의 크기와 비슷하다. 이러한 공진자의 사용으로 높은 안정성을 갖는 공진회로가 제작 가능하다. 10초당 $\Delta\omega/\omega = 3 \times 10^{-13}$의 안정성을 갖는 반사형 크라이스트론(klystron) 회로와 10초당 1.3×10^{-13}의 안정성을 갖는 Gunn 다이오드로 만든 발진기가 개발되었다.

가까운 장래에는 1년당 10^{-15}까지의 안정성을 갖는 소자도 기대할 수 있다. 그들의 저잡음 수준 때문에 이 소자들이 마이크로파 메이저(microwave maser), 매개변수 증폭기(parametric amplifier), 필터(filter), 저감쇄 동축 케이블선(low-attenuation coaxial line) 등의 고주파 통신에 역시 적용되고 있다.

매우 넓은 응용 가능성이 두 개의 Josephson 효과, 즉 *ac*와 *dc*를 이용한 것에 의해 제공된다. 직류 Josephson 효과는 자장에 크게 의존하기 때문에 감도는 그림 7-14와 같이 두 개의 평행 연결된 약한 접합의 사용으로 더욱 향상된다. 그 소자는 SQUID(super-conducting quantum interface device)라 하고, 이것은 초전도체에 의해 닫혀진 폐회로 내에서 자속의 변화로부터 일어나는 두 접합 사이의 양자간섭에 근거를 둔 것이다. 그 시스템의 임계전류는 다음 식으로 나타내는 두 종류의 진동자를 보인다.

$$I_{\max} = I_c \frac{\sin(\pi\psi_s/\psi_0)}{\pi\psi_s/\psi_0} \cdot \cos\frac{\pi\psi_A}{\psi_0} \qquad \text{(식 7-1)}$$

여기서, ψ_s는 다시 그 접합으로 지나가는 자속이며, ψ_A는 폐회로의 면적을 통과하는 자속이다. 이 장치의 감도는 10^{-11}G를 달성하므로, 심장기록과 뇌수의 X선 촬영을 위한 의학적인 면에서 활용이 기대된다.

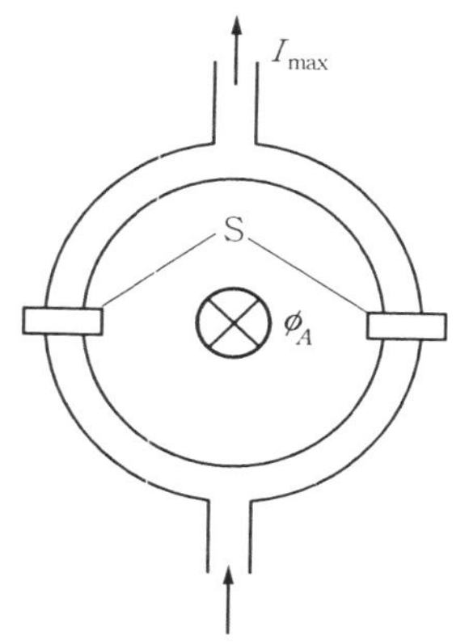

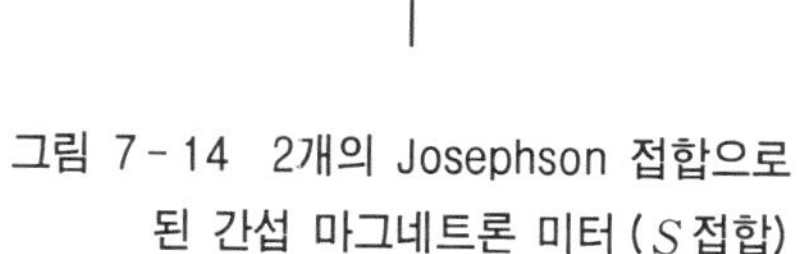
그림 7-14 2개의 Josephson 접합으로 된 간섭 마그네트론 미터 (S 접합)

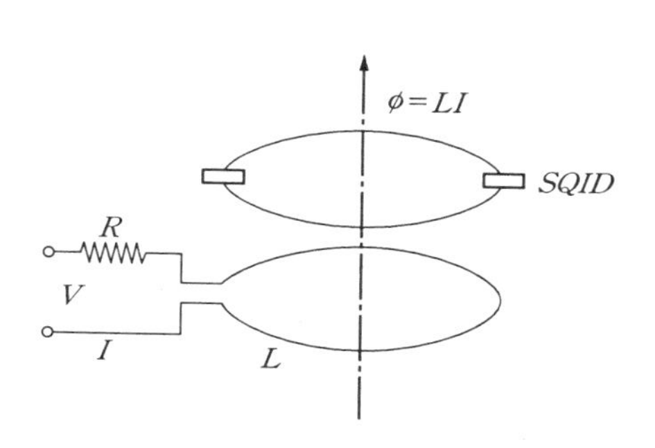

그림 7-15 2개의 접합으로 된 Clark 간섭 전압계

이와 유사한 원리로 전류에 의하여 유도된 자장을 측정하는 전압계와 미세 전류계를 기초로 하고 있다 (그림 7-15 참조). 그것들은 각각 10^{-15} V 와 10^{-6}A 의 감도를 갖으며 이론적인 한계는 10^{-19} V 정도이다.

접합을 갖는 이 시스템은 약한 자장이나 전류로 초전도 상태에서 정상상태로 접합을 스위칭 할 수 있으므로 논리회로에서 응용할 수 있다.

결과로서 전압이 약 10^{-12}초의 기간 안에 0에서 $V = 2\Delta/e \sim 1$mV까지 점프 (jump) 할 수 있다.

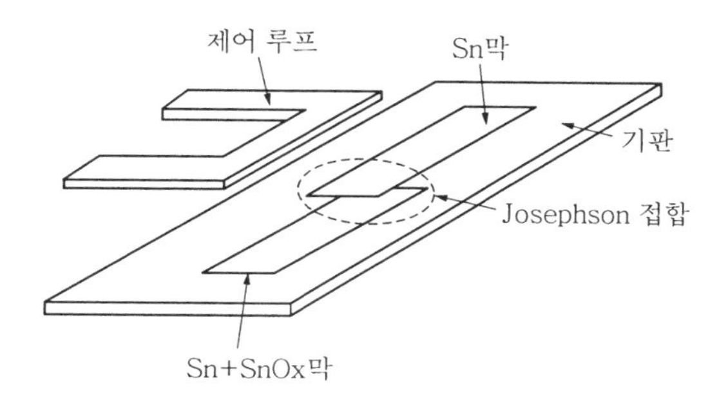

그림 7-16 Josephson 효과를 이용한 크라이오트론

이러한 터널 크라이오트론 (cryotron) 의 그림이 7-16 에 나타나 있다. 그 스위칭 시간은 약 8×10^{-10}초로서 측정되었고, 이것은 전체 측정 시스템의 상승시간 (rise time) 과 맞먹는 것이다.

Josephson 의 교류 효과는 마이크로파의 발진에도 사용할 수 있다. 주파수는 1에서 1000 GHz 의 범위이다. 그 선폭은 주로 한 개 전자와 Cooper 쌍의 숏 잡음 (shot noise)에 의해 결정된다. 그 선의 분광 선명도는 약 10^{-7}이다. 직렬저항 R과 점 접촉으로 된 접합에서 선폭은 RT에 비례한다. 이 사실은 측정온도를 수 mK 까지 낮추는데 적용되어지고 있다.

Josephson 접합의 전류－전압 특성에 대한 입사 전자기 복사의 영향을 고려해서 복사의 감도 검출기가 sub-mm 수준의 범위와 10^{-10} W의 에너지 레벨까지 낮추어 구성될 수 있다.

Josephson 접합은 특히 비선형 특성을 나타내기 때문에 적외선 영역까지의 혼합기 (mixing) 로 사용될 수 있다. 고정밀도를 갖는 전압－주파수 사이의 관계로 $2e/h$값을 정확히 안다는 가정에서 그 가능성을 결정할 수 있다 (현재 시점에서 이 상수는 0.12×10^{-6} 내에 있다고 알려져 있다).

2－7 표면파를 이용한 마이크로 음향소자

6장 1－5절에서 마이크로 음향 (microacoustic)에 표면파를 응용할 수 있을 것이라는 것을 언급한 적이 있다. 이 연구 분야는 지난 몇 년 동안 현실로 다가와서 고주파 영역(10 MHz 에서 3 GHz 까지)에서 작동하는 소자에 관하여 매우 밝은 전망을 보이고 있다. 전자기파와 비교해서 이 파의 낮은 전파속도와 작은 감쇄는 이들의 주요 장점이다.

더욱이 표면파에 기초를 둔 이 시스템은 높은 안정성을 보이며, 제조 기술면에서도 미세 전자공학의 소자를 생산하는데 있어서 그 표준방법 외의 어떤 특별한 것을 요구되지도 않았다.

표면파의 기초 위에서 능동 및 수동 소자이건 둘 다 제조될 수 있다. 수동소자에 관하여 이미 도파관 (waveguide) 의 제조에 대하여 논의한 바와 같이, 이것은 높은 출력의 분리기로서의 기능, 두 회로 사이의 연결기로의 기능, 지연선, 공진자, 필터로서 작용할 것이다. 이들 회로는 분산된 파라미터로 거동한다 (그들의 크기는 그 파장과 비슷하다).

증폭기에는 여러 형태가 있는데, 여기서는 분리된 미디어 증폭기(SMA ; separated media amplifier, 그림 7－17 참조)만을 취급한다. 이 증폭기는 상대적으로 아주 좋은 파라미터를 나타내고 있다.

인터디지털 트랜스듀서(interdigital transducer)에 의해 여기된 탄성파는 압전물질

($LiNbO_3$)의 표면을 따라 전파된다.

이와 같이 생성된 전자기장은 반도체(Si) 내로 공극 (air gap) 을 통해 투과해 들어가서 직류전압의 작용으로 움직이는 전자와 같이 행동한다.

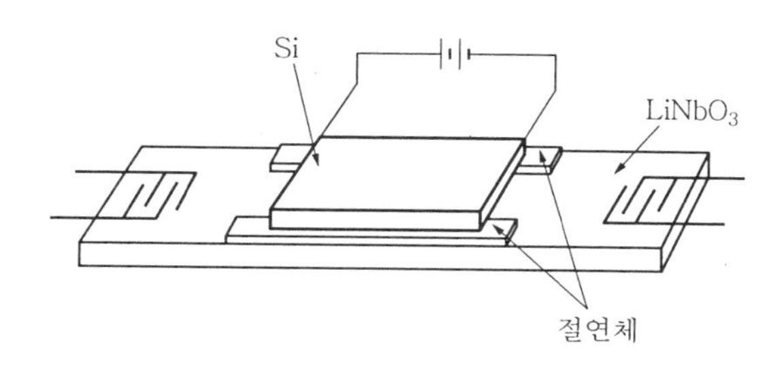

그림 7-17 분리된 미디어 증폭기(SMA) 회로의 다이어그램

이런 증폭기의 주파수 응답은 공극 두께가 두 가지인 값에 대해 그림 7-18 에 나타나 있다.

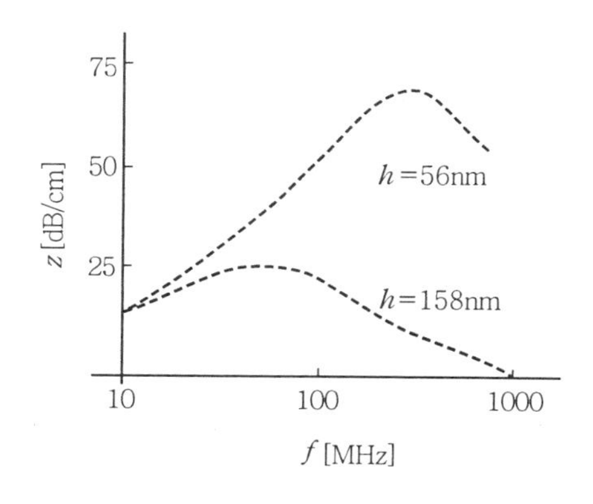

그림 7-18 공극이 다른 SMA 의 주파수 특성

다음 그림 7-19와 같이 렌즈나 프리즘의 형태를 갖으면서 비선형 효과로 만든 것은 박막의 방법으로 렌즈나 프리즘의 형태를 갖는 표면 탄성파에 관한 변조기, 믹서, 검출기들이 있다.

표면 탄성파를 기초로 하는 소자의 생산은 특히 표면 처리과정의 것들과 1 μm 이하의 영역의 패턴 재생 같은 것들이 있음으로 미세 전자공학 기술을 필요로 한다. 이 책에서 전자선 절단 이온 포격, 분자빔 증착 등에 대하여 논의하였다.

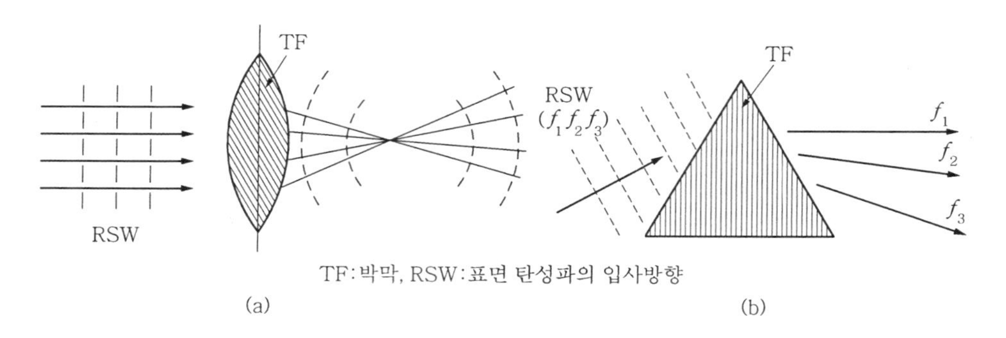

그림 7-19 박막의 방법으로 표면파의 집속 (a) 과 굴절 (b) 을 각각 렌즈와 프리즘으로 유추한 것 (TF : 박막, RSW : 표면 탄성파의 입사 방향)

3. 광학, 광전자공학 및 집적광학에의 응용

3-1 광학에의 응용

박막의 광학응용은 1912년 금속을 증착하여 최초로 거울이 만들어져 사용된 후 산업에 광범위하게 활용되기 시작하였다. 그 이후로 흡수성 물질의 박막이 광학장치를 위해 널리 사용되어 왔다.

천체 관측용 반사 망원경의 거울에 반사용 코팅을 위해 알루미늄, 로듐(Rh), 때로는 은이 사용되었다.

(1) 알루미늄

알루미늄은 약 90%의 대단히 큰 반사도를 갖고 있으나, 화학적으로 불안정하여 주위가 깨끗할 경우만 그 특성이 유지된다.

(2) 로 듐

로듐은 가시광 영역에서 80%의 반사도를 갖고 있으며, 큰 역학적 강도를 갖으며, 화학적으로도 안정하다.

(3) 은 (Ag)

은(Ag)은 딱딱하지 않고 부드러우나 유황 화합물이 있는 경우 주로 화학적으로 변화된다. 550 nm의 파장에서 그의 반사도는 97 %이며, 근자외선 영역에서 반사도가 감소해서 320 nm에서는 단지 8 % 정도가 된다.

코팅 박막의 두께는 거울을 통해 투과되는 광의 파장에 약 10^{-3} %이 되게 택한다. 코팅 박막이 더 두꺼워지면 결정립이 더 커지게 되어 분산도 증가되므로 바람직하지 못하게 된다.

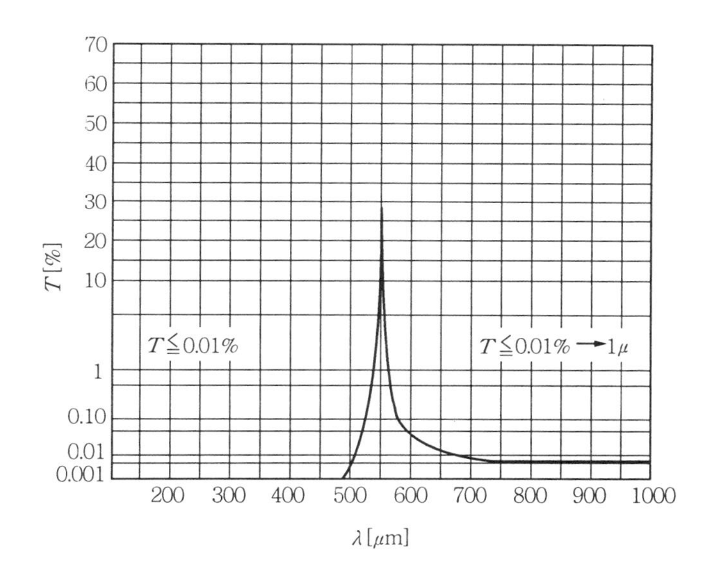

그림 7-20 Filteroflex-B20 필터의 단색광 특성

(4) 기타 금속

거울에 쓰이는 것 이외에도 반투과성 반사코팅은 많은 광학적 장치에 사용되고 있다. 이 목적을 위해 백금, 로듐, 크롬이 사용된다.

이들 물질의 반사도는 박막의 두께에 관계없이 가시광 전영역에 걸쳐서 일정하며, 회색 필터(gray filter)의 형성을 위해서 분광학적 성분의 변화가 거의 없이 가시광의 감쇠를 위해 적용되고 있다.

그 투과도는 생산되는 동안에 광학적으로 감시되고 있다. 크롬과 같은 경우에서는 투과도가 표면의 산화 때문에 나중에 약간 변하는 것을 고려해야 한다.

(5) 간섭형 필터

반사성 열복사를 위해 선택적인 반사도와 투과도를 고려해서 금 박막을 사용되고 있다. 아직 광학에서 더 넓고 다양하게 사용되는 것은 간섭현상을 이용한 비흡수성 물질들의 박막이 발견되었기 때문이다. 적당한 두께, 굴절률, 반사코팅의 혼합된 막이 유리 표면 위에 만들어지며 그 시스템의 투과도를 향상시켰다. 이것은 특히 유리－공기의 계면을 갖는 많은 광학적 시스템에 매우 중요하다.

유사한 방법으로 여러 가지 형태의 간섭형 필터를 만들 수 있다. 이들은 그 스팩트럼(spectrum)의 좁은 영역만을 통과시키는 좁은 대역 필터(narrow-band filter)나, 광대역 필터(broad-band filter) 등을 포함한다. 필터의 몇 가지 예가 그림 7－20, 그림 21, 그림 7－22 에서 나타나 있다.

광대역 필터의 다른 형태로 색의 선택을 위해 2색 거울(dichromatic mirror)이 사용된다. 이 거울은 실제적으로 어떤 분광의 성분을 다른 성분의 나쁜 반사체임에도 손실 없이 반사한다.

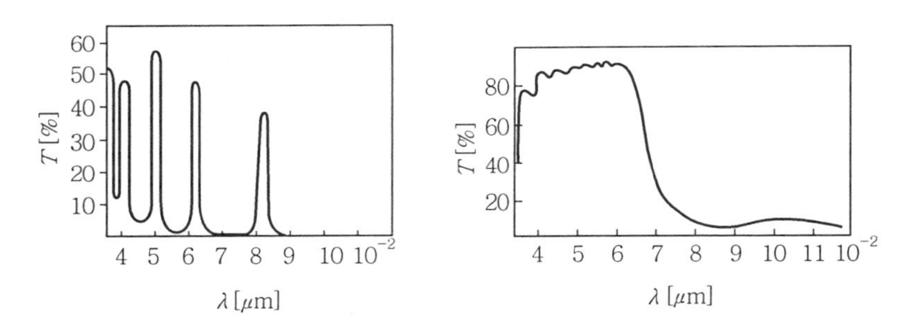

그림 7-21 다색 간섭 필터의 특성 그림 7-22 열복사의 반사를 위한 간섭 필터의 특성

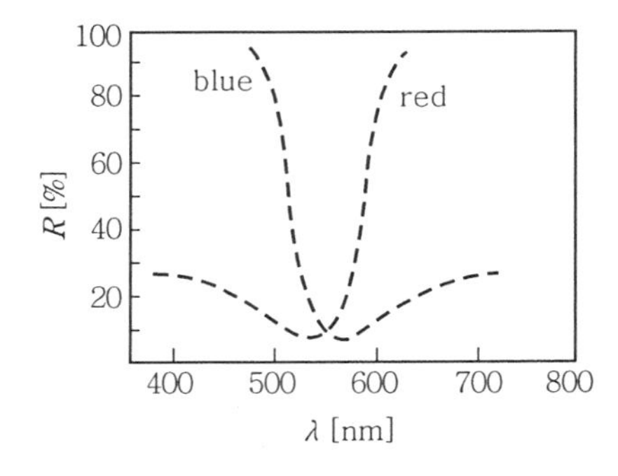

그림 7-23 빛의 분해를 위해 사용한 두 간섭 거울의 반사도

그림 7-23 에는 두 개의 이런 필터의 반사도를 나타내고 있는데 하나는 실제적으로 모두가 푸른색을 다른 것은 모두가 적색을 반사한다. 이 거울을 백색광(white light)에 사용하면 세 가지 색으로 분해시킨다. 이런 분해(decomposition)는 TV나 박막 내에 컬러 이미지(colored image)를 형성하는데 사용된다.

(6) 제 3 의 물질

박막광학에 응용되는 제 3 의 물질로는 약하게 흡수하는 물질의 개발이다. 즉, 이 물질에서는 빛의 강도가 사용된 빛의 파장 보다 더 긴 경로를 지나야만 $1/e$로 감소하는 것이다. 이 물질의 투과도는 파장 λ와 더불어 보통 증가하며, 이 물질들은 전송에서 대부분 황색과 갈색을 나타낸다.

이 물질들은 선글라스(sunglasses)와 같이 빛의 강도를 줄이기 위해 사용된다. 이들 물질들은 선택적 흡수를 하지 않는다. 대부분 무기질인 SiO, MgF_2, Na_3Al_6 등 있다. 다른 한편으로 유기물질들은 흔히 선택적 흡수를 한다.

이 경우에서 이들은 색 필터로 사용된다. 보통 약하게 흡수하는 물질들은 높은 굴절률을 갖으며, 높은 반사도를 갖는다. 이들의 원하지 않는 특성들은 적당히 낮은 굴절률을 갖는 비흡수성 물질의 층으로 그 물질을 혼합하여 극복할 수 있다.

금속과 비흡수성 박막의 혼합은 위에서 언급한 바와 같이 알루미늄 거울에 SiO층을 코팅하여 보호막으로 역시 활용되어지고 있다. 그러나 이러한 코팅의 도입은 간섭현상에서 설명한 반사에서 어느 정도 분광의 선택성을 초래한다.

비흡수성 박막으로 결합한 금속에 의하여 Febry-Perot 간섭계의 원리에 기초로 하여 유전체 박막을 공극(air gap) 대신에 반투명 거울 사이 삽입하므로 초협대역(ultranarrow-band) 필터를 생산할 수 있다.

3-2 광전자에의 응용

(1) 이종구조 레이저

복사파를 검출하기 위한 소자와 복사원은 박막 반도체 소자의 중요한 그룹 중 하나이다. 광방출 다이오드(LED ; light emitting diode)와 주입 레이저(injection laser)는 비간섭성(incoherent) 또는 간섭성인 광원으로 작용한다. 주로 $A_{III}B_{V}$ 의 화합물들이 이들 목적을 위해 사용된다. 에피택시얼(epitaxial) 박막 제조기술의 발전으로 GaAS-GaAlAs 이종구조의 레이저를 만들 수 있었으며, 이것으로 시스템의 효율을 상당히 높였고, 레이저 효과를 얻기 위해 필요한 문턱 전류값도 낮추었다.

이러한 이종구조의 예가 그림 7-24에 나타나 있다. 여기에서 에너지 차이인 ΔEv, ΔE_c는 $p-n$ 경계의 매우 좁은 활성영역에 주입된 개리어를 구속하게 된다. 이곳에서는 자극된 방출과정(stimulated emission process)에 의한 높은 재결합 확률을 갖게 된다. 그러나 이들 소자의 응용의 주 분야는 다음 절에서 취급할 집적 광학이다.

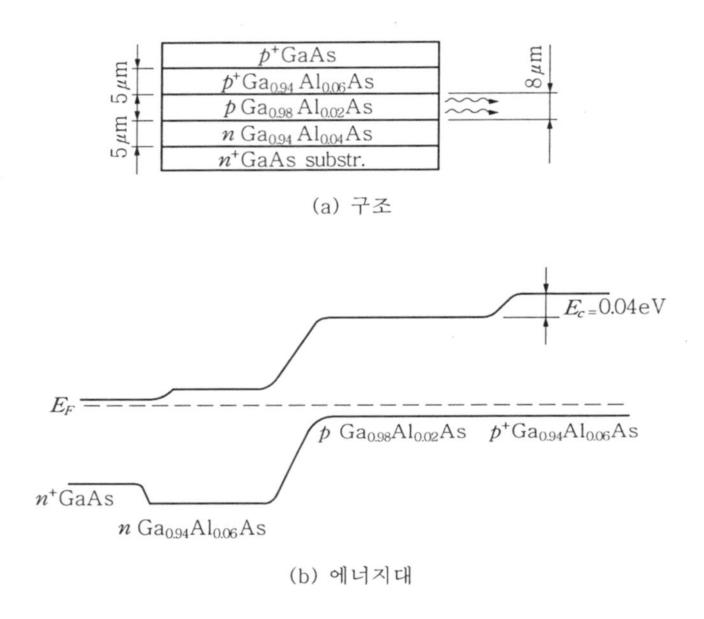

그림 7-24 이중 이종구조의 레이저

복사파를 검출하기 위해서 광저항체, 광기전력 전지, 광다이오드, 광음극관 등이 사용된다.

(2) 광저항체

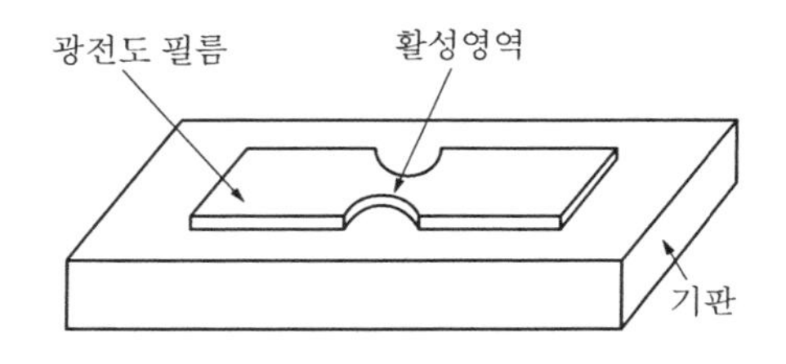

그림 7-25 초고속 박막 GaAs 광전도 검출기

광저항체에서는 주로 Cds 나 CdSe 와 같은 $A_{II} B_{VI}$ 화합물의 박막이 사용된다. 이 소자 양전극에 전압을 가하면 반도체의 전도도에 의해 전류가 흐르게 된다. 이 박막에 광을 쪼이면 전자는 전도대로 여기(excited)되어 전도도와 전류를 증가시키게 된다.

최근에는 근적외선 복사(near infrared radiation)에도 민감한 초고속 박막 GaAs 광전도 검출기(photoconductive detector)가 개발되었다. Cr 도핑된 반-절연성 기판 위에 고순도의 GaAs 박막들은 고속 레이저 펄스로 여기된 후 <100 PS 정도의 진성 검지 응답시간을 보여주며, 이것은 낮은 잡음과 $p-i-n$ 다이오드 보다 더 높은 감도를 나타낸다.

앞의 그림 7-25 와 같이 빛이 $3^{-10}\mu$m 길이의 활성채널에 집속되어진다면 상승시간(rise time)은 $p-i-n$ 다이오드 것과 유사해진다.

(3) 광기전력 전지

광기전력 전지에서 기전력(e_{mf})은 $p-n$ 접합에 빛이 노출되면 생성된다. 이 소자는 n형 실리콘 단결정 위에 p형 물질을 확산시켜서 제조한다. 접촉전극을 만들기 위해 증착기술이 사용되고, 또한 수율을 높이기 위하여 비반사 코팅을 증착한다.

(4) 광음극관

광전지, 광증폭기, TV 카메라관 등과 같은 광음극관은 Sb나 Bi와 같은 금속을 세슘이나 알칼리 금속의 증기상태에서 진공 증착한 박막으로 이루어져 있다. 이 합성 반도체 화합물(즉, 알칼리 안티모나이드)은 가시광 영역에서 광기전력 효과를 나타낸다.

그 박막의 표면상에 거의 단층 세슘이 존재함으로써 일함수가 감소되어서 여기된 전자의 일부가 진공 속으로 빠져나와 그곳에서 광전류를 만든다.

광음극관의 전형적인 표현은 세슘 안티모니 광음극관이다. 그 반도체 박막은 금지대가 1.6 eV 의 금지대역과 약 2 eV 의 일함수를 갖는 p형의 $SbCs_3$ 조성을 갖고 있다. 장파장 한계는 그 박막 표면을 산소처리를 함으로써 850 nm 까지 이동시킬 수 있다.

이 막은 근본적으로 양호한 전도도를 갖고 있기 때문에 이것을 얇은 반투명 광음극으로 사용할 수 있다. 이러한 경우에서는 유리기판 위에 증착하고, 광은 유리로부터 입사되어 다른 편으로 전자들은 진공으로 빠져나가게 되며, 감도는 약 80~180 μA / lm 정도가 된다.

더 높은 μA / lm 감도 (약 250 μA / lm 과 그 이상) 와 장파장 영역으로의 분광특성의 확장은 Cs 외에 Na, K, Rb 등과 같은 알칼리 원소를 포함하는 다중 알칼리 광음극관으로 가능하다.

최고의 광음극관은 음전자의 친화력을 갖는 것이다. 기본 물질로 사용되는 것은 As 이나, 가장 완벽한 단결정 형태로는 고농도 (약 $10^{19}cm^{-3}$) 의 p^- 형 불순물로 된 GaAs 나 GaInAs 등과 같은 $A_{III}B_V$형의 화합물로 만들어진다.

그 활성 표면층은 초고진공에서 벽개(cleavage)에 의해 얻어진 표면이나 이온충돌에 의해 깨끗해진 표면 위에 Cs와 O의 반복된 흡착으로 얻을 수 있다. 표면층에 발생한 쌍극자 모멘트는 전자의 친화력을 감소시키고, 동시에 그곳은 약 5 nm · 두께 영역 L 내에서 그림 7−26 과 같이 밴드를 아래쪽으로 휘게 된다.

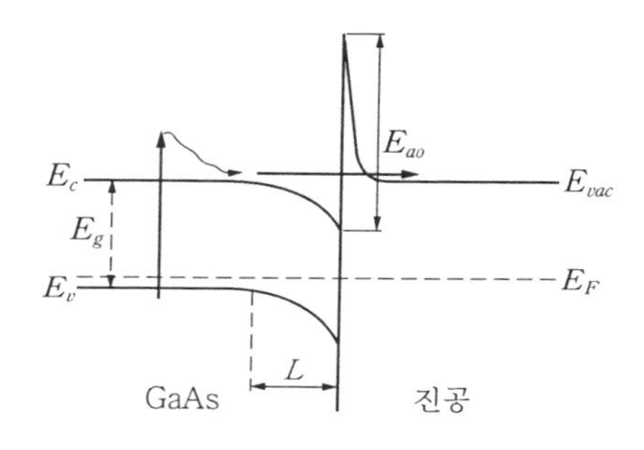

그림 7 - 26 음전자의 친화력을 갖는 GaAs 표면의 에너지 대역도

만약에 반도체 내부에서 빛에 의하여 여기된 전자는 여러 가지 상호작용의 결과로 그에 해당하는 에너지를 상실하며, 그 전자는 전도대의 밑바닥에 빠지게 되며 정상 상태에서는 여기될 수 없다. 그러나 앞에서 언급한 변형(modification)에 의해 전자는 극히 얇은 장벽을 투과하는 터너링에 의하여 진공으로 빠져나올 수 있다.

실제로는 전자는 물질 내부에 존재하지만 이미 진공 준위 위에 있었으므로 마치 친화력이 음이 된 것 같이 나타난다. 이러한 광음극관에서는 ≥1000 μA / lm 의 감도를 얻을 수 있고, 근적외선 영역에서도 고감도를 얻을 수 있다.

Cs 외에 산소로 결합한 다른 시스템도 역시 활성 표면층을 형성하는데 사용되어 오고 있으며, 즉 그것에는 산소가 불소의 수증기로 대체되었다.

GaP 나 Si 과 같은 음전자 친화력을 갖는 표면은 매우 높은 2차 방출계수를 가짐으로 에미터 또는 콜드 음극으로 활용될 수 있다. 그 2차 에미터는 반도체 박막을 충분히 얇게 하여 전자선빔이 그것을 관통할 수 있게 전환 모드 (transmission mode) 로 제작될 수 있다.

이러한 경우에 2차 전자가 다른 쪽으로부터 나가는 동안에 1차 전자는 한쪽에서 박막 위로 입사된다.

음의 친화력을 갖는 콜드 캐소드는 순방향으로 바이어스된 $p-n$ 접합과 같게 되어서 그곳의 p층이 충분히 얇아서 전자가 n층으로부터 재결합 없이 그곳을 지나갈 수 있게 주입된다. 그 표면은 광음극의 것과 같은 활성층으로 된다. 방출 메커니즘은 그림 7-27 과 같이 분명해진다.

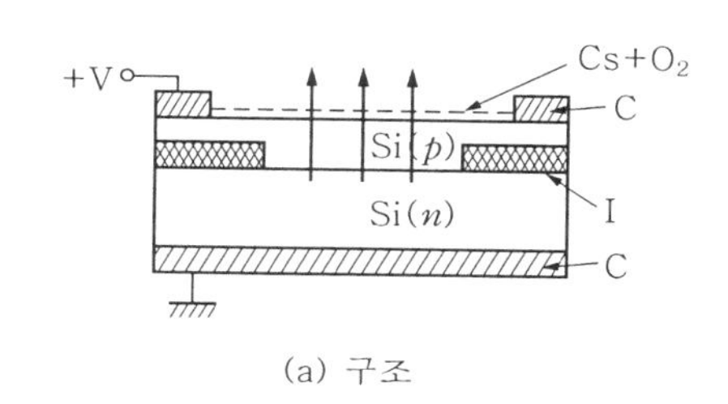

(a) 구조

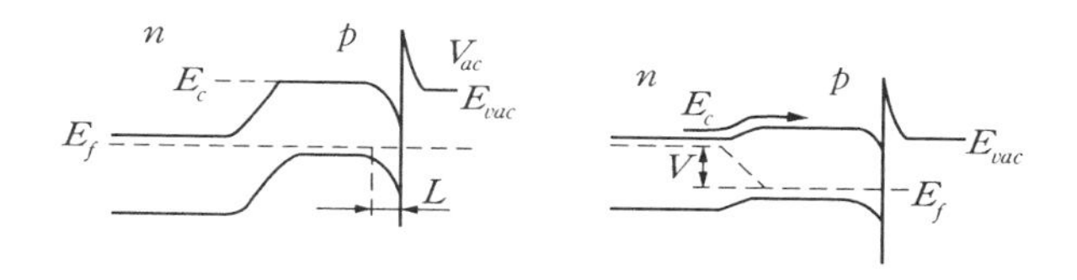

(b) 에너지도(전장없는 경우) (c) 전압 V로 인가시 에너지도

그림 7-27 음의 전자 친화력을 갖는 콜드 음극

(5) 전계 발광판

전계 발광판은 박막 응용의 중요하고 전망이 밝은 분야이다. 이것은 커패시터의 구조를 취하며, 유전체 대신 발광물질로 대체하고 상부전극을 투명전극으로 한 것이다. 전형적인 전계 발광물질로서 ZnS 가 있다.

그 전극에 50~1000 Hz 및 150~500 V 의 ac 전압을 인가함으로써 (최근에는 1000 Hz 와 100 V 의 인가전압) 전계발광이 발생되며, 그 물질의 성질과 전기적 파라미터에 따라 주어지는 색의 빛을 방출한다.

이러한 판넬은 신호나 광원으로서 또는 TV 관을 대체할 소자로서 각광을 받을 것이다. 이 박막들은 TV 픽업관의 타깃 전극 영상 저장관 등의 중요한 응용을 갖고 있다.

3-3 집적광학에의 응용

(1) 장 점

근래에 집적광학(integrated optics)이라는 새로운 분야가 발생하여 극소화 및 집적화되며, 신호가 광학 빔(optical beam)으로 전송되고 처리되고 있다. 레이저로부터 나온 빛이 변조기를 통해 변조되고 도파관(waveguide)에 연결되어 먼 거리로 전송되고 검출된다. 상호 통신에 관한 이런 종류의 장점은 전자기적 교란에 무관하고 이웃 도파관 사이에 간섭(cross-talk)을 받지 않고 탭핑(tapping)으로부터 보호된다.

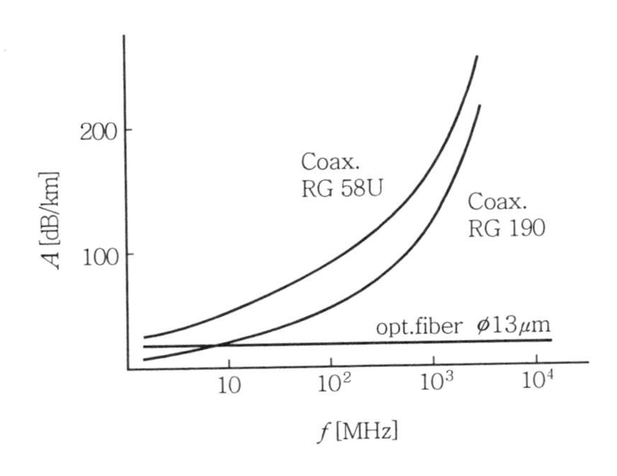

그림 7-28 주파수 함수로 광학적 도파로와 2개의 다른 동축 케이블의 감쇄

고전압 시스템(고출력 전송선)에 응용 가능하며 앞의 그림 7-28과 같이 매우 높은 주파수에서도 손실이 없고, 작은 크기 및 적은 대역폭의 많은 신호가 동일한 반송광파에 전송될 수 있는 다층 혼선 능력(multiplexing capability)을 갖고 있다.

마지막 두 특성은 케이블 보다 광섬유가 단면적당 정보채널의 수가 10^4배 더 많다는 결과를 낳는다. 더 좋은 장점은 고신뢰도, 작아진 무게, 저전력 소모, 그리고 더 값이 싼 재료(구리와 비교해서 유리와 플라스틱)이다.

6장 3-2절에서 언급한 것과 같이 광섬유로 전송할 수 있는 최대 주파수는 다중모드 섬유에서 분산에 의해 제한을 받는다. 단일모드 섬유에서 대역폭은 3 GHz km 정도 되며 재료적인 분산에 의해서만 제한을 받는다. 그러나 이러한 섬유들은 10 μm 이하의 매우 작은 지름을 갖으며, 굴절률도 경사(graded)로 된 섬유가 더욱 많이 사용되며, 이것에는 모드에 따라서 전파속도의 차이가 생기는 것을 보정해 준다.

(2) 종 류

집적된 광학 시스템은 단일종(monolithic)과 하이브리드(hybrid) 회로로 만들어질 수 있다.

① 단일종 회로 : 단일종으로 된 회로에서는 여러 다른 기능들이 한 기판물질에서 실현되어야 한다. 그 재료들은 빛을 발생할 능력이 없는 수동적인 것과 빛을 발생할 능력이 있는 능동적인 것으로 구분될 수 있다.

㈎ 주된 수동 물질은 석영, $LiNbO_3$, Ta_2O_5, Nb_2O_5 및 Si 들이 있다.

㈏ 능동 물질들은 주로 GaAs, GaAlAs, GaAsP 등과 같은 $A_{III}B_V$ 와 $A_{II}B_{VI}$ 반도체들이다.

이런 모든 소자에는 최적이 되는 물질은 없다.

② 하이브리드 회로 : 이미 개발된 하이브리드 회로가 가끔 여러 가지 다른 기술과 혼합하여 GaAlAs 이종접합 레이저, $LiNbO_3$ 음－광학 변조기와 도파관, Si 광다이오드 등에 사용되고 있다.

이 개념의 단점은 특정 부품 사이에 연결부위가 존재한다는 것이며, 이것은 잘못된 정렬(misalignment)과 실패의 원인이 될 수 있다. 대량 생산에는 단일종 회로가 궁극적으로 더 좋아지고 값이 싸질 수 있다.

아직까지도 Ga1-xAlxAs 가 단일종 회로에서 가장 좋은 물질로 생각되고 있다. 여기에서 x의 값을 변화시킴으로써 다른 에너지 간극과 굴절률을 갖는 것을 만들 수 있다.

GaAs 나 AlAs 는 거의 같은 격자상수를 갖고 있기 때문에 각 층들 사이의 계면들을 거의 결함이 없이 만들 수 있다. 광섬유에서 최소 흡수가 되는 곳이 약 1.3μm의 파장이므로 큰 λ를 갖는 광원을 만들려고 많은 노력을 하고 있고, 더 적은 간극을 갖는 GaInAs 가 적당할 것이라고 생각했으나 결국에는 계면간의 응력이 발생해서 사용할 수 없었다.

그러나 그 해는 4종 화합물의 사용으로(즉, GaInAsP) Eg 와 격자상수 둘 다 각각 독립적으로 변화시킬 수 있다. 최근에는 A_{IN} 의 박막이 연구되어서 $LiNbO_3$를 대체할 수 있게 되었다. 아직까지도 여러 종류의 GaAlAs 집적회로가 개발되었으나 칩에 수용할 수 있는 소자는 몇 개에 불과하다.

그림 7－29는 단일종 레이저 도파관의 구조를 나타낸 것이다. 일반 레이저의 광 궤환(feedback)은 Fabry-Perot 간섭계 시스템을 이용한 한 쌍의 반사 표면에 의해 실현된다.

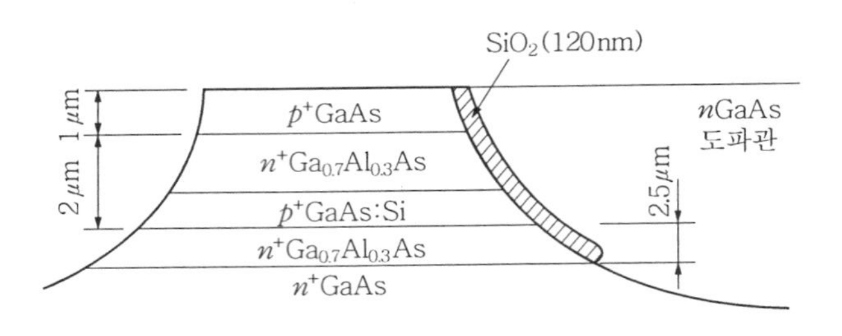

그림 7-29 단일종 레이저 도파관의 구조

(3) Bragg 형 회절격자를 이용한 분산형 궤환 레이저

단일종 광집적회로에서 이것은 형성하기 매우 어려운 것이다. Bragg 형 회절 격자(diffraction grating)를 이용하여 형성한 분산된 궤환(DFB ; distributed feedback)이 사용된다(그림 7-30 참조). 광 출력의 일부가 이 격자에 의해 반사된다. 이 과정의 수학적 표현은 매우 복잡한 편이고, 많은 파라미터들이 포함되어진다.

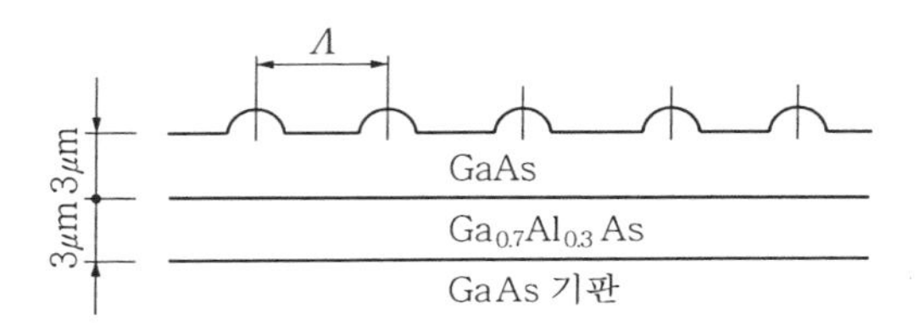

그림 7-30 Bragg 형 회절격자를 사용한 분산형 궤환 레이저

(4) 레이저 다이오드

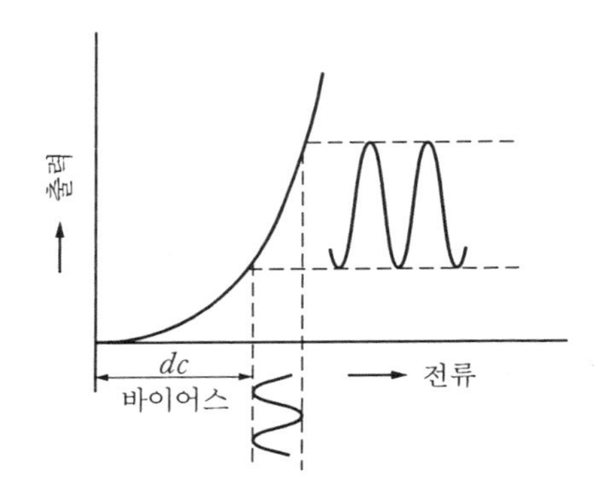

그림 7-31 레이저 다이오드의 직접 진폭변조의 원리

6장 3-3절에서 설명한 공간 변조기의 방법으로 변조하는 것 외에 역시 레이저의 직접 변조가 사용될 수 있다. 적당한 직류 바이어스가 레이저 문턱 위로 레이저에 가해지면 출력/전류 특성의 선형부분이 이룰 수 있다(그림 7-31 참조).

(5) 레이저 다이오드의 마이크로파 변조

전류의 변조로 출력의 변조가 얻어진다. 그래서 신호는 매우 큰 수십 GHz 주파수로 변조될 수 있어 이것은 mm파 범위에 대응된다. 이 목적을 위해 레이저는 마이크로파의 공동(microwave cavity)을 그림 7-32와 같이 내부에 위치시킴으로써 마이크로파 발진기(impatt 나 Gunn 다이오드)로 구동된다.

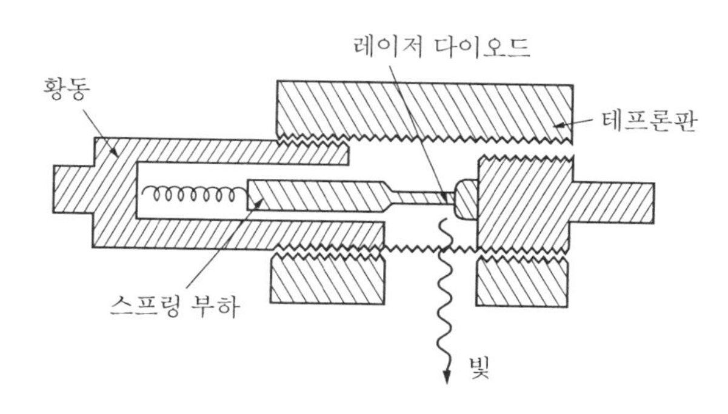

그림 7-32 마이크로파 공통 내부에서 레이저 다이오드의 마이크로파 변조

(6) 광집적 회로의 다양한 응용

광집적 회로에서는 재래식 광다이오드 대신에 특수한 광다이오드가 검출기로서 사용된다. 즉, 도파관 광다이오드, 쇼트키-장벽 광다이오드, 또는 애버란시(avalanche) 광다이오드 등 있다. 그들 중에서 초기 것은 도파관 내에서 연결된 공간층 광다이오드가 사용되었다. 바이어스 전압 V_b는 도파관의 두께와 길이 L이 $\alpha L \gg 1$이 되게끔 선택될 수 있다. 여기서, α는 흡수계수이며, 이것은 100%의 효율을 얻을 수 있다는 것을 의미한다.

광섬유 통신 시스템은 매우 넓게 상업적으로 생산되고, 수백 km의 길이까지 도달하게 되므로 광집적 회로의 발전으로 광통신 시대가 되었다.

$LiNbO_3$ 기판 위에 형성한 rf 스팩트럼 분석기, GaAlAs의 단일종 기술로에 의해 형성된 파장 멀티플렉스 광원(wavelength-multiplexed optical source), 아날로그-디지털 변환기들이 개발되고, 도광판, 변조기, 검출기와 함께 집적된 레이저의 연결됨으

로서 실용화되었다.

광집적 회로는 전자, 이온, 레이저빔을 이용한 고급 박막기술만으로 제작 가능하고 높은 요구가 이들 시스템에 집중되어 있고, 미크론 이하의 특수한 소자의 개발이 요구되고 있다.

3-4 태양 에너지의 실용화

실제적으로 청정하고 무한한 에너지인 태양 에너지의 활용이 시대적으로 크게 요구되고 있으며, 우리 문화 생활에서 가장 큰 문제로 대두되고 있다. 이 분야에서 박막은 매우 중요한 역할을 몇 가지 방향에서 수행하게 되었다. 특별하게 설계된 박막 구조의 광학적 특성은 선택적 흡수와 반사, 비반사코팅으로서 사용될 수 있다.

광열 수집기(photothermal collector)와 교환기(converter)에서 태양의 전체 스펙트럼의 복사 에너지가 흡수되도록 되어야 하고, 열에너지로 변환되어야 한다. 이상적인 흡수체는 흡수계수 αs가 $\lambda < 2\mu\mathrm{m}$에 대해 거의 1과 같아야 하고, 방출도(emissivity)는 $IR(\lambda > 2\mu\mathrm{m})$에 대해 $\varepsilon \fallingdotseq 0$을 가져야 한다.

이것은 실제에서는 불가능한 것이나 목표는 α / ε비가 극대가 되도록 하는데 있다. 소멸간섭(destructive interference)을 갖는 특별한 장치가 사용되는데, 이것은 태양 스펙트럼의 모든 파장을 실제적으로 흡수한다.

예를 들면, 전해 증착된 흑색 Ni이나 $Ni-Al_2O_3-MoOx-Al_2O_3$ 시스템이 사용된다. 이 방향의 좋은 특성은 유전체 매트릭스 내에 전해 증착된 금속(즉, 산화물 속 또는 MgF_2 내의 Sn) 또는 Cu나 강철상에 화학적으로 증착한 산화물의 시스템을 갖는 것이다. 다중층의 광대역 비반사 코팅의 자동화된 컴퓨터 장치가 사용된다.

예를 들면, 150Å Zn/95Å Al/260Å ZnO 결합층이 좋은 특성을 갖는 것으로 발견되었다. 최근에는 수소화된 탄소(a-C : H)가 주로 Ge에 대해 아주 좋은 비반사 코팅이 된다고 보고되었다.

진공 증착으로 만든 이 시스템은 훌륭한 파라미터를 가질 수 있으나 그러나 가격이 비싸다. 태양 에너지는 광대한 광원이므로 큰 면적이 필요하고, 그러므로 단위 면적당의 가격이 매우 중요한 인자가 된다. 그래서 전해 도금이나 화학 증착 등과 같은 대응 기술이 요구되고 있다.

태양 에너지의 수집나 변환에서 실용화 이외에도 광전압 효과를 이용한 직접 복사-전기 전환이 매우 중요하게 되었다. $p-n$ 근처에 흡수된 복사는 전자-홀 쌍을 생성하고 이것들은 접합의 전장에 의해 분리되고(단락회로, 즉 광전류) 광전압(photovoltage)

을 일으킨다. 문헌에 보고된 바에 의하면 Si 의 50가지 변환과 다른 물질을 사용한 것이 150가지로 보고되고 있다.

원리상으로 금지대(forbidden band)가 약 1.4 eV 인 반도체가 변화기로서 아주 좋은 것이다. E_g 가 1.2 eV인 Si 가 가장 많이 사용되고 있다. 불행하게도 그것의 흡수계수는 좀 낮은 편이고, 또한 복사를 흡수하는데 상대적으로 두꺼운 층(약 150 μm)이 필요하다. 만약 고효율의 것을 얻기 위해서는 재결합 중심이 거의 없는 완전한 단결정이 사용되어야 함을 의미한다.

이종 접합을 사용한다면 다른 접근이 가능하다. $E_g > 2$ eV를 갖는 n형 반도체는 창문(window) 으로써 작용하고, $E_g \sim 1.4$ eV인 p형 반도체는 강하게 광양자를 흡수해야 한다. 접합 근처에서 캐리어들이 생성되고, 그 파라미터들은 그렇게 심각하지 않으므로 다정질 물질들이 사용될 수 있다.

Si 태양전지를 위해서 단결정과 다정질 Si 막의 제조방법이 여러 가지로 연구되어 왔다. 증착, 스퍼터링 CVD 등 외에도 이온 크러스터 빔(ion cluster beam) 증착이 시도되었다. $p-n$ 접합을 만들기 위하여 레이저나 전자빔 후속 열처리가 장착된 이온 주입 방식이 적용되고 있다. 효율은 낮으나 가격이 상당히 저렴한 비정질 Si 으로 만든 태양전지가 널리 활용되고 있다.

수소가 포함된 비정질 실리콘(a-Si : H) 은 가스방전 속에서 사이렌(SiH_4)의 분해하여 만들어지고, 그 박막의 효율은 10 % 정도로 높다.

이러한 이온빔 방법들로 수소를 실리콘 속으로 주입시키는데 적용함으로써 광전 특성이 개선된다고 알려졌다. 투명한 상부 전극의 제조와 n^-형 Si 위에 불소를 도핑시킨 SnO_2 를 스프레이 전해 방법으로 제조함으로써 분광 응답과 광수집 효율을 개선된다는 것이 보고되고 있다.

GaAs 소자에서 거울을 사용하여 빛을 집중시키는 방법으로 효율을 20~24 % 까지 높일 수 있다고 보고되었으며, 더 복잡한 샌드위치 구조로는 40 % 까지 가능하다고 보고되고 있다. 그러나 광수집 장치의 가격이 불행하게도 광변환 장치보다 더 비싼 것이 흠이다.

최근에 다른 형태의 이중 접합구조의 것이 연구되고 있다. 즉, InP-CdS, CdS-Cu_2S 의 다결정층이 사용되고 있다. 두 번째의 방법은 매우 전망이 밝다.

이상에서 광기전력 효과가 n형 반도체와 적당한 용액(즉, CdSe1-xTex 와 다결정 유화물) 과 사이의 계면에서 발생한다. 이러한 효과에 기초를 둔 광전자 화학전지(photo electrochemical cell) 는 매우 낮은 효율(3~5 %) 을 갖지만 전해도금이나 페이스팅으로 생산 단가를 아주 싸게 낮출 수가 있다.

제 8 장 박막제조의 첨단기술

1. 단원자층 에피탁시

단원자층 에피탁시(ALE ; atom level epitaxy)는 1회의 원료공급에 의해서 단원자층으로 성장이 포화하는 성질을 이용하는 박막성장 기술로서 물질과 박막을 단원자층 정도로 제어하는 것이 된다. 또한, 기판 표면에서 완전히 박막은 균일하게 되므로 표면의 요철에 따라서도 균일하게 성장된다. 그러나 ALE 의 성장조건은 엄격하고, 성장속도가 극히 느리다는 결점도 있다.

ALE의 연구는 Ⅲ－Ⅴ족 반도체(GaAs, AlAs, InAs, InP, GaP, GaN, InN), Ⅱ－Ⅵ족 반도체(ZnS, ZnSe, CdTe), Ⅳ족 반도체(Si, Ge) 및 산화물 초전도체 등 광범위하게 취급되고 있다. 특히, GaAs 성장의 자기정지기구가 상세히 연구되고 있다.

1－1 단원자층 에피탁시(ALE)의 원리와 특성

헤테로 구조를 구사한 최근의 각종 양자화 소자를 시작으로 다양한 반도체 소자의 제조기술에 대해서 수 원자층 레벨의 제어성이 요구되고 있다. 또한, 정확히 단원자층 단위로 제어된 신 구조물질이나 초박막 다층 헤테로 구조는 새로운 물성이나 효과가 기대된다. ALE 는 이들의 요구에 만족시킬 수 있는 가장 가능성이 높은 결정성장법이 된다고 말할 수 있다.

ALE 는 지금까지의 박막성장법과 같이 전체의 원료를 동시에 공급하는 것과는 다르게 원자층에 대응되는 원료를 개별로 공급하는 점이 방법상의 특징이 있다.

종례의 방법에서는 막두께를 성장시간으로 제어하는 것에 대해서 ALE 에서는 다음과 같이 단원자층 단위로 정확하게 막두께를 결정하는 것이 된다.

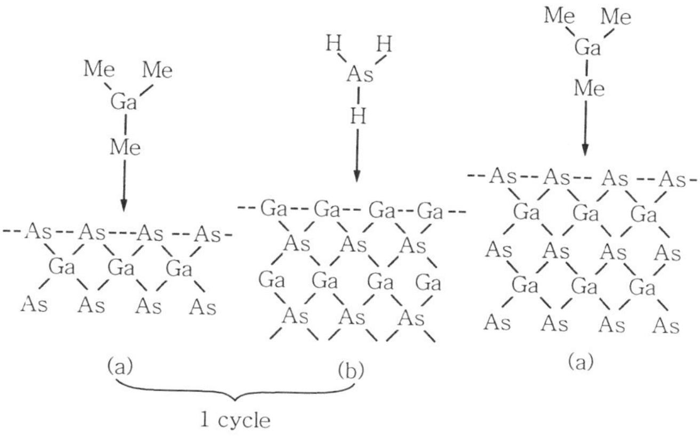

그림 8-1 GaAs ALE의 원료 공급 (Me는 CH_3를 표시한다.)

GaAs를 예를 들면, 그림 8-1 (a)에 나타나 있는 것과 같이 GaAs 결정의 As면에 트리메칠가륨 ((CH_3) 3Ga, TMG)을 공급하고, 그의 흡착·분해에 의해서 Ga의 1층이 완성된다. 이어서 그림 8-1 (b) AsH_3를 공급해서 As층을 형성한다. 이것을 1 사이클로 해서 반복하여 결정을 성장시킨다.

이 때의 1회의 원료공급에 대해서 흡착량이 단원자층으로 포화되고, 그 이상 흡착되지 않는 것이 필요로 한다. 보통 이들은 자기정지기구라고 부른다. 그 때문의 조건은 일반적으로 매우 엄격하며, 예를 들면 기판온도가 좁은 범위(ALE 윈도)에 한정된다. 즉, 단원자층이 안정하게 형성되어 그 위에 공급되어진 원료는 완전히 표면으로부터 탈리하는 것이 필요하다.

이들 두 현상은 양립하는 것은 일반적으로 쉬운 것은 아니다. 예를 들면, 그림 8-1에서 As는 Ga와 강하게 결합해서 안정한 단원자층을 형성하고, 그 위에 여분의 AsH_3이나 그 분해 생성물의 As 분자는 어떤 것도 증기압이 높으므로 쉽게 재증발함으로 문제되지 않으나, TMGa는 만약 기상이나 Ga 표면에서 Ga까지 분해하는 것과 증기압이 낮아서 Ga 단원자층 위에 여분의 Ga가 재증발되지 않게 되어 ALE가 되지 않게 된다.

(1) ALE의 특징

① 일반적으로 박막성장은 시간에 따라서 연속적으로 막두께가 증가하는 것에 대하여 단원자층씩 디지털적으로 성장되는 점이 기본적인 특징이다. ALE는 자기정지기구에 의해서 단원자층 단위로 물질과 막두께가 제어된다.

② 원료공급량이나 기판온도에 관계없이 막두께가 균일하게 되고, 기판회전을 필요로 하지 않는다.
③ 기판상의 3차원적 구조, 예를 들면 수직벽 측면에도 균일하게 성장된다 (side wall epitaxy).
④ 선택성장의 경우에는 모서리 부분에서 두텁게 성장되지 않고 균일한 막이 얻어진다.
⑤ 원료흡착의 결정방위 의존성을 이용하는 것과 마스크 없는 선택성장도 가능하다.

(2) ALE 의 단점

① 성장조건이 엄격하다는 것
② 성장속도가 극히 느리다는 것(예를 들면, 종례 성장의 1/100 정도)
③ 저온성장 때문에 결정결함이나 불순물의 문제가 남아 있다.

1-2 ALE 의 성장기구

일반적으로 ALE 의 계에서는 기판온도에 대하여 원료공급 사이클당의 막두께를 그리면 그림 8-2 와 같은 관계가 주어진다.

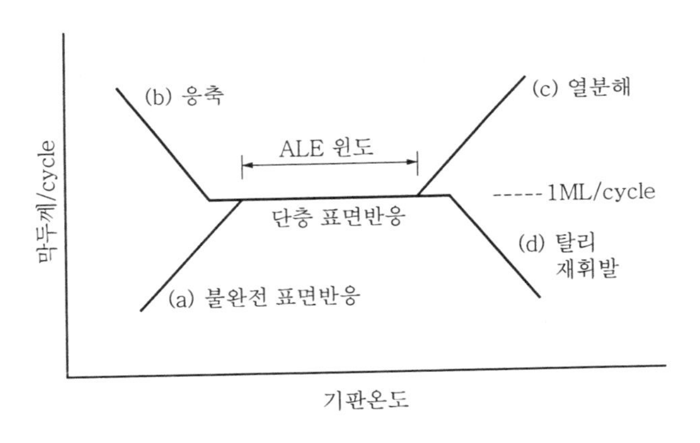

그림 8-2 ALE 의 기판온도에 관한 성장 특성

ALE 가 성립되는 온도범위를 ALE 윈도 (window) 라고 한다. 그 온도범위는 성장조건의 허용범위를 나타내고, 초격자 등 이 물질을 ALE에 의하여 적층할 때, 각 ALE 윈도에 공통의 온도범위가 있는 것이 필요하다.

ALE 윈도에서는 단원자층 형성에 상당하는 원료(포화흡착량)만이 표면과 반응, 결합하고, 여분의 원료는 분해 및 미분해를 불문하고 탈리하지 않으면 안 된다.

예를 들면, AB 2원화 화합물 결정에서 종단면에 원료 A가 공급될 때, 강한 A−B 결합에 의하여 안정한 결합을 만들지만, 그 원료 A는 A−A 결합이 약하므로, 또한 증기압이 높기 때문에 재증발해 버린다.

이와 같은 관계가 A면상의 원료 B에 대해서도 성립될 때, ALE는 가능하다. 단체 원료를 이용하여 ALE가 가능한 경우는 ZnS, ZnSe, ZnTe 등 II−VI족 화합물 이외에는 되지 않으며, 보통은 A−A, B−B 등 동종원소간에 결합을 만들어지지 않는 것과 같이 단층 흡착표면은 불활성화하여 원료도 증기압의 높은 비교적 안정한 화합물을 이용해서 다층흡착을 방지할 수 있다.

특히, 화합물 원료가 기상으로 분해하면 저증기압 물질을 생성하여 흡착포화가 곤란하게 되는 경우가 많으므로 주의가 필요하다. ALE 윈도의 폭은 원료의 종류, 공급량, 공급시간, 유속, 캐리어 가스의 종류나 광조사 등 계의 여기 활성화 등에 의하여 좌우된다.

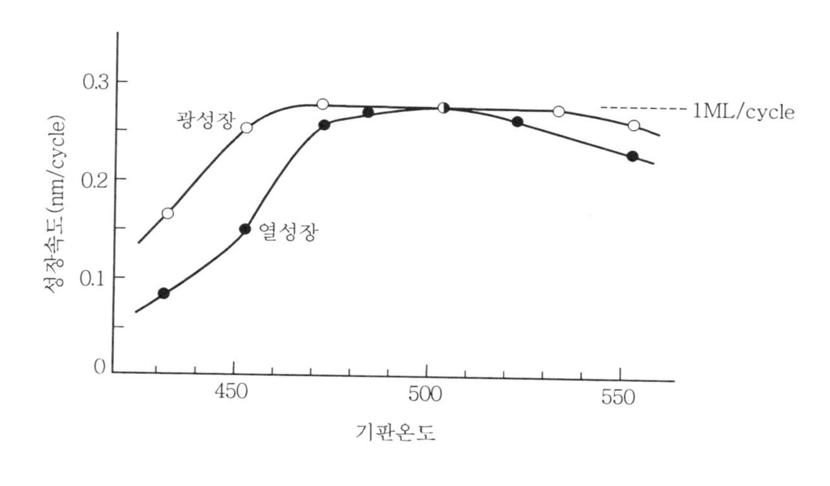

그림 8-3 GaAs ALE의 KrF 엑시머레이저 조사에 의한 광성장 및 열성장에 의한 성장속도의 기판 온도 의존성

TMGa나 AsH_3를 이용하는 GaAs ALE에 대해서 KrF 액시머레이저(248 nm)를 조사하면 ALE 윈도를 크게 넓혀지는 예는 위 그림 8−3에 나타나 있다. 248 nm의 광은 기상의 TMGa에만 약간 흡수되지만, 기상분해는 ALE에서는 유효하지 못함으로 ALE 윈도를 확대하는 효과를 갖지 못한다.

이와 같은 조사효과의 기구로서 As 면에 흡착한 TMGa 가 레이저광을 선택적으로 흡수하여 광분해하는 흡착종 여기모델이 제안되어졌다.

그림 8−3의 저온측에서는 (a) 원료의 분해 등 표면반응이 불충분하여서 단원자층 형성에 도달하지 못하는 경우와 역으로 (b) 원료가 과잉되어 응축되어 버리는 경우가 있다. 전자는 흡착・반응이 성장을 율속하는 경우이며, 일반적으로 나타나는 특징이다. 후자는 흡착원료의 열탈리가 율속하는 경우로서, 예를 들면 II−VI족 화합물의 ALE 에의 특징이 된다.

고온측에서는 (c) 기상 또는 표면에서 열분해하여 생성된 저증기압 상태의 원료가 다층에 적층하는 경우이며, (d) 원료 또는 막물질이 열탈리해서 성장속도가 단층성장 이하로 적게 되는 경우이다.

전자는 원료가 열적으로 불안정하여 흡착하면 바로 분해하여 원자상으로 되지만, 장치 내의 유속이 늦거나, 대류가 발생하는 등에 의하여 기상분해가 진행하는 경우이다.

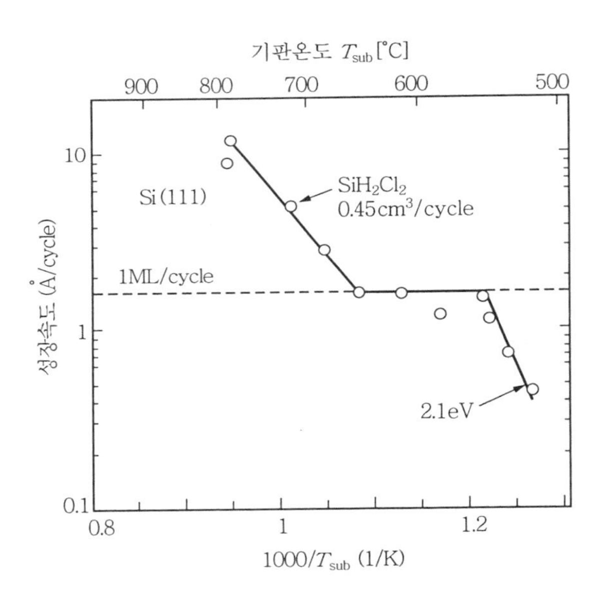

그림 8-4 Si ALE 에 의한 성장속도의 기판온도 의존성

그 예가 위 그림 8−4에 나타나 있다. SiH_2Cl_2 와 표면활성화 때문에의 H 원자를 이용해서 Si (111) 에 Si의 ALE 를 행할 때, 650℃ 이상에서는 1회의 원료공급으로 다층 추적한다는 것을 나타내고 있다.

즉, 540℃ 이하에서의 온도 의존성은 Si (111) 면의 H 원자의 탈리 에너지와 같고, 2.1 eV의 활성화 에너지를 표시하고 있다.

한편, 고온영역에서 성장속도가 저하하는 예는 그림 8−3에도 나타나 있다. 이 경우는 Ga면 위에서 탈리 에너지의 비교적 큰 분해종 MenGa (n=1, 2) 의 탈리효과도 고려되어지고 있다.

단층흡착 포화영역(ALE 윈도)에서는 1회의 원료공급에 대해서 자기정지기구가 작용하여 단원자층만이 되어진다. 이 기구에 대해서는 GaAs ALE 에서 상세히 연구되어졌다. GaAs ALE 의 As 원자층에 대해서는 결합력이 As−As ≪ Ga−As 이지만, As 의 증기압이 높기 때문에 자기정지기구가 넓은 범위의 조건에서 성립된다.

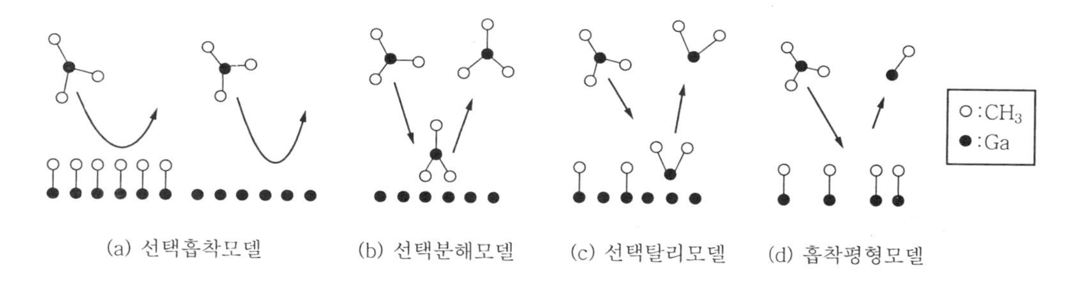

그림 8-5 GaAs ALE 의 Ga 층의 자기정지기구 모델

따라서, 단지 Ga 원자층의 자기정지기구에 대해 연구하여 그림 8−5에 나타나 있듯이 TMGa 를 이용하는 경우, 몇 가지의 모델이 제안되어졌다.

먼저 그림 8−5 (a) TMGa 는 As 면에만 흡착하고, Ga 면에서는 흡착하지 않는다는 선택흡착모델, 그림 8−5 (b) As 면에만 분해하고, Ga 면에서는 분해하지 않다는 선택분해모델, 그림 8−5 (c) As 면과 Ga 면과의 사이의 탈리속도의 큰 차이에 기인한다고 생각하는 선택탈리모델, 마지막으로 그림 8−5 (d) TMGa 흡탈착 평형모델(balance model) 을 나타낸 것이다.

선택흡착모델에는 Ga 면에 TMGa 가 흡착하지 않는 원인으로서 Ga 면의 메틸기의 존재를 고려한 경우와 메틸기가 존재하지 않고 Ga 자체에 TMGa 의 흡착을 저지하는 효과가 있다고 하는 경우가 있다.

전자는 승온탈리나 표면광흡수 (SPA) 에 의한 메틸기의 관찰이나 메틸기의 유무에 의한 성장속도의 차에 근거를 두고 있다.

후자는 TMGa 의 흡착 후, XPS 관찰에 의해서 표면에 탄소가 검출되지 않는다는 것에 의하여 제안되었지만, 지금까지의 많은 연구에 의하여 ALE 성장 중의 Ga 면에 메틸기가 존재한다는 것은 거의 확실하다.

단, 메틸기의 존재와 자기정지기구와의 관계는 아직 명확하지는 않다.

선택분해모델은 원료의 열분해가 거의 진행하지 않는 저온영역에의 레이저 조사효과를 설명하기 위한 표면여기모델이 있고, 표면의 메틸기 등 알킬기의 유무에 대해서는 논의되어지지 않는다.

선택탈리모델에서는 TMGa 는 Ga 면 위에서 일부 분해·탈리한다는 승온탈리 실험의 결과에 근거를 두고, 메틸기의 유무나 TMGa 의 분해·미분해에 관계하지 않고, As 면과 Ga 면에서 명확히 탈리속도에 차가 있고, 그 차에 기인하여 자기정지기구가 작용한다고 생각되어지고 있다.

흡탈착 평형모델은 표면에서 TMGa 유속(flux)과 MeGa 의 탈리의 평형으로서 ALE 가 성립되고, Ga 사이트(site)나 As 사이트의 반응성에 차가 없다고 생각하고 있다. 그러나 탈리종 MeGa 의 상태나 모델의 가정에 대해서는 많은 의문이 남아 있다.

원료가 Langumur형 흡착에도 흡착의 입체장해나 장주기구조, 흡착사이트의 불균일 등 때문에 단원자층의 추적은 보장되지 못한다.

예를 들면, 후술한 것과 같이 Si이나 Ga에서는 표화영역에서 1ML/cycle 은 반드시 얻어지지는 않는다. GaAs (111) 면에서도 TMGa나 AsH_3 를 이용한 경우에는 1/4 ML, 또는 3/8 ML 로 각각 포화되고 있다.

한편, ALE 의 연구가 최근에 진행되고 있는 (100) GaAs에서는 TMGa나 AsH_3이 이용해서 1ML/cycle 이 안정하게 얻어지고 있다.

그러나 이 경우 어찌하게 포화흡착으로 정확히 단원자층만 되어지는가에 대해서 명확히 이해되지는 않고 있다.

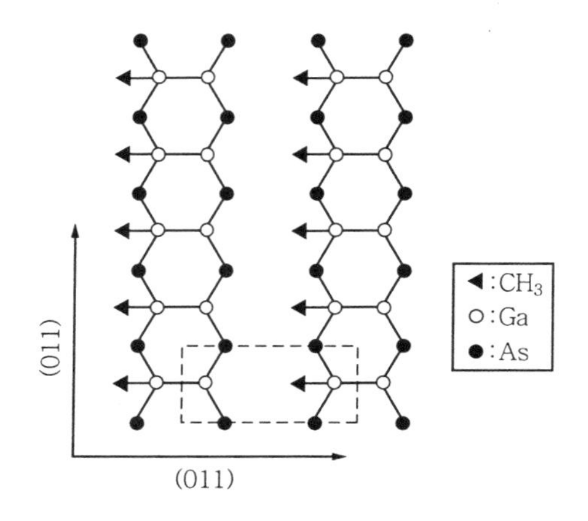

그림 8-6 GaAs (100)-(1×2)-CH_3 의 구조 모델

여기서, Creighton 은 LEED 패턴과 적외흡수해석에 기초하여 TMGa 공급 후의 표면 구조로서 그림 8-6 에 나타난 GaAs (100)-(1×2)-CH_3 가 되는 Ga 의 피복률 θ Ga = 1 의 Ga 안정화 면을 제안하였다.

그 외에 표면구조는 electron counting model 을 만족하며 본래의 Ga 면은 θ Ga < 1 로 되지만 Ga 사이트의 쪽에 CH_3 가 공급한다는 것에 의하여 상기기구를 안정화시켜서, θ Ga = 1 이 실현된다고 생각하였다. As 면에 대해서도 AsH_3 공급 후, θ Ga ≒ 1 의 γ (2×4) 구조 또는 상기 Ga 면의 CH_3 를 H 로 치환된 (2×1)-H 구조를 제안하고 있다.

한편, 반사율차 (RD) 법에 의하면 MOCVD 에 의하여 GaAs (100) 의 As 안정화 면은 C (4×4) 구조로 되고, 트리메틸갈륨 ((C_2H_5)$_3$ Ga, TEGa) 를 공급하면, RD 신호는 그림 8-7에 나타나 있는 것과 같이 흡착과정에서 과잉의 As는 탈리한다는 것을 나타내고 있다. 그러나 이 기구의 상세한 것에 대해서 아직 명확하지는 않다.

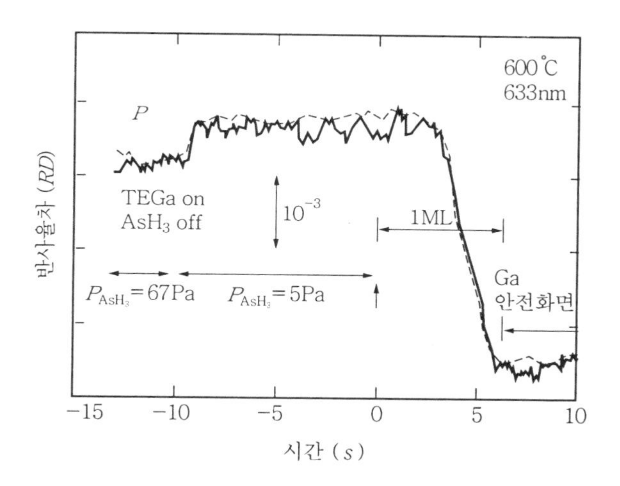

그림 8-7 (001) GaAs 의 C (4×4) 구조에 TEGa 를 조사하여 Ga 안정화 면이 형성되어질 때까지의 RD 변화

1−3 각종 재료의 ALE

Ⅱ−Ⅵ족 화합물과 같은 각 구성원소의 평형 증기압이 높은 경우에는 단체원료를 이용해도 ALE 는 비교적 쉽게 실현되지만, 일반적으로는 화합물 원료의 특성 등에 의하여 ALE 의 성장조건은 엄격히 제어되고 있다.

Si이나 Ge 등의 단체결정의 ALE의 경우, 그림 8−8 에 나타나 있는 것과 같은 공정을 필요로 한다.

먼저 그림 8−8 (a) Si이나 Ge 을 포함하는 화합물 원료 (Si_2H_6, SiH_2Cl_2, Ge (C_2H_5) $2H_2$ 등) 를 공급해서 포화흡착시킨다.

그림 8−8 (b) 여분의 원료를 빼낸다. 이 단계에서 흡착종 (−SiH_2, −$SiCl_2$, −Ge (C_2H_5)$_2$ 등) 은 여분의 원료는 흡착하지 않고 불활성 표면을 형성한다.

이어서 원료의 흡착을 위해 그림 8−8 (c) 표면은 활성화된다. 흡착종의 −H_2, −Cl_2, −(C_2H_5)$_2$ 등을 제거하기 위하여 반응가스에 의한 화학반응 또는 광여기, 열여기, 이온충돌 등 각종 여기활성화가 행해진다.

그림 8−8 (d) 이들의 처리에 의하여 발생한 가스는 빠져나감으로써 청정한 표면을 회복한다.

ALE는 그림 8−8 (a)에서 (d)까지 1 사이클로 하여 반복한다. Si이나 Ge의 ALE에서는 가장 중요한 과정은 표면 활성화이다. 반응가스를 이용하는 방법으로서는 SiH_2Cl_2 의 원료에 H_2나 H를 반응가스로서 이용하여 1ML / cycle 의 Si ALE 가 얻어진다.

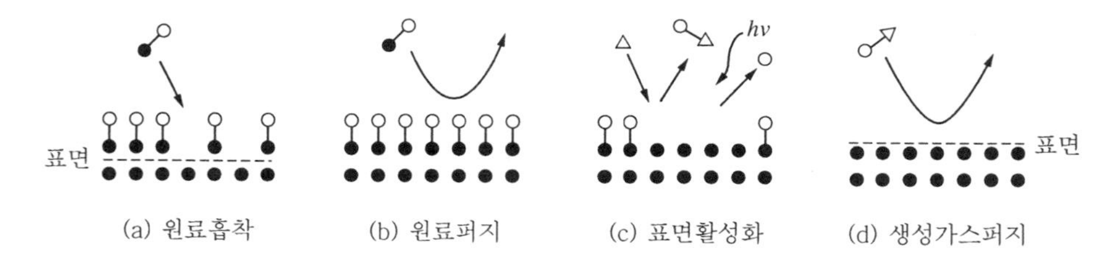

그림 8−8 Ⅳ족 ALE 의 성장과정

$SiCl_2$ 나 H 를 이용한 경우는 0.3 ML / cycle 과 원료의 차가 나타나게 된다. 이들의 방법에 의한 흡착종 (−$SiCl_2$) 의 Cl_2 는 반응에 의하여 HCl 로 되어서 제거된다.

이어서 각종 여기를 이용하는 방법에는 Si_3H_8의 흡착 후 승온에 의하여 0.8 ML / cycle의 Si 성장, 동일방법으로 $Ge(C_2H_5)_2H_2$를 이용한 경우에는 1 ML / cycle의 Ge 성장이 각각 얻어진다.

KrF 레이저 조사로서 Si_2H_6를 이용하여 0.4 ML / cycle, 같은 원료를 이용한 싱크트론 방사광(SR) 조사로서는 0.18 ML / cycle의 Si 성장과 포화값은 적다.

이것은 SR 조사로서 표면의 수소가 충분히 취하지 못하기 때문으로 생각된다. Si_3H_6 원료에 의한 흡착종($-SiH_3$)의 H를 He 플라즈마로부터 저 에너지 이온을 조사해서 탈리시키는 방법으로서는 0.1 ML / cycle 정도의 Si 성장이 얻어지고 있다. 이상의 Si ALE에 대하여 표 8-1에 요약해 두었다.

표 8-1 Si의 단원자층 에피탁시

원 료	기 판	포화성장속도 (ML / cycle)	포화온도범위 (℃)	표면활성화
Si_2H_6	(100) Si	0.4	180~400	UV 조사
	(100) Si (100) Ge	0.2	250~350	SR 조사
	(100) Si	0.1~0.15	400	He 플라즈마
Si_3H_8	(111) Si (100) Si	0.8	520~650	H 원자
SiH_2Cl_2	(111) Si	1	540~650	H 원자
	(111) Si	1	890~910	—
	(100) Si	1	815~825	—
Si_2Cl_6	(100) Si	0.3	400	H 원자

2. 금속 인공격자

인공적인 금속 나노적층 구조막이 되는 금속 인공격자에는 그 구조적 특징에 유래하여 격자왜곡, 표면, 층상구조, 초주기, 2차원성 등의 효과로부터 참신한 기능발전이 기대된다.

시료제작에는 간편한 스퍼터링법과 MBE 법이 주로 이용된다. 거대 자기저항 효과에 의한 고성능 자기 헤드 (head) 나 고성능 광자기 기록재료 등의 응용이 추진되고 있다.

2-1 인공격자의 특징

(1) 인공격자

주로 이종 물질간의 계면 물성을 탐구하는 기초 연구의 모델 시료로서 각 층의 두께를 nm 정도까지 얇게 한 다층막에 대해서 만들어 붙여진 용어가 인공격자이다.

막의 두께 방향에 적층된 이종 물질의 반복주기가 자연에 존재하는 결정의 격자간격에 거의 가까운 정도 (order) 가 됨으로써 인공적인 1차원 격자로 보여지게 된다는 의미이다.

한편, 반도체 분야에서는 에피택시얼막을 취급하는 것이 많지만, 인공적인 1차원 초격자구조의 의미로부터 인공초격자라고 부르는 이름이 주로 사용되고 있다.

또, 인공 거울 연구의 분야에서는 단순히 인공다층막이라고 부르는 것이 많다. 그렇지만, 이들의 명칭은 그 정도 엄격히 의식되어 있지 않고 거의 동의어로 보아도 좋다. 즉, 영어로는 multilayered film 이나 superlattice 가 일반적이다.

이상적인 인공격자의 모델도는 그림 8-9 에 나타나 있다. 마이크론 레벨의 층을 적층한 일반적인 다층막의 경우 물질 A, B 는 각각 고유의 성질을 갖고 있지만, 기대되는 전체의 기능은 A+B 또는 A, B 의 좋은 점만을 취하게 되는 복합재료라고 본다.

한편, 나노적층막이 되는 인공격자의 경우, 다음에 언급하는 각종의 효과로부터 물질 A, B 는 반드시 본래의 성질 A, B 를 나타내지 않게 되고, 전체로서 새로운 성장 C 를 나타내게 된다. 즉, 신재료의 가능성이 기대된다.

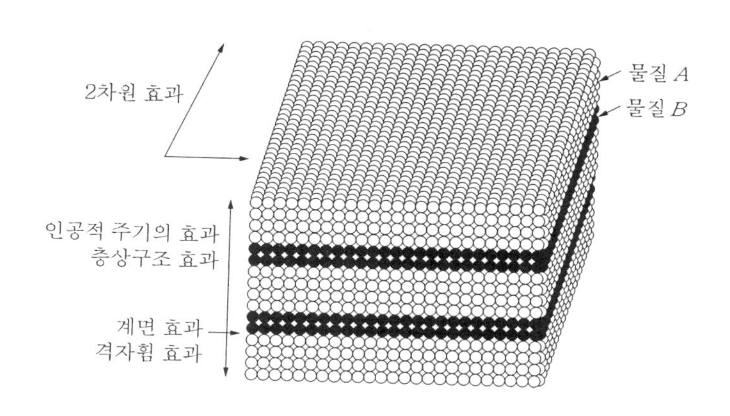

그림 8-9 인공격자의 모델도

(2) 인공격자의 신기능

인공격자에는 그림 8-9에도 나타나 있는 것과 같이 신기능을 나타내는 데에 몇 가지의 구조적 특징이 있다.

① 격자왜곡효과 : 일반적으로 박막성장 초기과정에 대해서는 기판의 원자배열이 강하게 영향을 받지만 인공격자의 경우, 각 층이 수~수십 원자층 정도의 두께로 되기 때문에 보통 서로 짝이 되는 상대의 구조에 강하게 영향을 계속 받는다. 그 결과로 본래의 결정구조를 왜곡시켜서 새로운 이방성을 나타내거나, 역으로 벌크에서는 불안정한 비평형 물질을 안정화시키는 것이 가능하다.

② 계면효과 : 물질의 계면으로부터 수 원자층 정도의 원자는 그 물질 본래의 성질과는 상당히 다른 특성을 나타내는 것이 많다. 인공격자에 대해서는 각 층 두께가 극히 얇기 때문에, 계면 근방 원자의 비율이 높고, 또는 거의 계면 근방 원자에 의하여 구성되는 것이 된다. 그 결과로 물질 전체의 성질이 그 특이한 계면특성에 의하여 지배되는 것이 된다. 또한, 계면에 의한 광이나 전자의 산란효과도 현저하게 나타나게 된다. 뒤에서 언급할 거대 자기저항효과 등도 그런 예가 된다.

③ 층상구조, 또는 유한 막두께 효과 : 고온 초전도 재료 등에 나타나는 것과 같이 층상물질은 우수한 기능을 나타내는 예가 많다. 인공격자에 대해서는 기존의 벌크상 물질과는 달리 인공적으로 층상구조를 설계하는 것이 가능하며, 보다 더 신기능 발견의 가능성이 숨겨져 있다. 또한, 벌크 결정의 전제가 되는 무한의 반복주기는 인공

격자에 대해서는 두께 방향으로 성립되지 않는다(유한 막두께 효과 ; finite-size effect). 예를 들면, 전기 전도도 현상에 대해서 전자의 평균 자유행정이 막 두께로서 규정되고, 전자 수송 특성이 층 두께에 지배되는 경우가 있다. 1차원 우물형 퍼텐셜과 같은 양자효과가 그 예이다.

④ 인공적인 주기(초주기)의 효과 : 결정이 나타나는 밴드 구조는 그 결정의 주기 구조에 유래하지만, 본래의 결정주기에 인공적인 초주기를 중첩시키면, 밴드 구조에 인공적인 단주기 변조가 부가된다. 반도체 초격자는 당연히 그 아이디어로부터 출발하여 다양한 신소자 개발에 성공하고 있다.

⑤ 2차원성 : 특히, 기초연구에서는 저차원 물성에 강한 관심을 집중되고, 2차원 전자에는 고온초전도나 고이동도의 신기능도 기대되어지고 있다.

2-2 금속 인공격자의 제조법

현재 금속 인공격자의 제조법은 거의 스퍼터법과 MBE법에 한정되어 있다. 거의 MBE법에 의해 결정되어 있는 반도체 초격자에 비해서 금속 인공격자는 스퍼터법이 보다 널리 사용된다.

(1) 장 점

이것은 간편히 시료제작이 가능하고 양질의 막이 만들어진다는 것, MBE에 비해서 장치가 매우 싸다는 것이 최대 장점이다.

(2) 스퍼터법

스퍼터법으로 금속 인공격자를 제작하는 경우, 단순히는 그림 8-10에 나타나 있는 것과 같이 2개의 스퍼터원을 사용하여 일정 속도로서 기판을 회전시킨다. 회전주기에 맞게 인공주기가 형성된다.

2가지 층의 막두께 비가 1에 가까운 경우는 조금 더 간편한 스퍼터원을 하나 더 넣어서 스퍼터 타깃을 2종 설치하는 방법도 있지만, 독립된 스퍼터 조건제어가 되지 않기 때문에 정밀한 시료 제작에는 적합하지 못하다.

MBE법에 사용되는 일반적인 수정 진동식 막두께 모니터는 플라즈마나 복사열의 영향으로 스퍼터 장치에는 설치하기가 곤란하다.

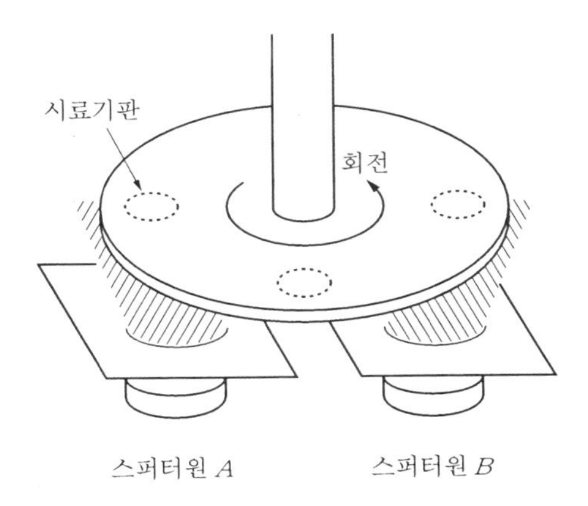

그림 8-10 단순한 스퍼터법 금속 인공격자 합성장치의 예

따라서, 보통의 스퍼터 장비에는 in-situ 로 막두께 모니터는 행해지지 않는다. 그러나 스퍼터 가스압이나 스퍼터 전류 등의 조건을 변화시키면, 상당히 안정된 성막속도를 유지할 수 있으므로 성막 후의 시료를 별도의 막두께를 측정해서 성막속도를 측정한다.

① 장 점

㈎ 보통의 박막합성에서는 성막속도가 좋은 마그네트론 스퍼터 방식이 주류로 되고 있지만, 금속 인공격자의 성장속도는 늦는 경우가 많음으로써 RF 스퍼터 방식도 적층 가능하다.

㈏ 기판에의 밀착성이 좋은 고융점 물질도 쉽게 성막된다는 이점이 있음으로 인공격자 거울 제작에 스퍼터법이 사용된다.

② 단 점

㈎ 스퍼터 때에는 $10^2 \sim 10^{-1}$ Pa 의 알곤 가스압에서 작동되므로, MBE법에 의한 10^{-7} Pa 이하의 초고진공에 비해서 잔류가스에 의한, 특히 탄소에 의한 약간의 오염에 대한 공포는 남아 있다.

㈏ 스퍼터 중의 알곤 가스가 어느 정도 시료에 혼입하는 것과 RHEED 를 시작으로 in-situ 평가 수단이 사용되지 못한다는 등의 이유로부터 정밀한 에피택시얼 성막에는 불리하다는 의견도 있다.

㈐ 버퍼(butter)층이나 시드 (seed) 층 등을 위해서 타깃의 다원화가 곤란하고, 원료로서의 타깃이 고가이다. 기판과 스퍼터 원의 거리가 짧음으로써 원료의 이용 효율이 좋은 반면, 기판 표면의 온도 상승을 일으키기 쉽다.

㈑ 플라즈마에 의한 시료 표면의 손상도 일어나는 등의 문제도 있다.

③ 이온빔 스퍼터법

이와 같은 스퍼터법의 단점인 작동 진공도가 나쁘다는 점을 개선한 이온빔 스퍼터법이 최근 널리 사용되고 있다. 이온빔을 사용하는 스퍼터에서는 10^{-2}~10^{-3} Pa 의 진공중에서 성막이 가능하다.

또한, 기판과 원료 타깃의 거리도 가변시킬 수 있으므로 복사열이나 플라즈마에 의한 시료에의 손상도 문제가 되지 않는다. 수정 진동식 막두께 측정기도 사용 가능하다.

④ 스퍼터법과 MBE 법의 비교

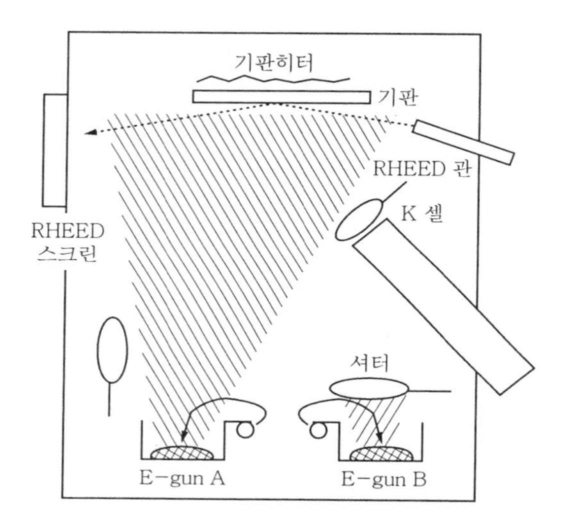

그림 8-11 전형적인 MBE 장치의 성장실 모식도

그러나 역으로 스퍼터법이 갖고 있는 장점도 몇 가지 있지만, 특히 장비 가격이 MBE 시스템과 큰 차이가 있다. MBE법은 깨끗한 성막, in−situ 평가장치와 정밀한 성막 및 불순물 조성 제어 등의 특징이 있다.

주의가 필요한 것은 일반적인 MBE 시스템은 저융점 고증기압 원료에 적당한 K−셀을 성막원에 설치하여 사용하지만, 금속 인공격자의 제작에는 1300℃가 한계인 K−셀에서는 용도가 한정된다.

2000℃ 정도까지 사용이 가능한 고온 K−셀도 원료에 맞는 보트(boat) 재료의 선택이 어렵고 일반성이 없다. E−gun 증발원을 기초로 한 실리콘 MBE 시스템에 사용되고 있지만, 체임버 크기나 가격이 높아진다.

또한, 일반적인 K－셀이나 스퍼터에 비해서 E－gun의 성막속도의 안정성이 나쁘고, 수정 진동식 막두께 측정기 등의 모니터가 필수적이다. 고융점 원료의 성막은 가능하지만, 열복사에 의한 수정 진동식 막두께 측정기의 신뢰성이 저하된다.

금속 인공격자 재료에 이용되는 MBE법의 성막실의 전형적인 예를 모식적으로 앞의 그림 8－11에 나타내었다.

2－3 금속 인공격자의 기능

(1) 거대 자기저항효과 (GMR)

물질로서 인공격자의 일반적인 특징은 8장 2－1에서 언급하였으므로 여기서는 구체적인 신기능을 예시한다. 금속 인공격자에 의하여 나타나는 신기능 중에서 최근에 가장 주목을 받고 있는 것은 거대 자기저항효과이다.

기존의 금속 자성체에서는 수% 정도의 변화율이 얻어지지 않는 자기저항이 Fe이나 Cr의 인공격자로서는 50% 가깝게 변화한다. 많은 연구자들에 의하여 여러 종류의 자성금속/비자성금속의 조성에 의한 인공격자가 연구됨으로써 GMR 발생기구가 명확하게 되었다.

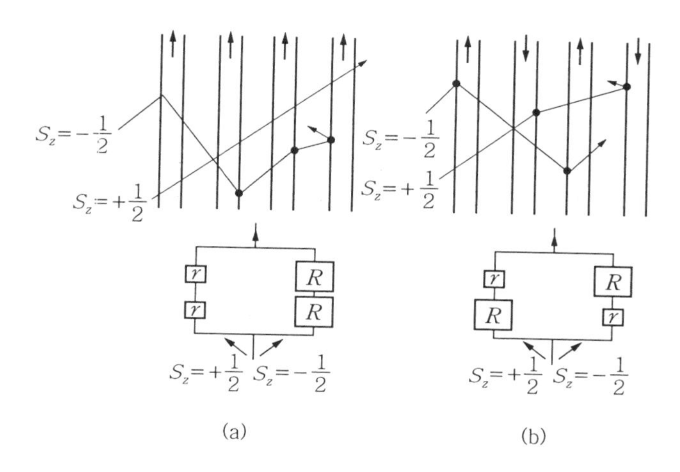

그림 8-12 2 유체모델에 기초한 GMR 발생기구

정성적으로 그림 8－12에 모식적으로 나타나 있는 2 유체 모델로서 설명된다. 그림 중의 우측과 같이 무자장 중에서는 자성금속 층간에 반강자성적인 상호작용이 발생하여 Fe 층의 자화방향(그림 중 윗 방향의 화살표시) 이 서로 다르게 정렬한다.

이 때의 시료에 흐르는 전자는 임의의 스핀 방향($S_Z = \pm 1/2$) 로 되어 역방향의 자화층계면에서 강하게 산란을 받게 되어 저항(R)을 발생한다.

이것은 저항 $R > r$로 되어서 우측 밑의 등가회로로 표현되며, $S_Z = +1/2$, $-1/2$ 어느 방향의 전자의 흐름도 반듯이 고저항계면(R)을 통과하게 되므로, 시료 전체의 저항은 $(R+r)/2$로 표시되는 고저항값이 된다.

한편, 자장하에서는 자성층의 자화가 정렬되어 그림 중의 왼쪽과 같이 되어 자장방향의 스핀($S_Z = +1/2$)을 갖는 전자의 흐름은 고저항의 계면산란을 받지 않는 시료로 통과한다.

따라서, 시료 전체의 저항은 $(r+R)/2rR$로 낮게 된다. 이런 GMR 현상은 흥미있는 기초연구나 고감도 자기헤드 재료개발 등의 응용면에서도 주목받고 있다.

실용화의 관점에서는 더욱 적은 극성의 단순한 스핀 벌크막으로 이동하고 있으며, 인공격자에 대해서도 원리적 면에서는 고감도화가 기대되는 면직전류 배치막이나 터널 전류형 GMR 막의 검토, 이어서 스핀 의존형 전자소자에의 발전 등의 연구가 진행되고 있다.

(2) 광자기 기록재료

GMR 이외에도 광자기 기록재료로서의 기능이 기대되고 있다. 특히, Co/귀금속 인공격자로서는 청색파장 영역 내에서의 광자기 성능이 기존 재료보다 우수하고, 광자기록 시스템에 의한 고밀도 기록화를 목표로 하는 레이저 광의 단파장에 대해서도 차세대 광자기 기록재료로서 기대가 크다.

(3) 기 타

그 외에 인공격자화에 의한 연자성 재료의 특성 향상, 신규수직 자화막 개발, 고성능 비선형 광학재료개발, X선 현미경용 거울 등의 기초연구 레벨로서의 기능 발견이 나타나고 있다.

3. 나노구조제어

나노구조 제어에는 자기 조직화 나노구조 제어 외에 3가지의 방법이 있다.

첫째는 기판상에 있는 구조(패턴)를 형성하고, 그 위에 자기형성적의 나노구조를 성장시키는 방법, 둘째는 미경사(微傾斜) 기판면상에서의 스탭 한칭(step hanching) 현상에 의한 자기형성된 다원자 스텝을 이용하는 방법이고, 셋째는 단주기 초격자성장 중에 일어나는 면 내 왜곡유기의 조성변조현상을 이용하는 방법이 있다.

이들의 방법은 공정 손상이 적고, 양자효과의 나타나는 크기의 고품질의 나노구조를 제작하는 것이 된다.

3-1 V 홈 구조상 선택성장에 의한 구조제어

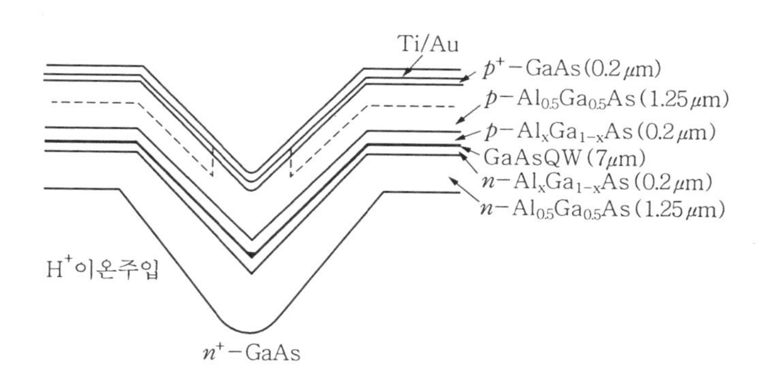

그림 8-13 V홈을 이용해서 형성한 양자세선의 단면도

Bhat 등은 그림 8-13과 같이 보이는 습식 화학식각에 의한 V홈을 형성시킨 (100) 면 GaAs 기판상에 AlGaAs, GaAs, AlGaAs의 다층구조를 MOVPE로 성장하여 양자세선 구조를 제작하였다.

AlGaAs 성장 중에는 식각에 의해 형성된 경사면을 유지하면서 성장하기 위하여 낮은 쪽의 뾰족한 V홈이 성형된다.

한편, GaAs 성장 중에도 Ga의 확산에 의하여 낮은 쪽이 두껍게 되어지는 선택 성장한다. 이 결과로서 V홈의 낮은 쪽에 GaAs의 양자세선이 자기 형성된다.

V 홈의 폭은 2~3 μm, 주기는 5 μm 이다. 자기형성된 양자세선의 단면크기는 높이 10 nm, 폭이 50 nm 정도이다.

이 방법을 발전시켜 양자점의 자기형성이 행해지고 있다. (111)면 GaAs 의 이방성 화학식각에 의하여 4 면체의 정상을 밑으로 하는 구멍을 형성하고, V 홈의 경우와 동일한 측면과 밑면과의 관계로 선택적인 성장을 이용한 밑면에 양자점이 자기형성된다.

3−2 절연막 마스크 패턴상 선택성장에 의한 나노구조제어

반도체 기판상에 스트립(strip)형, 소구경의 창, 또는 섬모양의 규칙 배열한 패턴을 갖는 SiO_2 등의 절연막을 형성하여 그 위에 반도체의 선택적 성장을 시키는 것에 의하여 주기 배열된 양자세선 또는 양자점 구조를 형성하는 방법이다.

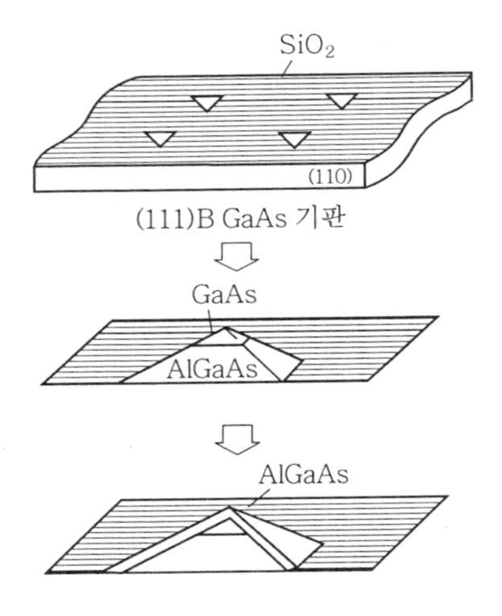

그림 8-14 절연막 마스크 패턴 위에 선택성장에 의한 양자점 형성의 순서

Fukui 등은 위의 그림 8−14와 같이 (111) B면 GaAs 기판상에 삼각형의 작은 창의 주기 배열을 갖는 SiO_2 막을 형성하여 그 위에 MOVPE법에 의한 선택적으로 AlGaAs, GaAs, AlGaAs 를 성장한다는 것에 의하여 GaAs 의 양자점 배열을 자기형성시켰다.

SiO_2 막상의 삼각형의 작은 창은 포토 리소그래피 또는 전자빔 리소그래피와 건식 식각기술을 이용해서 형성한다.

또는, 이들의 성장공정에 대해서는 AlGaAs, GaAs 가 SiO_2 막 위에서는 성장되지 않고, 창부분의 GaAs 노출면상에서만 성장하는 MOVPE 성장조건을 이용한다.

또한, AlGaAs 성장 중에는 (110) off-set 면이 나타나고, 위쪽의 (111) B면의 크기가 성장의 진행과 같이 적게 되고, 임의의 곡률의 선단이 나타난다.

그 위에 적당한 성장조건으로 GaAs 를 성장시키면, 거의 선단부분에만 GaAs 가 성장한다.

이어서 성장조건을 변화시켜서 4면체 구조의 표면을 덮어지게 AlGaAs 를 성장한다. 이것으로부터 GaAs 양자점이 형성된다.

SiO_2 막 위에 삼각형의 작은 창의 크기는 1.5 μm, 2개의 행방향의 반복주기는 5 μm 이다. 양자점의 위치 제어성, 배열 제어성은 양호하다.

같은 방법은 (100)면 GaAs 기판상에서도 행하여지고 있다. 이 경우는 피라미드상의 AlGaAs / GaAs 입체구조가 형성된다. 20 nm 의 두께의 SiO_2 막에 100 nm 지름의 원형상 적은 창을 140 nm 주기로 5000×5000개 형성되어 있다.

형성법은 전자빔 리소그래피와 화학식각으로 한다. 그 결과 종방향 크기 15 nm, 횡방향 크기 25 nm 의 GaAs 양자점이 자기형성된다.

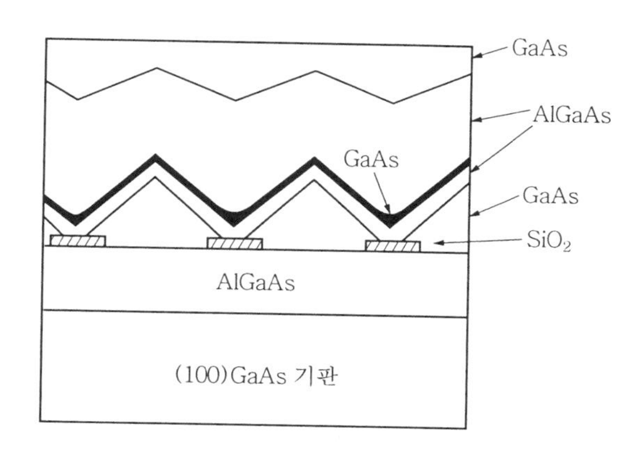

그림 8-15 절연막 마스크 위의 V 홈에 자기형성된 양자세선의 단면도

이상에서는 양자구조는 절연막 마스크의 GaAs 의 노출된 부분의 상부에 형성되지만, 절연막의 상부에 형성된 방법도 보고되고 있다.

이 방법에서는 전자빔 리소그래피에 의해 (100) GaAs 기판상에 먼저 스트립(strip)사의 미세 SiO_2 패턴을 만들고, 그 후 GaAs 의 MOVPE 선택성장을 수행하여 역시 V 홈 구조를 결정성장에 의하여 만든다 (그림 8-15).

스트립형의 미세 SiO_2 패턴의 GaAs가 노출된 부분 위에 성장된 GaAs가 (111) off-set 면을 갖는 단면이 삼각형상의 기판면 방향으로 퍼진 구조를 형성하고, 그들이 서로 SiO_2 패턴의 중심에서 밀착하여 V홈이 형성된다.

따라서, V홈의 밑부분은 SiO_2 막 위에 위치한다. 이 V홈을 이용해서 8장 3-1절의 V홈상 선택성장 자기형성 기술에 의해서 양자세선을 자기형성한다. 형성된 양자세선의 면내 주기는 200 nm로 되었다.

양자세선의 폭은 약 15 nm이고, 양자세선 간격은 (111) off-set 위의 양자우물로 매끈하게 연결되어 있다.

3-3 凸형 스트립 구조상 선택성장에 의한 나노구조제어

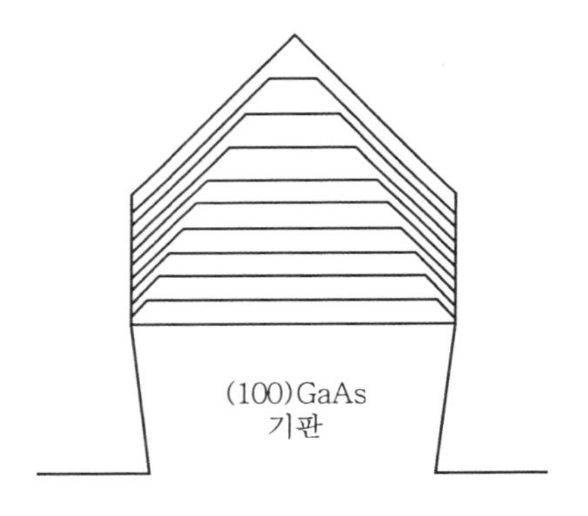

그림 8-16 凸상 스트립 구조 위에 선택성장에 의한 리지 구조 형성과정의 단면도

2 μm 정도의 좁은 凸상 스트립(메사) 구조를 화학식각으로 형성한 (100) GaAs 기판상에 MBE 성장에 의한 GaAs 성장을 행하면, 메사 위에는 성장의 진행에 따라서 (111) off-set 면이 나타나고, 메사의 폭은 좁고, 리지(ridge) 구조는 형성된다(그림 8-16 참조).

이 위치 위에 AlGaAs, GaAs, AlGaAs의 다층구조를 성장시키면, 8장 3-2절의 전반의 방법과 같은 형태의 현상이 나타난다.

선단부분에 높이 8~9 nm, 폭 17~18 nm 정도의 양자세선이 자기형성된다. 이 경우의 스트립의 반복주기는 4 μm이다.

3-4 면방위에 의한 나노구조제어

재차 면밀도의 높은 양자세선, 양자점 형성법으로서 면내 비틀림 유기조성변조(誘起組成變調)법에 의한 방법이 있다.

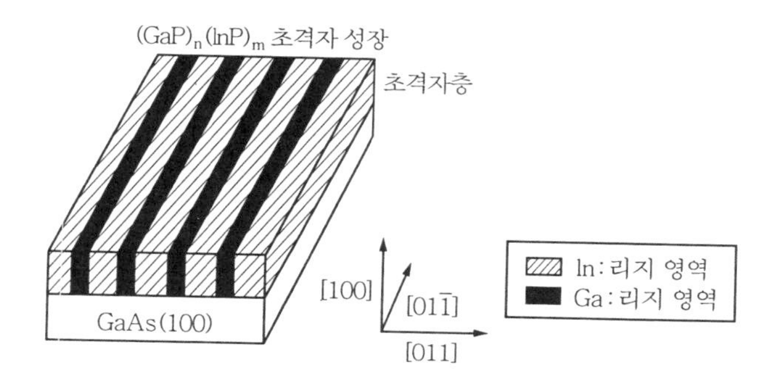

그림 8-17 GaAs(100) 면상에 단주기 초격자(SLS) 성장에 의한 자기형성 나노 구조(종형 초격자)

가스 소스 MBE로 n 분자층의 GaP와 m 분자층의 InP의 반복으로부터 이뤄지는 (GaP)n(InP)m 단주기 초격자(n, m : 1~2)를 GaAs 기판상에 성장하고, GaAs 기판의 면방위에 의존하는 종형 초격자 구조 또는 주상 구조가 자기형성된다. 즉, GaAs (100)면이나 GaAs (110)면에서는 종형 초격자 구조(그림 8-17)이나, GaAs (N11)면 (N : 2~5)에서는 주상 구조가 자기형성된다.

이 자기형성 구조를 밴드 갭(band gap)이 크고, 또한 격자정수는 GaAs에 동등한 InGaP층에서 좁아지는 것처럼 양자세선 구조, 양자점 구조가 제작된다(그림 8-18). 역시 GaAs (111)면에서는 자기형성은 일어나지 않고, 성장하는 대로 초격자 구조가 형성된다.

GaP, InP는 GaAs에 대해서 각각 약 3.5% 격자정수가 작거나 큰 관계에 있으며, 본 방법에서의 세선, 점 구조의 자기형성 구조는 (GaP)n, (InP)m 단주기 초격자 성장 중에 이 격자정수 차에 기초로 하여 내면 왜곡을 감소하게 되어 Ga, In 원자가 표면 확산하여 GaP, InP의 많은 영역이 주기적으로 형성되어진다. 기본적으로는 성장한 초격자 구조는 생성되지만 GaP층 내, InP층 내에 있어서 단원자층 크기의 주기적 두께 변화가 생기고, 실효적인 밴드 갭의 주기적 변화가 형성되고 있다.

그림 8-17에 보이는 GaAs (100) 면상에서 자기형성되는 종형 초격자 구조는 [011] 방향으로 늘어나고, [011] 방향으로 주기적인 구조이다.

세선의 [011] 방향 면내 주기는 10~20 nm 이고, 면내 세선밀도는 10^6 cm^{-1} (1 μm 당에 100본)이다.

따라서, 본 나노구조 제어에 의한 양자세선 구조는 3－1 이나 3－3 의 방법에 100배 이상의 면밀도를 유지하고 있다. GaAs (110) 면상에서는 직선성의 좋은 양자세선이 형성된다.

GaAs (N 11) 면 위의 경우는 (그림 8－18), [011] 방향 및 그것의 직각인 방향의 2 방향에 주기성을 유지하고, 면내 주기는 10~20 nm 이고, 면내 점밀도는 10^{11}~10^{12} cm^{-2} 로 매우 높다.

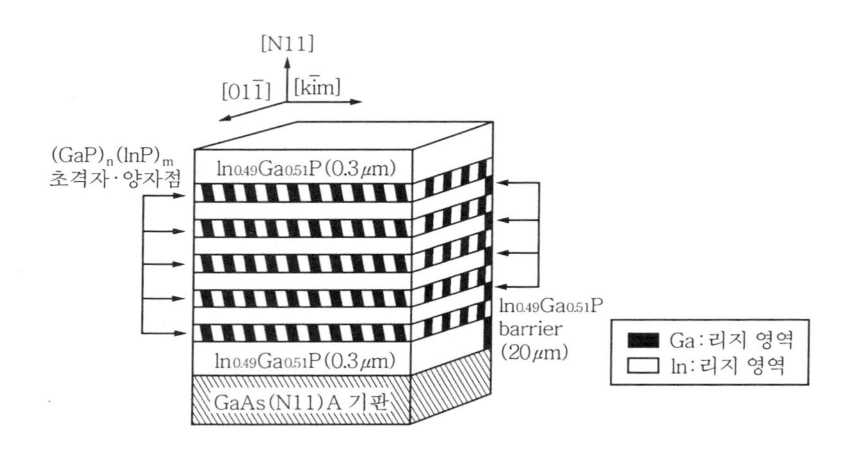

그림 8 - 18 GaAs (111) 면상 단주기 초격자 (SLS) 성장에 의한 양자점

4. 원자 조작

물질 표면의 원자나 분자의 배열을 자유롭게 제어하여 인공적인 물질이나 구조를 창조하는 연구가 급속히 확대되고 있다.

이 연구 동향의 원점이 되고 있는 방법은 STM에 대표되어지는 주사 프로브 현미경(SPM)이다. 원자 크기로 예리한 탐침을 시료 표면에 접근시켜서 나노 크기의 국소 영역에 전계, 전류, 힘 등을 집중시켜서 1원자 (분자) 를 조작하는 기술이 확립되어지고 있다.

4-1 주사형 프로브 현미경의 원리

(1) 주사 터널 현미경법 (STM)

1982년에 IBM Zurizh 연구소의 G. Bining, H Rohrer 등에 의하여 개발되어진 주사 터널 현미경법(STM ; scanning tunneling microscopy)은 2가지의 물체를 근접시킬 때에 흐르는 터널 전류의 특성을 이용한 주사형 현미경이다.

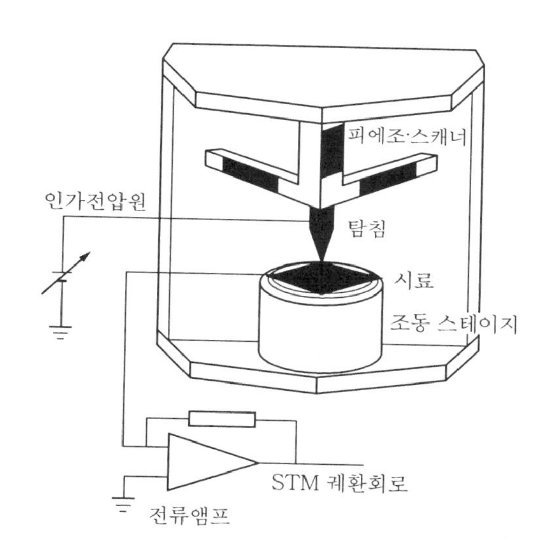

그림 8-19 STM의 기본구조

STM에서는 원자 크기로 예리한 금속침 선단(tip)을 시료 표면에 1nm 정도까지 접근시켜서 시료-탐침 사이에 극미세한 진공 갭(gap)을 형성시킨다(그림 8-19 참조). 시료와 탐침의 각각 내부에 속박되어진 전자가 터널 효과에 의하여 다른 방향으로 흘러나갈 확률이 적기 때문에 급격히 증가한다.

열평형상태에 있다면, 한편 다른 방향으로 흐르는 전자 전류는 역방향의 과정과 상쇄하여 양자간에 전압(보통 수V 이하 정도)을 인가하면 한 방향으로 흐르는 전류가 다른 방향으로는 흐르지 않게 되어진다는 것으로 이 터널 효과에 의한 전자의 이동은 외부 전류로써 검출되어진다.

터널 효과에 의해 흐르는 전류는 시료-탐침 선단의 갭 간격에 대해서 지수함수적으로 증가한다.

예를 들면, 일함수가 4～5 eV 정도인 금속의 경우 10배 증가한다. 탐침은 3차원의 미소변위 가능한 피에조(piezo)에 부착되어 있다. 피에조 압전체는 인가전압에 따라서 신축함으로써, 피에조 압전체에서 인가전압을 변화시키는 것에 의하여 시료면에 대하여 탐침 선단 위치를 정밀하게 제어하는 것이 된다.

보통 0.01 nm 이하의 상대 위치 정도를 달성한다. 여기서 시료－탐침 간에 흐르는 터널 전류 등 궤환(feedback) 제어에 의해 일정하게 시키면서 탐침을 시료 표면에 따라서 주사한다.

그러면 시료－탐침 선단의 간격은 언제나 일정하게 유지됨으로써 탐침 선단이 원자 크기로 예리하게 유지되면, 탐침의 움직임이 시료 표면의 요철을 원자 분해능으로 투사되어 나타나게 된다. 이것이 STM의 원리이다.

(2) 주사 프로브 현미경 (SPM)

STM 의 등장이래 탐침 선단을 시료 표면에 접근시킬 때에 현저하게 되는 여러 가지 근접작용의 갭 간격 의존성을 이용해서 시료 표면의 형상을 나타내는 주사 프로브 현미경법(SPM ; scanning probe microscopy)이 여러 종류 개발되어져 있다.

(3) 원자간력 현미경 (AFM)

SPM의 주사기구나 궤환계의 구성은 거의 STM과 동일하지만, 이용하는 근접 작용의 종류에 따라서 탐침과 신호 pick-up 회로계에 연구가 되고 있다.

그의 대표적인 하나가 원자간력 현미경(AFM ; atomic force microscopy)법이다. 미소한 캔틸레버(cantilever) 선단에 예리한 탐침을 형성하여 시료 표면에 캔틸레버를 접근시킨다. 그러면 탐침부와 시료 사이에 작용하는 상호 작용력이 증가하고, 이런 미약한 힘에 의하여 캔틸레버가 휘어진다. 캔틸레버의 등가적인 편차 정수가 충분히 적다면(예를 들어, 0.01～100 N / mg), 캔틸레버의 휨의 검출계를 연구함으로써, 10^{-9} N 이하의 상호 작용력을 검출하는 것이 된다.

이와 같이 검출된 휨량이 일정하게 되도록 시료－탐침 간격을 제어하면서 시료 표면에 따라 탐침을 주사하면, 표면 요철 형상을 얻는 것이 된다.

(4) 상호 작용력

보통 시료와 탐침간에 작용하는 상호 작용력은 Vander-wool 인력에 의한 분산력, 전하분포에 의존하는 Coulomb 력, 자기력, 교환척력, 전하이동을 동반하는 화학 결합력 등이 있다.

또한, 시료면에 평행 방향의 상호 작용력을 검출하는 방법도 있다. 이들의 힘을 동시에 측정함으로써 표면상에 속박되어 있는 원자, 분자의 흡착, 확산, 해리 등의 재현상을 상호 작용력의 관점으로부터 원자 분해능으로 해명하려는 노력도 되어지고 있다.

SPM의 특징의 하나로 동작하는 환경을 제한하지 않는다는 점이 장점이다. 시료-탐침 선단의 간격에 의하여 변화하는 물리량이 검출되어지면, 대기나 용액 중에도 SPM에 의한 시료 표면의 형상을 나노 크기로 묘사하는 것이 원리적으로 가능하다.

4-2 SPM에 의한 원자, 분자 조작

개발 초기에 SPM은 시료 표면의 요철을 원자 분해능으로 관찰되는 장치로서 시작하였다. SPM이 보급됨에 따라서 관찰되어진 상의 분해능을 향상시키기 위해서, 즉 원자 크기로 예리한 탐침을 얻기 위하여 관찰 중에 시료-탐침 간에 고전압을 인가하거나, 의도적으로 탐침을 시료면에 가볍게 접촉시키는 등 소위 "그의 장" 관찰 중에서의 탐침 가공이 행해진다.

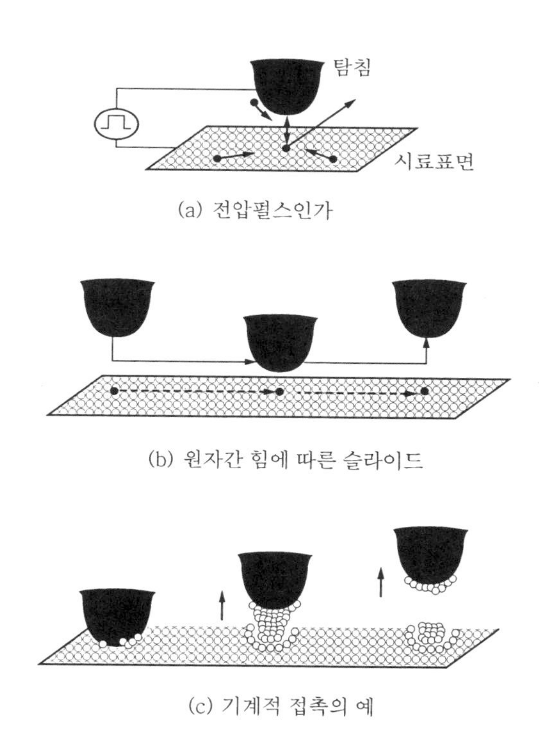

(a) 전압펄스인가

(b) 원자간 힘에 따른 슬라이드

(c) 기계적 접촉의 예

그림 8-20 전형적인 원자조작의 개념도

이들은 탐침 선단의 원자 배열을 전기, 기계적 충격으로 변화시켜 선단이 한 원자의 침을 운 좋게 얻어지는 [시도]이다. 또한, 때로는 관찰 측정 중(예를 들면, I~V 특성의 측정)에 있거나 잘못 조작하는 경우도 있다.

이와 같은 시도 중에 몇 가지의 조건에서 시료 표면의 형상이 변화하는 경우가 보여지게 된다. 그 후 이런 현상이 발생하는 조건을 기초로 해서 의도적으로 시료 표면에 나노 크기의 궤적이 형성되게 되고, SPM은 나노 크기 표면가공의 도구로서 약간 각광을 받게 되었다. 지금까지 SPM은 단순한 시료 표면의 관찰장치로서가 아니고, 하나의 장치로서 시료 표면을 "보는 데", "바꾸는 데" 또는 "관찰한다"라고 하는 원자 크기의 과학기술에 새로운 전개를 주는 장치로서 인식되어졌다.

현재까지에 보고되어진 SPM을 이용한 원자, 분자 조작에 이용하고 있다고 추정되어지는 원리를 기초로 하여 분류해서 그림 8-20에 나타내었다. 기본적으로 탐침 선단의 한 원자 또는 수 원자에 한정된 공간 영역으로부터 "무엇인가"의 작용을 제한하는 시료 표면에 주어지는 것으로 원자 조작을 실현되고 있다.

(1) 국소적인 전계의 인가

원자 크기로 예리한 침상 금속에 전압을 인가하면, 매우 강한 전계가 그 선단부에 발생되어진다. 예를 들면, 조잡하게 제조한 곡률 100 nm인 탐침에 5000 V의 전압을 인가하면, 약 10^{10} V/m의 전계가 침 선단부에 발생한다.

이와 같은 고 전계 중에서는 인가전압이 부인 경우, 전계전자방사(field emmission)가 일어난다. 인가전압이 정인 경우, 분위기 가스의 이온화(전계 이온화)가 일어나거나, 이어서 전압값을 높게 하면 흡착원자나 탐침을 구성하고 있는 원자가 이온화되어 방출되어지는 전계 이탈현상(field evaporation)이 일어난다는 것을 알 수 있다.

전계 증발현상은 극히 정적인 과정이며, 증발과정은 한층 더 진행한다. 이것은 고체 중의 전자의 스크리닝(screening) 효과에 의해서 최상층의 원자에 전계가 집중하는 것으로 해석된다.

이 원자를 응용한 전계방사 현미경(FEM ; field emmission microscope), 전계이온 현미경(FIM ; field ion microscope)은 SPM 탐침의 원자 크기 평가장치, 또는 가공장치도로 알려져 있다.

탐침 선단을 시료 표면에 1 nm 이하까지 접근시키면 10 V 이하의 인가전압에서 위에서 언급한 것과 같이 약 10^{10} V/m의 전계를 발생시키는 것이 된다.

이와 같은 조건하에서는 시료, 탐침 표면의 원자가 이동하거나 증발하여 그 결과로 시료 표면으로부터 원자가 끌려 나오는 현상도 일어난다.

그림 8-21 MoS_2 표면으로부터 S 원자를 1개씩 끌어내서 쓴 문자 (주사 범위 7 mm ×7 mm)

S. Hosoki 등은 층상 물질로 되어 있는 MoS_2를 시료로 해서 보통의 STM 상을 얻는 것으로부터 탐침을 근접시켜서 시료-탐침간에 펄스 전압 (V_{tip} = −5.5 V, 0.1 ms)를 인가시켜서 최상층으로부터 S 원자를 끌어내어서 1 원자점 단위로 분자를 새긴 것이 그림 8-21과 같다.

이 원자 조작에서는 FIM 으로 알려져 있는 전계 증발의 임계값보다도 낮은 전계에서 S 원자의 끌어내기가 일어나고 있다. 따라서, 이 원자 끌어내기의 과정에서는 시료-탐침간에서의 전하이동에 동반하는 화학 결합력의 저하, 전계 방사전류에 의한 전자의 과잉주입, 온도 상승에 의한 효과도 상승되고 있다고 생각되어진다.

전압인가에 의한 1원자 단위의 끌어내기는 Si (111) 7×7 표면에서도 나타나고 있다. Ph. Avours 등은 7×7 구조의 최상층의 흡착 Si 원자를 STM 으로 관찰하면서 표면의 특정된 흡착원자상에 탐침을 접근 (시료면으로부터 약 1~3Å으로 추정됨) 시켜서 펄스 전압 (V_{tip} = −1V, 10 ms) 을 인가하여 Si 원자 1개를 끌어내는 것에 성공하였다. 또한, 끌어내어진 Si 원자는 탐침 선단에 흡착한다는 것도 많으며, 역극성의 펄스 전압을 인가하는 것에 의하여 서로 면상의 특정 위치에 Si 원자를 부착된다고 보고하고 있다.

J. A. Stroscio 등은 GaAs (100) 위에 Cs 원자를 증착하여 시료-탐침간에 펄스 전압을 인가하는 것으로 흡착 Cs 원자를 탐침 바로 밑의 영역으로 집결시켰다. 극성에 관계되지 않고 고전압을 시료-탐침간에 인가하면, 시료 표면상에 탐침을 대칭축으로 한 불균일한 고전계가 발생한다. 이 불균일 전계가 흡착원자의 쌍극자 모멘트와 상호 작용하여 전계의 높은 방향, 즉 탐침 바로 밑의 영역으로 흡착원자를 가까이 끌어당긴다. 이와 같은 작용에 의하여 방향성을 갖는 확산현상이 일어난다고 설명하고 있다.

(2) 원자간격 상호작용

D. M Ergler 등은 액체 헬륨에서 4.2 K 까지 냉각되는 초고진공 STM 을 이용하여 청정한 Ni (110) 표면상에 증착된 Xe 원자를 1개씩 표면 위에 슬라이드 (slide) 시켜서 [IBM] 이라는 문자를 묘사해 나타내었다. 증착되 Xe 원자는 확산하지 못하고 증착된 위치에서 무질서하게 남아 있다.

Ergler 등은 이 표면을 STM 으로 관찰하면서 탐침을 Xe 원상 위에 접근시켜서 탐침 선단 원자와 Xe 원자를 약하게 결합시키면서 탐침을 표면에 따라서 목표의 위치까지 움직이었다. 그 후 탐침을 원래의 높이까지 이탈시켜서 STM 상을 관찰하고, Xe 원자는 탐침에 끌려가서 표면 위를 목표의 위치까지 이동하고 있다는 것이 확인되었다. Ergler 등은 이 원자 조작을 반복하는 것에 의하여 임의의 흡착원자 배열 [원자문자] 를 완성시켰다. 이 조작에서는 시료－탐침간에 특히 전압을 인가하지 않고 원자를 이동되므로, 구동력은 탐침 선단 원자와 흡착 Xe 원자간의 wander wall 힘의 결합되었다고 추정하고 있다.

또한, Ergler 등은 같은 원리를 이용해서 Cu (111) 표면상에 증착된 Fe 원자 48개를 지름 약 14 nm 의 원형으로 배열한 것이 그림 8－22 이다. 이 원자 조작으로 특이한 것은 Fe 원자가 존재하지 않는 영역에서 축대칭한 파도 무늬의 패턴이 STM에 관찰되고 있다는 것이다. 이것은 각 Fe 원자에 의하여 표면 위를 움직이는 전자가 산란되어 간섭하여 표면 위에 축대칭한 정제파가 형성되어진 모양을 나타낸 것이다.

그 예로는 원자 조작이 단순하고 적은 문자의 그림이 아니고, 표면의 전자상태를 따르는 나노 크기의 과학기술에 의하여 본 조작은 강력한 수단이 되리라고 기대된다.

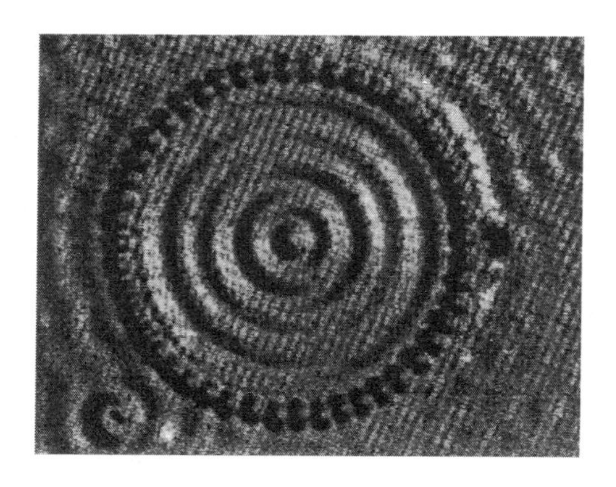

그림 8 - 22 극저온 (4 K) 에서 Cu (111) 표면 위에 48개의 Fe 원자를 원형으로 배열했을 때의 STM 형상 (V = 0.01V, I = 0.1nA), 원의 지름은 약 14 nm

찾 아 보 기

【ㅅ】

【ㅇ】

【ㅈ】

【숫자 및 영문】

저자 소개

최시영 : 경북대학교 전자전기공학부 교수
김진섭 : 인제대학교 전자정보통신공학부 교수
마대영 : 경상대학교 전기공학부 교수
박욱동 : 동양대학교 전자공학부 교수
최규만 : 관동대학교 정보기술공학부 교수
김기완 : 경북대학교 명예교수

박막공학의 기초

2001년 8월 20일 1판1쇄
2019년 3월 15일 1판5쇄

저 자 : 최시영 · 김진섭 · 마대영 ·
박욱동 · 최규만 · 김기완
펴낸이 : 이정일

펴낸곳 : 도서출판 **일진사**
www.iljinsa.com
(우) 04317 서울시 용산구 효창원로 64길 6
전화 : 704-1616 / 팩스 : 715-3536
등록 : 제1979-000009호 (1979.4.2)

값 18,000 원

ISBN : 978-89-429-0606-2